CONGRÈS INTERNATIONAL

DE LA PROPRIÉTÉ INDUSTRIELLE

ORGANISÉ PAR

La Commission permanente internationale de la Propriété industrielle

AVEC LE CONCOURS DE

L'ASSOCIATION INTERNATIONALE POUR LA PROTECTION DE LA PROPRIÉTÉ INDUSTRIELLE
ET DE L'UNION DES FABRICANTS

A PARIS

DU 23 AU 28 JUILLET 1900

PARIS
LIBRAIRIE H. LE SOUDIER
174, BOULEVARD SAINT-GERMAIN, 174

1901

CONGRÈS INTERNATIONAL
DE LA PROPRIÉTÉ INDUSTRIELLE

Paris, 23-28 juillet 1900

CONGRÈS INTERNATIONAL

DE LA PROPRIÉTÉ INDUSTRIELLE

ORGANISÉ PAR

La Commission permanente internationale de la Propriété
industrielle

AVEC LE CONCOURS DE

L'ASSOCIATION INTERNATIONALE POUR LA PROTECTION DE LA PROPRIÉTÉ INDUSTRIELLE
ET DE L'UNION DES FABRICANTS

A PARIS

DU 23 AU 28 JUILLET 1900

Règlement[1].

<hr />

Article Iᵉʳ

Le Congrès international de la Propriété industrielle pour 1900, autorisé par la Commission supérieure des congrès, à la date du 25 novembre 1898, se tiendra à Paris, le 23 juillet 1900 et jours suivants.

Article II

Ne pourront prendre part aux travaux du Congrès que les adhérents qui auront versé à la caisse de la Commission d'organisation la somme de 20 francs, et les délégués officiels désignés par les Gouvernements sur l'invitation de la Commission d'organisation.

Les chambres de commerce, associations syndicales, etc., seront invitées aussi à envoyer des délégués, mais ceux-ci auront à verser la cotisation d'adhérent.

Une carte personnelle sera remise aux membres du Congrès par les soins de la Commission d'organisation.

Article III

A la séance d'inauguration, qui sera réglée par la Commission d'organisation, le Congrès nommera son bureau qui sera composé d'un président, de trois vice-présidents français, plus un vice-président par nationalité représentée au Congrès, et six secrétaires. Le trésorier et le secrétaire général de la Commission d'organisation rempliront, de droit, les mêmes fonctions dans le bureau du Congrès.

Le Congrès pourra désigner, en outre, des présidents et vice-présidents d'honneur.

Article IV

La langue officielle du Congrès sera la langue française. Mais tout membre du Congrès pourra présenter des observations orales ou écrites dans sa langue nationale; elles seront, autant que possible, immédia-

<hr />

(1) Ce règlement a été établi par une Commission d'organisation, dont on trouvera la composition p. 47 et qui avait été constituée conformément à deux décisions de la Commission supérieure des Congrès de l'Exposition de 1900, en date des 12 janvier et 18 mars 1899.

tement traduites. Toutes les propositions devront être rédigées e
français.

Nul orateur, à l'exception des rapporteurs, ne pourra garder la parol
plus de dix minutes.

ARTICLE V

L'ordre du jour du Congrès est fixé par la Commission d'organi
sation.

Un programme détaillé sera distribué en temps utile par les soins d
la Commission d'organisation et déterminera l'heure des réunions ains
que le règlement intérieur des séances.

ARTICLE VI

Le Congrès se divise en trois sections : I. *Brevets d'invention ;*
II. *Dessins et modèles; —* III. *Marques de fabrique et de commerce, nom
commercial, nom de localités, diverses formes de la concurrence illicite.*

On pourra se faire inscrire à diverses sections.

Les heures des séances seront fixées de manière que les diverses
sections ne se réunissent pas simultanément.

ARTICLE VII

Chaque section élira elle-même son bureau qui devra comprendre un
président, deux vice-présidents et deux secrétaires.

ARTICLE VIII

La section prendra comme base de discussion des rapports imprimés,
préparés par les soins de la Commission d'organisation et qui auront été
distribués antérieurement aux adhérents.

Aucune question étrangère au programme arrêté par la Commission
d'organisation ne pourra être soulevée sans l'autorisation préalable du
bureau du Congrès.

ARTICLE IX

La section devra émettre un ou plusieurs vœux sur chacune des
parties du programme la concernant.

Ces vœux seront votés à la majorité des membres présents.

ARTICLE X

La section désignera un ou plusieurs rapporteurs pour faire connaître en séance plénière les résolutions qu'elle aura prises.

Ces résolutions ne pourront être discutées à nouveau en séance plénière que si elles n'ont pas réuni en section les deux tiers des voix des membres présents.

Aucune proposition ne pourra être discutée en séance plénière si elle n'a été examinée en section.

ARTICLE XI

Les procès-verbaux seront reproduits, par un procédé rapide, à quelques exemplaires qui seront déposés au secrétariat, pour permettre aux orateurs de faire leurs rectifications écrites.

Les orateurs seront invités à remettre au secrétaire, à la fin de chaque séance, un bref résumé écrit des observations qu'ils auront présentées.

ARTICLE XII

Les rapports avec leurs annexes, les procès-verbaux des sections et des séances plénières seront imprimés en français et réunis en volume pour être distribués aux adhérents, par les soins du bureau du Congrès.

Le bureau y adjoindra, s'il le juge possible, les travaux qui auront été distribués au Congrès en dehors de la Commission d'organisation.

Programme.

SECTION I

Brevets d'invention.

I. Du mode de délivrance des brevets. — Etudier dans chaque pays le système en vigueur. Du principe de l'examen préalable. Des moyens d'enrayer, s'il y a lieu, le développement de l'*examen préalable* dans les législations nouvelles ou d'en améliorer le fonctionnement dans les pays où ce système est pratiqué. N'y aurait-il pas lieu notamment de limiter l'examen préalable à la question de nouveauté? Dans les législations sans examen préalable, y a-t-il lieu de préconiser le système de l'avis préalable, officieux et secret? — *Rapporteur :* M. Emile BERT.

II. De la durée des brevets. — Rechercher les moyens d'unifier la durée des brevets. — *Rapporteur :* M. LAVOLLÉE.

III. Définition de la brevetabilité. — Préciser le criterium d'après lequel on reconnaîtra le caractère brevetable d'une invention. Y a-t-il lieu d'accorder des brevets d'une nature spéciale pour la remise en exploitation d'inventions oubliées? — *Rapporteur :* M. LE TELLIER.

IV. Inventions exclues de la protection. — Inventions contraires à l'ordre public et aux bonnes mœurs. Plans de finances. Procédés de fabrication (système de la loi suisse). Y a-t-il lieu d'édicter des dispositions spéciales pour les inventions relatives aux produits chimiques, alimentaires et pharmaceutiques? Etude des conséquences pratiques et économiques de la non-brevetabilité de ces produits dans les pays où ils sont exclus de la protection. — *Rapporteur :* M. MACK.

V. De la déchéance pour défaut de paiement de la taxe. — Des facilités à accorder au breveté pour lui permettre d'échapper à la rigueur de la déchéance. Quels sont les systèmes en vigueur dans chaque pays? Le système en vigueur donne-t-il satisfaction ou a-t-il été l'objet de critiques? — *Rapporteur :* M. FAYOLLET.

VI. De l'obligation d'exploiter l'invention brevetée. — Sanctions diverses de cette obligation, déchéance, licence obligatoire. Que faut-il entendre par exploitation? Y a-t-il lieu d'éviter aux brevetés la nécessité de fabriquer dans chacun des pays où ils ont pris un brevet pour la même invention? — *Rapporteur :* M. HUARD.

VII. De la publication des brevets. — Établir le meilleur mode pratique de publication, afin que tous intéressés puissent se procurer aisément des exemplaires des brevets. Moyens d'assurer cette publication dans tous les pays. — *Rapporteur :* M. TAILLEFER.

VIII. Des juridictions en matière de brevets d'invention. — Doit-on désirer l'institution de juridictions spéciales ou prendre des mesures particulières pour assurer la compétence des juges? — *Rapporteur :* M. Georges MAILLARD.

IX. Des moyens de faciliter à l'inventeur la demande de brevets dans les pays étrangers. — Étudier le système du délai de priorité établi par la convention de 1883; rechercher s'il est susceptible d'améliorations. Pourrait-on organiser, comme pour les marques, un dépôt unique ou tout au moins unifier pour tous les pays les formalités de la demande, afin notamment qu'un seul dessin, reproduit par des procédés pratiques, puisse servir pour toutes les demandes? — *Rapporteur :* M. ARMENGAUD jeune.

X. Des moyens d'assurer la paternité d'une découverte même en dehors de tout brevet. — *Rapporteur :* M. Georges MAILLARD.

SECTION II

Dessins et modèles de fabrique (1).

I. Fondement d'une loi spéciale. — Une législation spéciale sur les dessins et modèles de fabrique est-elle nécessaire ou la législation sur la propriété artistique doit-elle être considérée comme suffisante?

II. Définition. — Y a-t-il lieu de définir les dessins et modèles de fabrique ou est-il préférable de procéder par élimination ou autrement, pour déterminer le champ d'application de la loi?

III. Art appliqué à l'industrie. — Les œuvres des arts graphiques et plastiques doivent-elles, lorsqu'elles ont une destination ou un emploi industriel, être soumises aux prescriptions de la loi sur les dessins et modèles de fabrique?

---

(1) Les rapporteurs de la section II étaient : MM. Josse, Maillard, Soleau et Taillefer.

IV. **Durée du droit.** — Quelle doit être la durée du droit? Doit-elle être uniforme?

V. **Formalités.** — La protection des dessins ou modèles de fabrique doit-elle être subordonnée à l'obligation du dépôt du dessin ou modèle? Faut-il exiger le dépôt d'un exemplaire de l'objet lui-même ou une simple image suffirait-elle?

Le dépôt doit-il être tenu secret par l'administration chargée de le recevoir? Pendant toute la durée de la protection ou au moins pendant un certain temps?

Où et comment doivent s'effectuer les dépôts?

Le dessin ou modèle n'aura-t-il droit à la protection de la loi que s'il a été déposé avant d'être mis dans le commerce?

En cas de contestation de priorité, la propriété du dessin ou modèle appartiendra-t-elle au premier déposant ou à celui qui justifiera avoir été le premier créateur de l'œuvre?

VI. **Taxes.** — Quelle taxe devrait être perçue pour l'enregistrement du dessin ou modèle?

VII. **Obligations du propriétaire du dessin ou modèle.** — Doit-il avoir une fabrique dans le pays où il revendique la protection? Faut-il l'obliger à exploiter dans ce pays le dessin ou modèle revendiqué? A défaut d'exploitation la déchéance doit-elle être encourue de plein droit ou ne le sera-t-elle que si le propriétaire exploite ou fait exploiter ce même dessin ou modèle à l'étranger?

SECTION III

Marques de fabrique et de commerce, nom commercial, noms de localités, diverses formes de la concurrence illicite.

I. **Définition de la marque.** — Y a-t-il lieu dans la loi de définir la marque? En cas d'affirmative, faut-il procéder par définition du caractère de la marque ou par énonciation des signes qui peuvent la constituer? Convient-il de faire une distinction entre la marque de fabrique et la marque de commerce? — *Rapporteur :* M. MAUNOURY.

II. **Marques à exclure de la protection.** — Y a-t-il lieu d'exclure de la protection légale certaines marques? — *Rapporteur :* M. Victor FUMOUZE.

III. **Du droit à la marque.** — Quelles bases du droit d'appropriation y a-t-il lieu d'adopter à la suite de l'expérience faite depuis vingt
ans dans les divers pays? Notamment le droit à la marque doit-il être
fondé exclusivement sur l'antériorité du dépôt (ou de l'enregistrement),
ou sur l'antériorité de l'usage, ou enfin sur un système mixte? Si le dépôt
est nécessaire, l'autorité chargée du dépôt des marques doit-elle être
investie d'un droit d'examen préalable; et, dans l'affirmative, quelles
limites doivent lui être imposées? — *Rapporteur :* M. Allart.

IV. **Des marques au point de vue international.** — Pour
apprécier le caractère ou la priorité d'une marque étrangère, faut-il
appliquer la loi du pays d'origine ou celle du pays d'importation? Ne
faut-il tenir compte, pour déterminer la priorité, que des faits qui se
sont passés dans le pays d'importation? Dans les litiges entre ressortissants de deux pays, dont l'un admet la priorité d'emploi comme base
d'appropriation et dont l'autre ne fait reposer le droit que sur la priorité
de dépôt, le traitement des nationaux doit-il être appliqué dans toute sa
rigueur? Rechercher en tous cas les moyens de défense des propriétaires
de marques contre l'usurpation et l'appropriation de leurs marques par
des tiers à l'étranger, notamment dans les pays à dépôt attributif. —
Rapporteur : M. Darras.

V. **Marques collectives.** — Y a-t-il lieu d'admettre la protection
des marques collectives? (Nationales, régionales, communales; syndicats, associations, etc.). — *Rapporteur :* M. Gassaud.

VI. **Du nom commercial et de la raison de commerce.** —
Y a-t-il lieu de définir ces deux natures de propriété? Y a-t-il lieu d'admettre qu'on puisse faire le commerce sous le nom de son prédécesseur
avec le consentement de celui-ci? Quelles mesures à prendre pour éviter
les fraudes? (Registres de commerce, publications dans les journaux, etc.). — *Rapporteurs :* MM. Garbe et Mack.

VII. **Noms de localités.** — Quelles sont les meilleures dispositions
à introduire dans la législation intérieure de chaque pays pour assurer
la protection des noms de localités. — *Rapporteur :* M. Fère.

VIII. **Récompenses industrielles et honorifiques.** — Quelles
sont les mesures propres à assurer la protection des récompenses industrielles ou honorifiques et à prévenir les abus que l'expérience a révélés?
La protection des récompenses industrielles ou honorifiques doit-elle
être introduite dans les conventions internationales? — *Rapporteur :*
M. Garbe.

IX. **Des moyens de combattre la concurrence illicite.** — Y a-t-il lieu de poser dans toutes les législations un principe général permettant d'obtenir des réparations civiles contre toutes les formes d la concurrence illicite, ou bien est-il préférable de codifier les princi pales formes de la concurrence illicite? Y a-t-il lieu d'édicter des mesure: pénales contre certaines formes de la concurrence déloyale? La protection contre la concurrence illicite doit-elle être introduite dans les conventions internationales? — *Rapporteur :* M. Claude Couhin.

X. **Procédure et sanctions.** — Quelles sont les principales questions pouvant être utilement soumises aux délibérations du Congrès au point de vue d'une unification future en matière de juridictions, constatations et sanctions? — *Rapporteur :* M. Seligman.

Bureau du Congrès[1].

Présidents d'honneur :

MM. Le Ministre du Commerce et de l'Industrie.

Morel (Henri), directeur des bureaux internationaux de la Propriété industrielle et intellectuelle, à Berne.

Huber-Verdmuller (colonel), ancien président de l'Association internationale pour la protection de la Propriété industrielle, président de la Société des ateliers de construction d'OErlikon à Riesbach (Zurich).

Lyon-Caen (Ch.), membre de l'Institut, professeur à la Faculté de droit de Paris, ancien président de la Société de législation comparée, vice-président de la Commission permanente internationale de la Propriété industrielle.

Poirrier, sénateur, ancien président de la Chambre de commerce de Paris, vice-président de la Commission permanente internationale de la Propriété industrielle, président de la Société anonyme des matières colorantes et produits chimiques de Saint-Denis.

Vice-Présidents d'honneur :

MM. Thirion (Ch.), ingénieur-conseil en matière de propriété industrielle, vice-président de la Commission permanente internationale de la Propriété industrielle, vice-président de l'Association française pour la protection de la propriété industrielle, secrétaire général des Congrès de la Propriété industrielle en 1878 et 1889.

Dumont, ancien président de la Société des ingénieurs civils.

Menier (Gaston), député de Seine-et-Marne, industriel.

Claude Couhin, avocat à la Cour d'appel de Paris, président de l'Association des inventeurs et artistes industriels.

Fayollet, président du Syndicat des ingénieurs-conseils en matière de propriété industrielle.

Legrand (Victor), président du Tribunal de commerce de la Seine.

Pelletier (Michel), avocat à la Cour d'appel de Paris, délégué plénipotentiaire du Gouvernement français aux conférences de Rome, Madrid et Bruxelles.

Pieper (Carl), ingénieur-conseil à Berlin.

De Ro, avocat à la Cour d'appel, ancien secrétaire de l'Ordre des avocats à la Cour de Bruxelles.

Lloyd-Wise, Chartered Patent Agent, Londres.

Amar, avocat à Turin.

Saburo Yamada, professeur de droit national privé à l'Université de Tokyo, conseiller en droit au bureau des brevets

---

[1] Le bureau a été élu dans la première séance du Congrès.

d'invention au ministère de l'Agriculture et du Commerce du Japon.

M. Poinsard, sous-directeur des bureaux internationaux de la Propriété industrielle et intellectuelle, à Berne.

Président :

M. Pouillet, ancien bâtonnier de l'Ordre des avocats à la Cour de Paris, président de la Commission permanente internationale de la Propriété industrielle, de l'Association internationale et de l'Association française pour la protection de la Propriété industrielle.

Vice-Présidents :

MM. Armengaud *jeune*, ingénieur-conseil à Paris, ancien président du Syndicat des ingénieurs-conseils, membre du Comité exécutif de l'Association internationale pour la protection de la Propriété industrielle.

Comte de Maillard de Marafy, président des Comités consultatifs de l'Union des fabricants, vice-président de la Commission permanente internationale de la Propriété industrielle.

Soleau, président de la Chambre syndicale des fabricants de bronze, membre du Comité exécutif de l'Association internationale pour la protection de la Propriété industrielle.

von Schütz, directeur dans Fried. Krupp Grusonwerk, trésorier de l'Association internationale pour la protection de la Propriété industrielle, président de l'Association allemande pour la protection de la Propriété industrielle (Allemagne).

Hardy (J.-G.), ingénieur-conseil à Vienne, membre du Comité exécutif de l'Association internationale pour la protection de la Propriété industrielle (Autriche).

Raclot, ingénieur-conseil à Bruxelles (Belgique).

Justice (Philippe M.), Chartered Patent agent, à Londres (Grande-Bretagne).

Kelemen (M.), ingénieur-conseil à Budapest, secrétaire de l'Association internationale pour la protection de la Propriété industrielle (Hongrie).

Bosio (Ed.), avocat à Turin, membre du Comité exécutif de l'Association internationale pour la protection de la Propriété industrielle (Italie).

Bunji-Mano, de l'Université impériale de Tokyo (Japon).

Jitta, professeur à l'Université d'Amsterdam, membre du Comité exécutif de l'Association internationale pour la protection de la Propriété industrielle (Pays-Bas).

Le Breton, avocat à Buenos-Aires (République Argentine).

MM. Kaupé, ingénieur-conseil à Saint-Pétersbourg, membre du Comité exécutif de l'Association internationale pour la protection de la Propriété industrielle (Russie).

Imer-Schneider, ingénieur-conseil à Genève, membre du Comité exécutif de l'Association internationale pour la protection de la Propriété industrielle (Suisse).

Rapporteur général :

M. Maillard (Georges), avocat à la Cour d'appel de Paris, secrétaire de l'Association internationale et de l'Association française pour la protection de la Propriété industrielle, secrétaire de la Commission permanente internationale de la Propriété industrielle.

Secrétaire général :

M. Thirion fils (Ch.), ingénieur-conseil en matière de propriété industrielle à Paris, secrétaire général de la Commission permanente internationale de la Propriété industrielle.

Secrétaires :

MM. Bert, ingénieur-conseil à Paris, secrétaire général de l'Association française pour la protection de la Propriété industrielle.

Darras, docteur en droit, secrétaire de la Société de législation comparée.

Josse, ingénieur-conseil à Paris, secrétaire de l'Association française pour la protection de la Propriété industrielle.

Osterrieth, secrétaire général de l'Association internationale et de l'Association allemande pour la protection de la Propriété industrielle (Allemagne).

Wauwermans, avocat à la Cour de Bruxelles, secrétaire de l'Association internationale pour la protection de la Propriété industrielle (Belgique).

Barzano, ingénieur-conseil à Milan, secrétaire de l'Association internationale pour la protection de la Propriété industrielle (Italie).

Secrétaires adjoints :

MM. Perroux (Jules), ingénieur-chimiste à Paris.

Lucien-Brun (Joseph), avocat à la Cour d'appel de Lyon, secrétaire de l'Association internationale pour la protection de la Propriété industrielle.

Foa (Ferruccio), avocat à Milan (Italie).

Frey-Godet, premier secrétaire du bureau international de la Propriété industrielle à Berne (Suisse).

Bureaux des sections[1].

SECTION I
Brevets d'invention.

Président : M. Claude Couhin, avocat à la Cour de Paris.

Vice-Présidents :

MM. Kaupé (F.), ingénieur-conseil à Saint-Pétersbourg.
Bosio, avocat à Turin.

Secrétaires :

MM. Maunoury, avocat à la Cour de Paris.
Mintz, ingénieur-conseil à Berlin.

SECTION II
Dessins et modèles industriels.

Président : M. Périssé, ingénieur-expert.

Vice-Présidents :

MM. Imer-Schneider, ingénieur-conseil à Genève.
Hardy, ingénieur-conseil à Vienne.

Secrétaires :

MM. Mesnil, avocat français à Londres.
Sandars, avocat à Londres.

SECTION III
Marques de fabrique.

Président : M. Maillard de Marafy (Comte de), président des comités consultatifs de l'Union des fabricants.

Vice-Présidents :

MM. Benies, avocat à Vienne.
Katz (Dr Ed.), avocat à Berlin.

Secrétaires :

MM. Taillefer, avocat à la Cour de Paris.
Nyiri, avocat à Budapest.

---

(1) Les bureaux des sections ont été élus par les sections respectives.

Délégués des gouvernements.

Allemagne.

MM. Hauss, conseiller intime à l'Office de l'Intérieur, à Berlin.
Robolski, directeur au Bureau des brevets, à Berlin.

Autriche.

MM. le chevalier Paul von Beck von Managetta, chef de division au Ministère impérial-royal du commerce autrichien, président du Bureau des brevets.

Ch. Schima, conseiller de division au Ministère impérial-royal du commerce, attaché au Bureau des brevets.

le baron Edouard Sochor-Friedrichsthal, secrétaire au Ministère impérial-royal du commerce, attaché au Bureau des brevets.

Argentine (République).

M. Bourcier (Mathieu).

Belgique.

MM. de Ro, avocat à la Cour d'appel de Bruxelles.
Mavaut (Octave), chef de bureau à la Direction de l'Industrie au Ministère de l'Industrie et du Travail de Belgique.

États-Unis.

MM. Seymour (H.-A.), ancien examinateur en chef au Patent Office des États-Unis.
Richards (Francis-H.), ingénieur-conseil, président de l'Association américaine des inventeurs et manufacturiers de New-York.

France.

MINISTÈRE DES FINANCES

M. Gérard, chef du service du contentieux et de l'agence judiciaire du Trésor.

MINISTÈRE DES AFFAIRES ÉTRANGÈRES

M. Bladé, consul de 1re classe.

MINISTÈRE DE LA JUSTICE

M. Chaumat (Alex.), avocat à la Cour d'appel de Paris.

MINISTÈRE DE L'INSTRUCTION PUBLIQUE

M. Harmand (G.), avocat à la Cour d'appel de Paris.

Hongrie.

MM. de Wetzel (Jules), Président de l'Office des brevets de Hongrie.
Dr Ballai (Louis), conseiller de section au Ministère du commerce de Hongrie.

Italie.

M. Campi (Emile), député.

Grand-duché du Luxembourg.

M. Dumont, agent de brevets.

Mexique.

MM. Baz (Gustave), chargé d'affaires du Mexique en France.
Ricardo de Maria-Campos, administrateur des douanes maritimes du Mexique, trésorier de la Commission mexicaine à l'Exposition universelle de 1900.

Norvège.

M. Stang-Lund, ancien ministre, avocat à la Cour de cassation de Norvège.

Orange (Etat libre d').

MM. Mosenthal (Charles de), commissaire général de l'Etat libre d'Orange à l'Exposition universelle de 1900.
Mantelet (André).

Pays-Bas.

M. Snyder de Wissenkerke (F. W. J. G.), conseiller au Ministère de la Justice, directeur du bureau de la Propriété] industrielle des Pays-Bas.

Russie.

MM. Raffalovich (Arthur), conseiller d'Etat.
Pilenco, professeur agrégé de l'Université de Saint-Pétersbourg.
Roussanoff, professeur.

Suède.

M. Nils Rahm, ingénieur en chef au Bureau royal des brevets et de l'enregistrement de Suède.

Suisse.

Bureaux internationaux de la Propriété industrielle et intellectuelle, à Berne.

MM. Morel (Henri), directeur.
Poinsard, sous-directeur.
Frey-Godet, premier secrétaire.

Délégations des Chambres de commerce, Chambres syndicales, Sociétés savantes et industrielles, etc.

Alliance syndicale du commerce et de l'industrie. Délégués :
MM. Martin, Flicoteaux, Brunet, Roussel.

Archivio di Diritto industriale in rapporto al Diritto Penale. Délégué : M. A. Levi.

Association allemande pour la protection de la propriété industrielle. Délégués : MM. E. Katz, von Schutz, Osterrieth, Mintz.

Association française pour la protection de la propriété industrielle.
Délégués : MM. Canet, Pouillet, Bert.

Association internationale pour la protection de la propriété industrielle. Délégués : MM. Pouillet, Osterrieth, Maillard.

Association des Inventeurs et Artistes industriels. Délégués :
MM. Claude Couhin, Casalonga, Libert, Bouvret, Horsin-Déon.

Association syndicale du commerce et de l'industrie des matières textiles. Délégué : M. L. Chanée.

Chambre de commerce d'Aix-la-Chapelle. Délégué : M. L. Breissel.

Chambre de commerce d'Alger.

Chambre de commerce d'Angoulême. Délégué : M. Boutelleau.

Chambre de commerce de Belfort. Délégué : M. P. Bornèque.

Chambre de commerce de Berlin. Délégué : M. M. Apt.

Chambre de commerce de Bordeaux.

Chambre de commerce de Bourges. Délégué : M. A. Chédin.

Chambre de commerce de Brême. Délégué : M. J. Rösing, syndic.

Chambre de commerce de Bruxelles (Union syndicale).

Chambre française de commerce et d'industrie de Bruxelles. Délégués : MM. A. Barre, Ch. de Hèle, du Toict, Lemonnier.

Chambre de commerce de Dunkerque.

Chambre de commerce de Genève. Délégué : M. Imer-Schneider.

Chambre de commerce du Havre. Délégué : M. Trouvay.

Chambre de commerce de Lille. Délégué : M. A. Descamps.

Chambre de commerce de Lyon. Délégué : M. Coignet.

Chambre de commerce de Maine-et-Loire. Délégué : M. Ch.-D.
Delahaye.

Chambre de commerce d'Orléans et du Loiret. Délégué : M. Léger.

Chambre de commerce de Paris. Délégué : M. A. Fumouze.

Chambre de commerce américaine de Paris. Délégués : MM. Tanner
et Brandon.

Chambre de commerce et d'industrie à Prague. Délégués : Dr Rudolph, M. Hotowetz.

Chambre de commerce de Saint-Etienne. Délégué : M. DE MONT-GOLFIER.

Chambre de commerce de Tourcoing.

Chambre consultative des Arts et Manufactures de Saint-Dié. Délégués : MM. E. GARNIER et PIERRAT.

Chambre syndicale des Bijoutiers-joailliers. Délégué : M. P. ROBIN.

Chambre syndicale de la Bijouterie imitation et des articles qui s'y rattachent. Délégué : M. G. BAËR.

Chambre syndicale de la Céramique et de la Verrerie.

Chambre syndicale de la Confection et de la Couture pour dames et enfants. Délégués : MM. FÉLIX, PERDOUX, STORCH, REVILLON.

Chambre syndicale des Entrepreneurs de couverture, plomberie, assainissement et hygiène de la Ville de Paris et des départements de la Seine et Seine-et-Oise. Délégué : M. E. BEAUVALET.

Chambre syndicale des Entrepreneurs de pavage, granit, bitume, égouts et canalisation sanitaire. Délégué : M. L. FRÉRET.

Chambre syndicale des Fabricants de lampes, lanternes, ferblanterie. Délégué : M. H. BESNARD.

Chambre syndicale des Fabricants français de machines à coudre. Délégué : M. V. HAUTIN.

Chambre syndicale des Industries diverses de l'article de Paris. Délégué : M. P. M. FLICOTEAUX.

Chambre syndicale du Papier et des industries qui le transforment. Délégué : M. G. JOUANNY.

Groupe des Chambres syndicales de l'industrie et du bâtiment. Délégué : M. F. BERTRAND.

Réunion des Fabricants de bronze et des industries qui s'y rattachent. Délégués : MM. SOLEAU, LOUCHET, LE BLANC-BARBEDIENNE.

Société des Arts de Genève (classe d'industrie et de commerce).

Société des Caves et des Producteurs réunis de Roquefort.

Société d'encouragement pour l'industrie nationale à Paris. Délégués : M. A. CARNOT, DAVANNE, LAVOLLÉE.

Société des Fabricants d'aiguilles d'Allemagne. Délégué : M. L. BEISSEL.

Société industrielle nationale à Budapest. Délégué : M. M. KELEMEN.

Société des Ingénieurs civils de France. Délégués : MM. DUMONT, CARPENTIER, GASSAUD, HONORÉ, LOREAU, G. MESUREUR, MAUNOURY, E. BERT.

Société des Inventeurs réunis de Lyon.

Société des Lunetiers, à Paris.

Société impériale technique de Russie. Délégué : M. KAUPÉ.

Syndicat du Commerce des vins de Champagne. Délégués : MM. P. KRUG et HENRIOT.

Syndicat commercial et industriel de Lyon.

Syndicat des Fabricants de fils de lin à coudre de Lille.

Syndicat des Fabricants d'orfèvrerie d'argent. Délégué : M. A. DE-BAIN.

Syndicat des Fabricants de savons de Marseille. Délégué : M. BARON fils.

Syndicat général des Fondeurs en fer de France. Délégués : MM. POINSAT et GIRARD.

Syndicat des Ingénieurs-Conseils en matière de propriété industrielle. Délégué : M. J.-G. FAYOLLET.

Syndicat de la Parfumerie française. Délégué : M. P. PROT.

Syndicat des Produits alimentaires en gros, des commerces et industries qui s'y rattachent.

Syndicat professionnel de l'Union des Fabricants de papier de France. Délégué : M. E. GRUINTGENS.

Syndicat des Vins, spiritueux et vinaigres en gros d'Orléans, du Loiret et des départements limitrophes (ancien Orléanais).

Tribunal de commerce de Saint-Etienne. Délégué : M. E. TAVERNIER.

Union céramique et chaufournière de France. Délégué : M. A. METZ.

Liste des membres du Congrès

de la Propriété industrielle.

A

MM.

ABBOVE (Alessandro), avocat, à Milan.

ABELÉ (Henri), négociant, à Reims.

ACKERMANN ET Cⁱᵉ, filateurs, à Sontheim (Wurtemberg).

ADET, SEWARD ET Cⁱᵉ, à Bordeaux.

ALEXANDER-KATZ (Hugo), conseiller de justice, à Berlin.

ALEXANDER-KATZ (Richard), avocat à Berlin.

ALEXANDER-KATZ (Paul), avocat à Berlin.

ALLART (Henri), avocat à la Cour de Paris.

ALLIÉ (P.), produits pharmaceutiques, à Paris.

ALRIQ (Pierre), négociant, à Paris.

AMAGNEUX (Maison Darrasse Léon et Cⁱᵉ), produits pharmaceutiques, à Paris.

AMAR (Moïse), avocat à Turin.

AMIEUX ET Cⁱᵉ (M.), conserves alimentaires, à Chantenay-les-Nantes.

ANCELOT, ancien président de l'Association générale du commerce et de l'industrie des tissus et des matières textiles, à Paris.

ANDRÉ (A.) FILS, négociant en huiles, à Paris.

ANDRÉ (Charles), de la maison Ch. André et Cⁱᵉ, à Lyon.

ANGELI (Ernest D'), sénateur, à Milan.

ANTOINE-FEILL (Henri), avocat, à Hambourg.

APT (Max), syndic de la Chambre de commerce de Berlin, à Berlin.

ARMENGAUD aîné, ingénieur-conseil, à Paris.

ARMENGAUD jeune, ingénieur-conseil, à Paris.

ARMENGAUD (René), ingénieur-conseil, à Paris.

ARNOULD (Ch.) ET Cⁱᵉ, négociants en vins de Champagne, à Reims.

ASSI (Ch.), ingénieur-conseil, à Paris.

ASTIER, pharmacien, député de l'Ardèche, à Paris.

AUBEPIN, avocat à la Cour de Paris.

AUCOC (Louis), président de la Chambre syndicale de la bijouterie, joaillerie et orfèvrerie, à Paris.

AUGÉ (Henri) ET Cⁱᵉ, produits pharmaceutiques, à Lyon.

AUGENDRE (L.), pharmacien, à Maisons-Laffitte.

AUSSUDRE, à Paris.

AUST (Hermann), fabricant, juge de commerce, à Munich.

B

MM.

BACHIMONT ET Cie, Société française de lait condensé, à Paris.

BADISCHE ANILIN AND SODA FABRIK, à Ludwigshafen (Allemagne). Délégué : M. le professeur BERNTHSEN.

BAER (Georges). avocat à la Cour de Paris.

BAGUÈS (Victor), fabricant de bronzes, à Paris.

BAILLE-LEMAIRE, manufacture de jumelles, à Paris.

BALLAI (D^r), conseiller de section au Ministère du commerce de Hongrie, à Budapest.

BALLY (A.-L.), industriel, à Clamart.

BAPTEROSSES (F.) ET Cie, fabricants de boutons, à Paris.

BARBANCEY (J.-V.), licencié en droit, à Paris.

BARDINET (E.), distillateur, à Bordeaux.

BARDOU (E.) maison Joseph Bardou et fils, fabrique de papier à cigarettes, à Perpignan.

BARGOIN (J.-B.), pharmacien, à Clermont-Ferrand.

BARON FILS, fabricant de savon, à Marseille.

BARRE (A.), ingénieur, membre de la Chambre française de commerce et d'industrie, à Bruxelles.

BARZANO (C.), ingénieur-conseil, à Milan.

BAUDET (Th.), distillateur, à Thiers (Puy-de-Dôme).

BAUDON (A.), pharmacien, à Paris.

BAZ (G.), chargé d'affaires du Mexique en France.

BEAUME (Alexandre), avocat à la Cour de Paris.

BEAUVALET (E.-E.), vice-président de la Chambre syndicale des entrepreneurs de couverture, à Paris.

BECK DE MANNAGETTA (chevalier DE), président du *Patentamt* de l'Autriche, à Vienne.

BEISSEL (Louis), industriel, à Aix-la-Chapelle.

BELIN, éditeur-imprimeur, à Paris.

BELLIER (Charles), avocat-conseil, à Paris.

BENEDETTI (DE), ingénieur-conseil, à Rome.

BENIES, avocat à Vienne.

BERNARD (Julien), études techniques, à Paris.

BERNHEIM (Ed.), produits alimentaires, à Paris.

BERNTHSEN (Dr Auguste), professeur, délégué de la Badische Anilin and Soda Fabrik (Allemagne).

BERT (Emile), ingénieur-conseil, à Paris.

BERTAULT (Ed.), directeur de la Compagnie de bandes en caoutchouc pour véhicules, à Paris.

BERTAUT, président du syndicat des fabricants de produits pharmaceutiques de France, à Paris.

BERTELLI (A.) ET Cie, Société de produits chimiques et pharmaceutiques. à Milan.

BERTOMEU (Vve) ET Cie, manufacture de tabacs, à Alger.

BERTRAND (Frédéric), président des Chambres syndicales de l'industrie et du bâtiment.

BESLIÉRES, DUFFOURC ET NOEL (Pharmacie normale), à Paris.

BESNARD, ingénieur civil, à Paris.

BESSAND PÈRE ET FILS, STASSE ET Cie, Belle-Jardinière, à Paris.

BIEBYUCK, ingénieur-conseil, à Bruxelles.

BIGAULT DU GRANDRUT (DE), avocat à la Cour de Paris.

BINET (V^e) FILS ET Cie, négociants en vins de Champagne, à Reims.

BISQUIT DUBOUCHÉ ET Cie, négociants en eaux-de-vie, à Jarnac.

BIXIO (Maurice), (voir Compagnie générale des voitures, à Paris).

BLACK (G.), fabricants de chicorée, à Saint-Olle, près Cambrai.

BLADÉ, consul de 1re classe, rédacteur à la Direction commerciale des Affaires étrangères, à Paris.

BLANCHET FRÈRES ET KLÉBER, papeteries, à Rives (Isère).

BLANCHON, produits pharmaceutiques, à Paris.

BLANCK (Jules), de la maison Blanck et Cie, dentelles et broderies, à Paris.

BLAZY ET Cie, négociants en lainages, à Paris.

BLÉTRY (Camille), ingénieur-conseil, à Paris.

BLÉTRY AÎNÉ, ingénieur-conseil, à Paris.

BLIECK (O.), avocat à la Cour de Paris.

BLOUIN, ingénieur-conseil, à Paris.

BOGELOT, avocat à la Cour de Paris.

BOIN (Georges), orfèvre, à Paris.

BOITEAU (A.-L.) ET Cie, négociants en eaux-de-vie, à Angoulême.

BÖLCSKEY, ingénieur-conseil, à Budapest.

BOMPARD, directeur des Consulats et affaires commerciales au Ministère des Affaires étrangères, à Paris.

BONNET (Joseph), ingénieur-conseil, à Paris.

BONNET (J.-C.), produits vétérinaires, à Saint-Savinien (Charente-Inférieure).

BORDES (L.-F.), ingénieur-conseil, à Buénos-Ayres.

BORNÈQUE, Président de la Chambre de commerce de Belfort, à Beaucourt.

BOSIO (Edouard), avocat à Turin.

BOUILLIER, avocat à la Cour, à Paris.

BOURCIER (Mathieu), délégué par le gouvernement de la République Argentine, à Paris.

BOURDEL (Joseph), de la maison Plon, Nourrit et Cie, imprimeurs-éditeurs, juge suppléant au Tribunal de commerce de la Seine, à Paris.

BOURDON (E.), ingénieur mécanicien, à Paris.

BOUTELLEAU, négociant en eaux-de-vie, vice-président de la Chambre de commerce d'Angoulême, à Barbezieux.

BOUVIER (A.), ingénieur des Arts et Manufactures, à Lyon.

BOUVRET, ingénieur-expert près la Cour d'appel de Paris.

BOYER (G.), (voir Société nouvelle des Raffineries de la Méditerranée).

BRANCA FRATELLI, distillateurs, à Milan.

BRANDON (Raphaël), ingénieur-conseil, à Paris.

BRANDT (Louis) ET FRÈRE, manufacture d'horlogerie, à Paris.

BRET (A.), pharmacien, à Romans (Drôme).

Brigonnet et Naville, produits chimiques, à la Plaine-Saint-Denis.

Brunet, membre de l'Alliance syndicale du commerce et de l'industrie, à Paris.

Buchet (Charles) et Cie, pharmacie centrale de France, à Paris.

Bunji Mano, de l'Université impériale de Tokyo (Japon).

Butin, (voir Manufacture française de porte-plumes, de plumes et d'œillets métalliques, ancienne maison Bac).

C

MM.

Camoin (A.) et Cie, cartes à jouer, à Marseille.

Campi (Emile), député, avocat, à Milan.

Candès et Cie, parfumeurs, à Paris.

Canet, président de la Société des ingénieurs civils de France, à Paris.

Caquet (Paul), ingénieur, à Paris.

Carnot (Adolphe), membre de l'Institut, à Paris.

Carpentier, instruments à l'usage des sciences.

Carrière (Paul-Joseph), manufacturier à Bourg-la-Reine.

Casalonga (D.-A.), ingénieur-conseil, à Paris.

Casalonga (D.) fils, ingénieur-conseil, à Paris.

Casasus (J.-D.), de Mexico, à Paris.

Caspary, docteur ès sciences, à Paris.

Chaigneau (J.) et Cie, négociants en vins et spiritueux, à Bordeaux.

Champetier de Ribes, avocat à la Cour de Paris.

Champigny (M^{on} A. Champigny et Cie), fabrique de produits pharmaceutiques, à Paris.

Chandon (L.) (M^{on} J.-B. Mallat), plumes métalliques, à Paris.

Chandon de Briailles (Raoul) (Comte), membre de la Chambre de commerce de Reims, à Epernay.

Chanée (Léon), manufacturier, à Paris.

Chappaz (Joseph) et Cie, fabricants de vermouth, à Béziers.

Charbonniez, Gaillard et Cie, manufacture de chaussons, à Fère-en-Tardenois (Aisne).

Charles (P.-A.), ingénieur, à Noyers-Pont-Maugis.

Chassaing (M^{on} Chassaing et Cie), fabricant de produits pharmaceutiques, à Paris.

Chaumat (Alexandre), avocat à la Cour de Paris.

Chédin (Achille), membre de la Chambre de commerce de Bourges, à Bourges.

Chouët (M^{on} A. Chouët et Cie), produits hygiéniques, à Paris.

Christofle (Paul), fabricant d'orfèvrerie, à Paris.

Claverie, commis des postes et télégraphes, à Tarbes.

Clermont (Raoul de), avocat à la Cour de Paris.

Clunet, avocat à la Cour de Paris.

Cognet (A.), produits pharmaceutiques, à Paris.

Cointreau fils, distillateur, à Angers.

Coirre (G.-P.-D.), pharmacien, à Paris.

COLIN (Marcel), fabricant de bronze, à Paris.

COMAR (F.), et fils et Cie, produits pharmaceutiques, à Paris.

COMBRET (Raymond), docteur en médecine, à Paris.

COMPAGNIE GÉNÉRALE DES VOITURES, à Paris. Délégué : M. BIXIO, président de la Cie.

COMPAGNIE RUSS-SUCHARD, fabricant de chocolat, à Neuchâtel (Suisse).

COMPAGNIE DES TRAMWAYS DE L'EST-PARISIEN. Délégué : M. DEBRAY, directeur.

CONSTANT (Charles-Félix). avocat à la Cour de Paris.

CONTIZZI (F.), professeur à l'Université de Toledo.

COUBIN (Claude), avocat à la Cour de Paris.

COULET (Paul), avocat à la Cour de Paris.

CORBIN ET Cie, fabrique de produits chimiques, à Chedde.

COUDRAY (E.) ET Cie, parfumeurs, à Paris.

COURMONT ET Cie, manufacture de chicorée, à Cambrai.

CRESPEL (A.), filateur, à Lille.

CRESSONNIÈRES (A. DES) ET Cie, Savonnerie Maubert, à Lille.

CURLIER (Félix), négociant en eaux-de-vie, à Paris.

CUSENIER (E.) FILS AÎNÉ ET Cie, distillateurs, à Paris.

D

MM.

DALCHOW (E.), ingénieur-conseil, à Berlin.

DALTROFF (Julien), broderies mécaniques et dentelles, à Paris.

DANIEL (Vve), LÉVY ET Cie. cirages, à Clichy (Seine).

DARRAS, docteur en droit, à Paris.

DAVANNE, président du Comité d'administration de la Société française de photographie, à Paris.

DEBAIN (A.-E.), président du Syndicat des fabricants d'orfèvrerie d'argent, à Paris.

DEBRAY, (voir Cie des tramways de l'Est-Parisien).

DEDREUX (Gaston), ingénieur-conseil, à Munich.

DEDREUX (Mme), à Munich.

DEGLOS (G.), produits pharmaceutiques, à Paris.

DEHAUT ET Cie,   id.   à Paris.

DELAHAYE (Dominique), président de la Chambre de commerce du Maine-et-Loire, à Angers.

DELBRÜCK, directeur au *Patentamt*, à Berlin.

DELOM, ingénieur-conseil, à Paris.

DELOR (A.), distillateur, à Bordeaux.

DENOIX (Louis), distillateur, à Brive-la-Gaillarde.

DEPENSIER (Ch.), pharmacien, à Rouen.

DERNIS (Alphonse), avocat à la Cour de Paris.

DESBAZEILLE (Germain), fabricant de bijouterie, à Paris.

DESCAMPS (Anatole), vice-président de la Chambre de commerce de Lille.

DESCAMPS (Auguste), filateur, à Lille.

DESJARDIN, avocat à la Cour de Paris.

Des Noues (Mon A. Champigny et Cie), à Paris.

Desouches (Guillaume), avoué à Paris.

Destrem, chef de bureau de la Propriété industrielle, à Paris.

Desvernay et Cie, fabricants de crayons, à Paris.

Dethan (Ad.), produits pharmaceutiques, à Paris.

Deutz et Geldermann, négociants en vins de Champagne, à Ay.

Develle, sénateur, à Paris.

Digeon et fils aîné, ingénieurs, à Paris.

Digne (Jean) et Cie, pharmaciens, à Marseille.

Doermer (Otto), avocat, délégué de Farben Fabriken vorm. Friedr. Bayer et Cº), à Elberfeld.

Dony (Charles), ingénieur-conseil (Maison Armengaud aîné), à Paris.

Donzel (Louis), avocat à la Cour de Paris.

Droz (A.), avocat à la Cour de Paris, président du Conseil général de Seine-et-Marne.

Dubonnet, distillateur, à Paris.

Dubois (François), (voir Société anonyme des Savonneries marseillaises).

Duchesne (Maurice), avocat à la Cour de Paris.

Duclos, avoué, à Paris.

Dufaux (Jules), fabricant de buscs, à Paris.

Dufresne et Cie, manufacture de coutellerie, à Thiers.

Duminy et Cie, négociant en vins de Champagne, à Ay.

Dumont (Charles), agent de brevets, à Capellen-Luxembourg.

Dumont, ancien président de la Société des ingénieurs civils de France, à Paris.

Dupont (Emile) (Mon A. Dupont et Cie), manufacture de brosserie, à Paris.

Dupuy (A.), pharmacien, à Paris.

Duval (Adrien), fabricant de bronzes d'art, à Paris.

E

MM.

Eberth (C. Viggo), ingénieur-conseil à Copenhague.

Ehrenberg (Alexandre), représentant de la maison E. Merck, à Darmstadt.

Eisenmann (Ernest), avocat à Paris.

Engel-Gros, (voir Société d'Industrie textile à Mulhouse).

Evette et Schaeffer, fabricants d'instruments de musique, à Paris.

Exle (Dr W.), avocat à Vienne.

Expert-Besançon, président du Comité central des Chambres syndicales, à Paris.

Eydoux (Félix), fabricant de savon, à Marseille.

F

MM.

Fabbricca Torinese di colla e concimi, à Turin.

Farbenfabriken vorm. Fried. Bayer et Cie. Délégués : MM. Otto, Doermer et Kloeppel.

FARBWERKE VORM. MEISTER LUCIUS ET BRUNING. Délégué : M. HAEUSER.

FARINA (Johann-Maria), Eau de Cologne, à Cologne.

FAUCHILLE (Auguste), avocat, à Lille.

FAYOLLET (J.-G.), ingénieur-conseil, à Paris.

FÉAU (G.), orfèvre, à Paris.

FEHLERT (C.), président du syndicat des ingénieurs-conseils, à Berlin.

FÉOLDE (Gustave), Ingénieur des Arts et Manufactures, avocat à la Cour de Paris.

FÉRAUD (Augustin), président de la Chambre de commerce de Marseille.

FÈRE (Ch.), président de l'Union des fabricants, directeur général de la Compagnie fermière de l'Etablissement thermal de Vichy, à Paris.

FÉRON-VRAU (Léon), (Maison P. Vrau et Cᵢₑ), filateur, à Lille.

FERRÉ (H.), BLOTTIÈRE ET Cᵢₑ, pharmaciens, à Paris.

FERRUCIO-FOA, avocat à Milan.

FILLOT, directeur des Grands Magasins du Bon Marché, à Paris.

FLICOTEAUX (P.-M.), ingénieur-conseil, à Paris.

FLORENT (Paul, (Maison P. Florent et Cᵢₑ), fabricant de réglisse, à Avignon.

FONTAINE (Hyppolyte), ingénieur civil à Paris.

FOURIS (F.-A.), pharmacien, à Paris.

FOURNIER (Eugène), pharmacien, à Paris.

FOURNIER (Félix) (Maison L.-Félix Fournier et Cᵢₑ), fabrique de bougies, à Marseille.

FRANCKEN (L.-A.), ingénieur-conseil, à Paris.

FRANCOZ ET Cᵢₑ, manufacture de gants, à Grenoble.

FRÉRET (Louis), membre de la Chambre syndicale des Entrepreneurs, à Paris.

FREUND-DESCHAMPS, membre de la Chambre syndicale des Produits chimiques, à Vieux-Jand'heurs (Meuse).

FREY-GODET (B.), premier secrétaire des Bureaux internationaux de la Propriété industrielle et intellectuelle, à Berne.

FRINGS (Maurice) (Maison Maurice Frings et Cᵢₑ), fabricant de cotons à coudre, à Paris.

FUMOUZE (Armand) (Maison Fumouze frères), produits pharmaceutiques, vice-président de la Chambre de commerce de Papià.

FUMOUZE (Victor), docteur en médecine (Maison Fumouze frères), président honoraire de l'Union des fabricants, à Paris.

FUCHS (Max), avocat à Berlin.

G

MM.

GALLAND (A.) fils, distillateur, à Saint-Denis.

GALLICE ET Cᵢₑ, négociants en vins de Champagne, à Epernay.

GARBE, président de la Chambre des agréés près le Tribunal de commerce de Paris.

GARNIER (E.), président de la Chambre consultative de Saint-Dié, à Saint-Dié.

GARNIER FILS ET LECERF, produits pharmaceutiques, à Paris.

GARRES (Vve) jeune et fils, pâtes alimentaires, à Bordeaux.

GASCARD (A.), pharmacien, à Bihorel-les-Rouen.

GASSAUD, avocat à la Cour de Paris.

GAUTHIER, à Aiguebelle par Donzère (Drôme).

GAUTIER (G.), docteur en médecine, à Paris.

GAVITO fils (Sanchez), de Mexico, à Paris.

GAZAGNE (A.), pharmacien, à Pont-Saint-Esprit.

GENÈS (Louis), ingénieur-conseil, à Paris.

GEOFFROY (Henri), avocat à la Cour de Paris.

GEORGES (H.), industriel, à Paris.

GÉRARD, chef du Service du contentieux et de l'Agence judiciaire du Trésor au Ministère des Finances, à Paris.

GÉRAUD (Jules), ingénieur-conseil, à Rio-de-Janeiro.

GÉRAUDEL (A.), pharmacien, à Sainte-Menehould.

GERMAIN (Jules-Eugène), mécanicien-opticien, à Paris.

GILBERT ET Cie, manufacture de crayons, à Givet.

GIRARD, membre du Syndicat général des fondeurs de fer de France, à Paris.

GIRARD (Emile) (Maison Paul Prot et Cie), à Paris.

GIRARD ET Cie (successeurs de Henry Goulet), négociants en vins, à Reims.

GIRON frères, fabricants de velours, à Saint-Etienne.

GLANDAZ (Albert-S.), greffier en chef du Tribunal de commerce de la Seine, à Paris.

GOLDBERGER, conseiller royal intime de commerce, à Berlin.

GOUNELLE (Alfred), négociant en huiles, à Marseille.

GOY, ancien président du Tribunal de commerce de la Seine, à Paris.

GRAVIER (A.), parfumeur, à Neuilly-sur-Seine.

GRELLOU (Alexis), mercerie en gros, à Paris.

GRONERT (T.-C.), ingénieur-conseil, à Berlin.

GROSS-DROZ, distillateur, à Bordeaux.

GRUINTGENS (Ernest), membre du Comité central du Syndicat professionnel de l'Union des Fabricants de papier de France, à Paris.

GUÉRIN-DELANGRENIER, produits alimentaires, à Paris.

GUERLAIN (S^{té}), parfumerie, à Paris.

GUILLON (Th.), distillateur, à Nantes.

GUINEFOLLAUD (L.), négociant en vins, à Angoulême.

GUITTET (G.), fabricant de vernis, à Paris.

GUITTON (H.) (Maison Félix Fournier et Cie), manufacture des bougies de l'Etoile, à la Plaine-Saint-Denis.

H

MM.

HAAS (W.-B.), fabricant de pipes, à Saint-Claude (Jura).

HADROT (P.-J.), vice-président de la Chambre syndicale du Papier et des industries qui s'y rapportent, à Paris.

HAEUSER, avocat et syndic des Etablissements vorm. Meister Lucius et Bruning, à Hoechst-sur-Mein (Allemagne).

HANOTEAU (H.), ingénieur, administrateur délégué du Val d'Osne, à Paris.
HARDY (G.), ingénieur-conseil, à Vienne (Autriche).
HARMAND (G.), avocat à la Cour de Paris.
HARTMANN (G.), président de l'Union des Syndicats de l'Alimentation en gros, à Paris.
HATSCHEK (P.-M.), ingénieur-chimiste, à Londres.
HATTERER (Veuve) (I.), manufacture de papier à cigarettes, à Paris.
HAUSS, conseiller à l'office de l'Intérieur, à Berlin.
HAUTIN (V.), président du Syndicat des Fabricants français de machines à coudre, à Nogent-sur-Marne.
HEITZ (Paul), avocat à la Cour de Paris.
HÉLE (Ch. DE), membre de la Chambre française de commerce et d'industrie de Bruxelles, à Bruxelles.
HENNESSY (R.) ET Cie, négociants en eaux-de-vie, à Cognac.
HENRIOT (A.), négociant en vins, délégué du Syndicat du commerce des vins de Champagne, à Reims.
HENRY (G.-A.), orfèvre, à Paris.
HENRY (P.-E.), orfèvre, à Paris.
HIRSCHLAFF (M.), ingénieur-conseil, à Berlin.
HOGG (W.-D.), produits pharmaceutiques, à Paris.
HONORÉ, directeur de la Société des Magasins du Louvre, à Paris.
HORSIN-DÉON, ingénieur-chimiste, à Paris.
HOTOWETZ, vice-secrétaire de la Chambre de commerce et d'industrie de Prague, à Prague.
HOTTOT (E.), alimentation, à Paris.
HUARD (G.), avocat à la Cour de Paris.
HUBER-WERDMULLER (colonel), Etablissements OErlikon, à Zurich.
HUEBER, huissier-audiencier, à Paris.
HULEUX (J.), produits hygiéniques, à Paris.
HUSSON, avocat à la Cour de Paris.

I

MM.

ILLÉS D'EDVI, ingénieur, à Budapest.
IMER-SCHNEIDER, ingénieur-conseil, à Genève.
IMER fils, ingénieur, à Genève.
IRICZ (Dr A.), avocat, à Budapest.

J

MM.

JALUZOT ET Cie (J.), magasins du Printemps, à Paris.
JAPY (H.), vice-président de la Chambre de commerce de Besançon, à Paris.
JAQUET (H.), président de la Chambre syndicale des graveurs-estampeurs, à Paris.
JENDRASSIK (C.), ingénieur en chef au bureau des brevets de Hongrie, à Budapest.

JITTA (J.), professeur de droit à l'Université d'Amsterdam, à Amsterdam.

JOANNE (Ed.), distillateur, à Paris.

JOSSE (H.), ingénieur-conseil, à Paris.

JOUANNY (G.), vice-président du Comité central des chambres syndicales, à Paris.

JOUISSE, pharmacien, à Orléans.

JULLIEN (Firmin), fabricant de conserves, à Setubal (Portugal).

JUNCK (Dʳ J.), avocat près le tribunal impérial, à Leipzig.

JUSTICE (Ph.-M.), Patent agent, à Londres.

K

MM.

KALMAR, ingénieur-conseil, à Budapest.

KATZ (Edwin), avocat, docteur en droit, à Berlin.

KAUPÉ (F.), ingénieur-conseil, à Saint-Pétersbourg.

KAUPÉ (Mᵐᵉ A.), à Saint-Pétersbourg.

KELEMEN (M.), ingénieur-conseil, à Budapest.

KLOEPPEL (E.), Dʳ jur. et phil., (Farbenfabriken vorm. Friedr. Bayer), à Elberfeld.

KLOTZ (Adrien), parfumeur, à Paris.

KLOTZ (Henri), parfumeur, à Paris.

KLOTZ (Victor), parfumeur, à Paris.

KORBULY (J.), inspecteur principal, à Arad (Hongrie).

KRUG (P.) (maison Krug et Cⁱᵉ), négociant, président du Syndicat du commerce des vins de Champagne, à Reims.

KULLBERG, ingénieur de la Société Separator, à Paris.

L

MM.

LABAT (Jean), ingénieur des arts et manufactures, à Bordeaux.

LABELONYE ET Cⁱᵉ, produits pharmaceutiques, à Paris.

LAIRE (DE) ET Cⁱᵉ, produits chimiques, à Paris.

LAMBERT (P.), distillateur, à Marseille.

LANDON (A. et M.), parfumeurs, à Paris.

LANDRU, (voir Société française des Tresses, Lacets et Boutons, à Paris).

LARBAUD SAINT-YORRE (Vᵛᵉ N.), eaux minérales, à Vichy.

LAROCHE-JOUBERT, député, président du Syndicat professionnel de l'Union des fabricants de papiers de France, à Angoulême.

LASTRES, avocat, membre du Sénat d'Espagne, à Madrid.

LAURENS DE LA BARRE (DU), avocat à la Cour de Paris.

LAURENT (Ch.), ingénieur, (voir Société anonyme des papiers Abadie).

LAURENT (G.-E.-E.), articles en caoutchouc, à Paris.

LAS-CASES (DE), avocat à la Cour de Paris.

LANMAN ET KEMPE, parfumeurs, à New-York.

LAVAGNE (I.) ET Cⁱᵉ, bronzes religieux, à Paris.

Lavoix (Antoine), ingénieur-conseil, à Paris.

Lavollée, vice-président honoraire de la Société d'encouragement, à Paris.

Layus (Lucien), éditeur d'estampes, à Paris.

Léauté (Henri), membre de l'Institut, à Paris.

Leblanc-Barbedienne, fabricant de bronzes d'art, à Paris.

Leboce, Maison Prince (Amédée) et Cᵢᵉ, à Paris.

Le Bret, avocat à la Cour de Paris.

Le Breton, avocat, à Buenos-Ayres.

Lebrun-Tardieu, bronzes d'éclairage, à Paris.

Lechat (L.), Philippe (R.), Benoit (A.) et Cᵢᵉ, conserves alimentaires, à Nantes.

Le Couppey (A.), produits pharmaceutiques, à Paris.

Lederlin (Eugène), doyen de la Faculté de droit de Nancy.

Léger, membre de la Chambre de commerce d'Orléans et du Loiret, à Patay (Loiret).

Legrand (Victor), président du Tribunal de commerce de la Seine, à Paris.

Legris (Oscar), à Versailles.

Lelaurin (E.), fournitures de bureaux, à Paris.

Lemerle, administrateur de la Compagnie centrale des émeris et produits à polir, à Paris.

Lemoine (G.) et fils, parfumeurs, à Levallois-Perret.

Lemonnier, avocat, membre de la Chambre française de commerce et d'industrie de Bruxelles.

Leonhardt (Ernest), directeur de « Farbwerke Mühlheim vorm. A. Leonhardt et Cᵢᵉ », à Mühlheim-sur-Mein.

Leprince (Maurice), pharmacien, à Paris.

Le Perdriel et Cᵢᵉ, produits pharmaceutiques, à Paris.

Leroy (Isidore), fabrique de papiers peints, à Paris.

Leroy (Noël), épingles à cheveux, à Orléans.

Leroy (Vᵉ Ch.) et Cᵢᵉ, cirages, à Levallois-Perret.

Lesage (Henri), de la maison Héninet et Cᵢᵉ, orfèvres, à Paris.

Le Tellier (Michel), avocat à la Cour de Paris.

Lévi (Abramo), avocat, à Turin.

Lévy (Arthur), instruments d'optique, à Paris.

Lévy (Frédéric), avocat à la Cour de Paris.

Libert, artiste industriel, à Paris.

Linzeler (Robert), orfèvre-coutelier, à Paris.

Lloyd-Wise, ingénieur-conseil, à Londres.

Lluch (Gabriel), avocat, à Barcelone.

Loubier, ingénieur-conseil, à Berlin.

Louchet (Paul), vice-président de la Réunion des fabricants de bronze, à Paris.

Loreau, manufacturier, à Paris.

Louit frères, conserves alimentaires, à Bordeaux.

Lucet-Fleury, vinaigres, à Orléans.

Lucien-Brun (Joseph), avocat à la Cour de Lyon.

Lumière (A.) et ses fils, produits photographiques, à Lyon-Monplaisir.

Luynes (de), professeur au Conservatoire des Arts et Métiers, à Paris.

Lux (Johannès), ingénieur-conseil, à Vienne.

Lux (Friedrich), à Ludwigshafen-am-Rhein.

Lyon-Caen (Charles), membre de l'Institut, professeur à la Faculté de droit de Paris.

M

MM.

Mack (Edouard), avocat à la Cour de Paris.

Magnus (Jules), avocat à Berlin.

Maillard (Georges), avocat à la Cour de Paris.

Maillard de Lafaye (Marquis de), membre du Conseil général de la Dordogne, directeur administratif de l'Union des Fabricants, à Paris.

Maillard de Marafy (Comte de), président des Comités consultatifs de l'Union des Fabricants, à Paris.

Mainié (F.), avocat à la Cour de Paris.

Malpas (G.-V.), produits chimiques, à Dôle (Jura).

Mannheim (C.), expert en objets d'art, à Paris.

Mantelet, délégué par le gouvernement de l'État libre d'Orange.

Manufacture Dijonnaise des biscuits Pernot, à Dijon.

Manufacture française de porte-plume, de plumes et d'œillets métalliques (Ancienne Maison G. Bac), à Paris. Délégué : M. Butin, administrateur-délégué.

Manufactures réunies de tresses et lacets, à Saint-Chamond (Loire).

Mardelet, ingénieur-conseil (maison Armengaud jeune), à Paris.

Maréchal (A.), Ruchon et Cie, fabricants de pipes, à Paris.

Marie Brizard et Roger (Les héritiers de), distillateurs, à Bordeaux.

Marion, Guibout et Cie, papetiers, à Paris.

Martell, sénateur, négociant en eaux-de-vie, à Cognac.

Martin, membre de l'Alliance syndicale du commerce et de l'industrie, à Paris.

Martineau (G.), négociant en eaux-de-vie, à Saintes.

Maunoury (Maurice), avocat à la Cour de Paris.

Mauser (H.-W.), à Delft.

Mavaut (O.), chef de bureau à la Direction de l'Industrie au Ministère de l'Industrie et du Travail, à Bruxelles.

Mayence, Favre et Cie, Comptoir international de publicité, à Paris.

Maynard (Emile), ingénieur, à Fourchambault (Nièvre).

Menier (Gaston), industriel, député de Seine-et-Marne, à Paris.

Méré de Chantilly (P.), produits vétérinaires, à Orléans.

Merville (Ch.), ingénieur-conseil, à Paris.

Mesnil (H.), docteur en droit, avocat français, à Londres.

Mestral (De), ingénieur-conseil, à Paris.

Mesureur (Jules), vice-président de la Société des ingénieurs civils de France, à Paris.

Mettetal (F.), avocat-défenseur, à Hanoï.

Metz (A.), président de l'Union céramique et chaufournière de France.

3

MILHAU, CRÉMIEUX ET Cie, fabricants de boissons gazeuses, à Marseille.

MINTZ (M.), ingénieur-conseil, à Berlin.

MOLLER (M.), ingénieur-conseil, à Copenhague.

MONNET (J.-G.) ET Cie, négociant en eaux-de-vie, à Cognac.

MONCOUR (A.), pharmacien, à Boulogne-sur-Seine.

MONTEBELLO (Alfred DE), négociant en vins de Champagne, au château de Mareuil-sur-Ay (Marne).

MONTGOLFIER (DE), président de la Chambre de commerce de Saint-Etienne, à Saint-Etienne.

MORIN (Ch.), négociant, à Paris.

MOREL (Vve Charles), savonnerie, à Marseille.

MOREL (Henri), directeur des Bureaux internationaux de la propriété industrielle et intellectuelle, à Berne.

MORET, avocat au Conseil d'Etat et à la Cour de cassation, à Paris.

MOSENTHAL (Ch. DE), commissaire général de l'Etat libre d'Orange à l'Exposition universelle de 1900, à Paris.

MOTTE (E.), industriel, député du Nord, à Paris.

MOTTÉ (J.), membre de la Chambre de commerce de Tourcoing.

MOTTHEAU (E.), secrétaire de la Réunion des fabricants de bronzes, à Paris.

MUMM (G.-H.) ET Cie, négociants en vins de Champagne, à Reims.

MUZET, président du Syndicat général du Commerce et de l'Industrie, député de la Seine, à Paris.

N

MM.

NASHAN (J.), manufacture de chaussures, à Mouy (Oise).

NAUTON-FOURTEU ET Cie (Cie Coloniale), à Paris.

NICOLAS, conseiller d'Etat, directeur du travail et de l'industrie au Ministère du commerce et de l'industrie, à Paris.

NICOLESCO (N.), avocat, à Bucarest.

NILS RAHM, ingénieur en chef au bureau royal des brevets et de l'enregistrement, à Stockholm.

NOCARD (Paul), (voir Société L.-T. Piver et Cie).

NUBIAN MANUFACTURING COMPANY, à la Plaine-Saint-Denis (Seine).

NUGUE-RICHARD ET Cie, fabricants de vermouth, à Béziers.

NYIRI, avocat, à Budapest.

O

MM.

ŒKER (P.), publiciste, secrétaire, pour les Etats-Unis, de l'Association internationale pour la protection de la propriété industrielle, à Paris.

OLRY-RŒDERER (L.), négociant en vins de Champagne, à Reims.

OGEZ, constructeur de navires, à Dunkerque.

ONFRAY, président de la Chambre syndicale de l'Automobile et du Cycle, à Paris.

OSTERRIETH (A.), docteur en droit, directeur de la Revue *Gerverblicher*

Rechtsschutz und Urheberrechtl, secrétaire général de l'Association internationale et de l'Association allemande pour la protection de la propriété industrielle, à Berlin.

P

MM.

PAPPENHEIM (G.), ingénieur-conseil, à Vienne.

PARAT (F.), pharmacien, à Périgueux.

PARENT (A.) FILS ET G. BOUCHARD, manufacture de boutons, à Paris.

PAUTAUBERGE, pharmacien, à Paris.

PAULY (F.), parfumeur, à Paris.

PEARSON (W.), produits chimiques, à Paris.

PELLETIER (Michel), avocat à la Cour de Paris.

PELLISSON PÈRE ET Cⁱᵉ, distillateurs, à Cognac.

PÉRISSÉ (S.), ingénieur-expert près la Cour d'appel de Paris, à Paris.

PERROUX (J.), ingénieur-chimiste, licencié ès sciences de l'Université de Paris, à Paris.

PERRY (J.-W.), bandes en caoutchouc pour véhicules, à Paris.

PESCE (Chevalier), ingénieur-conseil de l'Ambassade Royale d'Italie, à Paris.

PETITDEMANGE, président de la Chambre syndicale des dessinateurs, à Paris.

PEUGEOT FRÈRES (LES FILS DE), manufacturiers, à Valentigney (Doubs).

PHILIPPART, avocat à la Cour de Paris.

PHILIPPE (A.), ingénieur-constructeur, à Paris.

PHILIPON, ancien député, à Paris.

PIAT (A.) ET SES FILS, constructeurs, à Paris.

PICARD, ingénieur-conseil, à Paris.

PICARD (L.), fabricant de produits chimiques, à Saint-Pons (Rhône).

PICHOT (E.), imprimeur-éditeur, à Paris.

PICON ET Cⁱᵉ, distillateurs, à Marseille.

PIEPER (C.), ingénieur-conseil, à Berlin.

PIERRAT, membre de la Chambre consultative des Arts et Manufactures de Saint-Dié, à Paris.

PIERRE (E.), directeur de l'Union industrielle, à Paris.

PILENCO (A.), professeur agrégé à l'Université de Saint-Pétersbourg.

PINARD, maître de forges, président de l'Alliance du commerce et de l'industrie, à Paris.

PINEAU (G.), avoué près le tribunal de la Seine, à Paris.

PINGAULT (F.), juge suppléant au Tribunal de Commerce, à Paris.

PITHOIS (P.), négociant en vins de Champagne, à Châlons-sur-Marne (Marne).

PLASSARD (L.), parfumeur, à Paris.

PLÉ (Georges), avocat à la Cour de Paris.

PLEYEL-WOLFF, LYON ET Cⁱᵉ, facteurs de pianos, à Paris.

POINCARÉ (Raymond), député de la Meuse, avocat à la Cour de Paris.

POINSAT, administrateur délégué de la Société « les Etablissements métallurgiques Durenne », à Paris.

POINSARD, sous-directeur des Bureaux internationaux de la propriété industrielle et intellectuelle, à Berne.

POIRET FRÈRES ET NEVEU, fabricants de laine et coton, à Paris.

POIRRIER, sénateur de la Seine, à Paris.

POIRSON (A.) (de la maison Florent et Cⁱᵉ), à Avignon.

POMMERY (Vᵛᵉ) FILS ET Cⁱᵉ, négociants en vins de Champagne, à Reims.

PONCELET, pharmacien, à Boitsfort-Bruxelles (Belgique).

POUGY, avocat à la Cour de Paris.

POUILLET (E.), avocat à la Cour de Paris, ancien bâtonnier de l'Ordre.

POULENC (G.), industriel, conseiller-prud'homme, à Paris.

POULLOT, président de la Chambre de commerce de Reims.

POURE ET Cⁱᵉ, plumes métalliques, à Paris.

PRACHE, député de la Seine, avocat à la Cour de Paris.

PRAT (maison Noilly, Prat et Cⁱᵉ), distillateur, à Marseille.

PREVET (Ch.) ET Cⁱᵉ, Compagnie française d'alimentation, à Paris.

PRIMAT (T.), distillateur, à Lyon.

PRINCE (Amédée), négociant-commissionnaire, à Paris.

PROT (E.), parfumeur, à Paris

PROT (P.), président de la Chambre syndicale de la parfumerie française, à Paris.

PRUNIER (G.) ET Cⁱᵉ, produits pharmaceutiques, à Paris.

Q

M. QUEROHENT (DE), négociant, au Havre.

R

MM.

RACLOT, ingénieur-conseil, à Bruxelles.

RAFFALOVITCH, conseiller d'Etat de Russie, à Paris.

RATIÉ (J.), pharmacien, à Paris.

RAVINET ET D'ENFERT, orfèvres, à Paris.

REGAD, mécanicien, à Dortan (Ain).

REHNS (A.-M.) ET Cⁱᵉ, parfumeurs, à Paris.

REICH (Ignaz), de la Maison Reich et Cⁱᵉ, à Paris.

RENAULT (L.), professeur à la Faculté de droit de l'Université de Paris.

RENAUD (J.-B.), entrepreneur de charpente, à Paris.

RENDU (A.), conseiller municipal, avocat à la Cour de Paris.

RENOUARD-LARIVIÈRE ET Cⁱᵉ, eau de mélisse des Carmes, à Paris.

REQUIER FRÈRES, distillateurs, à Périgueux.

REVOLLIER FRÈRES, manufacture de faulx et faucilles, à Renage, près Rives (Isère).

RIBES-CHRISTOPHE (DE), orfèvre, à Paris.

RICHARD (Jules), ingénieur-constructeur d'instruments de précision, à Paris.

RICHARDS (Francis-H.), ingénieur-conseil, président de l'Association américaine des inventeurs et industriels de New-York.

RICHARDS (W.), ingénieur-conseil, à Londres.

RICHEUX (A.), directeur de la Société Champagne frères, à Paris.

RICQLÈS (DE) ET Cⁱᵉ, alcool de menthe, à Saint-Ouen (Seine).

RITTER, ingénieur-conseil, à Bâle.

RO (DE), avocat à la cour de Bruxelles.

ROBIN (Jules) ET Cⁱᵉ, négociants en eaux-de-vie, à Cognac.

ROBIN (Maurice), pharmacien, à Paris.

ROBIN (P.), fabricant-bijoutier, à Paris.

ROBINEAU, bijoutier, à Paris.

ROBOLSKI, directeur au *Patentamt* de Berlin.

ROCCA, TASSY ET DE ROUX, négociants, à Marseille.

ROCHEFORT (Octave), ingénieur des Arts et Manufactures, à Paris.

ROEDEL ET FILS, conserves alimentaires, à Bordeaux.

ROESING (J.), syndic de la Chambre de commerce de Bresme, à Bresme.

ROESSLER, secrétaire de compagnies, à Londres.

ROGER ET GALLET, fabricants de parfumerie, à Paris.

RONDENAY (E.), avocat à la Cour de Paris.

ROSENORN (F. DE) ET POISSONNIER (Ch.), distillateurs, à Bordeaux.

ROSSIGNEUX, architecte, à Paris.

ROUSSANOFF, professeur à Saint-Pétersbourg.

ROUSSEL, fabricant de jouets, à Paris.

ROUSSET, ingénieur des Arts et Manufactures, à Paris.

ROURE-BERTRAND FILS, parfumeur, à Grasse.

ROUX (Charles), fabricant de savon, ancien député, à Marseille.

ROUYER, GUILLET ET Cⁱᵉ, négociants en eaux-de-vie, à Saintes.

RUSS-SUCHARD ET Cⁱᵉ, fabricants de chocolat, à Neuchâtel (Suisse).

S

MM.

SAINTE-MARIE (A.-H.), agent de brevets, à San-Francisco (Etats-Unis).

SAINTE-MARIE DUPRÉ FILS (R.), président de la Chambre syndicale des fabricants de capsules métalliques pour bouchage, à Arcueil (Seine).

SAMAIN (Gaston), ingénieur, à Paris.

SANDARS (Edmund), avocat à Londres.

SAURER (Adolphe), à Arbon (Suisse).

SAUERNHEIMER (MAX), fabricant de brosses, à Paris.

SÉGUIN (Vᵉ A.), parfumeur, à Bordeaux.

SELIGMAN (Edmond), avocat à la Cour de Paris.

SELIGSOHN (A.), avocat à Berlin.

SENET (E.), parfumeur, à Paris.

SELLIER ET BESSIÈRE, vin tannique, à Paris.

SEYMOUR, ancien examinateur au Patent Office des Etats-Unis.

SCHIMA, conseiller de division au ministère impérial-royal du commerce d'Autriche, à Vienne.

SCHMID (Paul), avocat à Berlin.

SCHNEIDER ET Cⁱᵉ, Hauts Fourneaux et Forges du Creusot, à Paris.

Schaffner (H.), fabricant de produits pharmaceutiques, à Paris.

Schimogo (Dr Dambe), membre du Comité consultatif de l'Union centrale des sociétés des exposants du Japon, à l'Exposition universelle de 1900, Nagahama, Shigaken (Japon).

Schmolka, ingénieur à Prague (Autriche).

Schütz (Julius von), délégué par l'Association allemande pour la protection de la propriété industrielle et par les établissements Fried. Krupp Grusonwerk, à Magdebourg-Buckau.

Sicre, pharmacien, à Paris.

Siedentopf, ingénieur-conseil, à Berlin.

Simon (Edouard), ingénieur civil, à Paris.

Sioutat (Camille), (Ch. Fay et Cie), parfumeur, à Paris.

Skibsted (Carl de Fine), avocat aux Cours supérieures de Danemark, membre du Conseil administratif du bureau des brevets de Copenhague, à Copenhague.

Snyder de Wissenkerke, directeur du bureau de la Propriété industrielle des Pays-Bas.

Sochor-Friedrischstal (baron Ed.), secrétaire au ministère impérial-royal du commerce d'Autriche, à Vienne.

Société des amidonnerie et rizerie de France.

Société anonyme des biscuits Olibet. Délégué : M. Walter.

Société anonyme des papiers Abadie. Délégué : M. Ch. Laurent, administrateur.

Société anonyme des savonneries marseillaises. Délégué : M. Dubois.

Société des caves et des producteurs réunis de Roquefort.

Société des chaussures F. Pinet.

Société du chocolat d'Aiguebelle. Délégué : M. Gauthier.

Société des ciments Français.

Société de la distillerie de la liqueur bénédictine de Fécamp.

Société des fabricants d'aiguilles d'Allemagne. Délégué : M. L. Beissel.

Société du filtre Chamberland.

Société française de coton a coudre.

Société française d'incandescence par le gaz.

Société française des tresses, lacets et boutons, à Paris. Délégué : M. Landru, président de la Société.

Société d'industrie textile, à Mulhouse. Délégué : M. Engel-Gros, administrateur de la Société.

Société nouvelle des raffineries de la Méditerranée. Délégué : M. G. Boyer.

Société L.-T. Piver et Cie, parfumeurs à Paris. Délégué : M. P. Nocard.

Soleau (E.), président de la Chambre syndicale des fabricants de bronzes (Réunion des Fabricants de bronzes et des industries qui s'y rattachent), à Paris.

Stang-Lund, délégué par le Gouvernement de la Norvège.

Stich (Andréas), ingénieur-conseil, à Nuremberg.

Street (Ch.), ingénieur des Arts et Manufactures, à Paris.

Surune et Cie, fabricants de produits pharmaceutiques, à Paris.

Swann (H.-H.) (Soudain, succr), produits pharmaceutiques, à Paris.

T

MM.

TAILLEFER, avocat à la Cour de Paris.

TANNER (A.-M.), membre de la Chambre de commerce américaine de Paris, à Paris.

TAVERNIER, président du Tribunal de commerce de Saint-Etienne.

TERTRAIS ET FILS, conserves alimentaires, à Nantes.

TEYSSONNEAU (Ch.) (Les fils de), conserves alimentaires, à Bordeaux.

THIERRY (C.-V.), ingénieur-conseil, à Paris.

THIRION (Ch.), ingénieur-conseil, château de la Roche-d'Ambille, près Tours.

THIRION (Ch.) FILS, ingénieur-conseil, à Paris.

THOMAS (Georges), ingénieur des Arts et Manufactures, juge au Tribunal de commerce de la Seine, à Paris.

THOMAS (Maurice), avocat à la Cour de Paris.

THOMINE (Ed.), administrateur-directeur de la Compagnie française Babcock et Wilcox, à Paris.

TISCHLER, ingénieur-conseil, à Vienne (Autriche).

TJEENK-WILLINK, secrétaire de l'Union internationale pour la protection de la propriété industrielle, à Delft.

TOICT (DU), manufacturier, à Bruxelles.

TOIRAY, manufacturier, à Paris.

TOMITA (T.), examinateur du Bureau des brevets d'invention au ministère de l'agriculture et du commerce, à Tokio (Japon).

TRANCHANT, ancien conseiller d'Etat, à Paris.

TRÉBUCIEN, négociant en cafés, à Paris.

TRINCHERI, avocat, à Rome.

TRONCIN-LEROY (maison Leroy et Lissonde), produits pharmaceutiques, à Paris.

TROUETTE, fabricant de produits pharmaceutiques, à Paris.

U

UNION CENTRALE DES FABRICANTS DE FAULX ET FAUCILLES D'AUTRICHE, à Linz (Autriche).

M. UNDERBERG-ALBRECHT, fabricant de liqueurs, Rheinberg am Nieder-Rhein.

V

MM.

VACHETTE, industriel, à Paris.

VAUGEOIS ET BINOT, fabricants de passementerie et broderie or et argent, à Paris.

VAUNOIS (Albert), avocat à la Cour de Paris.

VAURY (Ch.), juge au Tribunal de commerce de la Seine, à Paris.

VAQUEZ (Lucien), administrateur-délégué de la Société anonyme « La Soie », à Paris.

Velasco (Eladio), avocat, professeur à la Faculté de droit, à Montevideo.
Verley (Société des Amidonnerie et Rizerie de France), à Marquette-Lille.
Vernier (Ch.), ingénieur des Arts et manufactures, à Paris.
Vial (J.-M.) jeune et Cⁱᵉ, distillateurs, à Saint-Etienne.
Vibert frères et Cⁱᵉ, parfumeurs, à Paris.
Vicat et Cⁱᵉ, ciments, à Grenoble.
Vidal-Naquet, avocat à la Cour de Paris.
Vieillemard fils et Cⁱᵉ, imprimeurs, à Paris.
Viguerio (Henry), avocat à la Cour de Paris.
Vilain (Auguste), ingénieur des arts et manufactures, constructeur d'automobiles, à Paris.
Vincent (I.), de la maison Maurice Robin, à Paris.
Violet (Lambert), (maison Violet frères), distillateur, à Thuir.
Vrau (Ph.) et Cⁱᵉ, filateurs, à Lille.
Vuillard et Strauss, fabricants de pipes, à Saint-Claude (Jura).
Vuille (Ch.), avocat à Genève.

W

MM.

Waddington, président de la Chambre de commerce de Rouen.
Wagner (Max), associé de la Firme M. Rotten, ingénieur-conseil, à Berlin.
Walbaum, Luling, Goulden et Cⁱᵉ, négociants en vins de Champagne, à Reims.
Wallaert frères, filateurs, à Lille.
Walter, administrateur de la Société des biscuits Olibet, à Suresnes.
Waters, agent de brevets, à Melbourne (Australie).
Wauwermans, avocat à la Cour de Bruxelles.
Weber (E.), docteur en droit, à Paris.
Werlé (Comte), chef de la maison Vᵛᵉ Clicquot-Ponsardin, négociant en vins de Champagne, à Reims.
Wertheimer (E.) et Cⁱᵉ, (ancienne maison A. Bourjois et Cⁱᵉ), parfumeurs, à Paris.
Wetzel (J.), président du bureau royal des Brevets du gouvernement de la Hongrie, à Budapest.
Wirth (Richard), ingénieur-conseil, à Francfort-sur-Mein.

Y

M. Yamada (Saburo), professeur de droit international à l'Université de Tokio.

Z

MM.

Zanardo (G.-B.), ingénieur-conseil, à Rome.
Zimmer, syndic de la maison Siemens et Halske, à Berlin.
Ziolecki (Wladimir), ingénieur-conseil, à Berlin.

TRAVAUX PRÉPARATOIRES

CONSTITUTION

DE LA

Commission d'organisation

ET

Rapports présentés au Congrès

Commission d'organisation [1]

BUREAU

Président.

M. Pouillet, ancien bâtonnier de l'Ordre des avocats à la Cour
  d'appel de Paris, président de la Commission permanente
  internationale de la Propriété industrielle, vice-président
  de l'Association internationale et de l'Association française pour la protection de la Propriété industrielle.

Vice-Présidents.

MM. Lyon-Caen (Ch.), membre de l'Institut, professeur à la Faculté de droit de Paris, vice-président de la Commission
  permanente internationale de la Propriété industrielle.

Poirrier, sénateur, ancien président de la Chambre de commerce de Paris, président de la Société anonyme des
  matières colorantes et produits chimiques de Saint-Denis,
  vice-président de la Commission permanente internationale de la Propriété industrielle.

Philipon, ancien député, vice-président de la Commission permanente internationale de la Propriété industrielle.

---

(1) La Section française, faisant fonction de Comité exécutif de la Commission permanente internationale de la Propriété industrielle, instituée par le
Congrès de la Propriété industrielle à Paris, en 1889, pour assurer la réalisation
des vœux du Congrès, a pris, conformément à sa mission, l'initiative du Congrès
de Paris en 1900. Mais, pour centraliser tous les efforts, elle a cru devoir faire
appel au concours de l'*Association internationale pour la protection de la Propriété industrielle,* qui a été fondée à Bruxelles, en 1897, et a organisé des congrès
de la Propriété industrielle successivement à Vienne, à Londres et à Zurich, ainsi
qu'au concours de l'*Union des fabricants.* Sa Commission d'organisation était
composée de la Commission permanente de la Propriété industrielle, à laquelle
étaient joints des représentants des Sociétés organisatrices et d'autres sociétés
intéressées ainsi que certaines personnalités compétentes.
  La Commission d'organisation a arrêté le programme (voir plus haut, p. 8),
elle s'est divisée en trois sections, qui ont étudié les questions correspondantes
du programme et désigné les rapporteurs chargés de faire connaître l'état de la
question, en tenant compte des travaux qui avaient été adressés à la Commission,
et de présenter au Congrès, pour servir de base à la discussion, des propositions
qui n'engageraient, du reste, que la responsabilité du rapporteur et non la Commission d'organisation. La plupart de ces rapports, auxquels étaient joints les
travaux qui avaient été choisis par la Commission pour être publiés en annexes,
ont été réunis en un volume qui a été distribué aux Congressistes avant le Congrès.

De Maillard de Marafy, président des Comités consultatifs de l'Union des fabricants, vice-président de la Commission permanente internationale de la Propriété industrielle.

Thirion (Ch.), ingénieur-conseil en matière de propriété industrielle, vice-président de la Commission permanente internationale de la Propriété industrielle, vice-président de l'Association française pour la protection de la Propriété industrielle.

Dumont, ancien président de la Société des ingénieurs civils, délégué par la Société.

Menier (Gaston), député de Seine-et-Marne, industriel.

Claude Couhin, avocat à la Cour de Paris, président de l'Association des inventeurs et artistes industriels, délégué par l'Association.

Fayollet, président du Syndicat des ingénieurs-conseils en matière de propriété industrielle.

Legrand (Victor), président du Tribunal de commerce de la Seine.

Rapporteur général.

M. Maillard (Georges), avocat à la Cour d'appel de Paris, secrétaire de l'Association internationale et de l'Association française pour la protection de la Propriété industrielle. secrétaire de la Commission permanente internationale de la Propriété industrielle.

Secrétaire général.

M. Thirion fils (Ch.), ingénieur-conseil en matière de propriété industrielle, secrétaire général de la Commission permanente internationale de la Propriété industrielle.

Secrétaires.

MM. Darras, secrétaire de la Commission permanente internationale de la Propriété industrielle.

Mack, avocat à la Cour d'appel de Paris, secrétaire de la Commission permanente internationale de la Propriété industrielle.

Seligman, avocat à la Cour d'appel de Paris, secrétaire de la Commission permanente internationale de la Propriété industrielle.

Josse, ingénieur-conseil en matière de propriété industrielle, secrétaire de l'Association française pour la protection de la Propriété industrielle.

Taillefer (André), avocat à la Cour d'appel de Paris, secrétaire de l'Association française pour la protection de la Propriété industrielle.

Bert (E.), ingénieur-conseil en matière de propriété industrielle, secrétaire général de l'Association française pour la protection de la Propriété industrielle, délégué par la Société des ingénieurs civils.

Trésorier.

M. Christofle, fabricant d'orfèvrerie, trésorier de la Commission permanente internationale de la Propriété industrielle.

~~~~~~~~~~~~~

MEMBRES

MM.

Allart, avocat à la Cour d'appel de Paris, membre de la Commission permanente internationale de la Propriété industrielle.

Ancelot, ancien président de l'Association générale du commerce et de l'industrie des tissus et des matières textiles.

Armengaud aîné, ingénieur-conseil en matière de propriété industrielle, membre de la Commission permanente internationale de la Propriété industrielle.

Armengaud jeune, ingénieur-conseil, membre du Comité français de l'Association internationale pour la protection de la Propriété industrielle.

Astier, pharmacien, député de l'Ardèche.

Bertaut, président du Syndicat des fabricants de produits pharmaceutiques de France.

MM.

Bladé, consul de 1re classe, rédacteur à la Direction commerciale du département des Affaires étrangères.

Bompard, directeur des consulats et affaires commerciales au ministère des Affaires étrangères.

Bonnet (Joseph), ingénieur-conseil en matière de propriété industrielle.

Bourdon (Edouard), ingénieur-mécanicien, président de la Commission des expositions de l'Association des inventeurs et artistes industriels, délégué par l'Association.

Bouvret, ingénieur-expert près la Cour d'appel de Paris, vice-président de l'Association des inventeurs et artistes industriels, délégué par l'Association.

MM.

CARNOT (Adolphe), membre de l'Institut, président de la Société d'encouragement pour l'industrie nationale, délégué par la Société.

CARPENTIER, fabricant d'instruments à l'usage des sciences, membre de la Société des ingénieurs civils, délégué par la Société.

CASALONGA, ingénieur-conseil, président de la Commission de législation de l'Association des inventeurs et artistes industriels, délégué par l'Association.

CHAMPETIER DE RIBES, avocat à la Cour d'appel de Paris.

CHANDON DE BRIAILLES (le Comte), président du Tribunal de commerce d'Epernay.

CLUNET, avocat à la Cour d'appel de Paris.

COIRRE, ancien président de section au Tribunal de commerce de la Seine.

DAVANNE, président du Comité d'administration de la Société française de photographie, membre de la Société d'encouragement pour l'industrie nationale, délégué par la Société.

DESTREM, chef de bureau de la propriété industrielle au ministère du Commerce, de l'Industrie, des Postes et des Télégraphes.

DEVELLE, sénateur, membre de la Commission permanente internationale de la Propriété industrielle.

DUPONT, manufacturier, président honoraire de l'Union des fabricants, membre de la Chambre de commerce de Beauvais.

EXPERT-BESANÇON, fabricant de produits chimiques, président du Comité central des Chambres syndicales, membre du Comité français de l'Association internationale pour la protection de la Propriété industrielle.

MM.

FAUCHILLE (Auguste), avocat à Lille.

FÈRE, directeur de la Compagnie fermière de l'établissement thermal de Vichy, président de l'Union des fabricants.

FONTAINE (Hippolyte), ingénieur-électricien, administrateur de la Compagnie des machines magnéto-électriques Gramme.

FOURNIER (Félix), industriel, membre de la Chambre de commerce de Marseille.

FUMOUZE (A.), vice-président de la Chambre de commerce de Paris.

FUMOUZE (Victor), docteur-pharmacien, président honoraire de l'Union des fabricants.

GARBE, président de la Chambre des agréés près le Tribunal de commerce de la Seine.

GARNIER (E.), président de la Chambre consultative des arts et manufactures de Saint-Dié.

GASSAUD, avocat à la Cour d'appel de Paris, membre de la Société des ingénieurs civils, délégué par la Société.

GAUTIER (Georges), docteur en médecine, vice-président de l'Association des inventeurs et artistes industriels, délégué par l'Association.

GOY, ancien président du Tribunal de commerce de la Seine.

HARTMANN (G.), président de l'Union des syndicats de l'alimentation en gros.

HONORÉ, directeur de la Société des magasins du Louvre, membre de la Société des ingénieurs civils, délégué par la Société.

HORSIN-DÉON, ingénieur-chimiste, vice-président de l'Association des inventeurs et artistes industriels, délégué par l'Association.

MM.

Huard (Gustave), avocat à la Cour d'appel de Paris, membre de la Commission permanente internationale de la Propriété industrielle.

Jouanny, membre de la Chambre syndicale du papier et des industries qui le transforment, vice-président du Comité central des Chambres syndicales.

Laroche-Joubert, manufacturier en papier, député de la Charente.

Lavollée (Charles), ancien préfet, président honoraire de la Société d'encouragement pour l'industrie nationale, délégué par la Société.

Layus (Lucien), éditeur, secrétaire de la Société d'encouragement à l'art et à l'industrie.

Le Tellier, avocat à la Cour d'appel de Paris.

Levasseur, membre de l'Institut, professeur au Collège de France et au Conservatoire des arts et métiers.

Libert, dessinateur industriel, vice-président de l'Association des inventeurs et artistes industriels, délégué par l'Association.

Loreau, manufacturier, ancien président de la Société des ingénieurs civils, délégué par la Société.

De Luynes, professeur au Conservatoire des arts et métiers.

Maunoury, avocat à la Cour d'appel de Paris, membre de la Société des ingénieurs civils, délégué par la Société.

Mardelet, ingénieur-conseil en matière de propriété industrielle.

Martell, sénateur, président de la Chambre de commerce de Cognac.

Masson (Georges), éditeur, président de la Chambre de commerce de Paris.

MM.

Mesureur (Jules), vice-président de la Société des ingénieurs civils, délégué par la Société.

De Montgolfier, président de la Chambre de commerce de Saint-Etienne.

Moret, avocat à la Cour de cassation, membre de la Commission permanente internationale de la Propriété industrielle.

Motte (Eugène), industriel, député du Nord.

Muzet, président du Syndicat général du commerce et de l'industrie, député de la Seine.

Nicolas, conseiller d'Etat, directeur du travail et de l'industrie au ministère du Commerce et de l'Industrie, membre de la Commission permanente internationale de la Propriété industrielle.

Onfray, président de la Chambre syndicale de l'automobile et du cycle.

Pelletier (Michel), avocat à la Cour d'appel de Paris, professeur de droit industriel à l'Ecole centrale des arts et manufactures, membre de la Commission permanente internationale de la Propriété industrielle.

Périssé, ingénieur-expert près la Cour d'appel de Paris, membre du Comité français de l'Association internationale de la Propriété industrielle, membre de la Commission permanente internationale de la Propriété industrielle.

Pichot, imprimeur-éditeur.

Pinard, maître de forges, président de l'Alliance syndicale du commerce et de l'industrie.

Plocque, avocat à la Cour d'appel de Paris, vice-président de la Commission de législation de l'Association des inventeurs et artistes industriels, délégué par l'Association.

MM.

Poullot, président de la Chambre de commerce de Reims.

Prache, avocat à la Cour d'appel de Paris, député de la Seine, membre de la Commission permanente internationale de la Propriété industrielle.

Prat, de la maison Noilly-Prat, fabrique de vermout.

Prot (Paul), fabricant de parfumerie, président du Syndicat de la parfumerie.

Renault (Louis), professeur à la Faculté de droit, jurisconsulte du ministère des Affaires étrangères, membre de la Commission permanente internationale de la Propriété industrielle.

MM.

Rendu (A.), avocat à la Cour d'appel de Paris, conseiller municipal de Paris, membre de la Commission permanente internationale de la Propriété industrielle.

Roux (Ch.), fabricant de savon, ancien député des Bouches-du-Rhône.

Soleau, fabricant de bronzes, vice-président de la Chambre syndicale du bronze.

Tranchant, ancien conseiller d'État, membre de la Commission permanente internationale de la Propriété industrielle.

Vrau, filateur à Lille.

Waddington (R.), président de la Chambre de commerce de Rouen.

RAPPORTS PRÉSENTÉS AU CONGRÈS [1]

SECTION I
Brevets d'invention [2].

Question I

Du mode de délivrance des brevets. — Étudier dans chaque pays le système en vigueur. Du principe de l'examen préalable. Des moyens d'enrayer, s'il y a lieu, le développement de l'*examen préalable* dans les législations nouvelles ou d'en améliorer le fonctionnement dans les pays où ce système est pratiqué. N'y aurait-il pas lieu notamment de limiter l'examen préalable à la question de nouveauté? Dans les législations sans examen préalable, y a-t-il lieu de préconiser le système de l'avis préalable, officieux et secret?

Rapport

par

Emile Bert,
Docteur en droit,
Ingénieur-Conseil en matière de Propriété industrielle.

Nous n'avons reçu sur cette question qu'une seule communication: elle émane de M. FREY-GODET, secrétaire du Bureau de la Propriété industrielle à Berne.

M. Frey-Godet ne croit pas qu'il soit utile de discuter à nouveau le principe de l'examen préalable, car la condamnation de ce système par le Congrès n'amènerait pas les pays qui le pratiquent à l'abandonner. Ce qui serait plus utile, dit-il, serait d'examiner les plaintes auxquelles auraient donné lieu tous les systèmes existants, y compris celui de la France, et de rechercher les améliorations qui pourraient y être introduites sans en modifier le principe.

La question de l'examen préalable est l'une de celles qui ont fait l'objet des plus longues discussions dans les Congrès de Propriété industrielle qui ont eu lieu depuis vingt-cinq ans; les arguments *pour* ou *contre* ce système ont été à peu près tous examinés déjà et

---

(1) Des observations sur toutes les questions du programme ont été adressées à la Commission d'organisation, par M. Frey-Godet, secrétaire du bureau de la Propriété industrielle, à Berne. Elles se trouvent reproduites ou analysées dans les rapports.
(2) Voir, annexe C, les réponses de M. Regad au questionnaire de la section I.

j'estime, comme M. Frey-Godet, qu'il sera bon de restreindre la discussion de cette question pour ne pas y consacrer trop de temps, mais je trouve qu'il serait profondément regrettable de la laisser complètement de côté et de la passer sous silence. Je me sépare absolument de lui quand il demande que l'on n'examine les diverses législations qu'en vue « de rechercher les améliorations qui pourraient y être introduites sans en modifier le principe ». Si les vœux que va émettre le Congrès devaient rester sans influence sur les législations, « chaque nation conservant, suivant M. Frey-Godet, le système qui convient le mieux à son tempérament », l'utilité de ce Congrès serait sensiblement amoindrie et pour ainsi dire anéantie.

Je crois, au contraire, que les vœux que va émettre le Congrès seront pris en très sérieuse considération par les législateurs de tous les pays et qu'ils peuvent contribuer à améliorer dans une large mesure un certain nombre de législations.

Je pense aussi que le Congrès doit examiner d'une façon complète les divers modes de délivrance des brevets et se prononcer sur chacun d'eux en toute liberté, en proposant même un changement de principe s'il le juge utile.

Le « principe de l'examen préalable » est à l'ordre du jour du Congrès. Il faut donc le soumettre à la discussion.

Le présent travail aura, du reste, pour plan le texte même du programme :

A. — Système en vigueur dans chaque pays.

Dans les pays suivants : Belgique,
Brésil,
Espagne,
France,
Grande-Bretagne,
Italie,
Tunisie,

toute demande de brevet régulière est acceptée sans qu'il soit procédé à aucun examen préalable en ce qui concerne la nouveauté, la brevetabilité ou le mérite de l'invention : on se contente de contrôler si les pièces déposées sont conformes aux exigences légales.

En BELGIQUE, les brevets sont toujours délivrés si les pièces exigées pour le dépôt sont régulières. Les inventions concernant les produits pharmaceutiques ou contraires à la morale et aux bonnes mœurs sont seules l'objet de refus quand la description indique manifestement que l'on se trouve dans l'un de ces cas. Le nombre des demandes de brevets refusés pour de tels motifs est extrêmement minime. L'administration n'ayant pas le droit d'examiner les descriptions, il n'y a jamais de refus pour complexité d'objet.

Au BRÉSIL, les demandes de brevets sont, en principe, accordées à tout demandeur, sauf quand l'invention concerne les produits alimentaires, chimiques ou pharmaceutiques ; dans ce cas, l'administration se livre à un examen préalable et secret. Le nombre des brevets déposés dans ce pays étant relativement restreint, les pratiques administratives ne donnent point lieu à de sérieuses difficultés.

En Espagne, les demandes de brevets étaient autrefois acceptées presque sans exception, mais depuis quelques années les choses ont changé, sans aucune raison apparente d'ailleurs : l'Administration refuse actuellement un nombre de brevets assez élevé. Les refus sont le plus souvent motivés sur le fait que la demande de brevet concerne un principe ou une découverte purement scientifique ou théorique sans application industrielle, ou bien un médicament ou un produit pharmaceutique, ou encore un plan de finance ou une combinaison de crédit. — D'après l'article 10 de la loi du 30 juillet 1878, une demande de brevet peut être refusée aussi pour complexité d'objet : dans ce cas, l'inventeur peut rectifier sa demande ou la subdiviser en plusieurs, mais il perd le bénéfice de la date du dépôt original.

Le mode de procéder de l'Administration en Espagne soulève les mêmes critiques qu'en France ; les mêmes modifications seraient à désirer.

En France, toute demande de brevet est, en principe, accordée, mais elle est soumise néanmoins à un certain examen de forme et il arrive qu'un petit nombre de brevets sont refusés chaque année pour les motifs suivants :

	1897	1898
Demandes concernant plus d'un objet principal. . . .	3	4
Demandes ayant pour objet des produits pharmaceutiques ou remèdes.	10	17
Demandes ayant pour objet des combinaisons financières	4	4
Demandes formées irrégulièrement.	6	4
Descriptions contenant des dénominations de poids et mesures interdites par la loi de 1837.	5	4
Descriptions contenant des mentions en langue étrangère.	1	»
Total des brevets refusés.	29	31

Le nombre des demandes de brevets ayant été, en 1897, de 11,379 et, en 1898, de 11,255, on voit que les refus sont fort rares.

Lorsque l'Administration des brevets estime qu'il y a lieu de refuser une demande, ce rejet est prononcé par décret de M. le Ministre du Commerce et de l'Industrie, après avis du Comité consultatif des Arts et Manufactures, sans que la partie intéressée soit avisée ou appelée à défendre ses intérêts. La décision du Ministre du Commerce et de l'Industrie n'étant susceptible que d'un recours au Conseil d'Etat, elle est, en réalité, définitive et sans appel, car un recours devant la juridiction supérieure occasionnerait des frais hors de proportion, le plus souvent, avec l'intérêt engagé, sans compter que la revision de la décision ministérielle n'aurait jamais lieu qu'au bout de plusieurs années. Le rejet prononcé par l'Administration doit donc être considéré comme définitif et irrévocable. Or, ce refus a pour effet d'anéantir complètement la demande de brevet; l'inventeur peut bien la modifier pour la rendre conforme aux exigences de la législation (notamment en cas de complexité d'objet ou d'irrégularité dans la description) et en effectuer un nouveau dépôt, mais il perd l'avantage de la priorité de la date du dépôt précédent, de sorte que si, dans l'intervalle, l'invention a été divulguée d'une façon quelconque, elle ne peut plus être valablement protégée. Des inventeurs peuvent ainsi se trouver lésés dans leurs intérêts, et, bien que cela ne puisse arriver que fort rarement, nous regrettons profondément qu'il en puisse être ainsi; aussi réclamons-nous avec énergie que les règlements et la loi française soient modifiés sur ce point. Quand une demande de brevet paraît irrégulière à l'administration en ce qui concerne la forme des pièces ou la rédaction de la description, l'inventeur devrait toujours être admis à la régulariser; et, quand il s'agit d'une invention dont l'objet est complexe, l'inventeur devrait être admis à restreindre sa demande à un seul objet ou bien à la diviser en plusieurs demandes spéciales, celles-ci ayant le bénéfice de la date du dépôt initial.

Je ne vois pas d'autres améliorations à apporter au mode de délivrance des brevets en France.

La législation actuelle de la Grande-Bretagne est, à mon avis, la plus parfaite en ce qui concerne le mode de délivrance des brevets. L'invention n'est soumise qu'à un examen de pure forme; si des irrégularités se sont produites dans la description ou dans les dessins, l'inventeur peut les rectifier à sa volonté; si des passages de la description ne sont pas suffisamment clairs, il peut même les compléter. Enfin, s'il y a complexité d'objet, il peut subdiviser sa demande en plusieurs, portant toutes la date du dépôt initial. A tous ces points de vue, la législation anglaise est parfaite; il est seulement regrettable qu'elle ait admis la publication avec appel aux oppositions. Je critiquerai plus loin cette disposition législative; mais je dois faire remarquer que ses inconvénients en Angleterre ne sont point très considérables, parce que le nombre des oppositions est, en fait, très limité; il a été de 227 en 1897 et de 221 en 1898.

En Italie, les brevets sont délivrés sans examen préalable quant à la nouveauté de l'invention. L'administration ne refuse un brevet que si la demande porte sur une invention non brevetable ou si le dépôt n'a pas été régulièrement effectué; en cas de refus, le demandeur peut, dans les quinze jours, adresser une réclamation à une Commission spéciale nommée chaque année par le Ministre. Les brevets concernant des boissons ou des aliments ne sont délivrés que sur avis favorable du Conseil supérieur de santé; celui-ci ayant une tendance marquée pour l'exclusivisme, j'estime que la législation italienne pourrait être heureusement modifiée sur ce point.

*
* *

L'examen préalable portant sur la nouveauté et la brevetabilité des inventions est appliqué dans les pays suivants :

> Allemagne,
> Autriche,
> Danemark,
> États-Unis,
> Norvège,
> Russie,
> Suède.

La publication préalable avec appel aux oppositions a lieu en :

Allemagne (délai accordé, deux mois),
Autriche (délai accordé, deux mois),
Danemark (délai accordé, huit semaines),
Grande-Bretagne (délai accordé, deux mois),
Hongrie (délai accordé, deux mois),
Norvège (délai accordé, deux mois),
Portugal (délai accordé, trois mois),
Suède (délai accordé, deux mois),
Tunisie (délai accordé, deux mois).

Enfin, en Suisse, on a adopté le système de l'avis préalable et secret.

Nous allons étudier successivement ces régimes :

B. — Du principe de l'examen préalable.

La délivrance des brevets après examen préalable a théoriquement pour but de n'accorder la protection légale qu'à des inventions réelles, en supprimant les demandes qui se rapportent à des inventions manquant de nouveauté ou à des inventions qui ne sont point brevetables ou à des inventions qui ne présentent point une importance suffisante ou un caractère industriel assez évident pour être protégées.

Pour indiquer les avantages de l'examen préalable, je ne puis mieux faire que de me référer aux indications données par M. Klostermann au Congrès de 1878. Il disait:

« Un brevet délivré après examen préalable est tout autre chose
» qu'un brevet délivré aux risques et périls du demandeur. Un
» brevet accordé sans examen préalable ressemble à un lingot d'or
» ou d'argent qui n'a été essayé ni par la balance, ni par la pierre
» de touche. Quiconque voudra acheter ou le brevet entier ou bien
» l'autorisation d'exploiter devra faire l'examen préalable lui-même
» pour s'assurer ainsi que le brevet est valable. Le brevet examiné

» préalablement au contraire serait une sorte de monnaie ; les
» inventeurs, les ouvriers sans fortune pourraient, après avoir
» obtenu un brevet, trouver des capitaux, du crédit chez les ban-
» quiers, afin d'exploiter leur invention... La publicité qui sera
» donnée à la demande avant la délivrance du brevet et l'examen
» préalable par l'administration des brevets donneront une sûreté
» suffisante qu'un brevet contre lequel il n'a pas été formé d'op-
» position ou contre lequel il a été inutilement élevé une opposition
» est réellement valable et ne sera jamais contesté avec succès (1). »

A cette apologie de l'examen préalable, notre éminent président, M. Pouillet, répondait :

« Le brevet délivré après examen préalable ne constitue pas,
» entre les mains de celui qui le possède, un titre désormais incon-
» testable ; c'est au contraire un titre toujours précaire, délivré
» qu'il est aux risques et périls de l'inventeur, sans aucune garantie
» ni de la valeur de l'invention, ni de la validité du titre. Il a
» beau avoir été délivré après un examen préalable, il est encore
» soumis à toutes les discussions, à tous les débats ; les intéressés
» peuvent en demander la nullité, soit directement en portant leur
» demande devant les tribunaux compétents, soit indirectement en
» se laissant poursuivre pour contrefaçon. Voilà donc ce brevet
» discuté tout comme s'il n'y avait pas eu d'examen préalable ; dès
» lors à quoi sert-il puisque tel est le résultat ?

» Le seul résultat pratique est celui-ci : c'est qu'on peut écarter
» ainsi, de prime abord, un certain nombre de demandes de
» brevets qui se rattachent à des inutilités ou décrivent des inven-
» tions tout à fait illusoires et chimériques, ou tout à fait dénuées
» de nouveauté.

» S'il m'était permis, en passant, d'émettre un vœu, je voudrais
» que les mots de « patente » et « brevet » fussent complètement
» effacés de nos lois et que le titre constatant la naissance d'une
» invention prît le simple titre de « certificat de dépôt », car ces
» mots de patente et de brevet jettent dans le public un certain
» effroi, emportent, malgré tout, l'idée d'une certaine garantie et
» font croire à des droits qui n'existent pas ; c'est là, à mon sens,
» qu'on trouvera le véritable remède contre les inventions illusoires
» et contre ce qu'on appelle chez nous les « brevets-réclames ».

» Je repousse donc l'examen préalable et je le repousse par la
» raison qui le fait désirer à notre éminent collègue M. Kloster-
» mann ; c'est parce que cet examen donnerait une apparence de
» garantie au brevet délivré que je n'en veux à aucun prix. Je veux
» que le certificat de dépôt soit, de la façon la plus complète et la
» plus absolue, délivré aux risques et périls de l'inventeur, et que,
» par conséquent, il ne fasse d'illusion à personne, ni à l'inventeur,
» ni aux tiers (2). »

(1) Compte rendu du Congrès de 1878, page 188.
(2) Compte rendu du Congrès international de 1778, pages 190 et 191.

On ne peut encore donner aujourd'hui de meilleur argument contre le système de l'examen préalable.

Les partisans de l'examen préalable commettent une erreur initiale de principe, qu'il me paraît indispensable de signaler tout d'abord. Ils prétendent que tout brevet d'invention doit représenter une valeur réelle, qu'il ne doit s'appliquer qu'à des inventions absolument nouvelles, utiles, industrielles et permettant de réaliser immédiatement un avantage industriel parfaitement déterminé.

Or, à mon point de vue, cette appréciation du brevet d'invention est tout à fait erronée : comme le disait fort bien M. Pouillet, en 1878, tout le mal vient de ce que l'on donne au mot « brevet » une fausse interprétation.

Qu'est-ce en effet qu'un brevet? En réalité, c'est simplement une pièce authentique indiquant qu'à un jour donné une personne a eu l'idée de fabriquer un produit par un procédé particulier encore inconnu, ou bien de combiner une machine d'une façon originale et différente de ce que l'on avait fait précédemment, ou bien de produire un corps nouveau ou un résultat industriel nouveau.

La société a-t-elle intérêt à ce que le certificat de dépôt (dénommé bien à tort brevet) ne soit accordé qu'aux personnes qui ont imaginé réellement quelque chose de nouveau? Je n'hésite pas à répondre par la négative.

En effet, le brevet d'invention, même délivré à tort, nuit-il à quelqu'un? certainement non. Le brevet ne peut devenir préjudiciable pour les tiers que le jour où le titulaire voudrait exercer contre eux une action en contrefaçon : or, si son invention n'est point susceptible de donner naissance à un brevet valable, la juridiction compétente déclarera qu'il n'y a pas lieu à brevet et l'industrie ne sera pas du tout entravée par un brevet nul.

Nous estimons même que des progrès industriels peuvent parfaitement résulter de la mise en exploitation de brevets pris pour des inventions qui ne sont pas absolument nouvelles. Le cas s'est produit maintes fois; je n'en citerai qu'un exemple.

Il y a quelques années, un individu imagina et vulgarisa un appareil pour fours de boulangers qui obtint un grand succès; or, des imitations s'étant produites, il engagea un procès contre leur auteur, mais celui-ci demanda la nullité du brevet du poursuivant en invoquant comme antériorité une patente anglaise de 1807, et les tribunaux lui donnèrent raison. Mais si le brevet du premier propagateur de l'idée a été frappé de nullité, il n'en résulte pas moins que cette idée avait été lancée dans l'industrie et aujourd'hui elle est d'une application générale. Si, dans cette circonstance, l'inventeur s'était heurté à l'examen préalable, son brevet n'aurait peut-être pas été délivré, mais il est certain que son appareil ne serait pas aujourd'hui d'un usage constant, car il est manifeste que l'imitateur qui a eu la chance de trouver le brevet anglais de 1807, pour échapper à la contrefaçon, n'aurait pas eu l'idée d'aller chercher ce vieux brevet pour le mettre en exploitation. Je dois ajouter que le vulgarisateur de l'appareil en question ignorait absolument l'antériorité de 1807 entachant la validité de son brevet; mais, en exploitant ce brevet pendant nombre d'années et en faisant connaître à la boulangerie un appareil qui lui rend de très réels services, j'estime que le vulgarisateur dont je parle a été utile à la société.

De cet exemple, que résulte-t-il? c'est qu'une idée ancienne, n'ayant pas donné de résultats satisfaisants, au moment où elle a été émise pour la première fois, et depuis oubliée, peut parfaitement être la source de progrès industriels très importants quand elle est reprise postérieurement par une autre personne, qui le plus souvent ignore ce qui s'est fait antérieurement.

En principe, toute personne qui demande un brevet cherche à réaliser un progrès et la société a le plus grand intérêt à ce que toutes ces tentatives (les heureuses comme celles qui ne le sont pas) soient connues du public : une invention réelle et très utile peut être suggérée par l'étude d'un brevet sans valeur.

En principe, la société a intérêt à connaître tous les efforts qui sont faits en vue de la réalisation d'un progrès : un brevet sans valeur ne cause de préjudice à personne, car, quand le titulaire d'un pareil brevet veut s'en prévaloir contre des tiers, ceux-ci ont toujours la faculté d'en demander la nullité. Et alors le procès s'engage dans des conditions égales : si l'inventeur a raison, il obtiendra des dommages-intérêts contre celui qui a demandé à tort la nullité de son brevet; si au contraire l'invention n'est pas réelle et de nature à motiver un brevet, le titulaire de ce brevet verra son titre simplement annulé ou bien il sera en même temps condamné lui-même à des dommages-intérêts s'il a cherché à nuire à autrui ou s'est livré à des actes de concurrence déloyale vis-à-vis d'un concurrent.

Dans les pays à examen préalable (et plus généralement dans les pays où l'on admet le droit d'opposition à la délivrance des brevets) les inventeurs sont absolument sacrifiés. En effet, l'opposition à la délivrance d'un brevet n'est autre chose qu'un procès en nullité engagé contre l'inventeur avant la délivrance de son brevet, avant qu'il ait pu se rendre compte de la valeur industrielle de son invention, avant même qu'il puisse savoir si son exploitation pourra lui procurer des bénéfices.

L'opposant n'a qu'à adresser une simple déclaration au bureau des brevets pour obliger l'inventeur à fournir des justifications qui l'entraînent souvent à des dépenses considérables. Et quand l'inventeur, après des discussions qui ont duré quelquefois plusieurs mois, vient enfin à obtenir son brevet, il n'a qu'à s'en estimer bien heureux. La délivrance de ce brevet a pu être retardée par une opposition intempestive ou téméraire d'un tiers, tant pis ! l'inventeur ne saurait être admis à demander à ce tiers la juste réparation du préjudice qui lui a été causé.

J'estime, pour mon propre compte, qu'il y a là une véritable iniquité, et je pense que, quand un tiers fait une opposition non justifiée à la délivrance d'un brevet, ce tiers devrait toujours être condamné à des dommages-intérêts sérieux pour indemniser l'inventeur non seulement des frais qu'il a dû faire pour combattre cette opposition, mais aussi pour l'indemniser du retard apporté à l'exploitation du brevet.

Des brevets d'invention délivrés après examen sont bien souvent radicalement nuls ; dans ce cas, l'inventeur et la société sont lésés : l'inventeur, ayant une confiance aveugle dans la valeur du titre qui lui a été octroyé, se lance dans des dépenses inconsidérées, qui deviennent absolument inutiles quand on lui démontre que son brevet est nul. S'il n'avait pas eu cette confiance aveugle dans le résultat de l'examen préalable, il n'aurait souvent pas engagé les dépenses qu'il a faites en pure perte et c'est bien l'examinateur qui en est la cause inconsciente.

Les prétentions exorbitantes des titulaires de brevets délivrés après examen préalable conduisent aussi à une augmentation du nombre des procès, comme je l'ai démontré au Congrès de l'Association internationale de la propriété industrielle de Londres en 1898, ainsi que M. C. D. Abel (1).

Les partisans de l'examen préalable soutiennent que ce système est essentiellement favorable à l'inventeur : « L'inventeur a la garantie qu'il a une propriété réelle entre les mains, a-t-on dit au Congrès de 1878 (2). »

Or, cela est manifestement erroné : le brevet délivré après examen préalable n'a pas plus de valeur (il ne faut pas se lasser de le répéter) qu'un brevet délivré sans examen ; dans les deux cas, le titre délivré à l'inventeur peut être attaqué par les intéressés et soumis aux mêmes discussions. J'ai donné au Congrès de Londres, en 1898, la statistique des brevets allemands qui ont été annulés après avoir été délivrés ; je ne reviendrai pas sur ce point. Qu'il me suffise seulement de rappeler que sur cent brevets allemands contestés après leur délivrance, 50 p. 100 sont annulés en tout ou en partie (3) ; dans les pays où les brevets sont délivrés sans examen préalable, la proportion n'est pas plus grande. Pourquoi y a-t-il tant de brevets annulés quand les examinateurs avaient cru devoir les délivrer, c'est que l'examen préalable, fait au moment du dépôt d'un brevet, est toujours et forcément sommaire : l'examinateur, malgré sa science, ne peut pas tout connaître et il ne peut se livrer qu'à des recherches rapides, tandis que, quand il s'agit d'un vrai procès en nullité, on étudie sérieusement et complètement la question, on procède à des enquêtes, à des expertises, les intéressés donnent, de part et d'autre, des explications verbales complètes et très détaillées ; c'est seulement ensuite que les juges se prononcent. Ces jugements-là ont seuls de l'autorité et l'on ne doit pas en admettre d'autres en matière de brevets.

---

(1) *Annuaire de l'Association internationale pour la protection de la Propriété industrielle*, tome II, pages 260 et 271.
(2) Compte rendu du Congrès de 1878, page 193.
(3) Congrès de Londres de 1898, *Annuaire de l'Association internationale pour la protection de la Propriété industrielle*, tome II, page 270.

Les partisans de l'examen préalable disent encore que le fait seul de cet examen a pour effet de renseigner l'inventeur sur ce qui s'est fait antérieurement, de l'aider dans la rédaction de sa description, de le protéger contre ses propres entraînements et de l'empêcher de se livrer à des dépenses inconsidérées pour des inventions qui n'en valent pas la peine. Quant à moi, je considère qu'en admettant même que cela fût exact (ce que je conteste), ce ne serait que du socialisme d'Etat, et du mauvais. En effet, il n'y a aucune raison pour que l'Etat prenne, dans de semblables circonstances, la défense des intérêts pécuniaires des inventeurs : celui qui demande un brevet et veut l'exploiter se trouve dans la même situation que l'individu qui se livre à une entreprise quelconque ; pourquoi ne protégerait-on pas aussi celui-ci contre ses propres entraînements ? Ne voyons-nous pas sombrer, trop fréquemment hélas! des entreprises de toute nature. L'inventeur ne doit pas jouir d'un traitement spécial : si son invention est bonne, utile et sérieuse, il en retirera un profit certain et ce sera justice ; s'il en est autrement, il ne fera pas de bénéfices et s'exposera peut-être à des pertes, cela est très fâcheux, mais c'est la règle générale.

L'examen préalable n'a point du tout la vertu de protéger ainsi l'inventeur. Souvent il le dépouille de son bien, comme nous le verrons tout à l'heure, en refusant à tort de lui accorder un brevet pour des inventions très réelles ; trop souvent aussi il le trompe en ne lui accordant que l'apparence d'une garantie. Quand le brevet délivré après examen préalable est ultérieurement déclaré nul (et nous savons par les statistiques que, en Allemagne, sur cent brevets contestés, cinquante sont annulés en totalité ou en partie), le public et l'inventeur sont trompés : celui-ci croyait posséder un titre certain et c'est le contraire qui est vrai. « On ne saurait s'élever avec trop de force contre cette garantie apparente et trompeuse », disait Me Pouillet au Congrès de 1878 (1).

On nous dit encore que, quand les brevets sont délivrés sans examen préalable, on ne peut pas prétendre que « le brevet d'invention constitue une propriété, car souvent l'invention ne sert à rien ». Cet argument est encore basé sur une erreur de principe, comme le faisait très judicieusement observer, au Congrès de 1878, M. Léon Lyon-Caen, en disant :

« M. Pouillet s'est placé à un point de vue vrai quand il a dit
» que le brevet doit être simplement la reconnaissance de la décla-
» ration faite par un individu qu'il a inventé quelque chose.
» Qu'est-ce que cette déclaration lui confère?
» Il déclare avoir inventé une chose : l'Etat certifie que tel jour
» un individu a déclaré avoir fait une invention; il n'en juge pas le
» mérite, il ne le récompense pas. Si c'est un homme qui n'a rien
» découvert, il n'aura aucun profit, il ne trouvera pas l'écoulement
» de ses produits ou l'emploi de ses objets. La délivrance des bre-

---

(1) Compte rendu du Congrès de 1878, p. 205.

» vets ne ressemble en rien à une distribution de prix ; il ne s'agit
» pas de reconnaître et de récompenser la valeur des inventions.
» Qu'il y ait beaucoup ou peu de brevets pris ou non, que nous
» importe? Ce que nous demandons, c'est que toutes les inventions
» puissent se produire librement, sans distinction et sans apprécia-
» tion préalable. Ce sont les inventions qui ont de la valeur, non le
» titre qui les constate (1). »

M. Klostermann comparait, en 1878, le brevet d'invention à un
lingot d'or ou d'argent ou à une sorte de monnaie ; c'est malheureusement une illusion ! Le brevet ne peut tout au plus être comparé qu'à un minerai contenant peut-être des lames d'or ou d'argent, mais ne contenant peut-être aussi que des gangues. C'est à
l'inventeur seul qu'il appartient de tirer parti de ce minerai, en
dehors de toute intervention de l'Etat.

Tout ce qu'il convient de demander à l'Etat, c'est de bien organiser le service de la propriété industrielle ; c'est de mettre à la disposition des inventeurs des bibliothèques comprenant les brevets
publiés dans tous les pays étrangers ainsi que les ouvrages techniques et les publications périodiques. Quand cet outillage sera mis
à la disposition de l'inventeur, celui-ci saura parfaitement se renseigner, mieux en tout cas qu'il ne peut l'être par des examinateurs
officiels, car ceux-ci sont enclins à ne penser qu'aux moyens de
refuser le brevet plutôt qu'à aider véritablement l'inventeur de leurs
conseils. Celui-ci retirera en même temps de ses recherches des
renseignements utiles, pouvant le mettre sur la trace de nouvelles
inventions ou de perfectionnements à son invention, tandis que
l'examen préalable a toujours un caractère vexatoire souvent très
accentué.

Enfin, un dernier inconvénient du système de l'examen préalable qui, pour moi, domine tous les autres, c'est qu'il arrive très
fréquemment que l'on refuse des brevets pour des inventions
réelles. Les examinateurs, en effet, sont toujours enclins à dénier
l'invention et, malgré leur science et leur impartialité même, à
contester la valeur des idées tout à fait originales ; ne connaissant
que le passé et le présent, ils sont naturellement portés à contester
la valeur et l'efficacité de toute idée vraiment nouvelle et l'inventeur ne parvient pas souvent à leur faire partager sa foi dans
l'avenir de son invention. On a signalé bien souvent que les inventions merveilleuses et si grandioses de Giffard et de Bessemer
avaient été impitoyablement rejetées par les examinateurs ; cependant qui oserait contester leur mérite et leur originalité ?

Des cas analogues se produisent journellement. J'en ai cité
quelques-uns au Congrès de Londres de 1898 (2) ; on pourrait malheureusement en citer un grand nombre. L'examen préalable
n'aurait-il que cette conséquence inique, j'en proposerais la

(1) Compte rendu du Congrès de 1878, p. 197.
(2) *Annuaire de l'Association internationale pour la protection de la Propriété
industrielle*, tome II, page 275.

suppression, car je ne puis pas admettre qu'un inventeur puisse être ainsi dépouillé arbitrairement du fruit de son travail.

Quand on demande un brevet pour une invention dans toutes les nations à examen préalable, les réponses qui sont présentées par les examinateurs sont fort curieuses à étudier comparativement entre elles. Dans toutes on voit surgir la même préoccupation de la part de l'examinateur : celle de refuser le brevet. Mais aucune décision ne se ressemble et les motifs invoqués sont différents.

Fréquemment, on n'obtient le brevet que dans quelques-uns des pays à examen, les autres le refusant en dépit de toutes les observations qu'on peut présenter, ce qui prouve surabondamment que, malgré tout, le brevet est toujours une chose essentiellement relative. En général, on peut constater, en pratique, que, quand on a eu la chance heureuse de convaincre le Patentamt de Berlin, on est presque sûr d'obtenir le brevet dans les autres pays, les examinateurs ayant partout une profonde admiration et une grande confiance dans la perspicacité de leurs collègues allemands.

Je n'hésite donc pas à conclure que l'examen préalable est contraire aux intérêts des inventeurs comme à ceux de la société, et qu'il est à désirer que les brevets soient délivrés partout aux risques et périls des inventeurs après simple constatation de la régularité des pièces déposées.

C. — **Des moyens d'enrayer, s'il y a lieu, le développement de l'examen préalable dans les législations nouvelles et d'en améliorer le fonctionnement dans le pays où ce système est pratiqué. N'y aurait-il pas lieu de limiter l'examen préalable à la question de nouveauté ?**

Pour enrayer le développement de l'examen préalable, le Congrès n'a qu'un seul moyen, c'est de voter à une très forte majorité la proposition que j'ai l'honneur de lui proposer comme conclusion de ce rapport.

Quant aux améliorations à apporter aux pratiques de l'examen préalable dans les pays où il est en vigueur, cela dépend beaucoup plus des règles administratives suivies que de la législation.

Aux Etats-Unis, l'examen préalable est, en réalité, peu rigoureux : quand on a le soin de bien libeller la description et de présenter les revendications avec une certaine habileté, on est presque toujours assuré de réussir. Le plus grand reproche que l'on puisse faire aux pratiques du Patent Office des Etats-Unis, c'est d'exiger une division excessive des demandes de brevets pour complexité d'objet et aussi de réduire les demandes dans de trop grandes proportions.

En réalité, les refus du Patent Office sont en petit nombre ; une notable partie des demandes mentionnées dans les statistiques comme refusées ont été abandonnées volontairement par les déposants : les brevets acceptés atteignent 74 à 75 p. 100 du nombre des demandes présentées.

L'Allemagne est le pays où l'examen préalable se fait de la façon la plus rigoureuse. Les examinateurs ne se contentent pas de rechercher si l'invention est nouvelle, mais ils ont encore la prétention de se prononcer sur la brevetabilité, le mérite et la valeur industrielle de l'invention. Quand on est à bout d'arguments, on déclare que « l'invention décrite ne présente point d'effets techniques nouveaux par rapport à ce qui est connu ». Cette phrase, que j'ai rencontrée dans un grand nombre de décisions du Patentamt, répond à tout ; c'est l'argument décisif.

L'Association allemande pour la protection de la propriété industrielle a souvent critiqué la façon de procéder du Patentamt et tout récemment encore, au Congrès qu'elle a tenu à Francfort, un rapport très documenté lui a été soumis, rapport dans lequel les pratiques du Patentamt étaient critiquées avec beaucoup plus d'autorité que je ne pourrais moi-même le faire ici. Ce rapport concluait en demandant que l'examen préalable fût limité à la question de nouveauté, les questions de savoir s'il y a réellement invention et si l'invention est susceptible d'une exploitation industrielle ne devant être examinées qu'en cas d'action en nullité (1). Le rapport ajoutait même qu'il y aurait utilité à établir, parallèlement avec le système actuel de l'examen préalable, un système d'après lequel les intéressés pourraient obtenir un brevet sur le simple dépôt d'une description de l'invention.

Pour que l'examen préalable puisse donner lieu à de semblables propositions de la part d'une Commission émanant de l'Association allemande pour la protection de la propriété industrielle, il faut réellement que les inconvénients pratiques en soient bien sérieux. Je dois ajouter que ces deux propositions n'ont pas été ratifiées par le Congrès de Francfort, mais elles y ont réuni une imposante minorité. Leur rejet est dû en grande partie à l'intervention personnelle de M. de Huber, président du Patentamt.

M. de Huber a reconnu, d'ailleurs, que l'examen des inventions s'était fait, dans ces dernières années, avec une rigueur excessive, à tel point que l'administration du Patentamt avait prescrit de nouvelles règles qui avaient eu pour résultat immédiat d'augmenter de presque 2 000 le nombre des brevets délivrés en 1899, par rapport aux années précédentes, ce qui élevait à 50 p. 100, au lieu de 36 p. 100, la proportion entre les brevets délivrés et les demandes déposées.

J'avoue humblement ne pas comprendre qu'il puisse être logique d'augmenter arbitrairement le nombre des brevets délivrés. Cela prouve simplement que pendant chacune des années antérieures on a refusé sans motifs légitimes environ 2 000 brevets.

Un des graves inconvénients de l'examen préalable tel qu'on le pratique en Allemagne réside aussi dans le long temps qu'il nécessite. Au Congrès de Francfort, M. de Huber a cherché à atténuer l'importance de la durée de la procédure d'examen préalable, en donnant une statistique basée sur les demandes déposées. Or, un

---

(1) *Propriété industrielle de Berne*, 1900, page 98.

grand nombre de celles-ci sont abandonnées, soit souvent par dé‑
couragement de l'inventeur, soit encore parce qu'il ne peut faire
face aux dépenses considérables que nécessitent les réponses à
adresser au Patentamt. Il me paraît plus juste de considérer les bre‑
vets accordés. J'ai ainsi pris la série des brevets allemands
portant les numéros 107 001 à 108 000, délivrés au commencement
de cette année, et j'ai trouvé que pour ces mille brevets la durée
moyenne du temps écoulé entre la date du dépôt et le jour de la
délivrance était de 453 jours, soit approximativement 15 mois.

Dans cette série, trois brevets seulement ont été délivrés moins
de cent jours après leur dépôt.

Ceux pour lesquels l'examen a duré le plus longtemps sont les
suivants :

N⁰ˢ 107 926, déposé le 6 mars 1897, délivré le 6 janvier 1900,
soit une durée pour l'examen de 1 054 jours ;

107 699, déposé le 1ᵉʳ février 1897, délivré le 29 décembre 1899,
soit 1 059 jours ;

107 236, déposé le 21 août 1896, délivré le 14 novembre 1899,
soit 1 180 jours ;

107 761, déposé le 1ᵉʳ octobre 1896, délivré le 7 janvier 1900,
soit 1 192 jours ;

107 729, déposé le 21 août 1896, délivré le 28 décembre 1899,
soit 1,254 jours ;

107 122, déposé le 29 juin 1896, délivré le 12 décembre 1899,
soit 1 261 jours ;

107 195, déposé le 11 mai 1896, délivré le 24 décembre 1899,
soit 1 322 jours ;

107 063, déposé le 23 mai 1896, délivré le 9 janvier 1900, soit
1 326 jours ;

107 420, déposé le 7 mars 1896, délivré le 30 décembre 1899,
soit 1 393 jours ;

107 153, déposé le 23 décembre 1896, délivré le 9 décembre 1899,
soit 1 446 jours ;

107 637, déposé le 27 septembre 1894, délivré le 8 novembre
1899, soit 1 867 jours (5 ans et 42 jours).

On voit qu'un inventeur a dû discuter pendant 5 ans et 42 jours
avec le Patentamt pour obtenir son brevet. Quand le brevet lui a été
délivré, il a dû payer, dans les six semaines, les six premières
annuités, soit 975 francs.

De semblables constatations suffiraient, à elles seules, pour con‑
damner le système de l'examen préalable. Si, avec les nouveaux
règlements du Patentamt, on n'arrive à éliminer ainsi que 50 p. 100
des demandes de brevets, c'est un résultat bien insignifiant, en rai‑
son de toutes les vexations qu'il occasionne, car on arrive, en An‑
gleterre, à un résultat identique avec la spécification provisoire et,
en France et d'autres pays, à l'aide des taxes annuelles (1).

(1) Voir Congrès de Londres de 1898, *Annuaire de l'Association internationale*,
t. II, p. 277.

Il faut encore considérer que le Patentamt impose aux inventeurs une rédaction spéciale, soit pour leur description, soit pour leurs revendications, notamment en les obligeant à mentionner des brevets antérieurs. Le danger est flagrant. La rédaction de la description et des revendications doit être laissée au libre arbitre de l'inventeur; un examinateur qui se charge lui-même de rédiger une partie quelconque d'un brevet, substituant par le fait sa volonté à celle de l'inventeur, dénature souvent l'invention ou la réduit à des proportions infimes.

Il arrive aussi fréquemment que le Patentamt interrompt, pendant un temps prolongé, la procédure de l'examen d'une demande de brevet, sous prétexte que cette demande se trouve en connexion avec une demande antérieure en cours d'examen. Les exemples de ces interruptions sont nombreux. Je n'en citerai que quelques-uns empruntés à une communication que M. Mintz, ingénieur à Berlin, a faite, le 6 janvier 1900, au *Verband deutscher Patentanwalte* :

« Une demande est déposée le 9 décembre 1898 et des objec-
» tions sont présentées une première fois dans une décision préa-
» lable du 17 janvier 1899. Estimant que le président avait mal
» compris son invention, l'inventeur vint personnellement de Paris
» à Berlin pour exposer, dans un entretien particulier avec l'exa-
» minateur préalable de la classe 8 ᵇ, un point spécial qui fut égale-
» ment admis par l'examinateur. On demanda seulement le dépôt
» de nouvelles pièces, rédigées d'une façon plus précise, et des
» échantillons. Il fut répondu à ce désir le 6 février 1899. A cette
» période de l'examen se rattache une correspondance relative à
» des points de pure formalité et à des demandes de M. l'examina-
» teur préalable (Décisions du 4 avril et du 8 mai, réponses du
» 12 avril et du 2 juin 1899). Dans l'intervalle se place un second
» entretien avec M. l'examinateur préalable, afin d'accélérer l'af-
» faire, entretien dans lequel il a été dit expressément que la
» promptitude de la solution était de grande importance pour le
» requérant. Survient alors un intervalle de cinq mois pendant
» lequel il ne vient aucune communication du Patentamt. Le 2 sep-
» tembre 1899, je réclame un avis. C'est alors que le 2 octobre,
» c'est-à-dire un mois après, je reçois enfin une décision avec la
» communication qu'il existait une demande antérieure concernant
» un objet analogue et qu'en conséquence la procédure était sus-
» pendue. Je réponds, le 6 octobre 1899, en protestant contre le
» motif de suspension puisé dans l'existence d'une demande con-
» cernant un objet analogue. Cela est absolument en opposition
» avec les prescriptions légales; c'est uniquement quand une de-
» mande concerne le même objet qu'une demande précédente, c'est-
» à-dire quand les demandes coïncident totalement ou partielle-
» ment, qu'il peut être question d'enquêtes ou instructions du
» Patentamt, mais dans aucun cas il ne saurait être question de
» suspendre la procédure. »

A la suite de nombreuses réclamations, l'inventeur n'a pu

obtenir que le 6 juin 1900, une copie de la demande antérieure faisant d'après le Patentamt obstacle à la délivrance de son brevet. Voilà donc un inventeur qui a répondu victorieusement à toutes les objections qui lui ont été faites par le Patentamt et, après cela, l'examen de sa demande a été ajourné pendant 18 mois sans qu'il ait pu savoir sur quelle antériorité on se basait pour l'ajournement. Quelle confiance veut-on qu'il puisse avoir dans la description dont on lui communique si tard le texte? Cette description a été modifiée et remaniée plusieurs fois entre le 9 décembre 1898 et le 10 juin 1900. L'auteur de l'antériorité opposée a eu certainement connaissance du texte des brevets pris à l'étranger par le second inventeur et alors n'en a-t-il point modifié la rédaction de façon à transformer son invention? Cela n'a rien d'impossible. En pareille circonstance, il semble que le Patentamt ne devrait pouvoir opposer au second inventeur que la description qui existait au 9 décembre 1898; tous les changements et modifications qui ont pu y être apportés ultérieurement ne sauraient lui être opposables.

« Dans un autre cas, P. 9743 IV/26ᵇ, une première communi-
» cation du 21 avril 1898 indique que la procédure est suspendue
» jusqu'à conclusion ultérieure. Un an et demi après, en octobre
» 1899, il est simplement communiqué que l'autre demande avait
» été publiée dans l'intervalle et que le Patentant a maintenant
» décidé de publier la demande postérieure.

» Autre exemple : Au cours de l'examen de la demande de
» brevet D. 8118 II/21ᶠ la Section des demandes communique, le
» 7 mai 1897, qu'il existe une demande antérieure concernant un
» objet analogue et que la procédure est interrompue. Le 6 sep-
» tembre 1898, par conséquent un an et demi après, l'inventeur
» prie le Patentamt de vouloir bien lui indiquer dans quel état se
» trouve l'affaire. Il lui est répondu que la demande antérieure est
» encore pendante, mais que l'on peut prévoir une décision à bref
» délai, la procédure relative à l'affaire récente devant jusque-là
» demeurer en suspens..... Une nouvelle année s'écoule : le
» 28 août 1899, le requérant s'informe à nouveau du sort de son
» affaire qui est en suspens depuis trente mois. Le Patentant
» répond alors, le 7 octobre, que la procédure n'avait pu être
» reprise attendu que *la demande antérieure n'était toujours pas*
» *délivrée; cette demande antérieure elle-même avait dû être*
» *ajournée en attendant la conclusion d'une affaire plus ancienne.*
» Avec un peu de malchance on pourrait tomber sur toute une
» généalogie de demandes antérieures. Le 2 novembre 1899, le
» Patentamt prend une décision qui déclare textuellement qu'il a
» été reconnu « tardivement ou après coup » — le mot est plaisant
» — que les parties essentielles de la demande se trouvaient indi-
» quées dans un brevet anglais n° 1297 de 1896.

» Dans une demande de décembre 1893, l'interruption de la
» procédure, en raison d'une demande antérieure qui concerne
» partiellement le même objet, est décidée en avril 1894. Il s'écoule

» plus de deux années. En juin 1896, on communique que la pu-
» blication de la demande opposée aura lieu dans quelques mois ;
» en réalité la publication de la demande antérieure est faite en
» 1898. L'affaire est encore pendante actuellement et le requérant
» attend, depuis décembre 1893, la solution de cette affaire qui ne
» sera sans doute connue que par ses héritiers. »

Pour mettre fin à de semblables pratiques il faudrait tout au
moins que, quand une demande de brevet se trouve en connexion
avec une demande antérieure, le second demandeur reçût immédiatement communication du texte de la description du premier et
que l'examen de la seconde demande continuât, sans être subor-
donné à celui de la première.

En Autriche, Danemark, Hongrie, Norvège, Russie et Suède,
l'examen préalable est organisé de façon plus défectueuse encore
qu'en Allemagne, cela est certain.

**D. — Dans les législations sans examen préalable, y a-t-il lieu
de préconiser le système de l'avis préalable, officieux et
secret ?**

En principe, l'examen officieux et secret semble répondre à
tous les desiderata. L'inventeur serait renseigné sur tout ce qui
s'est fait avant lui et spécialement sur les antériorités présentant
plus ou moins d'analogie avec son invention, mais il serait toujours
libre de maintenir sa demande de brevet s'il le jugeait utile ; en
d'autres termes, il n'y aurait plus de refus imposés. Ce système
présenterait donc tous les avantages du système de l'examen
préalable combiné avec le système de non-examen, sans avoir les
inconvénients de l'un ou de l'autre.

Si cela était pratiquement réalisable, je serais volontiers partisan de ce système intermédiaire, mais j'estime que les avantages
théoriques qu'on lui attribue sont purement illusoires.

En effet, lorsque l'examinateur sera dépouillé du droit d'imposer sa volonté à l'inventeur, lorsqu'il ne pourra plus se prévaloir
près de ses chefs du nombre important de brevets refusés grâce à
son savoir, à sa sagacité et à sa perspicacité, il est certain que sa
vigilance et son activité dans la recherche des antériorités s'affai-
blira considérablement. Il nous paraît impossible de demander à
des hommes de fournir un travail sérieux, quand celui-ci est dépouillé de toute sanction et de tout intérêt.

On a, du reste, un exemple de ce que peut donner l'application
de ce système ; c'est ce qui se passe en Suisse (1). Or, depuis le

---

(1) L'article 17 de la loi suisse est ainsi conçu : « Si le bureau croit s'apercevoir
que l'invention n'est pas brevetable, il en donnera au demandeur un avis préalable
et secret pour qu'il puisse, à son gré, maintenir, modifier ou abandonner sa
demande. »

15 novembre 1888, date de l'entrée en vigueur de la loi suisse, j'ai personnellement déposé un nombre respectable de brevets dans ce pays; l'examinateur ne m'a signalé jusqu'à ce jour qu'une seule antériorité, et encore elle était contestable. Par contre, les examinateurs suisses soulèvent de nombreuses difficultés : tantôt c'est un dessin à recommencer parce qu'il est à trop grande échelle, tantôt c'est le format du papier qu'il faut modifier, tantôt c'est la description même que veut refaire l'examinateur et il choisit lui-même les mots à employer. Parfois les remaniements sont tels que le demandeur ne peut absolument pas les accepter, parce qu'il estime que ces remaniements transformeraient la portée de l'invention ou rendraient la description incompréhensible : d'autres fois, les modifications sont si peu importantes que leur inutilité est manifeste. Je signalerai seulement l'exemple suivant :

Description rédigée par l'inventeur.	Description corrigée par l'examinateur.
Appareil interrupteur pour la production régulière des étincelles électriques.	Appareil pour la production *d'une suite* régulière d'étincelles électriques.
Lorsque l'on veut utiliser le courant induit d'une bobine Rhumkorff pour la production d'une étincelle à des intervalles déterminés, on combine en général avec la bobine un trembleur ; ce trembleur est actionné par un électro-aimant disposé dans l'axe de la bobine et qui attire ou écarte le marteau, grâce à la suppression intermittente de la source d'électricité, suppression produite par un moyen mécanique quelconque. Lorsque le courant inducteur est fourni par une pile, ce courant est assez régulier et continu pour produire lui-même un fonctionnement régulier du trembleur et par conséquent une formation régulière de l'étincelle aux bornes du fil induit. Mais l'on ne saurait employer comme source d'électricité le courant d'une dynamo ou d'une magnéto, le courant alternatif ou redressé d'une semblable source présentant des irrégularités et des discontinuités dans sa production qui affectent nécessairement le fonctionnement du trembleur.	Pour la production *d'une suite régulière d'étincelles électriques, on emploie généralement une bobine Rhumkorff combinée avec* un trembleur : *ce trembleur présente un marteau pouvant être attiré* par un électro-aimant disposé dans l'axe de la bobine, *et chaque attraction entraînant une rupture du circuit inducteur.* Lorsque le courant inducteur est fourni par une pile, ce courant est assez régulier pour produire lui-même un fonctionnement régulier de trembleur et par conséquent une *suite* régulière d'étincelles aux bornes du fil induit. Mais l'on ne saurait employer *avantageusement* comme source de courant une dynamo ou une magnéto, le courant alternatif ou redressé d'une semblable source présentant des irrégularités dans sa production qui affectent nécessairement le fonctionnement du trembleur.

Toutefois la possibilité de l'emploi d'une dynamo ou d'une magnéto comme source d'électricité présente un intérêt évident, particulièrement pour les appareils d'allumage des mélanges tonnants dans les moteurs, le transport et l'entretien de l'appareil devenant bien plus simples qu'avec une pile.

L'appareil qui fait l'objet de la présente demande de brevet permet de réaliser ces avantages. Il permet d'employer, pour la production à intervalles réguliers d'une étincelle aux bornes du fil induit d'une bobine d'induction, une machine électrique quelconque, magnéto ou dynamo.

La caractéristique de l'appareil consiste dans la suppression d'un trembleur de la bobine d'induction ; les ruptures successives de courant sont produites au moyen d'un interrupteur monté en circuit sur la machine productive (magnéto ou dynamo) et actionné par une came disposée directement sur l'arbre de ladite machine. Chaque fois que le contact de l'interrupteur est éloigné par l'action de la came, il y a production d'un courant dans le fil induit de la bobine Rhumkorff et par conséquent production d'étincelle dans la bougie placée sur ce fil induit.

Le dessin ci-joint représente, à titre d'exemple, l'interrupteur combiné avec une magnéto du type Siemens.

Toutefois la possibilité de l'emploi d'une dynamo ou d'une magnéto comme source *de courant* présente un intérêt évident, particulièrement pour les *dispositifs* d'allumage des mélanges tonnants dans les moteurs, le transport et l'entretien devenant bien plus simples qu'avec une pile.

La présente *invention* a pour *but* la production d'*une suite* régulière d'étincelles aux bornes du fil induit d'une bobine *Rhumkorff au moyen* d'une machine électrique.

L'appareil constituant l'objet d'invention comprend une telle machine et un interrupteur, destiné à être placé en circuit entre la machine et une bobine Rhumkorff (sans trembleur) et actionné par une came solidaire de l'arbre de la machine.

Le dessin ci-joint représente *cet appareil* à titre d'exemple *et en connexion avec une bobine Rhumkorff et un condensateur.*

Pour arriver à de pareils résultats, pendant combien de temps fait-on attendre l'inventeur? La durée de l'examen augmente d'année en année. Elle a d'abord été de quelques mois, puis on en est arrivé à huit, neuf, dix et onze mois. Aujourd'hui on dépasse l'année : en juillet 1900, le Bureau fédéral examine les brevets déposés en juillet 1899. Pourtant le règlement du 10 novembre 1896 dispose, dans son article 30, que l'examen ne doit pas durer plus de six mois.

Un système qui aboutit à de telles pratiques est un système condamné.

Je proposerai donc au Congrès d'adopter les résolutions suivantes :

Conclusions

1° En principe, les brevets d'invention doivent être délivrés sans aucun examen préalable, aux risques et périls du demandeur ;

2° Dans les pays où l'examen préalable est ou serait admis, cet examen ne doit en tout cas porter que sur la nouveauté de l'invention en laissant de côté toutes autres questions et notamment celles qui concernent l'importance, l'utilité et la valeur technique de l'invention. En aucun cas, l'inventeur ne doit être obligé à mentionner dans sa description ou ses revendications des références à des brevets antérieurs ;

3° Dans le cas où une demande de brevet se trouverait en connexion avec une demande antérieure en cours d'instance, l'examinateur devra communiquer au second demandeur une copie certifiée conforme du texte de la description de la première demande, tel qu'il était libellé au jour du dépôt de la demande ultérieure, et l'examen de la seconde demande ne pourra jamais être ajourné en raison de la première ;

4° Dans le cas où l'autorité chargée d'enregistrer les demandes de brevets estimerait qu'une invention est irrégulière ou complexe, l'inventeur devra être appelé à régulariser ou à réduire sa demande, ou à la diviser en plusieurs qui porteront la date du dépôt initial ;

5° Dans chaque pays, le service de la propriété industrielle doit être organisé de façon que tous les inventeurs puissent facilement se livrer à des recherches d'antériorités ou autres investigations. On devrait notamment mettre à leur disposition tous les brevets publiés, les catalogues des brevets dans tous les pays, ainsi que les principaux ouvrages techniques et publications industrielles.

SECTION I

Brevets d'invention.

Question I

Communication

de

W. Lloyd Wise
Chartered Patent Agent, à Londres.

sur

l'enquête du « Board of Trade » en Angleterre au sujet de l'examen préalable des demandes de brevets (1).

Une Commission a été nommée par le « Board of Trade » pour faire une enquête et présenter un rapport au Board sur certains points, y compris la question du refus des brevets dans les cas où il semble exister des antériorités à l'égard de ce qui est présenté comme des inventions.

On trouvera plus loin la traduction libre d'une lettre qui a été adressée au Secrétaire de la Commission. Cette lettre prend une grande importance de ce fait qu'elle a été signée par (entre autres personnalités) la plupart des hommes les plus avantageusement connus comme experts techniques, en matière de Brevets d'invention, près les tribunaux anglais.

---

(1) Un travail complet sur l'examen préalable, de M. Lloyd Wise, avait été adressé à la Commission d'organisation; mais il a déjà été publié dans l'*Annuaire de l'Association internationale pour la protection de la Propriété industrielle*, t. III (Congrès de Zurich, 1899), p. 84. M. Lloyd Wise avait simplement ajouté à sa proposition de Zurich l'alinéa suivant :

« Si le demandeur refusait ou négligeait d'amender sa spécification en consé-
» quence, alors, au lieu de refuser le brevet, on mentionnerait officiellement sur
» le brevet, ainsi que sur chaque copie imprimée de la spécification, une liste des
» antériorités citées par l'examinateur, de façon à ce que le public puisse se
» rendre compte de ce qui a déjà été fait antérieurement à ce que l'on présente
» comme une invention. »

Les signataires comprennent :

Lord Kelvin, F. R. S. (ancien Président de la « Royal Society ».

Sir Frederick Bramwell, baronnet, F. R. S. (ancien Président de l' « Institution of Civil Engineers » et de l' « Institution of Mechanical Engineers »).

Sir Edward J. Reed, K. C. B; F. R. S. (a été chef des constructions de la Marine royale).

Sir Douglas Fox (Président de l' « Institution of Civil Engineers »).

Sir W. H. Preece, F. R. S. (ex-chef électricien du « General Post-Office »).

Sir Howard Grubb, F. R. S.

Sir Fortescue Flannery, M. P.

Mr. R. A. Hadfield (le « Master Cutler » de Sheffield).

Professeur Henry Robinson, M. I. C. E.

Mr. James Swinburne.

Mr. Dugald Clerk.

Mr. W. Worby Beaumont.

Professeur Thomas Kirkland.

Mr. W. M. Mordey.

Mr. S. H. Terry, M. I. C. E.

Mr. G. W. Partridge.

Professeur D. S. Capper, M. I. C. E.

Mr. W. Geipel.

Voici la teneur de cette lettre (1) :

Juin 1900.

Monsieur,

En ce qui concerne la question posée par le Board of Trade à la Commission de Brevets,

   « Doit-on donner à l'Administration des Brevets le droit de :

   a) contrôler

   b) soumettre à certaines conditions ou

   c) restreindre de toute autre manière

» la délivrance de Brevets concernant des inventions qui sont notoire-
» ment anciennes ou que les moyens d'information dont dispose l'admi-
» nistration font connaître comme ayant été antérieurement protégées
» par des brevets dans ce pays, et, dans l'affirmative, quelle doit être
» l'étendue de ce droit ? »

---

(1) Depuis que la lettre ci-dessus a été écrite, on a proposé que, dans le cas
où le demandeur refuserait ou négligerait d'amender convenablement sa spécification de manière à supprimer ou tout au moins à indiquer comme telles (dans la
spécification elle-même) les antériorités qui seraient à considérer comme ayant une
portée directe sur l'invention, alors (mais dans ce cas seulement) l'administration
(au lieu de refuser le brevet) aurait le droit de mentionner elle-même, sur le
brevet et toutes les copies de la spécification qui seraient publiées, une simple
indication des brevets ou publications qu'elle jugerait de nature à constituer des
antériorités.

Les soussignés ont l'avantage de vous exposer ce qui suit :

1. Il est bon, autant que faire se peut, d'offrir, aux Inventeurs et au public, des moyens de se renseigner complètement sur la nouveauté d'inventions à l'égard desquelles on sollicite des brevets.

2. Néanmoins, comme des brevets ont parfois été finalement maintenus à l'égard d'inventions que des juges, même éminents, n'avaient pas considérées comme brevetables, il n'y a pas lieu que, en l'absence d'opposition, des brevets soient refusés en s'appuyant sur ce fait que l'invention, ou prétendue telle, est notoirement ancienne ou a été brevetée antérieurement dans ce pays, pourvu que le demandeur (si on l'en sollicite) amende sa spécification de manière à indiquer ce qui était déjà connu, en évitant ainsi que le public puisse être induit en erreur.

3. D'ailleurs, il n'y a lieu ni de faire connaître publiquement que la spécification a été amendée à la demande de l'Administration des brevets, ni de donner de la publicité à aucune notification d'un genre quelconque (soit par mention faite sur la spécification, soit autrement) impliquant un doute quant à la nouveauté de la matière au sujet de laquelle un brevet est délivré, parce que cette publicité constituerait naturellement une tare pour le brevet et que, dans le cas où elle reposerait sur une opinion erronée, elle agirait injustement.

Nous sommes, Monsieur, vos obéissants serviteurs,

(Suivaient les signatures.)

« *A M. le Secrétaire de la Commission des brevets*, Board of Trade Whitehall, S. W. »

SECTION I

Brevets d'invention.

Question II

De la durée des brevets. — Rechercher les moyens d'unifier la durée des brevets.

Rapport

par

Ch. Lavollée,

Vice-président honoraire de la Société d'Encouragement
pour l'industrie nationale.

Le Congrès de 1889 a émis le vœu que la durée de validité des brevets d'invention fût la même dans les différents pays et que cette durée fût fixée uniformément à vingt ans.

D'après la législation existante, les Etats ci-après accordent une durée de quinze ans pour les brevets d'invention et ils limitent la durée des brevets additionnels à celle qui reste à courir pour le brevet principal auquel ils se rapportent :

ALLEMAGNE, AUTRICHE, BRÉSIL, DANEMARK, FRANCE, HONGRIE, ITALIE, NORVÈGE, PORTUGAL, RUSSIE, SUÈDE, SUISSE, TUNISIE.

La BELGIQUE et l'ESPAGNE accordent une durée de vingt ans, les Etats-Unis dix-sept ans.

La GRANDE-BRETAGNE n'accorde qu'une durée de quatorze ans.

Par conséquent, la durée de quinze ans est appliquée dans la grande majorité des Etats.

Si donc il n'y avait à rechercher que l'uniformité dans cette partie de la législation, la durée de quinze ans est celle qui aurait le plus de chances d'être adoptée.

Mais, si cette mesure uniforme était appliquée et si, dès lors, les brevets pris dans la Grande-Bretagne obtenaient une année de plus, ceux-ci perdraient cinq années en Belgique et en Espagne, deux années aux Etats-Unis, et aucun Congrès, soucieux de la protection industrielle, ne saurait consentir à une diminution aussi sensible des droits reconnus aux inventeurs dans trois Etats importants.

Ainsi que l'a fait justement observer M. Frey-Godet, du bureau de Berne, dans une note adressée à la Commission d'organisation du Congrès, « l'unification de la durée des brevets n'est désirable
» que si elle n'a pas pour conséquence de réduire le terme de pro-
» tection accordé dans les pays les plus larges pour l'inventeur.
» L'essentiel est que, comme cela a été prévu à l'article 4 *bis* de la
» Convention d'Union revisée à Bruxelles, les brevets obtenus en
» divers pays par le même inventeur et pour la même invention
» soient indépendants les uns des autres quant à leur durée.

Par ces motifs, il est proposé de renouveler purement et simplement le vœu émis, sur la durée des brevets d'invention, par le Congrès de 1889 :

La durée des brevets doit être de 20 ans. La prolongation ne pourra être accordée qu'en vertu d'une loi
et dans des circonstances exceptionnelles.

SECTION I

Brevets d'invention.

Question III

Définition de la brevetabilité. — Préciser le criterium d'après lequel on reconnaîtra le caractère brevetable d'une invention. Y a-t-il lieu d'accorder des brevets d'une nature spéciale pour la remise en exploitation d'inventions oubliées?

Rapport

par

Michel Le Tellier
Docteur en droit,
Avocat à la Cour de Paris.

Deux mémoires sur ce sujet sont parvenus à la Commission d'organisation : le premier émane de M. Frey-Godet; le second de MM. von Schütz et Mintz. J'en rendrai compte en examinant successivement les deux parties de la question.

I. — Criterium de la brevetabilité.

Y a-t-il lieu d'établir un semblable criterium? M. Frey-Godet remarque, avec raison à mon avis, qu'en une semblable matière l'influence de la jurisprudence est au moins égale à celle de la loi; la conséquence de cette observation semblerait être qu'il n'y a pas intérêt à constituer un criterium international, puisque, suivant les tendances locales, les tribunaux des différents pays en donneront des interprétations divergentes et que l'on n'atteindra pas, par suite, le but d'unification poursuivi.

Une semblable objection ne me paraît pas de nature à arrêter les tentatives qui peuvent être faites en vue de l'adoption d'un criterium international. On peut, en effet, en présenter d'équivalentes à propos de toute question d'unification législative. Il n'est pas discutable, d'ailleurs, que l'adoption d'un texte unique n'ait pour résultat de restreindre, même entre les jurisprudences des divers pays, l'étendue de ces divergences ; le pouvoir du juge continuera sans doute d'exister, mais le point de départ de ses décisions sera, du moins, uniforme.

L'adoption d'un criterium commun est-elle possible ? Je le pense : les diverses législations ne diffèrent guère sur les principes fondamentaux de la brevetabilité ; elles exigent unanimement que l'invention ait un caractère industriel et qu'elle soit nouvelle. Ce sont là évidemment des bases très vagues ; il reste à préciser, d'une part, ce qu'est l'invention industrielle, quelles sont les innovations qui peuvent la constituer, et, d'autre part, quels sont les caractères de la nouveauté exigée. C'est de cette double définition que résultera le criterium recherché. Pour qu'il puisse avoir chance d'être adopté, il est nécessaire qu'il ne soit ni trop compliqué ni trop détaillé ; pour qu'il présente un intérêt réel, il faut cependant qu'il soit assez précis pour restreindre sérieusement le champ des divergences jurisprudentielles possibles.

En ce qui concerne l'invention industrielle brevetable, MM. von Schütz et Mintz nous proposent une définition qu'ils formulent en ces termes :

« Sont brevetables tous les nouveaux produits industriels et tous
» les procédés nouveaux pour la fabrication de produits indus-
» triels qui ont un nouvel effet ou une nouvelle manière de pro-
» duire leur effet (*Patentfähig sind alle neuen gewerblichen*
» *Erzeugnisse und alle neuen Verfahren zur Herstellung von*
» *gewerblichen Erzeugnissen, welche eine neue Wirkung oder*
» *eine neue Wirkungsweise besitzen*). »

Je ferai à cette définition plusieurs objections. D'abord elle ne paraît pas indiquer nettement que le produit industriel doit être brevetable indépendamment de l'utilisation dont il est susceptible. Grammaticalement, en effet, l'incidente finale peut s'appliquer aussi bien aux produits qu'aux procédés. Or, le produit porte en lui-même sa propre utilité, il constitue en quelque sorte son propre résultat. Je ne pense pas que la brevetabilité en doive être subordonnée à un usage industriel possible. La définition de MM. von Schütz et Mintz demanderait donc, suivant moi, à être remaniée sur ce premier point.

En second lieu, les simples mots « procédés nouveaux » me semblent ou trop vagues ou trop restrictifs ; trop vagues s'ils comprennent non seulement le moyen nouveau, mais la mise en œuvre nouvelle de moyens connus ; trop restrictifs, s'ils excluent cette dernière catégorie d'innovations. En tout cas, il y aurait nécessité d'en préciser le sens.

Enfin, pourquoi MM. von Schütz et Mintz exigent-ils que le procédé, pour être brevetable, soit destiné à la fabrication de produits industriels? Ont-ils donc l'intention d'exclure les découvertes industrielles qui ne se réfèrent pas à la fabrication de produits? Une innovation, par exemple, dans la pose des rails de chemin de fer ou dans le fonctionnement d'un organe de machine ou dans un frein de canon ou de voiture ne constitue pas un procédé de fabrication d'un produit. En sera-t-elle moins digne de protection ?

Ces objections m'empêchent de me rallier à la définition de MM. von Schütz et Mintz. D'ailleurs, pour être accepté plus facilement, le criterium doit, à mon avis, s'inspirer des définitions données de la brevetabilité par les diverses législations.

Si nous examinons à ce point de vue celles des principaux pays, nous constatons qu'elles peuvent être réparties en trois classes.

Les premières donnent une définition résultant de l'énumération détaillée de toutes les catégories d'inventions brevetables (exemple : la loi portugaise qui n'énumère pas moins de neuf catégories). Cette manière de procéder me paraît présenter deux inconvénients : d'abord le criterium qui en résulte ne comporte pas de principe général et l'on risque toujours par suite de laisser en dehors de ses prévisions des inventions intéressantes, et cela d'autant plus que chaque terme d'une telle énumération ne peut être l'objet que d'une interprétation stricte ; d'autre part, je ne crois pas qu'il y ait chance sérieuse d'obtenir un accord international sur un texte aussi précis et aussi compliqué.

On trouve en second lieu des lois (Allemagne, Autriche, etc.) qui se bornent à déclarer brevetables les inventions susceptibles d'une utilisation industrielle. Ici l'on peut dire que la définition est absente ; le juge (ou le fonctionnaire chargé de l'examen préalable) pourra presque à son gré reconnaître ou dénier la brevetabilité de l'innovation qui lui est soumise. En outre, en adoptant comme criterium l'indication donnée par ces lois, on n'aurait en réalité fait aucun pas dans le sens de l'unification, puisque l'on se bornerait à exprimer un principe déjà admis partout.

On est donc amené à prendre une formule du genre de celles qui ont été admises par les lois de la troisième classe, dont la loi française peut être considérée comme le type. Ici, nous trouvons une définition véritable, suffisamment générale pour être applicable à tous les cas. Assurément la précision pourrait être plus grande, mais on ne saurait l'augmenter beaucoup sans risquer de tomber dans les inconvénients signalés à propos des lois de la première série.

En conséquence des observations qui précèdent, je prendrai comme point de départ l'article 2 de la loi française du 5 juillet 1844 ; il est ainsi conçu :

« Seront considérées comme inventions ou découvertes nouvelles :
» 1° l'invention de nouveaux produits industriels ; 2° l'invention
» de nouveaux moyens ou l'application nouvelle de moyens connus
» pour l'obtention d'un résultat ou d'un produit industriel. »

Dans son rapport précité, M. Frey-Godet estime que l'on trouvera difficilement mieux que cette définition. Il me paraît cependant qu'elle peut être avantageusement modifiée sur quelques points.

Le premier changement m'est suggéré par MM. von Schütz et Mintz, qui font observer que la définition française « pèche par le fait que le mot invention, qu'elle veut définir, revient dans la définition ». En la forme, cette remarque est absolument exacte; au fond, il y a lieu de ne pas oublier que le véritable but de l'article 2 est la définition, non pas de l'invention, mais de la brevetabilité. Il est dès lors facile d'éviter l'écueil signalé par MM. von Schütz et Mintz en substituant aux mots : « Seront considérées comme inventions ou découvertes nouvelles », la formule : « Seront considérées comme brevetables ».

En second lieu l'étude de la jurisprudence française permet de constater que la définition donnée par l'article 2 est insuffisante en ce qui concerne la réunion nouvelle de moyens connus. Assurément, après plus de cinquante ans d'application de la loi, cet inconvénient se trouve en France bien atténué; mais il est clair qu'il y a lieu d'en tenir compte dans une définition nouvelle à établir, alors surtout qu'elle est destinée à devenir internationale. Je propose donc l'addition des mots : « ou réunion nouvelle » après les mots « application nouvelle ». La réunion nouvelle de moyens connus serait ainsi brevetable sous la seule condition de donner un résultat industriel.

D'autre part, certaines législations (Belgique, Brésil, etc...) mentionnent spécialement le perfectionnement parmi les inventions brevetables. Il n'est pas douteux que le perfectionnement ne soit compris dans les termes de la loi française; je ne vois cependant aucun inconvénient à préciser sur ce point. La modification ici doit, d'ailleurs, être double : elle doit porter non seulement sur le moyen, mais aussi sur le produit; si, en effet, on ne mentionnait le perfectionnement que dans la seconde partie de la définition, les interprètes ne manqueraient pas d'en conclure que le produit perfectionné n'est pas brevetable. Or on ne conçoit pas pour quel motif il en serait ainsi.

Enfin il me semblerait intéressant d'introduire dans la définition l'expression du principe, universellement accepté, je crois, d'après lequel l'importance de l'innovation faite ne doit pas être prise en considération pour la brevetabilité.

La première partie du criterium serait donc ainsi conçue :

Sont considérés comme brevetables :

1° L'invention de produits industriels nouveaux ou perfectionnés;

2° L'invention de nouveaux moyens ou l'application nouvelle ou la réunion nouvelle ou le perfectionnement de moyens connus pour l'obtention d'un résultat ou d'un produit industriel.

La brevetabilité de l'invention est indépendante de l'importance de l'innovation faite.

En ce qui concerne la nouveauté de l'invention, le criterium est plus facile à établir. La plupart des législations posent, en effet, des principes analogues. Certaines d'entre elles cependant énumèrent plusieurs faits, seuls susceptibles, d'après leurs dispositions, d'empêcher la nouveauté. Il ne me paraît pas qu'il y ait lieu de distinguer entre les divers modes de divulgation et je propose, sans hésiter ici, d'adopter la règle à la fois nette et générale posée par la loi française et reproduite, dans son esprit, sinon dans son texte exact, dans plusieurs pays (Espagne, Italie, Suisse, etc...).

Toutefois, il y aura avantage à en préciser la formule sur un point et à indiquer expressément, à l'exemple de certaines autres lois (Allemagne, Autriche, Hongrie, Suède, Suisse), dans quelles limites il est nécessaire que l'invention ait été connue pour ne plus pouvoir être considérée comme nouvelle. On reconnaît, en effet, qu'il n'est pas nécessaire que la publicité ait été assez précise pour qu'une personne quelconque ait pu appliquer l'invention et qu'il suffit que tout homme du métier ait été mis à même d'en prendre connaissance assez complète pour pouvoir en tirer parti. Pour éviter une divergence d'interprétation sur ce point, il convient de dire expressément que la divulgation produit son effet dès qu'elle est telle que l'invention peut être réalisée par toute personne compétente.

Il ne me paraît pas d'ailleurs qu'il y ait lieu d'établir de distinction suivant que l'invention aurait été publiée ou pratiquée dans le pays même ou à l'étranger. Je conclus donc, en ce qui concerne la nouveauté, à l'adoption du criterium suivant :

Ne sera pas réputée nouvelle toute invention qui, antérieurement au dépôt de la demande de brevet, aura reçu une publicité suffisante pour pouvoir être exécutée par toute personne compétente.

Il est bien entendu d'ailleurs que cette disposition ne saurait porter aucune atteinte au droit de priorité établi par la Convention de 1883.

II. — Brevetabilité des inventions oubliées.

Une invention a été faite à une certaine époque; elle a été l'objet d'une divulgation suffisante pour ne plus pouvoir être considérée comme nouvelle. Puis elle a été oubliée; un grand nombre d'années se sont écoulées; enfin elle est remise au jour. Peut-on accorder un brevet à celui qui l'a fait connaître de nouveau?

C'est là une question extrêmement délicate et la difficulté en résulte spécialement de ce qu'elle peut se poser dans des conditions très différentes. MM. von SCHÜTZ et MINTZ s'indignent à la pensée « qu'un lecteur acharné de vieux bouquins pourra être récompensé de sa passion des livres par un monopole de quinze ans ». Mais les circonstances seront souvent tout autres : l'invention aura été retrouvée, non pas par un heureux fureteur, mais bien par un véritable inventeur, n'ayant pas connaissance des travaux antérieurs ; il aura pris un brevet et organisé une exploitation ; un jour, il poursuivra un contrefacteur et c'est à ce moment qu'on lui opposera comme antériorité le fait que l'invention a déjà été faite anciennement. Une telle situation est évidemment digne d'intérêt ; l'inventeur a autant de mérite assurément que si, le premier, il avait fait la découverte. Et cependant je ne crois pas pouvoir me rallier à l'opinion de M. Frey-Godet, qui se prononce en faveur de la brevetabilité des inventions tombées en désuétude.

Pour justifier mon opinion, je recourrai successivement à des considérations juridiques et pratiques.

Au point de vue juridique, je ferai observer que, sitôt qu'une idée a été divulguée, le domaine public, dans toutes les législations, en est saisi ; comment le dessaisir ? Cela me paraît difficile. Au moins faudrait-il que de puissantes considérations d'équité ou d'intérêt général vinssent à l'appui d'une semblable expropriation. Mais, en ce qui concerne l'intérêt général, il est admis à peu près universellement que le monopole est attribué au breveté en échange du service qu'il rend à la société en faisant connaître un produit ou un procédé nouveau ; or ce service ne se retrouve pas lorsque l'invention avait déjà été anciennement divulguée. D'autre part, en ce qui concerne l'équité, il sera toujours impossible d'établir comment le nouvel inventeur a été mis en possession de l'invention : est-ce en fouillant dans des archives anciennes, comme le veulent MM. von Schütz et Mintz, ou, au contraire, par une nouvelle découverte personnelle ? Si, dans le dernier cas, il peut sembler rigoureux d'annuler son brevet, en est-il de même dans le premier ?

Enfin, si l'on entre dans cette voie, où s'arrêtera-t-on ? Il arrive constamment qu'on oppose à un breveté des antériorités récentes, dont personne n'avait l'idée avant que l'instance ne fût intentée et qu'elles ne fussent produites : en quoi la situation de cet inventeur est-elle moins intéressante parce que l'antériorité est récente ? Au bout de combien de temps une découverte sera-t-elle considérée comme oubliée ? Suffira-t-il, pour qu'elle ne puisse être réputée telle, qu'il en ait été fait usage une ou deux fois au cours d'un grand nombre d'années ? Exigera-t-on, pour permettre la prise d'un nouveau brevet, qu'elle n'ait jamais été appliquée sérieusement ou suffira-t-il qu'après l'avoir été elle ait été abandonnée pendant longtemps ? Quelles que soient les solutions que l'on pourrait donner à ces diverses questions, il est certain qu'elles seraient purement arbitraires et ne se concilieraient ni avec l'intérêt général, ni avec l'équité.

Au point de vue pratique, il est clair que les difficultés de preuve seraient considérables. Une fois l'antériorité produite, il appartiendrait au breveté d'apporter la preuve qu'elle n'a pas été exploitée pendant un délai suffisant pour qu'elle puisse être considérée comme tombée en oubli; cette preuve négative est manifestement impossible. Imposerait-on au prétendu contrefacteur la charge de produire la preuve positive contraire? Mais de quel droit? N'a-t-il pas établi que l'invention n'était pas nouvelle? Ne doit-on pas présumer qu'elle a continué à être appliquée?

Enfin l'intérêt pratique de la question n'apparaît guère. Les inventions contre lesquelles on invoque des antériorités très anciennes sont fort rares. Et, d'un autre côté, peut-on même dire qu'une invention tombe réellement jamais en oubli, alors du moins qu'elle présente un intérêt sérieux, si faible soit-il? A ce point de vue, MM. von Schütz et Mintz font remarquer que nulle part on ne paraît attacher une grande importance à la question qui nous occupe.

J'ai raisonné principalement en admettant que le brevet accordé au second inventeur serait identique aux brevets ordinaires. Mais conviendrait-il de lui accorder un brevet d'une nature spéciale? Cette solution me paraîtrait la pire de toutes. Elle tombe sous le coup de toutes les objections que nous venons de produire et en provoque même de nouvelles. MM. von Schütz et Mintz nous apprennent, à cet égard, que les droits restreints concédés, en Allemagne, à raison de certaines innovations (modèles d'utilité), ont constitué une entrave à l'industrie ; le résultat serait le même, pensent-ils, si l'on établissait des droits spéciaux pour les inventions oubliées.

En outre, celui qui aurait réellement retrouvé, par lui-même, l'invention ancienne ne songerait évidemment pas à se conformer aux dispositions spéciales prescrites pour le cas où il se trouve; et les seuls à profiter de la réforme proposée seraient précisément ces « lecteurs de vieux bouquins » dont parlent MM. von Schütz et Mintz. Il est vrai que cette dernière objection tombe si, par « brevets d'une nature spéciale », on entend simplement « brevets d'une durée plus limitée », mais pris dans les conditions ordinaires. Mais, dans ce cas même, les autres arguments formulés plus haut subsistent et ils suffisent, à mon sens, pour empêcher d'admettre la brevetabilité des inventions tombées en oubli.

CONCLUSIONS

I. — Criterium de la brevetabilité.

Sont considérés comme brevetables :

1° L'invention des produits industriels nouveaux ou perfectionnés;

2° L'invention de nouveaux moyens ou l'application

nouvelle ou la réunion nouvelle ou le perfectionnement de moyens connus pour l'obtention d'un résultat ou d'un produit industriel.

La brevetabilité de l'invention sera indépendante de l'importance de l'innovation faite.

Ne sera pas réputée nouvelle toute invention qui, antérieurement au dépôt de la demande de brevet, aura reçu une publicité suffisante pour pouvoir être exécutée par toute personne compétente.

II. — Brevetabilité des inventions oubliées.

Il n'y a pas lieu d'accorder de brevets pour la remise en exploitation d'inventions oubliées.

SECTION I

Brevets d'invention.

Question III

Observations,
au point de vue de l'Allemagne,
sur la définition de la brevetabilité,

par

Julius von Schütz
Directeur aux Etablissements Fried. Krupp Grusonwerk

et

Maximilian Mintz
Agent de brevets à Berlin

L'Union allemande pour la protection de la propriété industrielle s'est occupée, à plusieurs reprises, de la définition et de la détermination des caractères de la brevetabilité. C'est surtout en Allemagne, où les brevets ne sont pas examinés seulement au point de vue de la nouveauté, mais sous le rapport de leur utilité pratique pour l'industrie et de leur mérite brevetable, que le besoin impérieux de règles précises pour la brevetabilité d'une invention s'est fait sentir. Il est arrivé fréquemment, surtout à une époque déjà un peu éloignée, que les décisions du Bureau des brevets ont été motivées de la façon suivante : l'objet est nouveau, il est vrai, mais il ne nous paraît pas brevetable, parce que le premier technicien venu pourra le faire sans difficulté. Le Bureau des brevets veut trouver dans chaque invention les traces visibles d'un éclair génial, qui le plus souvent, après s'être manifesté, ne laisse que l'objet même comme preuve qu'il a existé.

Des inventions simples, faciles, courent toujours le risque d'être refusées par le Bureau des brevets, à cause de l'absence de cet éclair de génie; mais l'homme qui a de la pratique sait très bien que ce sont souvent ces inventions qui ont le plus de valeur au point de vue commercial.

Malgré cela, le Comité choisi par l'Union allemande pour la revision de la loi sur les brevets a rejeté la proposition de fixer par une loi les règles de la brevetabilité, parce que son opinion était qu'on arriverait plus sûrement à la suppression de cet inconvénient en limitant l'examen préalable des inventions par le Patentamt au point de vue de la nouveauté.

Il est évident que l'examen de la brevetabilité d'une invention qui a déjà fait ses preuves pratiquement est beaucoup plus facile que son examen au moment de la déclaration, car, s'il est facile de reconnaître la valeur d'un germe, il est encore plus difficile de fermer les yeux devant la valeur ou la non-valeur d'un fruit mûr.

Quoi qu'il en soit, des cas sont possibles où le juge pourra dire : il est vrai, l'invention a prouvé qu'elle avait de la valeur au point de vue commercial, elle était nouvelle aussi au moment où elle a été déclarée, mais elle était tellement facile que le premier venu aurait pu la faire, car il n'y a pas la moindre trace d'un trait génial d'invention.

Dans des cas pareils, l'inventeur se trouve dans une situation pire que s'il n'avait pas obtenu de brevet, parce qu'il a déjà des capitaux engagés dans l'exploitation de son invention. Pour des inventions d'une brevetabilité *douteuse,* l'inventeur est donc forcé de jouer absolument au hasard, car il dépend de l'individualité du juge que, oui ou non, son brevet, qui a déjà fait pratiquement ses preuves, lui soit conservé. Il y a eu un avocat qui jugeait les inventions d'après leur degré de complication, pour des choses simples il avait coutume de dire : mais cela n'est pas une invention, la construction en est si simple que moi-même je la comprends.

Si l'on arrivait à établir des règles fixes pour la brevetabilité, dans tous les Etats de l'Union, ce serait un progrès énorme par rapport à l'incertitude légale, qui est aujourd'hui générale.

La loi française de 1844 cherche à établir de telles règles dans son article 2.

« Seront considérées comme nouvelles inventions ou découvertes :

» L'invention de nouveaux produits industriels ;

» L'invention de nouveaux moyens ou l'application nouvelle de » moyens connus pour l'obtention d'un résultat ou d'un produit » industriel. »

Cette définition pèche par le fait que le mot « invention », qu'elle veut expliquer, revient dans la définition. Le juge pourra donc dire : « L'objet décrit est absolument nouveau ; le résultat industriel » existe aussi et il est même obtenu, mais l'objet était si simple, » si facile que tout le monde aurait pu le faire, par conséquent ce » n'est pas une invention. »

On voit que la question n'est pas à résoudre dans cette voie ; il faut plutôt remonter jusqu'au but de la protection des brevets.

La protection des brevets a pour but de favoriser le progrès industriel en donnant à l'inventeur la garantie que les ressources qu'il dépense pour perfectionner son invention lui rapporteront comme fruit de son labeur et de ses dépenses un bénéfice pendant une période déterminée.

Si l'on comprend le but de la protection des brevets de cette façon, il est absolument évident que chaque innovation qui s'est révélée comme une valeur pour l'économie sociale est aussi brevetable. Un brevet n'est donc pas une récompense pour un éclair de génie, mais un billet de garantie pour des capitaux qu'on va dépenser.

On pourrait objecter qu'alors on pourrait prendre aussi un brevet pour un objet connu depuis longtemps, pour l'exploitation duquel quelqu'un serait disposé à dépenser des capitaux. Cette objection, cependant, n'est pas plausible ; ce qui n'est pas nouveau appartient au domaine public, et on ne pourra jamais octroyer un bien public à un individu seul pour en faire une exploitation monopolisée. Il s'agit donc de savoir quelles règles pour la brevetabilité nous pourrons déduire de notre explication du but de la protection des brevets.

L'éclair génial est écarté comme caractère de la brevetabilité, mais il doit y avoir un produit ou procédé industriel pour la fabrication de produits industriels, et ce produit doit surtout et avant tout être *nouveau*. Ici nous rencontrons alors une difficulté ; c'est que, d'après cette définition, des modèles seraient également brevetables, car un nouveau modèle est incontestablement un nouveau produit industriel. En cherchant à exprimer dans la définition la différence entre le modèle et la brevetabilité, cette définition deviendrait extrêmement compliquée et impraticable. Mais comme chaque loi sur les brevets énumère un certain nombre d'exceptions, c'est-à-dire de produits qui ne sont pas brevetables, il n'y aurait aucun inconvénient à y ajouter tous les produits qui tombent sous la protection des modèles, échantillons et autres objets analogues.

La définition deviendrait donc très simple :

« Sont brevetables tous les produits ou procédés nouveaux industriels pour la fabrication de produits, sauf ceux énumérés dans le paragraphe suivant. »

A cette définition on pourra faire et on fera l'objection qu'elle mènera les inventions à devenir banales.

Si, par exemple, il existe un crayon avec cinq arêtes, un autre avec six ou sept arêtes serait encore brevetable parce qu'on ne pourrait pas lui contester le caractère d'un nouveau produit industriel. Nous ne nous arrêterons pas à discuter si une telle objection est plausible ou non, car il suffit de savoir qu'elle serait certainement faite. Pour qu'une nouvelle définition ait chance d'être adoptée, il faut qu'elle concilie et non pas qu'elle provoque les contradictions.

Ce que la majorité des hommes compétents exige d'un nouveau produit brevetable et ce que ce crayon n'a pas, c'est l'effet nouveau ou le procédé nouveau.

Que cet effet soit un progrès ou non, qu'il soit grand ou petit, peu importe, c'est l'affaire de l'inventeur qui supporte les frais; pour la brevetabilité il suffit que le nouvel effet ou le nouveau procédé y soit. Celui-ci peut même exclusivement se trouver dans le choix d'une autre matière. Supposons qu'une douille de cartouche en laiton soit connue; quelqu'un a l'idée de construire cette douille en acier, parce que celle-ci est plus résistante et moins exposée à subir.des déformations. Une telle douille de cartouche est-elle alors brevetable? D'après nous, incontestablement, car le produit est nouveau et possède un nouvel effet.

Notre définition serait donc la suivante :

« Sont brevetables tous les produits nouveaux indus-
» triels et tous les procédés nouveaux pour la fabrication
» de produits industriels, qui ont un nouvel effet ou une
» nouvelle manière de produire leur effet. »

Cette définition a, sur l'autre qui précède, cet avantage qu'elle exclut *ipso facto* de la brevetabilité les modèles. Pour plus de garantie on pourrait ajouter les mots « utilisation technique », mais nous ne croyons pas que ce soit nécessaire. Qu'il puisse se présenter des cas pour lesquels la définition, qui précède, de la brevetabilité ne soit pas suffisante ou mènera à des complications, c'est possible, bien que nous n'ayons pas réussi à en découvrir un seul. Mais ce qui nous paraît absolument hors de doute, c'est qu'une telle définition ou une définition analogue contribuerait considérablement à plus de garantie légale dans le domaine des brevets, et c'est pour ce motif que nous la soumettons à la discussion du Congrès.

*
* *

Y a-t-il lieu d'accorder des brevets d'une nature spéciale pour la remise en exploitation d'inventions oubliées?

Pour répondre à cette question il faut d'abord s'être rendu compte ce qu'on entend par inventions oubliées.

Au point de vue allemand il y a deux espèces de ces inventions : celles qui sont publiées dans des livres et celles qui ont été utilisées dans le temps; encore une subdivision : les publications et exploitations qui ont eu lieu dans les derniers cent ans et celles qui sont antérieures à cette période.

D'après la loi sur les brevets en vigueur en Allemagne, les inventions publiées ou exploitées antérieurement, pendant la période des cent dernières années, sont *ipso facto* hors de cause, tandis que, au contraire, pour les inventions antérieures à cette époque, des brevets réguliers peuvent être déposés et obtenus en Allemagne.

Si quelqu'un parvient à dénicher dans un document ou dans une tradition des temps passés une idée ou une invention qui, pour le reste, porte le caractère de la brevetabilité, rien, d'après la législation allemande, ne s'oppose à la délivrance d'un brevet sur cette invention.

4

La Commission chargée de la revision de la loi allemande sur les brevets était d'avis de supprimer la restriction des derniers cent ans, et avec raison, car on ne voit pas pourquoi la création de droits nouveaux, d'une durée de quinze ans, serait justifiée quand l'affaire date, par hasard, de cent un ans et ne le serait pas pour une qui daterait de quatre-vingt-dix-neuf ans.

Abstraction faite de cet exemple tout à fait extrême, de telles limitations temporaires présentent toujours des inconvénients.

Maintenant, si les cent ans disparaissent, la chose est tout autre et la situation se présente comme dans les autres Etats.

Les partisans de l'idée d'accorder des brevets pour des inventions oubliées supposeront le cas suivant : une machine a été construite — le nombre d'années n'importe pas — autrefois, elle a été décrite et esquissée en figures, mais au moment de son invention elle n'était pas exploitable parce qu'on n'avait pas l'agent approprié pour elle ; grâce au progrès de l'industrie et de la technique on découvre une nouvelle matière qui, entre autres qualités, possède encore celle d'être l'agent uniquement approprié pour la machine en question ; pourquoi, après la découverte de cet agent, la personne qui aurait trouvé l'ancienne invention dans des documents ne serait-elle pas autorisée à demander maintenant un brevet pour cette machine ?

Pour nombre d'Etats cette question doit être tranchée dans un sens négatif, déjà pour ce motif que le demandeur du brevet ne peut être que l'inventeur ; dans les Etats où une telle disposition n'existe pas, on devrait supposer que le sentiment moral trouverait injuste qu'un lecteur acharné de vieux bouquins pût être récompensé, pour sa passion des livres, par des droits qui lui seraient conférés pendant quinze ans.

On pourrait venir dire alors que ce ne serait pas nécessaire de délivrer, pour ces cas, des brevets de la même valeur que les autres ; on pourrait délivrer des brevets d'une durée moindre ou d'une moindre validité légale. A cela nous répondrons que personne mieux que nous n'est à même de déconseiller une telle mesure, parce que c'est précisément nous, en Allemagne, qui avons fait avec les droits spéciaux (*Gebrauchsmuster*) l'expérience qu'il faut les considérer absolument comme une entrave à l'industrie.

Il n'y a pas de raison de créer des droits spéciaux pour des inventions oubliées, d'autant plus que, d'aucun côté, on ne s'intéresse à cette question.

La délivrance de brevets pour des inventions oubliées serait en contradiction avec le sentiment de la justice. Des choses qui ont été connues autrefois appartiennent définitivement au domaine public.

Notre réponse à la question posée est donc négative :

« Il n'y a pas lieu d'accorder des brevets pour des inventions oubliées. »

SECTION I
Brevets d'invention

Question IV

Inventions exclues de la protection. — Inventions contraires à l'ordre public et aux bonnes mœurs? Plans de finances? — Procédés de fabrication (Système de la loi suisse)? — Y a-t-il lieu d'édicter des dispositions spéciales pour les inventions relatives aux produits chimiques, alimentaires et pharmaceutiques? Etude des conséquences pratiques et économiques de la non-brevetabilité de ces produits dans les pays où ils sont exclus de la protection.

Rapport

par

Edouard Mack

Avocat à la Cour de Paris

Nous avons reçu communication de travaux divers, dus, en particulier, à M. Martius (1), de Berlin, à M. Frey-Godet, premier secrétaire du bureau de la propriété industrielle de Berne, et à M. Ch. Dumont (2), agent de brevets à Capellen (Grand-Duché de Luxembourg).

Nous tiendrons le plus grand compte, au cours de nos propres observations, de ces intéressants documents, qui nous fourniront d'importants éléments pour dégager de l'étude dont le Comité d'organisation du Congrès nous a chargé les conclusions qu'elle comporte.

Indiquons dès maintenant que les trois auteurs ci-dessus nommés sont d'accord pour demander, notamment au point de vue des produits chimiques et pharmaceutiques, la réforme des lois restrictives actuelles, *dont les dispositions ne sont peut-être pas de nature à assurer le résultat que les auteurs de ces lois ont cherché*, et signalons que l'un d'eux greffe sur la question celle de l'utilité de *l'échange des licences*, prévu par la loi suisse, comme permettant de parer à certaines objections que soulèverait la solution du problème dans le sens de la protection.

---

(1) Voir son mémoire, *infra*, p. 102.
(2) Sa brochure (petit in-8° de 30 pages, Luxembourg, 1900, imprimerie de la Cour, V. Bück) a été distribuée aux membres du Congrès.

Ceci dit, rappelons quel est l'état actuel des diverses législations sur les points qu'indique notre programme.

I

La plupart des législations excluent expressément de la protection les **inventions contraires aux bonnes mœurs ou à l'ordre public,** par des dispositions dont les termes varient suivant les pays et qui précisent plus ou moins celles qui sont considérées comme rentrant dans cette dernière catégorie. Les exemples qu'on cite d'inventions de ce genre sont rares ; il suffit, le plus souvent, pour que leurs auteurs s'abstiennent de déposer aucune demande, que le principe soit proclamé, et, là même où il ne l'est pas d'une façon formelle, il est considéré comme indiscutable. Il va de soi, d'ailleurs, que les lois, comme la loi autrichienne, peuvent expressément déclarer non brevetables les inventions relatives à des objets pour lesquels, par exemple, l'État s'est réservé un monopole (1) ; faisons seulement observer que l'État peut, en pareil cas, avoir lui-même intérêt à reconnaître aux inventeurs un droit à la protection de la loi, et qu'alors, si l'État seul doit profiter de l'invention, il ne le pourra pas sans indemniser l'inventeur.

Les **combinaisons de finance** sont formellement exclues de toute protection par les lois française, tunisienne, suisse, espagnole, turque et implicitement par un certain nombre d'autres lois, qui déclarent non brevetables les inventions ou découvertes purement théoriques, ou abstraites, et les principes scientifiques, expressions qui, suivant les pays, se rapportent, à quelques différences près, à une même conception de la brevetabilité : les brevets d'invention ne s'appliquent, en résumé, qu'aux découvertes ou inventions faites, comme le dit la loi française, « dans tous les genres d'*industrie* » et qui portent soit sur « de nouveaux produits industriels », soit sur des moyens d'obtenir des résultats ou des produits « industriels ».

Les combinaisons de crédit et de finance sont écartées en raison soit du danger qu'elles présentent le plus souvent pour le public (2), soit de l'immense intérêt que l'État et les particuliers auraient, si elles étaient d'une grande portée économique, à ne pas être, même pour un temps, tributaires d'un monopole. Nous pensons donc qu'on ne peut qu'approuver, en ce qui les concerne, le principe de la non-protection.

Mais ceci dit, nous croyons que le droit commun, en matière de protection des découvertes dont la société est redevable aux chercheurs de tout ordre, doit être appliqué à toutes inventions pour lesquelles il n'est pas démontré d'une façon certaine que la non-protection vaut mieux que la protection au point de vue de l'utilité

---

(1) Loi du 11 janvier 1897, art. 2, 3°.
(2) Voir les travaux préparatoires de la loi française.

générale, et nous croyons que tel est le cas pour les produits dont nous parlerons dans quelques instants.

La **loi suisse**, on le sait, contient une disposition spéciale : outre les inventions contraires à l'ordre public ou aux bonnes mœurs et les plans de finances, elle exclut de la protection les *procédés de fabrication* et ne permet de breveter que « les inventions *représentées par des modèles* et applicables à l'industrie ». On pourrait se demander si cette disposition de la Constitution n'a pas précisément le sens des dispositions des lois des autres pays qui définissent les inventions brevetables. en excluant de la protection spéciale des lois relatives à la propriété industrielle toutes les inventions purement intellectuelles, théoriques ou scientifiques, non susceptibles de donner un résultat industriel ; quoi qu'il en soit, la loi sur les brevets, du 29 juin 1888, a interprété la Constitution et il est constant qu'une invention n'est brevetable en Suisse qu'à la condition qu'un modèle de l'objet inventé soit déposé ou tout au moins, dans certains cas, qu'il soit prouvé que l'objet inventé existe.

Cette disposition fait particulièrement l'objet des critiques de M. FREY-GODET, qui indique qu'à aucun degré elle ne peut se justifier que par l'obligation absolue où serait le législateur, ne pouvant modifier lui-même une loi constitutionnelle, de la respecter jusqu'au moment où elle pourrait être changée. Autrement il semble illogique, dans une loi sur la protection des inventions, d'exclure de cette protection ce qui constitue au moins autant une invention que le produit lui-même nouvellement obtenu, le procédé au moyen duquel on l'obtient.

Nous croyons donc qu'en Suisse on arrivera prochainement à faire dire à la Constitution que tout moyen nouveau d'obtenir un produit ou même un résultat industriel dont l'existence pourra être matériellement constatée, peut être breveté comme le produit même qui représente l'invention.

Nos renseignements nous permettent d'ajouter qu'un important mouvement d'opinion s'est dessiné dans ce sens en Suisse dans ces derniers temps.

Les autres législations présentent les particularités suivantes :

Toutes admettent que les procédés peuvent être l'objet de brevets, en principe ; mais plusieurs ne l'admettent pas en ce qui concerne les brevets relatifs aux produits chimiques, pharmaceutiques ou alimentaires ; certaines excluent en outre de toute protection ces produits eux-mêmes.

Voici, en résumé, à cet égard, d'après les documents les plus récents, l'état des diverses législations :

Le plus grand nombre des lois protègent les inventions relatives aux **produits alimentaires**. Mais dans ces derniers temps, il s'est manifesté une certaine tendance à ne protéger que les procédés qui les concernent.

La Belgique, le Brésil, l'Espagne, les Etats-Unis, la France, la Grande-Bretagne, le Guatémala, l'Italie et le Portugal protègent tout à la fois l'invention des *produits* et celle des *procédés* qui permettent de les fabriquer ; les législations de la plupart des Etats de l'Amérique centrale ou méridionale ne prononcent non plus à cet égard aucune exclusion.

Produits et procédés sont au contraire exclus de la protection en Danemark.

L'Allemagne (1), l'Autriche (2), la Hongrie (3), la Norvège (4), la Suède (5), la Tunisie (6), le Luxembourg, le Japon (7) et la Russie (8) ne protègent que le procédé.

En Suisse, le produit seul est susceptible d'être protégé, à condition qu'il en existe un modèle remplissant les conditions légales.

Les **produits chimiques**, en tant qu'ils ne deviennent pas produits pharmaceutiques, jouissent de la protection dans le plus grand nombre des pays. Sauf la Suisse, tous protègent les procédés destinés à les fabriquer. L'Allemagne, l'Autriche, la Hongrie, le Portugal, la Russie et le Luxembourg excluent les produits de la protection.

La plupart des pays, au contraire, excluent de la protection les **produits pharmaceutiques.**

Seuls la Belgique, le Brésil, les Etats-Unis, la Grande-Bretagne, le Mexique et le Guatémala protègent les produits en même temps que les procédés.

Les *produits* sont *exclus* de la protection en Espagne, France, Italie, Allemagne, Autriche, Hongrie, Portugal, Luxembourg, Russie, Suède, Norvège, Japon, Turquie, Tunisie.

La Russie et le Japon excluent même les procédés et appareils destinés à leur fabrication ; cependant la Finlande (D. du 21 janvier 1898) admet la protection du procédé de fabrication.

Comme on le voit, surtout pour les produits pharmaceutiques, il y a une grande divergence entre les législations.

Doit-elle subsister ? Autrement dit, dans les pays où soit les procédés, soit les produits, soit les uns et les autres, sont exclus de la protection, y a-t-il de bonnes raisons pour que cette exclusion soit maintenue ? C'est la question que nous allons maintenant chercher à résoudre.

II

Une première observation nous semble s'imposer tout d'abord.
Cette diversité même des dispositions législatives n'est-elle pas la

---

(1) Loi du 7 avril 1891.
(2) Loi du 11 janvier 1897.
(3) Loi du 14 juillet 1895.
(4) Loi du 16 juin 1885.
(5) Ordonnance du 16 mai 1884.
(6) Loi du 26 décembre 1888.
(7) Loi du 2 mars 1899.
(8) Loi des 20 mai - 1er juin 1896.

preuve que les raisons admises dans un certain nombre de pays en faveur de l'exclusion de la protection sont au moins contestables ?

. Si la question devait être tranchée à la majorité des voix, elle le serait dès à présent en faveur de la protection du produit et du procédé en ce qui touche les produits chimiques et les produits alimentaires, et elle ne resterait douteuse que pour les produits pharmaceutiques, qui sont le plus souvent exclus de la protection, les procédés étant d'ailleurs à peu près partout protégés.

C'est donc surtout à leur point de vue que nous aurons à l'étudier.

§ 1er. — Produits chimiques.

En ce qui les concerne, nous avons déjà indiqué que, dans le plus grand nombre des pays, les lois protègent également les procédés et les produits.

Cependant en Allemagne, dans le Grand-Duché de Luxembourg et dans plusieurs autres pays, depuis quelques années, à l'exemple de l'Allemagne, la loi ne protège, en principe, que les procédés.

Aux termes de la loi allemande du 7 avril 1891 (voir la *Propriété industrielle*, de Berne, du 1er mai 1891, p. 60), ne sont pas brevetables « ... les inventions de matières qui sont obtenues par des moyens chimiques, en tant que ces inventions ne portent pas sur un procédé déterminé pour la production desdits objets ».

La loi du 25 mai 1877, nous dit M. le Dr Martius, contenait déjà semblable disposition, bien que le projet de loi soumis à l'enquête ne contînt d'exclusion que pour les produits alimentaires, les boissons et les médicaments ; mais, à la demande des industriels intéressés, l'exclusion avait été étendue aux produits chimiques, par le motif qu'en conférant un privilège exclusif à l'inventeur d'un produit qui peut toujours être obtenu à l'aide de plusieurs procédés et même au moyen de combinaisons diverses de matières, on empêcherait, au grand détriment du progrès, la recherche de méthodes de fabrication de plus en plus perfectionnées et moins coûteuses.

Cet inconvénient, signalé comme s'étant produit en France, en raison de la législation, pour les couleurs d'aniline, que les inventeurs de procédés perfectionnés durent aller fabriquer dans les pays voisins, se trouvait sans doute évité en Allemagne par la non-protection légale du produit ; mais bientôt, au Congrès réuni à Bade le 20 septembre 1879 pour examiner les conséquences de la loi, on dut reconnaître que, si les produits mêmes n'étaient pas brevetés, le marché allemand pourrait être inondé de produits semblables fabriqués à l'étranger même par les procédés garantis en Allemagne par un brevet, et l'on admit, comme depuis l'a admis également la jurisprudence (Tribunal de l'Empire, 14 mars 1888), que la disposition légale dont il s'agit devait être interprétée en ce sens, que le produit lui-même obtenu par un procédé breveté fait partie de l'objet de l'invention, dont il est le résultat final, et comme tel est protégé par le brevet.

Cette manière de voir a reçu la sanction législative par l'insertion, dans le paragraphe 4 de la loi du 7 avril 1891, d'une disposition ainsi conçue : « Si le brevet est délivré pour un procédé, son effet s'étend aussi aux produits obtenus directement par ce procédé. »

Cette disposition s'appliquant plus spécialement aux produits qui se trouvent par eux-mêmes exclus de la protection, la loi paraît avoir ainsi obtenu le double résultat de ne pas permettre la monopolisation d'un produit de façon à entraver les perfectionnements de procédés, et cependant de protéger les produits obtenus au moyen de procédés brevetés.

Comme le signale M. Ch. Dumont dans son travail, la protection se trouve rendue d'ailleurs plus efficace par la disposition du paragraphe 35, aux termes duquel, quand le procédé breveté s'applique à la fabrication d'une matière nouvelle, « tout produit semblable doit être, jusqu'à preuve contraire, présumé fabriqué d'après le procédé breveté ».

Le produit chimique nouveau se trouve ainsi, bien que n'étant que l'accessoire du procédé breveté par lequel on l'obtient, protégé contre la concurrence que lui ferait le même produit fabriqué par un autre procédé, autant du moins que l'imitateur n'est pas en mesure de justifier de l'emploi par lui d'autres moyens que ceux décrits dans le brevet.

M. le Dr Martius fait encore remarquer que la protection du produit, simple accessoire du procédé, se trouve encore rendue plus réelle et plus efficace par l'obligation que la loi (§ 20) impose à l'inventeur de joindre à sa description des échantillons des produits auxquels s'applique le brevet.

Et ainsi nous voyons que la loi qui seule, ou à peu près, jusqu'à ces dernières années, excluait de la protection les produits chimiques, arrive en fin de compte à les protéger presque autant, et d'une façon tout à la fois moins dommageable pour l'industrie nationale et plus avantageuse pour les inventeurs de nouveaux procédés, que la loi française, par exemple.

En France, nous l'avons vu, le brevet pris pour un nouveau produit chimique a le désavantage de nuire pendant quinze ans aux progrès de la fabrication, si l'inventeur du produit ne s'entend pas avec le chercheur qui aura trouvé un procédé de fabrication perfectionné, ce qui, comme le fait remarquer le Dr Martius, est d'autant plus inadmissible que celui qui a fait le premier breveter le produit n'a le plus souvent le mérite que de l'avoir découvert, sans faire une véritable invention.

Mais on peut lui répondre, avec M. Frey-Godet, que le système allemand produit également des conséquences injustes, quand il permet à l'inventeur d'un procédé perfectionné et beaucoup plus économique de recueillir tout le profit de l'invention due à un concurrent, l'inventeur du produit, sans l'invention duquel il n'eût lui-même peut-être rien inventé.

Et tout ceci nous amène à nous demander si, ainsi que le pense M. Frey-Godet, chacun de ces systèmes, qui aboutissent en somme, dans le plus grand nombre des cas, à protéger efficacement les produits, ne pourrait pas être avec avantage complété par l'adoption de dispositions, comme celle qu'il cite en exemple, qui en atténue-raient tout au moins les inconvénients.

Pour M. Frey-Godet, le système de l'*échange de licences*, qui est prévu par l'article 12 de la loi suisse, serait celui qui permet-trait de résoudre le plus équitablement le problème.

L'article 12 de la loi suisse sur les brevets du 29 juin 1888 est ainsi conçu :

« Le propriétaire d'un brevet, qui se trouverait dans l'impossi-bilité d'exploiter son invention sans utiliser une invention brevetée antérieurement, pourra exiger du propriétaire de cette dernière l'octroi d'une licence, s'il s'est écoulé trois ans depuis le dépôt de la demande relative au premier brevet et que la nouvelle invention ait une réelle importance industrielle. — Si la licence est accordée, le propriétaire du premier brevet aura, réciproquement, le droit d'exiger aussi une licence l'autorisant à exploiter l'invention nou-velle, pourvu que celle-ci soit à son tour en connexité réelle avec la première. — Tous les litiges que soulèverait l'application des dis-positions ci-dessus seront tranchés par le Tribunal fédéral, qui déterminera en même temps le montant des indemnités et la nature des garanties à fournir. »

Comme on le voit, cet article admet, dans un intérêt général, bien évidemment (voir l'article suivant sur l'expropriation au profit de l'Etat ou au profit du domaine public), l'obligation pour les bre-vetés de se concéder réciproquement des licences, non plus dans le cas prévu par exemple par la loi anglaise (art. 22, loi du 25 août 1883) de non-exploitation par un breveté de son invention, mais dans le cas au contraire où le breveté jugerait avantageux pour lui d'entraver le progrès en se réservant pour toute la durée de son brevet le monopole de l'exploitation d'un produit chimique, ou autre, qu'il aurait inventé. Pour les cas semblables, et sans d'ail-leurs qu'il soit nécessaire que l'invention nouvelle faite ultérieure-ment par un tiers soit un perfectionnement de la première, l'auteur de l'invention postérieure en date, qui justifie de l'importance industrielle de son invention et du besoin qu'il a d'utiliser la précé-dente, peut réclamer et exiger au besoin devant les tribunaux l'octroi d'une licence ; inversement le propriétaire d'un brevet pre-mier en date a le droit de profiter dans ce cas de la seconde inven-tion et d'exiger une licence en retour de celle qu'on lui impose ; mais il ne semble pas que la loi lui reconnaisse le droit de réclamer le premier le bénéfice de l'invention d'autrui.

Nous devons faire observer que, dans le système que propose M. Frey-Godet, cette faculté complémentaire devrait être nécessai-rement reconnue à l'inventeur d'un produit chimique nouveau, précisément pour éviter l'inconvénient qu'a la loi allemande d'as-surer à l'inventeur d'un procédé perfectionné et moins coûteux, sinon en droit, du moins en fait, tout le bénéfice de l'exploitation d'un produit qu'un autre a eu le mérite de découvrir ou d'inventer. Le premier inventeur ne doit pas, en un mot, perdre, avant que

son brevet soit tombé dans le domaine public, le bénéfice de son
invention ; ce bénéfice doit lui être assuré au moins partiellement
par le droit qui lui sera reconnu d'exiger une licence, qu'il y ait lieu
ou non à échange, comme l'indique M. FREY-GODET.

Il serait assurément remédié de cette façon aux imperfections
signalées du système allemand.

Quant au système de la loi française, qui est également celui de
presque tous les autres pays, il faudrait, pour le corriger conformément au vœu de M. FREY-GODET, le modifier en permettant à l'inventeur d'un procédé nouveau de fabrication d'un produit breveté
d'exiger de l'inventeur du produit une licence, sauf à autoriser l'inventeur du produit à exiger de son côté une licence de fabrication.
C'est le système de la loi suisse appliqué à un cas que la loi suisse
ne prévoit pas, puisqu'en principe elle n'admet pas les brevets de
procédé.

Ce système aurait en France et ailleurs l'avantage de ne pas
permettre à un industriel breveté pour un produit d'empêcher ses
compatriotes de développer une industrie dont les lois d'un pays
voisin favoriseraient le progrès dans ce dernier pays, comme le fait
la loi allemande en protégeant les procédés relatifs aux produits
chimiques sans protéger directement ceux-ci.

En Allemagne, en résumé et pour bien préciser le système, la
loi (de 1891), qui en principe accorde la protection aux produits et
aux procédés, refuse sa protection aux découvertes de nouveaux
produits ou substances *chimiques* en tant que matière et ne permet
de breveter que les procédés à l'aide desquels ces substances sont
obtenues, la substance elle-même se trouvant d'ailleurs protégée en
tant que produit du procédé, et le premier inventeur ayant le privilège de pouvoir considérer comme une contrefaçon de son invention
toute substance semblable à celle qu'il fabrique, dont la fabrication
par un autre procédé que le sien ne peut pas être prouvée. — En
France, au contraire, l'inventeur du produit a un véritable monopole qui peut être nuisible à l'industrie nationale et profiter grandement, non seulement sur le marché de l'exportation, mais, au point
de vue du développement d'autres industries qui auraient besoin de
ce produit, à la concurrence étrangère. — Pour remédier à cet
inconvénient d'ordre général, comme à l'inconvénient qu'a la loi
allemande de sacrifier l'inventeur du produit aux inventeurs de procédés qui perfectionnent son invention, M. FREY-GODET, fort ingé-
nieusement, propose l'introduction, dans les législations des deux
pays et des autres pays qui protègent plus ou moins les inventions
de produits chimiques, d'un système de licences obligatoires réciproques analogue ou semblable au système d'échange de licences
établi par l'article 12 de la loi suisse du 29 juin 1888.

Cette proposition nous semble devoir être prise en sérieuse
considération, quelque opinion qu'on ait sur l'utilité de la licence
obligatoire que la loi anglaise de 1883 (1) permet à tout intéressé de

---

(1) Art. 22. — Voir aussi la loi autrichienne de 1897, art. 21.

se faire concéder par le breveté, indépendamment du cas prévu par la loi suisse, au cas de non-exploitation ou d'exploitation insuffisante par le breveté.

§ 2. — Produits alimentaires.

Ce que nous venons de dire pour les produits chimiques, en faveur d'une protection plus complète et mieux garantie des inventions relatives tant aux produits qu'aux procédés, peut s'appliquer aussi aux inventions d'aliments, de boissons, d'objets de consommation (en allemand : *Genussmittel*) et de médicaments, si l'on juge qu'il y a, également à leur égard, un intérêt d'ordre supérieur à favoriser l'esprit de recherche et de progrès, tout en protégeant les inventeurs de nouveaux produits.

Laissons pour le moment de côté les médicaments, dont nous parlerons spécialement plus loin dans le paragraphe 3.

Y a-t-il lieu d'accorder des brevets pour les inventions d'aliments? Faut-il se contenter ici, comme le fait encore en principe la loi allemande, de protéger les nouveaux procédés de fabrication, qui méritent cette protection comme tout nouveau moyen plus ou moins perfectionné d'obtenir un produit ou un résultat dans tous les genres d'industrie? L'intérêt qu'a la société ou le public à profiter des inventions de cette nature justifie-t-il l'absence de toute protection, pour le produit, afin qu'il tombe plus tôt dans le domaine public, sans récompense pour l'ingéniosité de l'inventeur que cette absence de protection n'engagera évidemment pas à chercher de nouvelles créations? Et n'y a-t-il pas d'ailleurs un intérêt différent de celui de l'inventeur, différent de celui qui s'attache à l'utilité de l'invention pour le public, dont les goûts et les besoins sollicitent l'ingéniosité des chercheurs, à ce que le monopole de leurs découvertes ou de leurs inventions appartienne plutôt à ceux qui les auront fait breveter qu'à ceux qui en garderont le secret; n'y a-t-il pas surtout un intérêt à ce que le secret ne puisse pas être gardé, à ce que la prise d'un brevet, à défaut de publicité dans des recueils ou des ouvrages spéciaux, soit permise et même imposée à quiconque livre à la consommation des produits nouveaux, lorsque ces produits intéressent la santé publique? Le brevet, et, après lui, la marque qui également permet au public de savoir ce qu'il fait quand il achète un produit dont la composition est ou peut être connue de tous, ne sont-ils pas les meilleures garanties que le consommateur puisse avoir contre la vente de produits malfaisants et falsifiés? A ce point de vue, peut-on dire que l'exclusion des produits alimentaires est une mesure justifiée par l'intérêt du consommateur? D'autre part son intérêt, au point de vue du bon marché du produit nouveau, sera-t-il mieux sauvegardé, si la législation refuse un privilège aux chercheurs de procédés nouveaux, propres à diminuer les frais de fabrication?

« Pour empêcher, dit M. DUMONT, dans son intéressant mé-

» moire, que la santé publique n'ait à souffrir des produits mal-
» faisants ou frelatés des falsificateurs, le Danemark a exclu de la
» brevetabilité les produits alimentaires et leurs procédés de fa-
» brication et ce dans l'intérêt de l'alimentation du peuple. Mais
» n'est-il pas injuste de priver l'inventeur du droit à la protection
» et ne serait-il pas plus équitable que l'Etat achetât le produit
» afin d'en faire bénéficier le domaine public? En protégeant des
» produits alimentaires, tels que extraits de viande, chocolats, lait
» condensé, farines lactées, vins toniques ou réconfortants, etc.,
» ou bien des objets de consommation (*Genussmittel*), comme les
» parfums, les essences, les tabacs, etc., que craint-on? La falsi-
» fication?... » Et l'auteur répond que c'est par les procédés d'analyse, qui ont fait eux aussi de grands progrès dans ces derniers
temps et par une surveillance administrative et une répression pénale rigoureuses, que l'on protégera le plus efficacement la santé
publique, et non en refusant la protection à des inventions qui,
grâce à la publicité des inventions brevetées, présenteront de sérieuses garanties. « Le refus de protection, conclut-il, ne peut rien
» changer à la situation ou plutôt ne peut qu'encourager les empoi-
» sonneurs publics. »

Nous sommes d'avis, avec M. Ch. DUMONT et M. le Dr MARTIUS,
que les prohibitions ainsi édictées par certaines lois vont contre
leur but, que les produits alimentaires nouveaux ainsi que les procédés qui servent à les fabriquer peuvent être brevetés, sans inconvénient pour l'intérêt général, mais plutôt avec avantage; l'alimentation populaire ne sera que facilitée par la protection accordée aux
chercheurs de produits alimentaires moins coûteux et mieux fabriqués. Loin que cette protection profite aux charlatans qui trompent
le public, elle servira, au contraire, aux inventeurs sérieux, de point
d'appui pour les combattre, à condition toutefois que les lois pres-
crivent aux tribunaux ou aux offices de patentes de refuser la protection aux brevets pris ou demandés pour des produits qui pourraient compromettre la santé publique.

Ajoutons que la cherté exagérée des prix ne sera jamais à
craindre comme un effet du monopole de l'inventeur, vu qu'il est
difficile de concevoir le cas de l'invention d'un produit tellement
supérieur à tous les produits existants que ceux-ci ne se vendraient
plus et ne lui feraient pas concurrence, comme il est difficile d'admettre que ce nouveau produit soit d'une nécessité telle que le
public ne puisse pas attendre, quelques années, l'expiration du
privilège de l'inventeur.

§ 3. — Produits pharmaceutiques.

Les arguments que nous avons déjà fait valoir en faveur de la
protection des produits chimiques ou alimentaires s'appliquent également aux produits pharmaceutiques.

Cependant, à certains points de vue, les conditions de la protection en ce qui les concerne doivent être étudiées à part et nous allons avoir tout d'abord à nous demander pourquoi le plus grand nombre des lois refusent de les protéger, certaines d'entre elles allant même jusqu'à refuser de protéger, en ce qui les concerne, les procédés de fabrication.

Les pays qui refusent de protéger les procédés de fabrication de produits pharmaceutiques sont, outre la Suisse, la Russie et le Japon. A leur égard ces trois pays font exception à la règle généralement adoptée, comme le Danemark fait seul exception pour les procédés relatifs aux produits alimentaires.

Nous avons à examiner si l'exclusion est justifiée pour les procédés, d'une part, et, de l'autre, pour les produits qui sont, nous l'avons dit, exclus de la protection en Espagne, en France, en Italie (1), en Allemagne, en Autriche, en Hongrie, au Portugal, au Luxembourg, en Russie, en Norvège, en Suède, au Japon, en Turquie et en Tunisie.

M. le Dr MARTIUS, dans son mémoire (voir plus loin, p. 102), a rapporté les principales critiques dont ces dispositions ont été l'objet.

Il est à peine besoin de dire qu'il a suffi qu'une des premières lois faites sur les brevets d'invention eût, pour des raisons plus ou moins spécieuses, admis le principe de l'exclusion de certains produits, comme les produits pharmaceutiques, pour que l'exemple donné fût suivi par beaucoup d'autres législations.

La loi française du 5 juillet 1844, innovant à ce point de vue, qui avait été négligé par les lois de 1791 et 1792 (cette dernière supprimant les brevets délivrés pour des combinaisons de finances), admit la première, sur un amendement au projet primitif, qui fut accepté par la Commission de la Chambre des pairs, l'exclusion des préparations pharmaceutiques, par la raison, dit l'exposé des motifs du projet de loi (Recueil Dalloz, § 123), « qu'en présence des réclamations nombreuses que soulèvent les manœuvres coupables du charlatanisme, il était convenable de donner cette satisfaction à la morale publique que blesse sans cesse le scandale de ces manœuvres ».

Le rapport fait ensuite à la Chambre des députés ajoutait (§ 163) :

« Bien que les brevets soient délivrés sans examen..., bien que la loi proclame et qu'il soit écrit, sur ces brevets mêmes, qu'ils ne préjugent point le mérite de l'invention, une foule de personnes y

---

(1) M. Abramo Levi, avocat à Turin, estime, dans une brochure qui a été distribuée au Congrès, sous le titre *La Privativa industriale sui medicamenti*, que la disposition de l'article 6, no 4, de la loi de 1859 sur la Propriété industrielle, qui déclare que « les médicaments d'aucune espèce ne peuvent constituer un objet de propriété », s'est trouvée abrogée, en fait, par la loi sur la santé publique (art. 27, al. 2) et les circulaires des 8 mars 1894, 7 novembre 1896 et 12 mai 1898, en ce sens que les médicaments peuvent constituer des spécialités médicinales, munies de tous les avantages du monopole, sans la contre-partie des formalités exigées pour les inventions brevetées. La Cour de Bologne n'a point jugé ainsi pour l'eau d'Hunyadi Janos (31 décembre 1900, *Rivista delle Privative industriali*, no du 30 juin 1901).

7

voient une sorte de garantie et de recommandation, et le charlatanisme exploite trop souvent cette erreur populaire. »

Tels sont les principaux motifs, en dehors de ceux tirés des
prescriptions des lois spéciales de l'an XI et de 1810 réglementant
les remèdes secrets, qui ont fait décider en France la non-brevetabilité des compositions pharmaceutiques et des remèdes de toute
espèce, afin d'entrer plus complètement dans la voie du résultat déjà
cherché par le décret du 18 août 1810, « d'empêcher le charlatanisme d'imposer un tribut à la crédulité ».

Comme le fait remarquer M. Pouillet au nº 73 de son *Traité*, ces
raisons ne semblent pas décisives et le législateur avait un moyen
bien simple de protéger la santé publique : c'était de réserver à
l'Etat (comme le faisait déjà le décret précité du 18 août 1810) le
droit d'acheter les remèdes qu'il jugerait utiles, par application de
son droit d'expropriation pour cause d'utilité publique.

« Cela eût été plus juste, ajoute-t-il, que de dépouiller toute
une classe d'inventeurs, et justement ceux qui, lorsqu'ils sont sérieux, ont le plus mérité la reconnaissance publique. »

Mais, on le voit, le législateur a, en somme, reculé devant les
charges que lui imposait ce système, et la crainte du *charlatanisme*,
à laquelle le décret de 1810 trouvait un remède dans « le devoir des
possesseurs de tels secrets de se prêter à leur publication » (voir
préambule du décret), a produit dans la loi de 1844 ce résultat, d'ôter
le stimulant et la récompense de la protection aux inventeurs de
remèdes aussi utiles que le sulfate de quinine, par exemple, qui
aujourd'hui peuvent à grand'peine combattre la concurrence en
s'adressant aux tribunaux pour faire du moins protéger leur nom
et leur marque. Un privilège de quinze ans qui leur permettrait de
livrer seuls au public des produits que l'importance du débit qu'ils
auraient leur permettrait d'autre part de fabriquer avec plus de soin
et de vendre à des prix moins élevés, quoique plus rémunérateurs,
serait une bien meilleure garantie contre le charlatanisme que la liberté pour tous de leur faire concurrence à l'aide de moyens dont
les plus usités sont de livrer au public des produits frelatés, dont la
fabrication coûte moins cher en raison de la mauvaise qualité ou de
l'absence de toute qualité des substances qui les composent.

En résumé, pour ces produits comme pour tous autres, le système d'un privilège exclusif réservé temporairement à l'inventeur
jusqu'au moment où la notoriété acquise lui permettra, à l'aide de
son nom et de sa marque, de conserver une partie des avantages
auxquels le mérite de son invention lui donne droit, nous paraît le
plus rationnel, comme étant le plus juste et donnant au public le
plus de garanties.

Ce système aurait-il besoin de correctifs, comme la possibilité
pour le Gouvernement, dans les pays de non-examen préalable, de
refuser la délivrance du brevet à l'inventeur dont l'invention serait
déclarée nuisible par les autorités scientifiques ou médicales officiellement chargées de l'examen des nouveaux remèdes? Je ne suis pas
éloigné de le croire et ainsi tomberait la dernière objection tirée

des inconvénients du charlatanisme. J'ajoute qu'il dispenserait l'Etat de l'obligation d'acheter les remèdes d'une réelle valeur pour éviter que les inventeurs préfèrent garder le secret plutôt que de livrer celui-ci sans bénéfice.

Un système analogue à celui que nous venons d'indiquer avait été, en France, proposé à la Chambre des pairs, en 1843 (Exposé des motifs, nᵒˢ 65 à 68). Précédemment, avait expliqué le Ministre du Commerce à la Commission, le seul moyen légal de priver de la protection les prétendus remèdes jugés nuisibles par l'Académie de médecine, était, les lois des 7 janvier et 25 mai 1791 ne permettant pas de rejeter la demande de brevet de l'inventeur, de faire demander devant les tribunaux par le ministère public la nullité de tout brevet relatif à des substances pharmaceutiques reconnues nuisibles, en considérant les brevets comme contraires à l'ordre public. La Commission proposa d'accorder au Gouvernement le droit de refuser la délivrance d'un brevet demandé pour une invention qu'il jugerait illicite, sauf recours au Conseil d'Etat dans le cas où l'inventeur ne s'inclinerait pas devant la décision de rejet.

Mais ce système fut repoussé, et, pour les raisons que l'on connaît, il fut décidé que les compositions pharmaceutiques ne seraient pas susceptibles d'être brevetées. En conséquence, en France, l'administration rejette purement et simplement toute demande de brevet relative à des produits de ce genre, et le brevet qui aurait été pris pour des produits chimiques destinés spécialement à la pharmacie et pour tous autres genres de remèdes devrait être déclaré nul par les tribunaux.

Récemment l'administration, ainsi que le rappelle M. Dumont, a cru devoir, aux motifs donnés en 1844 pour retirer la protection aux produits pharmaceutiques, ajouter celui-ci, dans une réponse à une pétition adressée au Ministre en 1892 en vue d'obtenir la modification de la loi :

« La brevetabilité d'une composition pharmaceutique serait contraire au principe fondamental de la loi de 1844, qui met comme condition absolue de la validité d'un brevet que le produit et le procédé qui en fait l'objet auront un résultat industriel. Il faut que l'invention soit industrielle : une composition pharmaceutique ne donne pas un résultat industriel; la guérison des maux qui affligent l'humanité n'a jamais été considérée comme une industrie. »

Cette raison, toute théorique, ne nous paraît nullement de nature à infirmer les considérations que nous avons fait valoir en faveur de la protection de substances, de compositions qui sont de plus en plus fabriquées industriellement et dont la fabrication industrielle par l'inventeur présente, tout le monde aujourd'hui le reconnaît, plus de garanties que la liberté laissée à tous de fabriquer des imitations dans des conditions défectueuses et donnant plus de prise au reproche de charlatanisme. Répétons, au surplus, que le système de la protection pendant un certain nombre d'années permet seul de rémunérer équitablement l'inventeur et de favoriser la recherche de nouvelles compositions plus bienfaisantes

13

et moins coûteuses que les remèdes antérieurement employés, sans crainte que l'inventeur abuse de son privilège pour vendre à un prix excessif un remède qui subira nécessairement, le plus souvent, la concurrence d'équivalents déjà connus. Et, encore une fois, dans le cas où ce remède serait une panacée qui devrait au plus tôt être mise à la portée de tous, l'Etat serait là pour l'acquérir, et l'inventeur qui aurait fait une aussi belle découverte aurait d'autant plus de titres à recevoir une indemnité.

Avec les lois actuelles, le public est présumé avoir un intérêt à ce que l'inventeur soit lésé; il nous semble que le contraire est certain.

III

En résumé, nous ne croyons pas qu'à l'heure actuelle et vu l'état de progrès de l'industrie dans toutes ses branches, et notamment dans celles de plus en plus nombreuses qui, ne fût-ce qu'accessoirement, sont obligées de recourir à la chimie, il y ait lieu de maintenir le refus de protection opposé par diverses lois soit aux nouveaux produits soit aux nouveaux procédés de fabrication de produits chimiques, pharmaceutiques ou alimentaires.

L'argument de la crainte du charlatanisme, celui de l'intérêt du public, celui de la cherté des prix maintenue abusivement par l'inventeur, ne valent rien. Tout au contraire le caractère d'utilité qu'ont les brevets pour stimuler l'esprit d'invention et rémunérer les inventeurs se révèle aussi grand en ces matières qu'en toutes autres. Quant aux précautions qui peuvent être prises pour sauvegarder les nécessités de l'hygiène, de la sécurité et de la santé publiques, elles relèvent du domaine des lois administratives et pénales, qui peuvent fort bien se concilier avec les lois sur les brevets.

Mais les inventions de cet ordre ne doivent pas être rangées dans la catégorie des inventions contraires par elles-mêmes à l'ordre public. On ne peut même pas dire, en effet, qu'un intérêt supérieur exige qu'elles ne soient pas brevetables.

Elles doivent au moins être traitées comme les inventions relatives aux armes et aux munitions dont, aux termes de la loi autrichienne, par exemple, l'Etat peut seulement réclamer le monopole, en expropriant et en indemnisant l'inventeur (Loi du 11 janvier 1897, art. 15) (1).

On a vu, qu'en France, il en était de même pour les inventions de produits pharmaceutiques avant la loi de 1844, l'Etat, dans l'intérêt public, se réservant le droit de les acquérir et se trouvant, d'ailleurs, armé pour faire annuler les brevets contraires à l'ordre public.

---

(1) En France, M. Armengaud jeune a proposé que les demandes de brevets pour cette catégorie d'invention demeurent secrètes pendant un certain temps, afin de permettre à l'Etat de traiter avec l'inventeur pour le monopole exclusif de l'invention et d'en maintenir alors le secret (Bul. synd. ing. cons.).

Nous avons vu comment la plupart des législations permettent de breveter tout à la fois les produits et les procédés, les inconvénients qu'il y a à protéger ces derniers seuls et les moyens qui peuvent être employés pour éviter que les brevets de produit ou de matière constituent une entrave au progrès et au développement de l'industrie d'une nation.

Rien n'est plus ingénieux que le système d'échange obligatoire de licences proposé par M. FREY-GODET pour combler ces lacunes des meilleures législations et faire disparaître ces inconvénients.

Nous avons dit comment nous considérions qu'il devrait être complété, s'il était adopté en France, en Allemagne et dans les pays qui ont des lois semblables.

Mais nous nous demandons si, pratiquement, le régime de la liberté des transactions entre brevetés ne suffit pas, en raison de l'intérêt qu'ils ont à profiter réciproquement, les uns des inventions antérieures encore garanties pour de longues années par un brevet, les autres des nouvelles inventions qui empruntent quelque chose à ce qui est encore leur propriété.

Nous ne trancherons pas cette question, nous contentant de la signaler comme tout à fait intéressante et méritant l'attention des législateurs.

Mais aux questions posées par le programme du Congrès, telles qu'elles sont reproduites en tête de ce travail, je proposerai de répondre :

Il y a lieu de maintenir l'exclusion prononcée par la plupart des législations relativement aux inventions contraires aux lois et aux bonnes mœurs et celle relative aux plans et combinaisons de crédit et de finance.

Mais il est à souhaiter que les lois cessent d'exclure de la protection les produits alimentaires, les produits chimiques et les produits pharmaceutiques, et les procédés propres à les obtenir, les raisons pour lesquelles ils sont exclus de la protection étant loin d'être décisives en faveur du maintien de l'exclusion.

SECTION I

Brevets d'invention.

Question IV

Des Inventions

dans l'industrie chimique, en Allemagne,

par

Dr C.-A. Martius,

Directeur de Aktien Gesellschaft für Anilinfabrikation.

D'après le projet de loi allemand sur les brevets, élaboré par l'Union des ingénieurs et l'Union pour la protection des brevets, un brevet ne devait pas être accordé pour « des produits alimentaires, des boissons et des médicaments ». La loi allemande sur les brevets, l'ancienne du 25 mai 1877, aussi bien que la nouvelle du 7 avril 1891, bien que l'enquête se fût prononcée en sens contraire, a, dans son paragraphe 1, exclu comme non brevetables :

« Les inventions de produits alimentaires, de boissons et de médicaments, ainsi que les matières fabriquées par voie chimique, en tant que ces inventions ne concernent pas un procédé déterminé pour la fabrication de ces articles. »

D'après les motifs de la loi, *les produits alimentaires, les boissons* et *les médicaments* ne devaient pas être brevetés, dans l'intérêt du public, pour ne pas entraver la facilité de leur achat au point de vue de l'alimentation populaire, ni augmenter leur prix et pour éviter que la protection légale pût servir « comme moyen charlatanesque pour tromper le public dans un but intéressé », en un mot, de réclame.

Le bien-fondé de cette disposition restrictive de la loi allemande sur les brevets et la justesse de son argumentation n'ont pas généralement été admis, quoique la plupart des législations étrangères contiennent des dispositions analogues. On a même considéré comme une injustice et une erreur législative de refuser *ipso facto* à l'inventeur de tels articles la protection légale, car, précisément par cette mesure, le génie inventeur serait détourné de ce domaine si important pour le bien-être public et on obtiendrait juste le résultat contraire à celui qu'on voulait atteindre. On a encore fait ressortir que les motifs invoqués, s'ils s'appliquent aux véritables médicaments et articles pharmaceutiques, s'appliquent aussi aux appareils, instruments et produits mécaniques servant aux chirurgiens ou aux médecins, ou utilisés pour des buts analogues, tels que pinces, couteaux, miroirs, et aussi à des produits matériels, lesquels (comme par exemple des membres artificiels) ne sont pas des médicaments et, par conséquent, sont brevetables; on ne devrait pas non plus considérer comme brevetables les appareils protecteurs pour des machines ou machines-outils, qui ont pour but d'empêcher des accidents dans l'intérêt de la masse du public. On a enfin fait valoir, contre les motifs de la loi allemande : que, si le cas d'un besoin public se présente, l'administration de l'empire, en vertu du paragraphe 11, chiffre 2, et du paragraphe 5, alinéa 2, a le moyen d'exproprier l'inventeur; que, d'autre part, l'examen préalable administratif a précisément pour but d'écarter les inventions sans valeur.

Malgré toutes ces objections, nous n'avons jamais entendu parler de tentatives faites dans le but de supprimer cette disposition restrictive dans la loi.

Pour les produits fabriqués par voie chimique, cette disposition restrictive est d'une portée considérable. Le premier projet d'une loi sur les brevets soumis au Reichstag ne contenait aucune disposition restrictive, relative à l'industrie chimique, quoique les principaux représentants de cette industrie, lors de la délibération sur l'enquête qui avait été faite à cette époque, eussent proposé l'exclusion absolue de cette industrie de toute protection légale. Le Reichstag reçut une pétition du Comité de la Société chimique allemande, demandant que pour les brevets accordés à des inventions chimiques le principe soit maintenu que seule la méthode pour la fabrication d'un produit chimique, non le produit lui-même comme tel, pût être l'objet du brevet. Pour motiver cette proposition il était dit :

« Un produit peut être fabriqué de différentes manières et de
» différentes matières. Breveter le produit, ce serait empêcher l'ap-
» plication de nouvelles méthodes de fabrication perfectionnées. »

La conséquence fut que la Commission du Reichstag refusa, en deuxième lecture, la brevetabilité pour les produits chimiques et déclara que seul un *procédé déterminé*, reconnu comme étant nouveau pour la fabrication de ces matières, serait brevetable, pour exprimer, comme il est dit dans le rapport, « le vœu de la loi », qui exige qu'on soit en présence d'une nouvelle méthode individuelle de fabrication. L'amendement de la Commission fut admis dans la loi par le Reichstag et devint article de loi dans la forme du texte mentionné plus haut. Nous ne voulons pas examiner si la rédaction est faite d'une façon heureuse. Les délibérations du Congrès pour les brevets de produits chimiques, qui a eu lieu le 20 septembre 1879 à Baden-Baden, montrent que, parmi les membres de ce Congrès, les avis étaient partagés sur le point de savoir si le paragraphe 1er de la loi sur les brevets prévoyait la protection légale, seulement pour *la méthode* de fabrication ou aussi pour *le produit lui-même*. A cette époque, des jurisconsultes comme Klostermann et Kohler ont comparé la méthode brevetée pour la fabrication de produits chimiques à une chaîne qui va du premier chaînon, c'est-à-dire de la première période de la méthode, jusqu'au dernier chaînon, c'est-à-dire jusqu'au produit fabriqué et qui comprend toute la fabrication, du commencement à la fin; ils ont, en conséquence, considéré les inventions de produits chimiques comme brevetables, en tant que ces inventions concernent une *méthode déterminée* pour la fabrication des articles. La majorité des congressistes s'est également rangée à cette interprétation et a fait ressortir que, dans le cas contraire, un brevet chimique en Allemagne serait absolument sans valeur et que la loi allemande sur les brevets, au lieu de favoriser l'industrie allemande, lui causerait au contraire un préjudice, car les brevets allemands devraient s'attendre à voir leurs inventions exploitées par des industriels étrangers, établis près des frontières allemandes et qui pourraient impunément importer sur le marché allemand des produits fabriqués d'après la nouvelle méthode brevetée. On a encore fait ressortir que la disposition légale avait seulement pour but d'écarter les dangers que présenterait le monopole d'une matière nouvelle, et qu'il n'y avait pas de raisons pour aller au delà de ce but.

Si seul le produit qui est le résultat final d'une méthode déterminée de fabrication est breveté et si tout le monde est libre de faire breveter une autre méthode de fabrication, ainsi que son produit final, alors le progrès industriel n'est nullement entravé et le but du législateur est atteint. La même situation légale existerait en Angleterre relativement aux brevets chimiques.

Le désir, manifesté au Congrès des brevets de Baden-Baden, que la manière de voir de la majorité des congressistes, concernant l'interprétation du paragraphe 1er de la loi allemande des brevets, fût adoptée par les tribunaux, s'est réalisé : par sa décision du 14 mars 1888, le tribunal de l'Empire a donné à la disposition légale en question cette interprétation que le *produit chimique* fabriqué d'après la prescription légale n'est pas en dehors de l'objet de l'invention, qu'il en forme plutôt le *résultat final*, qui caractérise, au point de vue de la brevetabilité, le procédé et que, *comme tel*, il ne pourra pas être séparé de son procédé, qui commence avec la fabrication du produit et finit avec le produit fabriqué.

Au Congrès de Baden-Baden, une résolution fut adoptée, en outre, à une grande majorité, d'après laquelle (conformément à l'interprétation du paragraphe 1er qui précède) il fallait comprendre sous les mots « objet de l'invention » dans le paragraphe 4, alinéa 1, non seulement un produit breveté, mais encore tel produit qui serait fabriqué d'après une méthode ou un procédé breveté. La nouvelle loi sur les brevets de l'année 1891 a tenu compte de cette résolution, en reconnaissant que l'effet d'un brevet délivré pour un procédé s'étendrait également sur tous les produits fabriqués directement par ce procédé. Avec cette rédaction du paragraphe 4 de la loi allemande sur les brevets, tous les doutes pour savoir si les produits fabriqués d'après une méthode brevetée sont protégés par le brevet sont supprimés et le *brevet de produit* restreint au produit fabriqué par le procédé breveté (*bedingte Stoffpatent*) a été légalement sanctionné.

Il est incontestable qu'avec cette façon de voir on est tombé juste; car, de même que le simple brevet de produit signifie un accaparement injustifié de la matière au profit du premier inventeur et qu'il a pour effet de barrer la route à des perfectionnements ultérieurs du procédé de fabrication, de même le simple brevet du procédé ou de la méthode aurait constitué, en fait, un brevet de produit, avec une extension énorme et nuisible, au point de vue économique, parce qu'un seul procédé, comme c'est par exemple le cas pour les inventions dans le domaine de la fabrication des couleurs tirées du goudron de houille, peut comprendre toute une série de combinaisons, de produits.

C'est la France qui a à souffrir des désavantages du simple brevet de produit, par lequel l'inventeur de la matière brevetée peut exclure de l'exploitation de cette matière, pendant toute la durée de son brevet, tous les industriels, même ceux fabriquant d'après un autre procédé, ce qui est une injustice d'autant plus cruelle que l'invention d'un nouveau produit chimique, dans la plupart des cas, n'est pas une *invention*, mais une *découverte*.

Le *Patentamt* allemand a cherché à atténuer quelque peu les désavantages du brevet de méthode pur et simple, par la disposition qui exige que le demandeur du brevet soit obligé de déposer des échantillons des produits fabriqués et, pour les matières colorantes, même les nuances, car de cette façon le demandeur du brevet est amené, d'un côté, à restreindre lui-même les limites de sa demande de brevet, d'un autre côté, on évite la déclaration d'inventions qui ne sont faites que sur le papier. Les désavantages du simple brevet de procédé sont encore plus vigoureusement combattus par le paragraphe 20 de la nouvelle loi sur les brevets de 1891, en vertu duquel le demandeur du brevet est obligé d'indiquer, à la fin du mémoire descriptif qu'il joint à sa demande, sa revendication (c'est-à-dire l'objet qui doit être protégé comme brevetable).

La question de savoir s'il était opportun de traiter différemment l'industrie chimique et l'industrie mécanique a été résolue nettement dans le sens de l'affirmative par la majorité des membres de la Commission d'enquête pour la revision de la loi sur les brevets, de l'année 1886, malgré l'objection qu'il serait difficile, pour des cas isolés, de distinguer s'il s'agit d'un objet de l'industrie chimique ou de l'industrie mécanique. Les divergences dont il peut être question pour le traitement des brevets chimiques et mécaniques sont le mieux caractérisées par les explications suivantes que O. N. Witt a données, en son temps, dans son ouvrage : *l'In-*

dustrie chimique allemande dans ses relations avec la question des brevets, que nous reproduisons ci-après :

« Dès le début, des difficultés se sont produites dans la défini-
» tion de l' « invention chimique », difficultés qui résultent du
» caractère même de la chimie, laquelle s'occupe des propriétés de
» la matière auxquelles est liée toute modification de substance
» des corps. Une invention dans un domaine commercial quel-
» conque est représentée par un objet saisissable, dans lequel l'idée
» d'invention a trouvé corps et de l'examen duquel on peut tou-
» jours la déduire de nouveau. Il en est tout autrement avec les
» inventions chimiques. Ici, l'idée d'invention consiste dans la pro-
» duction de certains procédés chimiques, dont l'existence ne peut
» pas être observée mais seulement déduite. Nous sommes donc,
» pour la définition d'inventions chimiques comme pour l'observa-
» tion de procédés chimiques, toujours réduits à des déductions,
» et c'est là que réside la difficulté principale de toute l'affaire.
» Amener un tel état de choses que forcément une certaine combi-
» naison chimique doive se produire, voilà ce qu'on appelle un
» procédé chimique. Tenant compte du caractère particulier de la
» chimie, la loi allemande sur les brevets, contrairement aux légis-
» lations d'autres pays, a agi sagement en faisant du procédé chi-
» mique un objet brevetable. Dans d'autres pays, la protection
» s'étend sur la substance fabriquée d'après le procédé, soit en
» protégeant simultanément le procédé comme tel, soit en faisant
» abstraction complète du procédé. Il est incontestable que le brevet
» de la substance, le soi-disant brevet de produit, implique un
» certain manque de logique, car chaque substance chimique est
» prévue par les lois de l'affinité chimique ; elle peut se former
» aussi sans l'intervention de l'homme, dès que les conditions né-
» cessaires à sa formation existent. Une substance protégée en
» vertu du principe des brevets de produits peut être découverte
» postérieurement, toute formée par la nature. Faut-il alors pour-
» suivre et condamner la nature pour crime de lèse-brevets ?

» L'idée d'invention, ainsi que nous l'avons dit, ne s'attache
» pas à la substance, mais à la création de telles données qui
» mènent forcément à la formation de la substance cherchée. Que
» la substance, comme telle, joue un rôle très important dans
» l'examen de la présence d'une idée d'invention, c'est dans la
» nature de la chose. Aussi ne peut-on pas contester une certaine
» valeur, d'un ordre plus pratique, à l'idée du brevet de produit,
» ce qui fait que le *brevet de produit* a aussi chez nous, en Alle-
» magne, pas mal de partisans. Quoi qu'il en soit, l'idée du *brevet*
» *de procédé* est la plus correcte. Cependant, pour le développe-
» ment de cette idée il est indispensable de fixer un peu plus exac-
» tement le sens du mot « procédé ». Avant tout, il faut considérer
» que le *procédé* chimique est absolument différent de la *méthode*
» chimique. Le procédé chimique s'attache toujours à un *corps*
» absolument précis, à une substance chimique qui est soumise à
» un changement chimique quelconque, soit en faisant agir d'au-

» tres substances sur elle et en laissant alors libre jeu à l'affinité
» chimique, soit en lui amenant seulement de l'énergie, comme
» c'est le cas par exemple dans les procédés électrochimiques. Par
» contre, la méthode chimique n'est liée à aucune substance pré-
» cise; elle est susceptible d'une application plus générale à des
» substances très variées et peut être employée de la façon la plus
» variée. Par exemple, l'oxydation, l'adduction d'oxygène, est une
» méthode chimique, qui peut être appliquée à des milliers et des
» milliers de substances. Si nous brûlons du fer dans un courant
» d'oxygène, nous oxydons ce fer; nous l'oxydons également si
» nous l'exposons à l'action lente de l'atmosphère, à température
» ordinaire; nous l'oxydons si nous le chauffons dans un courant
» de vapeur, si nous le dissolvons dans de l'acide nitrique ou si
» nous le mettons en contact, en présence de l'eau, avec des com-
» binaisons nitro-organiques. Ce sont des modifications d'une même
» méthode, qui représentent autant de procédés absolument diffé-
» rents et dont le résultat n'est pas toujours et pour tous les buts
» le même. La *méthode chimique* n'est évidemment *pas breve-*
» *table*, parce que son champ d'action et d'application ne se laisse
» pas du tout limiter. Le procédé chimique, au contraire, qui s'at-
» tache à des substances absolument précises, est comme tel le
» meilleur objet brevetable. Les méthodes chimiques qui, d'ail-
» leurs, ne sont pas très nombreuses, peuvent, comme telles, être
» séparées de la substance; elles forment une partie de la chimie
» théorique; elles représentent une dernière déduction de milliers
» d'expériences du laboratoire. Les procédés chimiques appartien-
» nent à la pratique; ils ne peuvent être définis que par la présence
» de conditions absolument précises et présupposent par consé-
» quent, pour leur constatation, un certain travail pratique, exé-
» cuté dans le laboratoire. Il s'ensuit, comme conséquence néces-
» saire, qu'une nouvelle méthode chimique qui a de l'importance
» pour la technique n'est brevetable que sous la forme d'un nou-
» veau procédé dans lequel elle trouve son application.

» Le *Patentamt* cherche pratiquement à éviter, le plus possible,
» les brevets de méthodes, par la limitation des brevets à des cas
» concrets. Il est évident qu'une sévérité exagérée dans l'exécution
» de ce principe peut conduire à des inconvénients, d'une autre
» nature. Il y a des procédés qui sont tellement variés qu'ils for-
» ment, pour ainsi dire, une chaîne intermédiaire entre la méthode
» et le procédé et qu'ils présentent, par conséquent, de sérieuses
» difficultés pour leur limitation, au point de vue de la breveta-
» bilité.

» Bien que la brevetabilité du nouveau procédé soit la base
» logiquement la plus exacte pour la protection des inventions
» chimiques, il ne faut pas se dissimuler que de sérieuses difficultés
» s'opposent à l'exécution pratique de cette protection. Toute autre
» invention commerciale trouve son expression dans un objet fa-
» briqué. Cet objet ou un dessin et une description de cet objet
» peuvent, en tout temps, servir de preuve à l'appui. Pour un

» procédé cela n'est pas possible; un procédé fonctionne pendant
» une certaine période; des phénomènes de nature passagère se
» manifestent, dont nous déduisons la marche d'une opération
» chimique. Ces phénomènes disparaissent de nouveau et laissent
» comme résultant de l'opération les substances nouvellement pro-
» duites par celles-ci. Quand nous avons ces substances sous les
» yeux, nous ne pouvons que dans les cas les plus rares affirmer
» avec certitude que c'est le procédé décrit et pas un autre qui a
» conduit à leur création. Presque chaque substance chimique
» peut être produite par toute une série de procédés chimiques
» différents. Il faut généralement, pour les inventions chimiques,
» distinguer deux points de vue essentiels, auxquels l'inventeur se
» place pour développer son action : dans l'un des cas, il s'agit
» pour lui de la production d'une nouvelle substance utile aux arts
» et à l'industrie; mais presque aussi souvent, peut-être plus sou-
» vent, le cas se présente où l'inventeur cherche à trouver et à
» perfectionner un nouveau procédé, meilleur, plus commode et
» moins cher, pour une substance déjà très connue et beaucoup
» utilisée. Dans les différents domaines de l'industrie chimique se
» manifestent tantôt l'un tantôt l'autre de ces deux modes d'activité
» inventive. Ainsi, par exemple, en Allemagne, dans le domaine
» de la technique, si importante, des matières colorantes organi-
» ques artificielles nous avons à enregistrer des recherches et des
» travaux incessants pour découvrir de nouvelles matières colo-
» rantes : les inventions de la première catégorie sont de beaucoup
» supérieures à celles de la seconde; sur dix, sur vingt dépôts de
» de brevets pour de nouvelles matières colorantes, on compte à
» peine un dépôt pour un nouveau procédé relatif à la fabrication
» d'un ancien produit déjà connu. Il en est tout autrement par
» exemple dans la haute industrie chimique : celle-ci s'occupe de
» la fabrication d'un certain nombre de produits qui sont anciens,
» très connus et qui sont indispensables pour la technique en
» général; ici la concurrence acharnée des différentes fabriques
» déploie une activité inventive pour la seconde catégorie; elle
» fait des recherches continuelles pour trouver des procédés de
» fabrication meilleurs et moins chers, qui permettent de soutenir
» la lutte pour l'existence entre les procédés anciens, connus et
» éprouvés.

» Si le procédé forme le véritable objet de l'invention chimique,
» il en résulte une certaine diversité dans l'appréciation des deux
» catégories d'inventions chimiques que nous venons d'éta-
» blir. Pour la deuxième catégorie, celle où un vieux produit
» connu devra être fabriqué d'après une nouvelle méthode, il
» n'y aura guère de difficultés pour décider si le procédé nou-
» vellement inventé est nouveau. Il s'agit tout simplement de
» constater, par une lecture sérieuse de la littérature qui existe
» sur l'objet en question, si le procédé de fabrication de la
» substance déjà connue, pour lequel on demande le brevet, a
» déjà trouvé ou non une application notoirement connue. Dans

» la négative, nous sommes en présence d'une invention breve-
» table.

» La situation est tout autre pour les inventions chimiques qui
» ont pour but la fabrication d'une nouvelle substance jusqu'ici
» non employée, pour laquelle l'inventeur espère une application
» utile et conséquemment une valeur marchande. Ici nous avons,
» de nouveau, deux cas à distinguer : dans le premier cas, l'inven-
» teur emploie, pour la fabrication de sa nouvelle substance, aussi
» un nouveau procédé et alors il n'y a guère de doute sur la bre-
» vetabilité de son invention; mais le cas qui se présentera le plus
» souvent est celui dans lequel l'inventeur se sert, pour la fabrica-
» tion de sa nouvelle substance, d'un ancien procédé connu, qu'il
» applique à une nouvelle matière initiale pour arriver à un nou-
» veau produit de réaction. Dans ce cas, le procédé ne peut pas
» être considéré lui-même comme nouveau et nous sommes mis en
» contradiction avec notre premier principe, à savoir que seule-
» ment le procédé et non pas la substance qui en est le produit
» forme l'objet du brevet. Malgré cela, il existe, dans ce cas, effec-
» tivement une nouvelle invention qui favorise la technique et qui,
» le cas échéant, peut avoir une très grande importance.

» Sans vouloir discuter le côté juridique de la question, nous
» ferons remarquer qu'aujourd'hui il est universellement reconnu
» que même un vieux procédé très connu, appliqué à une matière
» initiale nouvelle, qui transforme celle-ci en un produit nouveau
» et utile, doit être considéré comme nouveau. Etant donné ce
» principe, il s'ensuit que la nouveauté du procédé est subor-
» donnée à la nouveauté du produit; de cette façon ce produit
» devient le *criterium* pour le procédé, et il en résulte pour le pro-
» duit même une importance que nous n'avons pas voulu lui re-
» connaître *a priori*, lorsque nous avons fait du procédé la base de
» l'invention chimique. C'est dans ce domaine que se sont produites
» les principales difficultés pour les brevets d'inventions chimiques.
» Il y a quelques dizaines d'années, ces difficultés auraient simple-
» ment soulevé des discussions théoriques, mais maintenant elles
» sont devenues des réalités palpables. Rien que dans la chimie
» organique, les matières initiales sont tellement nombreuses qu'un
» seul et même procédé peut toujours et toujours s'appliquer de
» nouveau et créer toujours et toujours de nouveaux produits. »

SECTION I
Brevets d'invention.

Question V

De la déchéance pour défaut de paiement de la taxe. — Des facilités à accorder au breveté pour lui permettre d'échapper à la rigueur de la déchéance. Quels sont les systèmes en vigueur dans chaque pays? Le système en vigueur donne-t-il satisfaction ou a-t-il été l'objet de critiques?

Rapport

par

J.-G. Fayollet,

Avocat,
Président du Syndicat des Ingénieurs-Conseils
en matière de Propriété industrielle.

Au point de vue international, cette question de la déchéance des brevets pour défaut de paiement de la taxe, EN TEMPS VOULU, BIEN ENTENDU, n'a qu'un intérêt fort limité, car il est fort peu de pays dans le monde industriel où il ne soit donné de très grandes facilités pour effectuer ces paiements. Nous indiquerons, au cours de ce rapport, que seules la Russie, l'Espagne et actuellement encore la France ont une législation des plus rigoureuses au point de vue de la date de ces paiements de la taxe.

Combien de temps encore la Russie (1) et l'Espagne subiront-

---

(1) Depuis la rédaction du présent rapport un avis du Conseil d'Etat russe, confirmé souverainement le 10/23 janvier 1900 (*la Propriété industrielle*, 1900, 187), a accordé les facilités de paiement que nous réclamons :

« En cas de retard dans le versement au Trésor de l'Etat, des taxes indiquées sous les nᵒˢ 1 et 2 de la Section IV de l'avis du Conseil d'Etat, confirmé souverainement le 20 mai/1ᵉʳ juin 1896, il sera perçu, pour le premier mois en retard, une amende égale au 10 p. 100 de la taxe due; pour le deuxième mois, une amende de 15 p. 100 et pour le troisième mois, une amende de 25 p. 100, toute fraction de mois étant comptée pour un mois entier. Aucun versement de taxe ne sera admis plus de trois mois après l'échéance. »

Il est intéressant de compléter cette disposition nouvelle par les motifs qui l'accompagnent :

« Considérant que la concession de droits exclusifs aux inventeurs ne se légitime qu'en tant qu'elle favorise le développement de l'industrie nationale, il est juste de reconnaître que l'annulation d'un brevet utile, pour le simple fait d'un retard dans le paiement de la taxe, est une mesure par trop rigoureuse et nullement justifiée par le but des brevets. La loi actuellement en vigueur autorise le breveté à fixer librement la durée de son brevet, dans les limites variant entre un et quinze ans, par le paiement des taxes annuelles. Il faut donc présumer que seul le non-paiement volontaire peut être considéré comme équivalant à la

1

elles ce régime ? Ce serait pour le Congrès de 1900 un beau résultat à porter à son actif s'il pouvait amener les gouvernements de ces pays à apporter un soulagement à cette rigueur inflexible de la loi. Si, en effet, il est nécessaire que les taxes soient payées pour donner satisfaction à la loi qui les exige et s'il importe que ce paiement ne soit pas effectué trop longtemps après la date de l'échéance, pour ne pas laisser ainsi dans l'incertitude les personnes intéressées à connaître la situation légale d'un brevet, il n'y a aucun inconvénient à accorder au breveté ou à ses ayants droit un certain délai pour se mettre en règle avec cette loi.

En France on est encore actuellement sous le régime de rigueur de l'article 32 de la loi de 1844, mais nous tenons à rappeler que M. le Ministre du Commerce a déposé en janvier dernier sur la tribune de la Chambre des députés, lors de la reprise des travaux parlementaires, un projet de loi ayant pour objet de modifier le § 2 de l'article 32 de la loi de 1844 qui se rapporte à la déchéance des brevets pour défaut de paiement en temps voulu des annuités de brevet. Lorsque cette loi aura été votée et il ne fait de doute pour personne qu'elle le sera, attendu que le nouvel état de choses qu'elle créera ne sera préjudiciable à personne et sera, au contraire, avantageux pour beaucoup, les inventeurs français n'auront plus à redouter l'application d'un article de loi dont quelques-uns des membres les plus autorisés de ce Congrès ont trop éloquemment fait ressortir les conséquences funestes et iniques, pour que j'éprouve le besoin d'y venir ajouter quoi que ce soit.

Il y a quelques mois à peine, M. Pouillet, dans une brillante conférence faite à la Société des Ingénieurs civils le 30 juin dernier, et plus récemment encore, le Président de l'Association des Inventeurs, M. Couhin, dans une conférence faite au Conservatoire des Arts et Métiers, en présence de M. le Président de la République, le 23 novembre dernier, à l'occasion du cinquantenaire de cette Association, ont montré combien était barbare l'arrêt de la Cour de cassation de 1864 décidant en fait qu'une maladie très grave, la folie, ne pouvait pas être considérée, au point de vue du non-paiement d'une annuité, comme cas de force majeure, parce que, dit l'arrêt, « ce sont là des accidents qui peuvent être prévus et contre lesquels doivent être prises les précautions que conseille à chacun le soin vigilant de ses intérêts et qui, dès lors, ne constituent pas, dans le sens légal, des événements ou des obstacles de force majeure ».

M. Pouillet dans sa conférence recommandait ironiquement cet arrêt, comme une merveille de philosophie, il nous paraît que même ironiquement la qualification eût pu être plus sévère.

Pour examiner la question au point de vue international et répondre aux différentes parties de la question mise à l'ordre du

renonciation au brevet. L'annulation des brevets pour lesquels la taxe a été payée tardivement prive le fisc d'une certaine partie de son revenu et nuit, en outre, au développement de l'industrie, qui parfois ne se risquerait pas à introduire de nouvelles inventions dont les brevets auraient été annulés. »

jour, nous ferons un résumé rapide et cependant aussi complet que possible de la situation légale des différents pays industriels en cette matière.

En commençant par l'Europe, nous trouvons que presque tous les pays qui en font partie, ont jugé qu'il était nécessaire de donner aux inventeurs un certain délai pour satisfaire aux exigences légales relativement au paiement de leurs annuités.

Si nous examinons, en effet, successivement chacun des pays d'Europe, nous trouvons qu'en Allemagne la taxe peut être versée sans amende pendant six semaines après l'échéance et avec une amende de 10 marcks dans le courant des six semaines suivantes (§ 8 de la loi sur les brevets du 7 avril 1891);

En Angleterre, le paiement de l'annuité est autorisé dans le courant des trois mois qui suivent l'échéance, et cela moyennant une amende de : £ 1, le 1er mois; £ 3 le 2e mois ; £ 5 le 3e mois (XVII, 4, a. des actes de 1883 à 1888);

En Autriche, la taxe peut être payée avec amende dans les trois mois de la date de l'échéance. Cette amende est de 5 florins;

En Belgique, la taxe peut être payée sans amende dans le mois qui suit l'échéance et avec une amende de 10 francs avant l'expiration des six mois qui suivront cette échéance;

En Danemark, l'annuité peut être acquittée pendant les trois mois qui suivront l'échéance, avec une amende égale au cinquième de l'annuité;

En Finlande également, le paiement de l'annuité peut être effectué dans les mêmes conditions qu'en Danemark;

En Hongrie, la taxe peut être acquittée sans amende dans les trente jours qui suivent l'échéance et avec une amende de 20 couronnes dans les trente jours suivants;

En Italie, le paiement de la taxe peut être fait sans amende pendant tout le trimestre dans lequel est comprise la date de l'échéance et pendant tout le trimestre suivant. Par trimestre, on entend les périodes de trois mois en trois mois commençant respectivement aux 1er janvier, 1er avril, 1er juillet, 1er octobre (1);

Au Luxembourg, le paiement de l'annuité peut également être effectué sans amende pendant les trois mois qui suivent la date de l'échéance;

En Norvège, le paiement de l'annuité peut être effectué dans les trois mois qui suivent l'échéance, moyennant une amende d'un cinquième de l'annuité;

En Suède, le paiement peut être effectué dans les quatre-vingt-dix jours qui suivent la date de l'échéance, moyennant un supplément du cinquième de l'annuité;

En Suisse, le paiement peut être fait sans amende dans le délai

---

(1) Il faut remarquer que le délai de grâce ne s'applique pas aux taxes de prolongation : on peut, en Italie, prolonger, à volonté, jusqu'à quinze années, un brevet pris pour moins de cinq ans, en payant, outre l'annuité, la taxe fixe de prolongation et la taxe proportionnelle suivant le nombre d'années demandées.

de trois mois après l'échéance. Dans ce pays, l'Administration prévient les inventeurs ; c'est possible dans un pays où il se prend en somme peu de brevets, cela le serait beaucoup moins, par exemple, en Angleterre ou en France. Cela ne présente du reste qu'un intérêt bien relatif. Il est bon que les intéressés s'occupent eux-mêmes de leurs affaires ;

Restent donc la France, l'Espagne, la Russie (1), la Turquie (et encore dans ce dernier pays est-il possible d'obtenir une certaine tolérance) (2) comme pays dans lesquels l'annuité doit de toute nécessité être payée au plus tard le jour de l'échéance, qui, pour la Russie et l'Espagne, est renvoyée à la date correspondant à celle de la délivrance. Espérons que bientôt la France ne fera plus partie de cet arriéré quatuor.

En résumé, nous voyons que l'Allemagne, la Belgique, l'Italie, le Luxembourg et la Suisse sont les pays dans lesquels la législation est la plus libérale, puisqu'ils accordent tous un délai sans amende ; les trois derniers pays concèdent même un délai de trois mois. Les pays Scandinaves (Suède, Norvège, Danemark, Finlande) exigent tous les quatre une amende égale au cinquième de l'annuité. Les autres pays ont un tarif variable.

Dans le projet français, l'amende est de 30 francs et le délai de trois mois ; ce sont des chiffres très acceptables.

Parmi les pays d'Asie, il en est peu ayant une autonomie légale. Une grande partie de ce continent est occupée par la Russie d'Asie qui suit le régime légal de la Russie d'Europe.

En Chine, il se prend peu de brevets et la législation n'y est pas définie (voir la *Propriété industrielle*, 1898, page 44).

L'Indo-Chine française est soumise à la législation française sur les brevets (voir notamment décret du 24 juin 1893).

Au Japon, il y a une loi récente, du 2 mars 1899 (3), qui accorde, pour le paiement de la taxe annuelle, un délai de 60 jours.

En Perse, il n'existe pas de législation des brevets.

La Turquie et l'Arabie sont vassales de la Turquie d'Europe et suivent sa législation ; ce sont des pays qui suivent le régime des capitulations comme le font généralement les pays mahométans.

Restent l'Inde anglaise et l'île de Ceylan, qui sont l'une et l'autre colonies anglaises, ont une législation comportant des annuités à payer mais avec délais pouvant aller jusqu'à deux mois et plus, moyennant des amendes variables.

En Afrique :

L'Egypte n'a pas de loi de brevets, mais on peut s'y faire protéger moyennant un enregistrement spécial fait une fois pour toutes.

(1) Voir p. 1, note 1, du rapport.
(2) D'après M. Benedetti, agent de brevets à Rome, la Cour des Comptes aurait, par une ordonnance, toléré le retard dans le paiement des annuités jusqu'à la fin de l'année financière, c'est-à-dire au 12 mars de chaque année.
(3) Voir la notice distribuée au Congrès par M. Saburo Yamada, au nom du Bureau des Brevets d'invention au Japon (broch. in-8° de 88 pages, Maurice de Brunoff, Paris, 1900).

La Tunisie, pays de protectorat, a une loi spéciale calquée sur la loi française, avec cette seule différence que les annuités se paient à la date de la délivrance. Il faut espérer qu'elle sera modifiée au point de vue des paiements d'annuités en même temps que la loi française.

La plupart des autres pays sont, ou colonies anglaises comme le Cap et le Natal, ou pays libres (Orange, Transvaal, etc.), qui ont à peu près tous une législation calquée sur celle du Cap, qui comporte non pas des paiements d'annuités proprement dites mais des paiements par groupements d'années ; il serait trop long d'entrer ici dans ces détails législatifs qui n'ont pas un bien grand intérêt au point de vue de la question qui nous occupe.

Les pays d'AMÉRIQUE se divisent en deux catégories distinctes : les Etats-Unis et le Canada d'une part, d'autre part les républiques de l'Amérique du Sud, auxquelles on peut joindre le Mexique, qui, bien que faisant partie géographiquement de l'Amérique du Nord, a, avec les républiques de l'Amérique du Sud, de grandes analogies au point de vue législatif.

Aux Etats-Unis, le système des annuités n'existe pas, la patente est payée une fois pour toutes, il n'y a donc pas lieu de s'occuper de ces paiements ; c'est un système commode, mais qui présente le grand inconvénient d'encombrer l'industrie d'une série d'inventions brevetées dont parfois personne ne fait rien, puisqu'il n'y a aucune obligation d'exploiter.

Au Canada, régime par groupement d'années.

Parmi les pays de l'Amérique du Sud, signalons particulièrement le Brésil dans lequel les annuités peuvent être acquittées dans l'année qui suit l'échéance, mais avec une legère amende.

Pour les autres républiques qui sont d'origine latine, la plupart des législations comportent des paiements faits une fois pour toutes, ou par groupements d'années ; il n'y a donc pas lieu de s'occuper des annuités, il nous mènerait trop loin d'entrer à ce sujet dans un détail sans grand intérêt.

Les pays d'Australie sont presque tous des pays coloniaux qui suivent le régime de leurs métropoles, sauf toutefois les colonies anglaises qui, on le sait, ont toutes une législation autonome qui comporte presque uniquement des paiements par groupements d'années sans annuités.

Il nous a paru utile de faire ici un tableau un peu général et très rapide des différentes législations du monde entier, mais nous devons reconnaître qu'au point de vue qui nous occupe, c'est en Europe et en Europe seulement qu'il convient de prendre des termes de comparaison, les législations exotiques étant faites sur d'autres types qui pourraient ne pas convenir aux habitudes européennes.

Si donc nous revenons en Europe, nous voyons que, sauf de très rares exceptions, le régime adopté est le régime des annuités avec amendes. C'est celui qui convient le mieux aux pays dans lesquels l'industrie est intensive et se transforme rapidement. Les

Etats-Unis méritent grandement à ce titre d'être classés parmi les pays d'Europe; mais nous avons déjà fait observer qu'à ce point de vue leur législation est absolument différente. Elle est commode pour l'inventeur, elle l'est peut-être beaucoup moins pour l'industrie en général.

Il n'est pas à ma connaissance que le système de paiement facultatif des annuités avec amende ait jamais donné lieu à des observations dans les pays où il est appliqué; on ne peut pas en dire autant du système actuellement appliqué en France, en Russie et en Espagne. Tous ceux qui sont par profession amenés à être en contact suivi avec les inventeurs, savent quelles plaintes et récriminations motivées ce système engendre; un instant d'inattention, une maladie comme nous l'avons montré au début de ce rapport, et l'inventeur voit s'effondrer le résultat de longs jours de travail et le fruit de ses veilles, quand il eût été si facile et sans inconvénient de lui accorder un délai de faveur.

M. Mintz (Berlin), dans l'excellent travail de législation comparée qu'il a envoyé sur cette question à la Commission d'organisation et que j'ai utilement consulté, s'exprime ainsi :

« Il va de soi que les délais accordés pour le paiement des » annuités en vue du maintien en vigueur des brevets doivent » être déterminés d'une façon quelconque. Il faut fixer un délai » maximum jusqu'à l'expiration duquel le versement des taxes » peut être effectué. A ce point de vue, on pourrait être d'avis qu'il » est indifférent de déterminer le terme qui sera définitivement le » dernier; mais il n'en est pas ainsi; c'est le propre de la nature » humaine de conserver dans la mémoire certaines dates comme » derniers délais, ainsi pour le paiement des annuités, le jour de » la délivrance est toujours considéré comme la date de versement.

» Si cependant il est accordé postérieurement à cette date un » délai pendant lequel on a le droit, moyennant le paiement d'une » amende, d'acquitter la taxe, cela répond parfaitement aux besoins » et aux habitudes de l'humanité. Comme de l'accord de ce délai » supplémentaire, rendu plus sévère par l'amende, il ne résulte » aucun préjudice pour qui que ce soit, il n'y a pas de raison pour » ne pas faire cette petite concession à la faillibilité humaine; bien » plus, dans les pays où l'oubli du breveté entraîne la déchéance » irrémédiable du brevet, cet état de choses a été ressenti comme » une cruelle dureté. »

Je propose au Congrès la résolution suivante :

Dans toutes les législations le breveté devrait avoir un certain délai pour payer les annuités après l'échéance, sans être déchu de son droit au brevet, et ce moyennant une légère amende.

SECTION I

Brevets d'invention.

———

Question VI

De l'obligation d'exploiter l'invention brevetée. — Sanctions diverses de cette obligation, déchéance, licence obligatoire. Que faut-il entendre par exploitation? Y a-t-il lieu d'éviter aux brevetés la nécessité de fabriquer dans chacun des pays où ils ont pris un brevet pour la même invention?

Rapport

par

Gustave Huard,
Docteur en droit,
Avocat à la Cour de Paris.

———

I

La plupart des législations imposent actuellement au breveté, sous peine de déchéance, l'obligation d'exploiter son invention. Il est peu d'Etats, d'ailleurs, qui ne l'admettent à s'exonérer, s'il peut invoquer des excuses légitimes, et, partout, la déchéance n'est prononcée qu'à l'expiration d'un délai qui varie, suivant le pays, d'un an à cinq ans.

L'Angleterre, l'Etat libre d'Orange et la République sud-africaine ont rejeté la déchéance pour défaut d'exploitation; leurs lois se bornent à décider que le breveté qui s'abstient d'exploiter sera soumis à la licence obligatoire.

Aux Etats-Unis et au Mexique, l'obligation d'exploiter n'existe pas.

II

La déchéance ou la licence obligatoire en cas de non-exploitation est-elle légitime? Il ne faut pas s'attacher, pour résoudre la question, à la nature du droit des inventeurs. Les théoriciens, aux yeux desquels la prise d'un brevet s'analyse en un contrat passé entre l'inventeur et la société, reconnaissent volontiers que la société peut subordonner la protection qu'elle accorde à des conditions plus ou moins rigoureuses. Ceux qui assimilent la propriété des inventions à la propriété des choses matérielles et ceux qui la considèrent comme un droit d'une nature particulière répugnent davantage à accepter les restrictions qu'on propose d'y apporter. On ne saurait nier cependant que le droit du breveté, comme tout autre droit, soit limité par le droit d'autrui ; et, en supposant que l'intérêt social réclame la déchéance du brevet ou la licence obligatoire, il reste à savoir seulement si, dans le conflit qui s'élève entre le droit de la société et le droit du breveté, c'est le premier ou le second qui doit l'emporter.

III

On a prétendu, tout d'abord, que l'obligation d'exploiter était commandée par l'intérêt général, abstraction faite de l'utilité que l'exploitation sur le territoire national peut offrir pour chaque peuple en particulier.

Il est certain que les inventions contribuent puissamment au progrès de la civilisation et que l'humanité ne saurait s'en passer. Mais il n'y a pas lieu de craindre que le breveté néglige volontairement d'exploiter. Tant qu'il paie la taxe, comment se refuserait-il à tirer profit d'une invention dont la jouissance exclusive l'oblige à débourser une somme d'argent ? S'il n'exploite pas, c'est que l'objet de son brevet est sans valeur.

Dès lors, à quoi bon admettre, en cas de non-exploitation, soit la déchéance, soit la licence obligatoire ? Nul ne se présentera pour utiliser l'invention tombée dans le domaine public ou pour se faire concéder une licence.

L'intérêt général ne justifiant pas l'obligation d'exploiter, il faut écarter toute disposition qui repose uniquement sur cet intérêt ; par exemple, en Suisse, d'après l'article 9 de la loi du 29 juin 1888, le brevet est frappé de déchéance, « si l'invention n'a reçu aucune application à l'expiration de la troisième année depuis la date de la demande », mais peu importe que l'application de l'invention ait eu lieu dans le pays ou à l'étranger.

IV

Ce n'est pas seulement l'humanité qui a besoin des inventions ; il est utile à chaque nation que les inventions soient exploitées sur son territoire. Par exploitation, j'entends tout à la fois la mise en vente et la fabrication : voilà ce que réclame l'intérêt national.

En premier lieu, il est utile que l'inventeur mette en vente l'objet breveté, qu'il s'agisse d'un produit destiné à la consommation ou d'un moyen de production, tel qu'une machine. Dans chaque pays, il est clair qu'on doit souhaiter que les industriels, les consommateurs participent aux avantages qui s'attachent à l'invention.

En second lieu, il est utile que l'inventeur fabrique le produit qui fait l'objet de son brevet ou mette à profit le procédé de fabrication qu'il a inventé. La main-d'œuvre nationale en bénéficiera, car il est peu probable que le breveté fasse venir son personnel de l'étranger, excepté peut-être ses employés supérieurs; la matière première sera, en général, achetée dans le pays; l'exploitation du brevet sera pour les entreprises de transports une source de bénéfices; la création d'une usine nécessite des commandes de tout genre, pour lesquelles le breveté devra s'adresser aux nationaux; enfin l'application de l'invention servira d'exemple à l'industrie nationale et suscitera des perfectionnements.

Par contre, M. DE SCHÜTZ, dans un remarquable mémoire, que la Commission d'organisation a décidé de publier en annexe au présent rapport, fait observer avec raison que le coût des objets brevetés s'élèvera si la fabrication a lieu dans un trop grand nombre de pays en même temps. Chacun sait qu'un fabricant, pour réduire au minimum le prix de revient de ses produits, doit concentrer son industrie et éviter d'établir des succursales en des régions défavorables.

Tout bien pesé, encore qu'il ne faille pas s'exagérer l'utilité qu'elle présente, l'exploitation du brevet sur le territoire national nous paraît être avantageuse pour les habitants du pays, surtout s'il s'agit d'un pays à industrie peu développée.

Le breveté réalisera-t-il de son plein gré cette exploitation? Nous croyons qu'il tâchera de vendre, autant que possible, ses produits aux nationaux, car son intérêt l'y pousse. Au contraire, s'il est établi à l'étranger, il s'abstiendra souvent de fabriquer dans le pays, la création d'une succursale ne lui étant pas profitable.

Dans ces conditions, l'exploitation du brevet sur le territoire national doit-elle être obligatoire? Cette question est inséparable de celle de savoir quelle peut être, si on admet l'obligation d'exploiter, la sanction de cette obligation.

V

Un premier système consiste à sanctionner l'obligation d'exploiter par la déchéance du brevet. Les partisans de ce système font valoir que, l'invention tombant dans le domaine public, chacun a le droit de s'en emparer et de l'utiliser; l'intérêt national reçoit donc satisfaction.

Il n'est pas certain que l'intérêt national reçoive satisfaction;

car, le brevet étant frappé de déchéance, il est à craindre que l'invention ne reste ignorée et que nul ne s'occupe d'en tirer parti ; l'inventeur, au contraire, si son droit subsistait, la mettrait en lumière tôt ou tard en l'exploitant et s'efforcerait de la perfectionner.

De plus, la déchéance pour défaut d'exploitation a le grave inconvénient de rendre impossible la protection internationale. Comment le breveté parviendrait-il, dans un délai qu'aucune loi n'étend au delà de cinq ans, à créer des établissements dans tous les pays? Il ne saurait avoir, en règle générale, les capitaux nécessaires ; les eût-il, ce serait de sa part folie pure que de s'aventurer de la sorte, avant d'avoir mis à l'épreuve la valeur de son invention. Mais, dit-on, il suffira qu'il concède des licences ! Ceux qui parlent ainsi oublient qu'on ne trouve pas aisément des licenciés, tant que le succès de l'invention n'est pas avéré ; lorsque les demandes de licence se produiront, le délai requis pour l'exploitation sera écoulé.

Ces considérations nous paraissent décisives. Il faut rejeter la déchéance pour défaut d'exploitation parce qu'elle restreint, en fait, le droit du breveté d'une façon inadmissible, sans procurer, d'ailleurs, à la société les garanties dont elle a besoin.

En terminant sur ce point, je rappelle qu'on a proposé parfois de conserver la déchéance pour défaut d'exploitation en limitant l'obligation d'exploiter à la mise en vente de la chose brevetée. Qu'il me suffise de faire observer qu'ainsi conçue l'obligation d'exploiter perd toute raison d'être, puisque le breveté, ainsi qu'il a été dit plus haut, est naturellement porté à trafiquer de ses produits dans tous les pays.

VI

Suivant d'autres, le breveté sera tenu d'exploiter ; s'il n'exploite pas, toute personne pourra obtenir des pouvoirs publics une licence moyennant une juste indemnité. Telle est l'opinion de M. Frey-Godet, d'après une Note qu'il a adressée à la Commission d'organisation ; M. de Schütz, dans son Mémoire, défend également la licence obligatoire.

C'est là un système assurément fort séduisant. La licence obligatoire ne mérite pas les mêmes reproches que la déchéance. Elle est propre à sauvegarder l'intérêt national ; il est probable, en effet, qu'au cas où l'invention peut donner des bénéfices, l'industrie locale profitera de l'inaction du breveté pour solliciter l'autorisation de l'exploiter, à moins toutefois que le pays ne soit trop arriéré au point de vue économique.

D'autre part, il est un défaut que présente toujours la licence obligatoire, quelle que soit l'hypothèse où on l'applique : les autorités qui seront chargées d'évaluer la somme due au breveté et de lui procurer les garanties de paiement nécessaires auront à remplir une tâche trop difficile. Et, pour cette raison, nous demandons au Congrès d'écarter la licence obligatoire comme la déchéance.

Je n'ignore pas que ce défaut de la licence obligatoire est moindre qu'il ne paraît au premier abord. On peut s'en rendre compte en observant l'application de la législation anglaise. Depuis dix-sept ans que la licence obligatoire a été instituée en Angleterre, les demandes formées en vertu de ce principe ont été extrèmement rares, parce que, semble-t-il, le breveté préfère concéder à l'amiable les licences demandées. Mais, si l'on admettait la licence obligatoire dans le cas qui nous occupe, il serait difficile de s'opposer à ce qu'elle fût étendue à d'autres cas où elle offre également des avantages, en sorte que le danger qu'elle présente deviendrait plus redoutable. Ce n'est pas de ce côté que doivent s'orienter les législations.

VII

Après ces systèmes essentiellement différents, je crois devoir en signaler un autre, qui emprunte aux deux précédents les éléments dont il se compose ; c'est celui qu'a adopté le récent Congrès de Vienne (1897), sous forme d'amendement à la Convention d'union. En voici la formule, d'après le compte rendu de ce Congrès : « Le brevet délivré à un ressortissant de l'Union ne pourra être déclaré déchu pour cause de non-exploitation dans le pays où il a été délivré, que si, après l'expiration d'une période de trois ans à dater de la délivrance du brevet, le breveté a repoussé une demande de licence présentée sur des bases équitables par un industriel ayant son principal établissement dans le pays. » Il existe des dispositions analogues dans les lois de l'Allemagne, de la Suisse et de l'Autriche, et ce système a été soutenu dans un article de la *Propriété industrielle*, dont l'auteur le justifie en ces termes : « Aussi longtemps qu'il n'y a pas eu demande de licence, on ne saurait admettre que le pays dont il s'agit ait besoin d'exploiter l'invention ; et, d'autre part, le breveté qui serait ainsi déchargé de l'obligation d'exploiter lui-même ou de trouver des preneurs de licence, ne pourrait se plaindre de spoliation, si, après avoir refusé une demande de licence reposant sur des bases équitables, il se voyait retirer son brevet dans le pays où, par sa mauvaise volonté, il aurait voulu empêcher l'exploitation de son invention (1). »

En subordonnant ainsi la déchéance au refus d'une licence on réussit à effacer le défaut capital de la déchéance : le breveté ne sera pas exposé à perdre son droit inévitablement. Mais le texte voté à Vienne conduirait en pratique au même résultat que la licence obligatoire : le juge éprouverait un grand embarras, quand il lui faudrait décider si la somme offerte au breveté était le juste prix de la licence demandée. Le motif qui nous a empêché d'accepter la licence obligatoire nous fait donc condamner ce dernier système.

(1) *Propriété industrielle*, 1892, p. 105.

Je conclus en proposant au Congrès de voter la motion suivante :

> L'obligation d'exploiter doit être supprimée, quelle qu'en soit la sanction, déchéance ou licence obligatoire.

S'il s'agissait d'une réforme à apporter aux principes consacrés par la Convention d'union, cette proposition pourrait sembler prématurée, car il est bien peu de lois qu'elle ne contredise. Mais nous nous réunissons pour formuler une législation idéale plutôt que les règles qu'on peut faire actuellement passer dans la pratique du droit. La suppression de l'obligation d'exploiter est partout réclamée par les intéressés : ils trouveront dans le vote que nous sollicitons du Congrès un point d'appui pour leurs revendications.

SECTION I

Brevets d'invention.

Question VI

Annexe I.

Observations
sur l'obligation d'exploiter,

par

von Schütz,

Directeur dans Fried. Krupp Gruson Werk,
Magdeburg-Buckau (Allemagne).

L'Association allemande pour la protection de la propriété industrielle a, à différentes reprises, saisi l'occasion de manifester ses idées sur l'obligation d'exploiter les inventions brevetées.

Ces idées ont été défendues également aux Congrès de l'Association internationale à Vienne et à Londres, et, à cet égard, je renverrai aux rapports que j'ai alors présentés (*Annuaire* de 1897, p. 65-69 et 237-239; *Annuaire* de 1898, p. 54 et suiv.).

Nous pouvons donc nous borner ici à résumer encore une fois brièvement les principaux arguments pour et contre l'obligation d'exploitation.

La nécessité de l'obligation d'exploiter s'appuie généralement, dans les différentes législations, sur un des motifs suivants :

1. — En délivrant un brevet, l'Etat se dessaisit d'un droit au nom de ses sujets, et il exige en retour un profit, un avantage résultant de l'exploitation de l'invention dans l'intérêt de la généralité.

2. — L'inaction de l'inventeur empêche le progrès de l'industrie et est préjudiciable à l'intérêt public, car la protection des brevets a pour but de créer de nouvelles branches d'industrie dans un pays, de former un noyau d'ouvriers habiles et de créer de meilleures conditions d'existence pour la population.

3. — Par suite de l'abus d'un monopole, les conditions de production d'un pays peuvent être modifiées d'une façon préjudiciable à l'intérêt public et cela aussi bien par l'exploitation dans le pays même, que, et surtout, par l'exploitation à l'étranger.

I

L'Etat se dessaisit d'un droit et demande en retour, comme équivalent, l'exploitation de l'invention.

La phrase qui précède est tirée des motifs de la loi française de 1844 et est basée sur la conception juridique qu'un brevet doit être considéré comme un monopole qui est conféré par l'Etat. Depuis cette époque, cette manière de voir a perdu le plus grand nombre de ses partisans ; et on s'est rangé à la conviction que le droit de l'inventeur est un droit original lui appartenant absolument, et non pas un droit qui lui est octroyé par l'Etat. Mais cette conception juridique est inconciliable avec ce principe que l'Etat se dessaisit d'un droit et exige, en retour, un équivalent ; car l'Etat ne peut pas se dessaisir d'un droit qu'il n'a jamais possédé.

Il n'est donc pas possible de motiver actuellement l'obligation de l'exploitation de l'invention en se basant sur le droit spécial du brevet, mais, pour cela, il faut approfondir la question. L'intérêt et les droits de l'individu sont primés par l'intérêt de la généralité, et, si l'intérêt du plus grand nombre exige une limitation des droits du propriétaire du brevet au moyen de l'obligation d'exploitation, le législateur est obligé de maintenir ces restrictions.

Il s'agit donc uniquement de démontrer que l'intérêt de la généralité exige le maintien de l'obligation d'exploitation, et cela nous conduit au deuxième motif.

II

L'inaction de l'inventeur entrave le progrès de l'industrie et nuit au bien-être général, car la protection des brevets a pour but de créer de nouvelles branches d'industrie dans un pays, de former un noyau de bons ouvriers et de créer de meilleures conditions d'existence pour la population.

En examinant ce motif, nous devons distinguer entre les cas suivants :

A. — *L'inventeur demeure dans son propre pays, mais il néglige d'exploiter son invention.*

Ce cas se présentera très rarement, car l'inventeur agirait contre son propre intérêt. Personne ne paie les taxes de brevet pour son bon plaisir. La chose ne serait possible que si quelqu'un achetait une invention pour l'anéantir et pour acquérir un perfectionnement de ses conditions d'exploitation. Ce serait d'un mauvais commerçant d'essayer une chose pareille ; il est prouvé par l'expérience que chaque invention est suivie, dans un laps de temps très court, d'une série d'autres inventions plus ou moins analogues à la première. Or, celui qui néglige de profiter de son avance est rejeté irrévocablement à l'arrière-plan, et il ne barrera pas la route au progrès de l'ensemble de l'industrie. Les vagues auxquelles il veut s'opposer le submergeront infailliblement. Mais même si son invention reste unique, — ce qui pour nous est impossible, — ce ne serait pas encore un motif d'anéantir le brevet, et l'obligation d'accorder une licence obligatoire permettrait beaucoup plus sûrement d'atteindre le résultat visé.

B. — L'inventeur habite à l'étranger et néglige d'importer.

Dans ce cas également l'inventeur agit contre son propre intérêt, mais là aussi une licence obligatoire sauvegarderait mieux les intérêts de l'industrie en général, que la suppression du brevet: car un brevet anéanti signifie, ainsi que nous le verrons plus tard, non pas un bien dont on fait cadeau au public, mais un bien anéanti.

C. — Un inventeur étranger importe.

Ce cas est le plus fréquent, et c'est contre lui que sont dirigées principalement les dispositions de l'obligation d'exploiter.

L'opinion généralement répandue jusque dans les dernières années était que l'importation d'objets brevetés faisait un tort direct à l'industrie indigène, mais cette opinion reposait sur une fausse appréciation de l'objet même des inventions.

L'ensemble des inventions peut être divisé en trois groupes :

1. Inventions de nouveaux produits.

2. Inventions de nouveaux moyens ou outils pour la fabrication des produits nouveaux ou déjà connus.

3. Inventions de nouveaux moyens pour l'écoulement des produits.

L'importation de l'étranger des inventions du premier groupe bénéficie au public, mais cette importation peut causer du tort, dans certaines circonstances, à cette partie de l'industrie indigène qui fabrique les mêmes produits.

Les deuxième et troisième groupes ne font pas seulement bénéficier le public, mais surtout l'industrie elle-même; par exemple, une machine-outil, ou une nouvelle machine de filature, peut, importée ou non, donner l'essor à une grande branche d'industrie et la rendre plus apte à la concurrence, en lui facilitant le moyen de travailler mieux et à meilleur marché. Cet avantage est quelquefois si considérable qu'il est absolument indifférent que cette machine nouvelle soit construite dans le pays même ou à l'étranger.

En examinant les brevets des différents pays on arrive à ce résultat que le nombre des brevets délivrés pour les groupes 2 et 3 dépasse de beaucoup celui du groupe 1, et il s'ensuit qu'on exagère généralement les désavantages qui résultent de l'importation de l'étranger, puisqu'on peut leur opposer des avantages essentiels.

Cela étant, nous pouvons préciser notre opinion de la façon suivante :

1. L'avantage résultant des inventions pour une industrie consiste, à notre avis, moins dans la fabrication que dans l'application.

2. Il est possible qu'une nouvelle invention brevetée puisse temporairement causer un préjudice à une certaine branche d'industrie, mais il est absolument indifférent pour cette industrie que ce préjudice lui soit causé par l'importation de l'étranger ou par la fabrication d'un étranger dans le pays.

3. Les installations nombreuses de la concurrence étrangère dans le pays semblent même présenter des dangers pour les États dont l'industrie est développée. Il est vrai qu'une partie des ouvriers sont des ouvriers indigènes et que les marchandises sont également payées dans le pays, mais le bénéfice de l'entreprise s'en va à l'étranger et la fortune nationale n'en est pas augmentée. La concurrence étrangère, par suite de l'économie de droits d'entrée et de frais de transport, devient même plus dangereuse.

4. L'éducation d'un noyau d'ouvriers et la création de nouvelles branches d'industrie dans un pays ne peuvent pas être la conséquence de l'obligation d'exploiter. Avec le système actuel de la division du travail, l'ouvrier, individuellement, n'apprendra toujours à connaître que la partie de l'invention qu'il a à construire et il lui est indifférent qu'il construise des pièces pour une nouvelle ou une ancienne machine.

La création de nouvelles industries dans un pays se règle d'après la loi non écrite de l'offre et de la demande.

Des arguments qui précèdent nous tirons la conclusion que, d'une part, le préjudice qui pourra être causé à l'industrie indigène par l'importation d'inventions brevetées est de beaucoup compensé par les avantages qui en résultent et que, d'autre part, l'obligation d'exploiter est absolument impuissante à prévenir un préjudice quelconque ou à causer un avantage quelconque ; toutes les assertions contraires sont basées sur de fausses conclusions.

Mais nous sommes même en mesure de démontrer que l'obligation d'exploiter est directement préjudiciable aux intérêts du public et de l'industrie.

5. Tous ceux qui sont au courant des conditions de fabrication savent qu'un produit est d'autant meilleur marché qu'il est fabriqué en quantité plus considérable.

Plus de trente États imposent l'obligation de l'exploitation dans le pays même. Si un inventeur était réellement en état d'entretenir seulement cinq succursales dans différents pays, par ce fait il élèverait considérablement le prix de son invention. Si le public peut se passer de l'invention, celle-ci sombrera à cause du prix élevé; s'il ne peut pas s'en passer, il sera forcé de la payer un prix démesurément élevé. Et on peut formuler ainsi l'exploitation dans le pays : une entreprise généralement dirigée par des étrangers, peut-être même exploitée avec des ouvriers étrangers, qui est sans profit pour la fortune nationale.

Les partisans de l'obligation d'exploiter cherchent à réfuter cet argument en disant que le but de l'obligation d'exploiter n'est pas la création de succursales, mais la concession de licences à des fabricants indigènes.

D'après eux, l'obligation d'exploiter forcera le propriétaire du brevet à chercher des preneurs de licences.

A cela nous répondons :

6. Il faut en moyenne plusieurs années aux inventions avant d'arriver à leur point de maturité. Généralement les cinq premières années se passent en essais pratiques. Avant qu'une invention soit mûre, la concession de licences équivaut à la destruction de l'idée, parce qu'il est extrêmement difficile d'enlever au public les préjugés causés par des résultats défavorables. En outre, il est impossible d'obtenir des conditions de licences satisfaisantes avant que l'invention ait fait ses preuves.

Mais avant que l'invention soit arrivée à point, les brevets, par suite de non-exploitation, sont devenus sans valeur, que les taxes soient payées ou non.

Il peut exister des motifs d'excuse pour la non-exploitation; mais aucun jurisconsulte n'est capable de dire à l'avance si ces motifs paraîtront suffisants aux juges, car il n'existe dans aucun pays de dispositions légales pour l'appréciation des motifs d'excuse.

Mais même le soupçon de l'annulation du brevet suffit pour rendre impossible la chance de trouver des preneurs de licence pour un brevet.

La conséquence de l'obligation d'exploiter est donc une perte dans la valeur de nombreux brevets.

7. L'objet d'un brevet prématurément tombé ne passe généralement pas dans la possession de la généralité de l'industrie, mais il se perd dans la masse.

Les inventions exigent les soins les plus minutieux qui ne sont possibles qu'avec de grands sacrifices et avec la protection légale. Aucun industriel ne fera donc des sacrifices pour une idée qu'il sait que tout le monde pourra imiter quand il l'aura amenée à son point de maturité.

L'annulation prématurée d'un brevet n'a donc pas comme conséquence la mise à la disposition du public d'une richesse, mais bien une destruction de richesse, et par suite un tort fait au bien public.

III

Par l'abus d'un monopole les conditions de production peuvent être modifiées d'une façon préjudiciable à l'intérêt général.

Il est prouvé par la pratique que les craintes qui se manifestent par cet argument ne sont nullement fondées. Du moins en Allemagne, jamais une demande en annulation de brevet n'a été motivée pour cause d'exploitation « ayant une allure de monopole ». Cela s'explique simplement par le fait que dans un laps de temps très court des inventions analogues viennent créer une concurrence qui rétablit l'équilibre.

Mais nous voulons admettre qu'un abus d'un monopole soit possible. Dans de tels cas cependant le remède utile pour l'intérêt général ne résiderait pas dans l'obligation d'exploiter, mais dans l'obligation d'accorder des licences, dont nous aussi sommes partisans. *L'obligation d'accorder une licence est une expropriation partielle de l'inventeur contre indemnité, dans l'intérêt du bien public; mais l'annulation d'un brevet est une spoliation absolue de l'inventeur au détriment du bien public.* Nous ne pouvons considérer celle-ci que comme un reste d'une législation barbare, qui n'est pas digne de passer dans le nouveau siècle. Pour terminer, nous résumons notre opinion de la façon suivante :

1. L'obligation d'exploiter exige du propriétaire du brevet une chose impossible; elle ne favorise nullement l'industrie du pays en question; au contraire, elle lui cause un préjudice par la diminution de la valeur des brevets.

2. Le fait que la plupart des pays admettent des motifs d'excuse pour non-exploitation n'empêche pas cette dépréciation, parce que personne n'est capable de dire d'avance si les motifs paraîtront suffisants ou non aux juges.

3. *L'Association allemande fait donc des vœux pour la suppression totale, dans tous les pays, de l'obligation d'exploiter les brevets.*

Aux congrès de Vienne et de Londres la majorité des congressistes a été d'avis que la suppression de toute obligation d'exploiter serait en effet désirable, mais que le moment ne paraissait pas encore venu de la proposer aux gouvernements de tous les États faisant partie de l'Union.

En conséquence les Congrès de Vienne et de Londres ont fait des propositions intermédiaires.

À Vienne, il fut décidé de proposer qu'un brevet ne pourrait être annulé pour défaut d'exploitation que si le propriétaire du brevet, après trois ans à partir du jour de la délivrance du brevet,

avait refusé la demande de licence faite avec des conditions acceptables par un industriel, dont la fabrique principale se trouve
dans un pays où a été pris le brevet.

À Londres, le Congrès a décidé de proposer que l'importation
d'articles brevetés dans un pays ne serait pas un motif pour l'annulation du brevet. L'obligation d'exploiter resterait en vigueur,
mais l'annulation du brevet ne pourrait avoir lieu qu'après trois
ans, si le propriétaire ne pouvait pas justifier son inaction. Il serait
considéré comme suffisamment justifié s'il avait sérieusement
recherché des acheteurs ou des preneurs de licence de son brevet
dans le pays du brevet.

L'Association allemande pour la protection de la propriété industrielle a reconnu que l'acceptation de ces propositions par les
divers Gouvernements diminuerait essentiellement les désavantages
causés à toutes les nations par l'obligation d'exploiter les brevets.

Le programme pour le Congrès de 1900 suggère un remède
dans un autre sens, par les questions suivantes :

1. Que faut-il entendre par l'exploitation?

2. Y a-t-il lieu d'éviter aux brevetés la nécessité de fabriquer
dans chacun des pays où ils ont pris un brevet pour la même invention?

En ce qui concerne la première question : le mot « exploitation » admet en allemand deux traductions, c'est-à-dire « fabrication
ou production » et « exploitation ».

L'exploitation d'une invention dans un pays n'a pas besoin de
consister dans la fabrication de cette invention; mais la vente commerciale d'un article dans le pays en question, quoique fabriqué
dans un autre pays, pourra déjà être considérée comme une exploitation de l'invention d'après le sens allemand du mot. Dans tous les
pays on est d'avis que c'est là la seule et véritable interprétation
du mot « exploitation ». En Belgique, par exemple, le Conseil des
Mines a reconnu dans un rapport d'expertise que le breveté étranger aura satisfait à la loi s'il peut justifier avoir utilisé son invention en Belgique par importation.

Si une telle interprétation du mot « exploitation » était admise
également dans tous les pays, l'influence néfaste de l'obligation d'exploiter serait en grande partie écartée, si quelques dispositions complémentaires venaient encore s'y ajouter. L'exploitation par l'importation est en effet impossible, tant que l'inventeur
ne sera pas parvenu à mettre son invention au point, et ne lui
aura acquis, dans son pays même, une certaine considération.
Tant que ce ne sera pas le cas, l'invention se trouvera encore
dans la période d'essai. Mais si l'inventeur justifie qu'il a fait des
tentatives sérieuses pour amener son invention au point de perfection, il sera considéré absolument comme excusé pour non-exploitation.

Avec cet article additionnel nous considérerions l'interprétation du mot « exploitation » par « vente ou exploitation commerciale » comme un grand progrès.

En ce qui concerne la deuxième question :

Y a-t-il lieu d'éviter aux brevetés la nécessité de fabriquer dans chacun des pays où ils ont pris un brevet pour la même invention?

Cette question propose la suppression des conséquences préjudiciables de l'obligation par une voie qui convient absolument aux Etats de l'Union internationale.

L'Union internationale repose sur le principe de la réciprocité. Seulement jusqu'à présent elle a négligé d'étendre ce principe à l'obligation d'exploiter les brevets.

Si, en général, on est d'accord pour maintenir le principe que l'inventeur, dans l'intérêt de la généralité, est forcé de sauvegarder son propre intérêt, il serait absolument conforme au principe de la réciprocité que l'inventeur fût considéré comme ayant rempli ses obligations envers tous les Etats, du moment qu'il les a remplies ou qu'il a cherché à les remplir dans un seul Etat.

Cette disposition ne peut être regardée comme préjudiciable par les partisans de l'obligation actuelle d'exploiter, car l'exportation à l'étranger se développe d'elle-même aussitôt que l'invention a fait ses preuves dans son pays d'origine, puisqu'elle est dans l'intérêt personnel de l'inventeur.

Si l'exportation ne se développe pas, cela tiendra à d'autres causes que personne ne pourra changer et que l'inventeur sera certainement le premier à regretter dans son intérêt.

L'Association allemande pour la protection de la propriété industrielle est donc d'avis que la deuxième proposition écarterait également pour la plus grande part les conséquences fâcheuses de l'obligation actuelle d'exploiter les brevets, d'autant plus qu'en principe, pour les raisons ci-dessus développées, elle considère toute obligation d'exploiter les inventions brevetées comme superflue.

8   9

SECTION I

Brevets d'invention.

Question VII

De la publication des brevets. — Etablir le meilleur mode pratique de publication, afin que tous les intéressés puissent se procurer aisément des exemplaires des brevets. Moyens d'assurer cette publication dans tous les pays.

Rapport

par

André Taillefer,

Docteur en droit, ancien élève de l'Ecole polytechnique,
Avocat à la Cour de Paris.

L'utilité de publier intégralement tous les brevets d'invention et de les mettre, à un prix aussi modéré que possible, à la portée du public, ne saurait être discutée. Il est en effet indispensable que les inventeurs et les industriels puissent suivre chaque jour le développement des industries dont ils s'occupent, de manière à se rendre compte de ce qui a été fait avant eux et des droits antérieurement acquis et auxquels ils peuvent se heurter. Aussi les pays où la publication des brevets n'existe pas ou n'existe qu'incomplètement sont-ils l'exception, et leur nombre tend à diminuer chaque jour. C'est ainsi que les brevets sont publiés intégralement en Allemagne, en Angleterre, en Autriche, en Danemark, aux Etats-Unis d'Amérique, en Hongrie, en Norvège, en Russie, en Suède, en Suisse. Parmi les Etats industriels importants où la publication intégrale ne fonctionne pas encore, on ne peut plus guère citer que la Belgique, l'Espagne, la France, l'Italie (1).

Pour que la publication atteigne son but, il faut qu'elle soit inté-

---

(1) En France, jusqu'à une époque récente, l'Imprimerie nationale publiait, sur les indications du ministère du Commerce, un choix de brevets, soit *in extenso*, soit par extraits. La publication avait lieu par volumes et des planches gravées à petite échelle, et par suite peu lisibles quoique fort coûteuses à établir, étaient

1

grale, rapide, peu coûteuse ; il faut que l'on soit sûr, en achetant un brevet publié, de l'avoir exactement, tout entier ; il faut donc que la publication soit faite par l'Etat, ou sous son contrôle et avec sa garantie. Il faut qu'il s'écoule le moins de temps possible entre le dépôt de la demande de chaque brevet et sa publication ; ce temps devant, toutefois, nécessairement varier avec le procédé suivi dans chaque pays pour la délivrance des brevets. Il faut, enfin, que la publication soit offerte à bon marché et que, par suite, chaque intéressé soit admis à acheter le brevet dont il a besoin, et celui-là seulement.

La seule forme de publication qui répond à ces diverses exigences est la publication par fascicules séparés, ne contenant chacun qu'un brevet et ses planches. L'expérience a montré que, lorsque la publication a lieu par volumes (surtout si, en plus, elle est incomplète) comme en France jusqu'à ces derniers temps, elle est nécessairement lente, coûteuse et d'une utilité extrêmement restreinte. D'ailleurs, dans tous les Etats où la publication intégrale est organisée, elle a lieu par fascicules séparés. Toutes ces publications sont, du reste, analogues dans leur aspect ; seules les publications anglaises présentent cette particularité que non seulement les pages sont numérotées, mais aussi les lignes ; c'est là un dispositif fort simple à réaliser et dont ceux qui ont eu à s'occuper de brevets et à en comparer ont pu apprécier les avantages : il serait à désirer que ce mode de faire se généralisât.

Enfin, pour répondre à tous les besoins, il est utile que la publication des brevets soit complétée par la publication de tables donnant, à des intervalles rapprochés, la liste des brevets déposés, et aussi, périodiquement, d'abrégés avec planches. Les abrégés publiés hebdomadairement en Angleterre, et mensuellement aux Etats-Unis, rendent les plus grands services et constituent des modèles qu'on ne saurait trop souhaiter de voir imiter.

Il serait enfin à désirer que, dans les abrégés, les brevets fussent classés dans un ordre systématique, de façon que les différentes classes puissent être réunies, chaque année, en fascicules distincts, auxquels seraient jointes des tables de matières détaillées.

M. MINTZ (Berlin), dans une note qu'il a adressée à la Commission

---

jointes aux textes. Le prix de vente de la publication était de quinze francs par volume. Toutefois les feuilles d'impression pouvaient être achetées séparément, au prix de 0 fr. 40 par feuille de huit pages et de 0 fr. 40 également, par planche gravée. Des essais satisfaisants avaient eu lieu pour substituer aux planches gravées des reproductions lithographiques des dessins, en vue de réduire le prix de la publication et de permettre, sans augmentation de crédit, d'imprimer un plus grand nombre de brevets. Mais la publication, incomplète et fort en retard, ne présentait qu'une utilité restreinte. Aussi ce système était-il depuis longtemps l'objet des critiques du monde industriel. L'Association française pour la protection de la Propriété industrielle a repris l'étude de la question, et a réussi à intéresser à la réforme les pouvoirs publics. Un arrêté ministériel du 30 décembre 1899 a décidé que tous les brevets dont la publication serait jugée utile, seraient désormais publiés *in extenso* et par fascicules séparés, et a établi un tarif réduit pour la vente de ces fascicules au public.

C'est là un acheminement vers la publication intégrale, et il est permis d'espérer que cette réforme sera bientôt un fait accompli.

2

d'organisation, fait également ressortir l'intérêt qu'il y a, surtout dans les pays où opposition peut être faite contre la délivrance des brevets, à ce que les originaux des descriptions et documents soient mis à la disposition du public. Il présente le vœu suivant :

« Il est à désirer :

» 1° Que dans tous les pays chacun ait le droit de prendre » connaissance du « Patentrolle » (catalogue des brevets), ou » des documents déposés;

» 2° Que les brevets délivrés (description et dessins) soient publiés sur le modèle des patentes anglaises. »

M. Frey-Godet (Berne) est du même avis.

La publication intégrale des brevets par fascicules séparés entraîne des dépenses qui, si elles sont inférieures au produit des taxes perçues pour les brevets, n'en sont pas moins considérables (1) et toujours de beaucoup inférieures au produit de la vente des fascicules. Afin de réduire les dépenses et de faciliter l'impression, notamment au point de vue de la reproduction photographique des dessins, les nations qui impriment leurs brevets ont été conduites à imposer aux inventeurs diverses formalités pour le dépôt des demandes de brevets, notamment en ce qui concerne le format des descriptions, le format et le mode d'exécution des dessins. Ces formalités, analogues mais non identiques dans la plupart des États, présentent des différences de détails gênantes pour les inventeurs, qu'il importerait de voir disparaître. Une entente pour l'unification des formalités dans les rédactions des demandes de brevets pourrait, ce semble, être d'une réalisation facile, et serait le prélude nécessaire de l'unification dans les modes de publication même des brevets.

La question a été soumise en 1899 à l'examen du Congrès de Zurich, tenu par l'Association internationale pour la protection de la Propriété industrielle, qui, sur le rapport de M. Mintz, ingénieur-conseil à Berlin, a émis un vœu en faveur de l'unification et voté en vue de cette unification un certain nombre de propositions destinées à être soumises à l'agrément des diverses administrations intéressées (2).

---

(1) Aux États-Unis, le produit des taxes de brevets (1896) a été d'environ 5 600 000 francs. Les sommes payées pour les impressions ont dépassé 1 850 000 francs. En Angleterre : produit des taxes (1897), 4 800 000 francs environ; sommes payées pour les impressions, 675 000 francs; produit des ventes, 195 000 francs. En Allemagne (1891) : produit des taxes, 3 255 000 francs ; dépenses de publication, 300 000 francs. En Suisse (1897) : produit des taxes, 250 000 francs ; dépenses de publication, 70 000 francs ; produit des ventes, 3 600 francs.

(2) Les résolutions votées au Congrès de Zurich sont, en ce qui concerne les Brevets :

(a) Pouvoirs : Leur légalisation n'est pas nécessaire.

(b) Descriptions : 1° Il doit être déposé deux exemplaires;

2° Leur format doit être de 0m,33 sur 0m,21 ;

3° Les exemplaires doivent être d'une écriture lisible, le mode de reproduction étant indifférent (lithographie, imprimé, copie à la machine ou à la main);

Je demanderai au Congrès de Paris de reprendre le vœu de Zurich, en lui donnant l'appui de sa haute autorité, en ces termes :

Le Congrès émet le vœu :

1° Que, dans tous les pays, les gouvernements publient : 1° les descriptions et dessins par fascicules séparés ne comprenant qu'un brevet et ses planches, au moment où le brevet est délivré à l'inventeur ; 2° périodiquement et au moins mensuellement des abrégés avec planches de tous les brevets classés systématiquement, de telle façon que les différentes classes puissent être réunies chaque année en fascicules distincts auxquels seraient jointes des tables de matières détaillées (1) ;

2° Que chacun puisse prendre connaissance, au service central de la Propriété industrielle, des catalogues de Brevets et des originaux des documents déposés ;

3° Qu'une entente s'établisse, sur les bases étudiées au Congrès de Zurich, entre les différents Gouvernements : 1° pour adopter un format unique pour la reproduction des dessins joints aux descriptions, et pour accepter le dépôt de tout genre de dessin se prêtant à une reproduction facile par la photographie ; 2° pour simplifier et uniformiser autant que possible les formalités imposées aux inventeurs lors du dépôt de leur demande.

4° Il doit être laissé une marge de 0m,02.
(c) Dessins : 1° Les dessins doivent être faits en traits noirs sur papier blanc fort, non plié, le mode de reproduction étant facultatif (lithographie, autographie, dessin à la plume) ;
2° Le format doit être 0m,33 sur 0m,21 ou 0m,42, exceptionnellement 0m,63 ;
3° Les dessins doivent avoir une marge de 0m,02.
(d) Echantillons : Les échantillons déposés ne doivent pas, autant que possible, dépasser les dimensions de 0m,50 de côté.
(1) Ce vœu a déjà été formulé au Congrès tenu à Londres en 1898 par l'Association internationale pour la protection de la Propriété industrielle.

SECTION I

Brevets d'invention.

Question VIII

Des juridictions en matière de brevets d'invention. — Doit-on désirer l'institution de juridictions spéciales ou prendre des mesures particulières pour assurer la compétence des juges?

Rapport

par

Georges Maillard,
Avocat à la Cour de Paris.

Lorsque la question des juridictions spéciales fut proposée, il y a deux ans, pour le Congrès de Londres, on se demanda tout d'abord si c'était une question à discuter dans un Congrès international. En effet, ce n'est pas une question d'ordre international, en ce sens qu'elle n'est pas susceptible d'être tranchée par une convention entre les Etats. Mais c'est bien une question de droit comparé, car le besoin d'avoir des juges compétents pour trancher les procès de propriété industrielle est à peu près le même dans tous les pays, et de la juridiction, en cette matière, dans chaque pays, des critiques que cette juridiction y soulève, il est intéressant de dégager quel serait le meilleur système à recommander. C'est là, au premier chef, besogne à Congrès international.

Par les communications faites au Congrès de Londres, on a vu tout de suite que partout les hommes du métier se plaignaient des conditions défectueuses dans lesquelles se jugeaient les procès de propriété industrielle, par suite du manque de connaissances techniques des magistrats ordinaires, qui ont naturellement peine à comprendre les difficultés de ce genre que de tels procès soulèvent et en tout cas ne sont pas aptes à contrôler les explications que leur fournissent, dans cet ordre d'idées, les parties, ni l'avis que donnent tes experts. Le Congrès de Londres décida que l'étude de cette situation serait poursuivie par l'Association internationale pour la protection de la propriété industrielle; la Commission d'organisation du Congrès de 1900 a maintenu la question au programme, et de nouvelles communications, soit soumises à la Commission, soit parues dans des recueils, ont prouvé que la réglementation des juridictions pour les litiges relatifs aux brevets d'invention était bien, dans les principaux pays, à l'ordre du jour.

Allemagne.

En Allemagne, où la connaissance des demandes en délivrance et en radiation de brevets est de la compétence d'une institution spéciale, le *Patentamt,* composée de juristes et de techniciens, les procès en contrefaçon ressortissent des tribunaux ordinaires.

Contre la juridiction du *Patentamt* en elle-même, on ne soulève guère d'objections, si ce n'est qu'il serait bon d'assurer au demandeur de brevet un pourvoi devant le *Reichsgericht*, qui est la Cour suprême, contre la décision du *Patentamt* ayant repoussé la demande (1).

Mais, au Congrès de Londres, M. Edwin Katz, avocat à Berlin, sans contester le principe de l'attribution des procès en contrefaçon à la juridiction ordinaire, faisait remarquer combien difficile était la tâche du magistrat, qui n'a le plus souvent aucune notion technique et parfois même ne connaît pas les expressions que le technicien emploiera. Il concluait que le tribunal devrait pouvoir appeler un expert dès le début de l'instance, en présence des parties, afin de préciser, en connaissance de cause, les questions à soumettre à l'enquête, c'est-à-dire à l'expertise légale. Il ajoutait qu'il serait bon de centraliser les affaires de contrefaçon en les renvoyant toutes à un seul tribunal de première instance ou en choisissant un certain nombre de tribunaux par région pour en connaître : les magistrats de ces tribunaux, ayant ainsi à juger un grand nombre de questions techniques, acquerraient peu à peu une compétence particulière. (*Annuaire Ass. int. propr. ind.*, t. II, p. 323 et s.)

Dans le travail de M. Paul Schmid (Berlin), communiqué à la Commission d'organisation et annexé au présent rapport, on trouvera une critique encore plus vive et plus complète de l'organisation actuelle qui fait juger par un tribunal ordinaire des questions techniques que des juristes ne peuvent résoudre, à eux seuls, faute de connaissances suffisantes. L'honorable avocat propose, comme remède à cet inconvénient, de choisir pour chaque ressort de Cour d'appel un tribunal de première instance qui connaîtra de toutes les affaires de contrefaçon en matière de propriété industrielle et insti-

---

(1) Voir rapport Edwin Katz au Congrès de Londres, *Annuaire Ass. int. propr. ind.*, t. II, p. 325, avec une analyse détaillée de l'organisation allemande. D'après la législation actuelle, l'appel des décisions de la section des demandes (*Anmelde-Abteilung*) est porté devant une autre section du *Patentamt*, la section des recours (*Beschwerde-Abteilung*), et contre les décisions de cette section aucun pourvoi n'est possible. Les actions en nullité sont soumises à une section spéciale du *Patentamt (Nichtigkeits-Abteilung*); seulement contre les décisions de cette section est recevable le pourvoi devant le *Reichsgericht.*

2

tuer à ce tribunal une chambre spéciale dans laquelle seraient adjoints aux magistrats ordinaires des hommes compétents qui ne seraient pas des juges professionnels et feraient fonctions de juges industriels ; l'appel serait porté devant la Cour d'appel ordinaire et le pourvoi devant la Cour suprême. D'autre part, toutes les actions directement dirigées contre la valeur du brevet et tendant, d'une façon absolue (1), c'est-à-dire envers tout le monde, à sa nullité, sa révocation, sa déchéance ou à sa limitation ou à une déclaration de dépendance seraient soumises à une Cour spéciale de justice, composée de techniciens et de juristes.

Le mémoire rédigé, pour le Congrès allemand de la propriété industrielle en mai dernier à Francfort, par une Commission spéciale de l'Association allemande pour la protection de la propriété industrielle (2), n'est pas revenu sur la composition des tribunaux ordinaires pour statuer sur les affaires de contrefaçon ; mais il a conclu à l'institution d'une Cour spéciale de justice, composée de juristes et de techniciens, indépendante du *Patentamt* et qui serait seule compétente pour statuer sur la nullité, l'indépendance, la révocation du brevet et même sur son interprétation.

On ne peut généraliser, pour un Congrès international, ces propositions qui s'adaptent à l'organisation particulière de la procédure allemande en matière de brevets. Mais il en reste une indication bien nette sur la nécessité d'assurer aux juges, en cette matière, des aptitudes techniques qui semblent, en réalité, leur faire défaut.

Le mouvement en ce sens est si accentué qu'il s'étend jusqu'à des matières autres que la propriété industrielle : ainsi, en janvier dernier, au Reichstag, un député a demandé le renvoi des procès en matière de droit d'auteur à une chambre spéciale de la Cour ou l'adjonction à la Cour, pour statuer sur ces procès, de deux hommes compétents. (Voir le *Droit d'auteur*, 1900, p. 23.)

France.

En France, dès 1846, au lendemain de l'entrée en vigueur de la loi actuelle sur les brevets, le père de notre éminent collègue M. Armengaud jeune, ingénieur civil, demandait la création d'un jury industriel.

M. Armengaud jeune, au Congrès de Paris, en 1889, faisait, contrairement aux propositions de la section, adopter la résolution suivante :

« Les contestations en matière de brevets d'invention seront » portées devant les tribunaux ordinaires. Mais ils seront assistés

---

(1) On distingue, d'après la loi allemande, entre la nullité relative, qui n'a autorité qu'entre les parties au procès, et la nullité absolue, dont les effets se font sentir à l'égard de tous. De même pour la déchéance.

(2) Ce mémoire n'a pu venir en discussion à Francfort, il a été renvoyé au prochain Congrès allemand, à Cologne.

» d'un expert qui aura instruit l'affaire et d'un jury industriel qui
» se prononcera sur les questions de fait. » (Voir compte rendu
du Congrès de 1889, page 35.)

Dans son rapport au Congrès de Londres en 1898 (voir *Ann. Ass.
int.*, t. II, p. 328) il a repris la même idée en émettant le vœu :

« Que l'on étudie et même que l'on essaie dans un des pays de
» l'Union une juridiction spéciale, soit en créant des tribunaux
» d'industrie ou en augmentant la compétence et en complétant
» dans le sens voulu le recrutement des membres des tribunaux de
» commerce, soit en adjoignant aux tribunaux civils un jury indus-
» triel qui se prononcera sur les questions de fait. »

Il souhaitait qu'en attendant cette institution on formât dans
chaque tribunal important une section spéciale, composée de juges
qui, par leurs études premières, par leurs aptitudes spéciales, par
l'habitude de traiter ces questions, auraient acquis l'expérience nécessaire, et l'on recruterait, pour l'avenir, des magistrats qui se
spécialiseraient, en quelque sorte, dans cette branche du droit.

M. Gustave Huard, avocat à la Cour de Paris, dans une étude
lue à la Société de législation comparée (*Bulletin de la Société*, janvier 1900, p. 80), a résumé contre la juridiction ordinaire, en
France, les mêmes critiques que fait M. Schmid pour l'Allemagne,
et il conclut à l'institution de juges techniciens, qui, suivant les
besoins du service, iraient siéger dans les tribunaux d'arrondissement pour former avec le président du tribunal une chambre
spéciale qui connaîtrait des litiges en matière de brevets d'invention ; ces juges techniciens seraient des juges nomades et, dans
chaque tribunal, les affaires de brevets seraient groupées par sessions.

A la Société de législation comparée il n'y a pas vote mais
échange d'idées. Les membres français, des juristes, il est vrai, qui
ont donné leur sentiment, ont été unanimes à repousser la création
d'une juridiction spéciale (voir : *eod. loc.*, p. 90 et suiv. ; *Bull. Soc.
lég. comp.*, février 1900, p. 160 et suiv.). Toutefois ils n'ont pas
méconnu les défauts de l'organisation actuelle.

Etats-Unis.

Aux Etats-Unis, où, bien qu'il y ait un *Patent Office*, toutes les
actions relatives aux brevets sont jugées par les tribunaux de droit
commun, un projet de loi a été déposé pour la constitution d'une
Cour des brevets, qui connaîtrait des appels formés contre les décisions du *Patent Office* et des Cours de district et serait soumise au
contrôle de la Cour suprême ; mais ce projet n'a pas abouti (voir
Huard, *loc. cit.*, p. 87).

Angleterre.

Au point de vue anglais, M. Lewis Edmunds, Queens Council, se montrait au Congrès de Londres (voir *Annuaire Ass. int.*, t. II, p. 334) hostile à l'institution d'un tribunal de techniciens (1) ou à l'adjonction d'un expert aux juges ordinaires ; mais il ne méconnaissait pas combien le manque de connaissances techniques rendait difficile la tâche du juge dans les procès de propriété industrielle et il proposait. pour l'Angleterre, de former un rôle spécial des juges de chancellerie et du Banc de la Reine, ayant une certaine expérience des questions techniques et des affaires de propriété industrielle, pour leur réserver tous les procès de brevets et, d'une façon générale, tous les procès où des questions techniques sont en jeu.

*
* *

De ces études émanant de pays différents, il résulte que, si dans les pays à examen préalable on a tendance à restreindre la compétence des tribunaux ordinaires au profit du Bureau des Brevets ou d'une Cour de justice spéciale (2), les tribunaux ordinaires n'en restent pas moins saisis partout des procès en contrefaçon et partout les tribunaux ordinaires se trouvent dans des conditions manifestement défectueuses pour donner leur solution en pleine connaissance de cause.

C'est ce qui apparut dès le Congrès de Londres et une Commission d'études fut chargée de poursuivre l'examen de la question.

Elle aboutit à la conclusion que les tribunaux ordinaires doivent connaître des procès en contrefaçon (3), mais qu'il serait bon de renvoyer tous ces procès devant des chambres composées de magistrats ayant, outre leur science juridique, certaines connaissances techniques (voir *Annuaire Ass. int. Prop. ind.*, t. III, p. 47).

Ce vœu ne put être utilement discuté au Congrès de Zurich. Je le reprendrai comme conclusion du présent rapport.

---

(1) Cette mesure fut proposée par un comité de la Chambre des Communes nommée en 1871. D'après la loi du 25 août 1883, c'est la Haute Cour de Justice, division de chancellerie, qui statue ; les parties peuvent demander à la Haute Cour de s'adjoindre, à leurs frais, un assesseur technique, et la Haute Cour peut le faire d'office, mais en pratique cela ne s'exécute pas. (Voir Huard, *loc. cit.*, p. 87 et 88.)

(2) En Autriche, c'est le *Patentamt* qui connaît des actions en annulation, avec recours devant une Cour spéciale, dite Cour des brevets. En Hongrie, il en est de même ; en outre, le tribunal ordinaire ne peut même pas statuer sur une exception de nullité du brevet dans une poursuite en contrefaçon, il doit surseoir jusqu'à ce que le *Patentamt* ait statué (voir Huard, *loc. cit.*, p. 86).

(3) La Commission eut communication notamment d'une note de notre collègue, M. Amar, avocat à Turin, qui se déclarait hostile aux juridictions spéciales et faisait remarquer qu'en Italie on avait pu supprimer depuis onze ans les tribunaux de commerce, sans qu'ils fussent regrettés par personne.

5

Il semble un peu une naïveté, car il revient à dire que les gouvernements doivent choisir des magistrats compétents et qui connaissent la matière dont ils s'occupent. Il est pourtant nécessaire, car nulle part cette idée si simple de la spécialisation partielle du juge n'est mise en pratique et elle pourrait l'être sans qu'il fût nécessaire de déranger les Parlements. Les juges qui auraient l'habitude des affaires de brevets n'en jugeraient pas moins d'autres affaires, mais c'est à eux que reviendraient la plupart des affaires de brevets et, quand l'expérience de cette spécialisation aurait été faite, il deviendrait facile de centraliser toutes les affaires de brevets dans un petit nombre de tribunaux.

*
* *

Quelques dispositions assez simples pourraient être également prises, afin de permettre au juge de s'appuyer plus sûrement sur les experts et de contrôler l'expertise.

M. Armengaud jeune, complétant sa proposition de 1889, proposait au Congrès de Londres en 1898, de dire :

« Dans les pays où il n'existe pas d'examen préalable et, partant, pas de juges techniques permanents et où ce sont les tribunaux ordinaires qui ont à se prononcer sur la validité des brevets, les affaires doivent être instruites par un juge assisté d'un expert spécialement attaché au tribunal et, s'il y a lieu à expertise en dehors, les experts doivent assister aux débats contradictoires devant le tribunal et donner directement aux juges des éclaircissements sur leurs rapports. »

La Commission de l'Association internationale n'a pas retenu comme recommandable l'ingérence de l'expert dans le tribunal, car il aurait une influence considérable, sans contrôle des parties, et ne présenterait pas toutes les garanties que doit présenter un véritable juge.

Mais la Commission a jugé utile que les experts puissent être entendus en audience publique, à la volonté d'une des parties, et interrogés contradictoirement.

Les conditions dans lesquelles les tribunaux choisissent les experts sont aussi sujettes à critique. Les juges ne peuvent déterminer avec exactitude quel expert convient, à raison de ses connaissances techniques spéciales, à telle ou telle cause; ils en sont réduits, en fait, à choisir les experts au petit bonheur ou à attribuer à ceux en qui ils ont mis leur confiance une compétence universelle. Aussi a-t-on demandé, en France, que chacune des parties pût désigner un expert, le tiers expert étant désigné par les deux premiers experts ou, à défaut d'entente entre eux, par le tribunal. Mais ce sont là des questions de détail que les Associations na-

tionales auront à examiner dans chaque pays suivant les circonstances.

Je ne proposerai au Congrès que les conclusions suivantes :

Il n'y a pas lieu de créer des juridictions
spéciales pour la connaissance des procès concernant la propriété industrielle.

Mais il est à souhaiter que dans les principaux
centres les procès de ce genre soient renvoyés
à une même Chambre et que les magistrats
composant cette Chambre soient recrutés parmi
ceux ayant des connaissances scientifiques.

Il est à désirer aussi qu'en cas d'expertise
les experts soient entendus en audience publique,
si l'une des deux parties le requiert.

SECTION I

Brevets d'invention.

Question VIII

Annexe I

Étude

sur les juridictions allemandes
en matière de brevets d'invention,

par

Paul Schmid,
Avocat à Berlin.

D'une manière générale, on doit dire à l'honneur de la magistrature allemande qu'elle est très consciencieuse, qu'elle connaît bien la jurisprudence et que sa science du droit est hors ligne, en sorte qu'on peut regarder la moyenne des juges allemands comme donnant la mesure de l'aptitude qu'ont les juristes et les tribunaux uniquement composés d'hommes de loi à juger les questions techniques qui interviennent dans les questions de droit.

On semble donc autorisé à se fonder sur l'expérience qui est faite de la justice allemande, à ce point de vue particulier, pour résoudre la question suivante :

Doit-on souhaiter l'institution d'une juridiction spéciale dans les règlements d'affaires de brevets, où, presque toujours, aux questions de droit s'en mêlent d'autres, principalement ou exclusivement techniques, ou bien faut-il faire appel, pour la solution de ces questions, à des juges ayant les connaissances spéciales nécessaires, ou enfin le règlement de telles affaires doit-il être laissé à des tribunaux exclusivement composés de légistes?

Si on arrive à se convaincre que, dans les affaires de brevets, les décisions des tribunaux allemands exclusivement composés de juristes sont souvent notablement défectueuses et qu'elles témoignent d'un manque frappant d'intelligence des questions techniques qui entrent en considération, on ne pourra pas s'empêcher de voir, en ayant égard, d'autre part, à la compétence reconnue de la magistrature allemande, que ces vices ne sont point particulièrement imputables aux juges, mais qu'on doit en rechercher la cause dans ce fait qu'on impose à ces juges, qui sont des juristes, le devoir de se faire une conviction sur des litiges mêlés de questions principalement techniques, devoir qu'ils sont incapables de remplir parce qu'ils manquent des connaissances élémentaires et fondamentales, nécessaires. Il n'est pas contestable que, jusqu'ici, de nombreux jugements ont été rendus, par exemple, par les tribunaux de première instance, dans le domaine des brevets et modèles, qui ne s'accordent nullement avec les intentions véritables des lois existantes et qui proviennent évidemment d'une méconnaissance grossière des rapports techniques qui sont à la base, dans chaque cas. Il en résulte, particulièrement dans le monde industriel, une grande défiance à l'égard de l'aptitude des juges légistes, notamment dans les tribunaux de juridiction inférieure, à comprendre et à pénétrer les questions techniques, pour être à même de connaître suffisamment, au moins après les explications des experts, les données techniques qui entrent en ligne de compte dans les décisions à intervenir au sujet des questions de droit relatives aux patentes; ceci provient aussi de la répugnance des juges saisis de la question, à l'approfondir d'eux-mêmes, répugnance qui n'est pas rare dans les affaires litigieuses de brevets et modèles, et il est notoire que souvent tout leur effort tend à laisser simplement le soin de la décision aux experts, sans distinguer les questions techniques des questions de droit. Bien souvent l'intéressé ou son représentant légal, essayant de faire un exposé du litige dans les procès de modèles ou de brevets, se voit arrêté par le tribunal qui déclare ne pas pouvoir comprendre avant d'avoir entendu un expert et décide l'audition d'un expert sans permettre plus ample exposé par les parties. Pareillement, les questions que les tribunaux soumettent aux experts prouvent que le plus souvent le tribunal, non seulement n'avait aucune idée des questions techniques qui entraient en ligne de compte et qu'il n'avait point essayé de les étudier, mais qu'il n'était même pas familiarisé avec les questions de droit relatives aux patentes et aux marques et que par suite il soumettait à l'expert technique les questions techniques et de droit, tout ensemble, afin qu'il y répondît. Dans la pratique, les tribunaux inférieurs ne s'interdisent nullement de décider qu'on doit demander à l'expert « si tel ou tel brevet est lésé par le défendeur », si « telle ou telle marque est valable ». En outre, il est à considérer que la qualité des experts est bien douteuse, précisément, nous le répétons, parce que l'homme de loi désignant l'expert, souvent sans avoir interrogé la partie, ne sait pas et ne peut pas savoir si dans chaque cas l'expert est effectivement compétent, et il se laisse guider souvent dans son choix par des considérations étrangères, par exemple, par la situation et le titre, qui ne devraient pas toujours être déterminantes pour des compétences spéciales.

Ainsi il put arriver qu'un tribunal de province, très éloigné de Berlin, désigna comme expert, sur la proposition d'une des parties, en même temps qu'un des premiers professeurs de physique, un agent de brevets de Berlin, uniquement à raison de cette qualité, et lui fit ainsi faire un voyage aux frais de l'Etat ou de la partie ; or cet agent de brevets n'avait jamais été technicien, il avait été employé simplement quelques années dans un office de brevets à Berlin pour la partie commerciale, il s'était ensuite établi, à son tour, comme agent de brevets, ce que tout le monde pouvait faire alors sans avoir à justifier, à un degré quelconque, de connaissances techniques. C'est d'après l'opinion d'un tel expert qui, dans l'espèce, ne se gênait pas pour appuyer son avis seulement sur les données d'un Dictionnaire de conversation, que les tribunaux décident sur de grands intérêts matériels ou sur des actions pénales d'où dépendent l'honneur et la liberté des personnes. Il est, d'autre part, très fréquent, que le tribunal abandonne aveuglément la décision à l'expert, dont la compétence, pour décider sainement sur les questions techniques qui lui sont soumises, est aussi peu facile à démontrer que la justesse de son opinion.

Une telle situation, cela va de soi, n'est pas de nature à établir et à fortifier la confiance des milieux industriels dans la capacité de nos tribunaux pour prononcer des jugements convenables sur des affaires litigieuses de brevets et de modèles. Mais voici que la considération suivante intervient : même si, dans chaque cas, on réussit à entendre un expert excellent et capable de remplir son office et même si les juges sont capables et ont la volonté d'éclaircir ces questions techniques auxquelles il est capital de répondre avec rectitude pour donner au procès une solution juste, il est à craindre que les spécialistes qui, en émettant leur avis, ont pris pour point de départ des notions qu'ils considèrent comme connues et évidentes par elles-mêmes, parce qu'elles sont le patrimoine commun de tous les techniciens, ne jugent pas nécessaire de les expliquer davantage au tribunal, alors que les juges manquent cependant de ces notions générales techniques et ne peuvent, par conséquent, sainement comprendre et contrôler l'avis des experts. Il est à remarquer tout particulièrement que, dans la règle, les avis sont donnés par écrit et, fréquemment, en l'absence des représentants des parties ; on demande seulement à l'expert, souvent interrogé par délégation, s'il appuie son avis sur son serment d'expert, prêté une fois pour toutes. Ainsi des éclaircissements pour le juge, sur les données du rapport de l'expert qui lui manquent et qui ont été passées sous silence, ne sont à l'ordinaire ni demandés ni fournis, à moins que la partie ou son représentant ne soit présente et n'insiste.

Eu égard à toutes ces circonstances, le désir d'une grande partie des industriels est que pour décider sur les questions litigieuses relatives aux brevets et aux marques, qui ne touchent pas seulement aux questions de droit mais auxquelles il s'en mêle aussi de techniques, on désigne des Cours de justice qui, dans le jugement de tels procès, puissent être regardées comme particulièrement compétentes par rapport à la moyenne des juridictions ordinaires.

On peut atteindre à ce but de différentes manières : ou bien auprès des tribunaux ordinaires, par analogie avec les chambres, composées de légistes et de personnes appartenant au commerce, instituées dans les cours allemandes pour connaître des affaires commerciales, on peut créer des chambres, dites « pour les affaires de propriété industrielle », où seraient appelés avec les juges hommes de loi des juges d'éducation technique; ou bien on peut confier toutes les affaires de propriété industrielle à des Sections spéciales du *Bureau des brevets;* ou bien encore créer une Cour de justice, distincte des tribunaux ordinaires et du Bureau des brevets.

La création de Chambres industrielles spéciales dans tous les tribunaux ordinaires de première instance ne rencontrerait pas de difficultés assez sérieuses pour qu'on ne pût trouver dans chaque ressort le nombre voulu de personnes capables de remplir l'office de juges industriels, c'est-à-dire suffisamment pourvues de connaissances techniques générales et auxquelles leur situation matérielle permettrait de se distraire plus ou moins de l'exercice de leur profession particulière pour siéger comme juges. En tout cas, cela serait très facile dans les grands centres d'industrie et dans les grandes villes.

Du reste, des raisons pratiques militent, d'autre part, en faveur d'une certaine centralisation de la juridiction en matière de brevets ; on pourrait donc, pour chaque ressort de Cour d'appel, instituer dans le tribunal ordinaire de la principale ville industrielle, une Chambre mixte de magistrats et d'hommes techniques, à laquelle seraient renvoyées en première instance, toutes les affaires du ressort, en matière de propriété industrielle. Une pareille centralisation aurait aussi cet avantage que les magistrats, appelés à s'occuper continuellement de ces mêmes questions, acquerraient des notions plus complètes de ce droit spécial et s'habitueraient aussi à l'étude des difficultés techniques qui se présentent fréquemment. L'appel des décisions de ces Chambres mixtes serait porté devant la Cour d'appel du ressort et la Cour suprême dirait le dernier mot. On arriverait ainsi à une grande unité de jurisprudence en matières de brevets, de modèles et éventuellement de marques.

Les procès de brevets peuvent être intentés par le propriétaire d'un brevet contre une autre personne, parce qu'il estime que son droit est lésé par elle ; ces actions en contrefaçon sont intentées sous forme de procès civil, soit pour faire cesser le préjudice, soit pour obtenir des dommages-intérêts pour le passé, ou sous forme de poursuite pénale intentée contre le contrefacteur. Dans ces différents cas on suppose que le brevet est, avant tout, valable, c'est-à-dire qu'il n'est pas nul pour défaut de nouveauté, de brevetabilité, de résultat industriel, ni déchu par renonciation ou non-paiement de la taxe, ni révoqué pour défaut d'exploitation ou de refus de licence; en outre l'action en contrefaçon suppose que le brevet doit être entendu comme l'interprète le propriétaire et que cette revendication doit être la base de comparaison pour déterminer s'il y a contrefaçon.

Les procès de brevets peuvent aussi être intentés par des tiers et dirigés contre le brevet, c'est-à-dire contre sa validité ou au moins contre son indépendance, c'est-à-dire qu'on peut demander que le brevet soit annulé ou révoqué ou déclaré dépendant d'un autre brevet.

Si, dans un procès en contrefaçon, le prétendu contrefacteur fait valoir que le propriétaire du brevet n'a rien à prétendre parce que le brevet est nul, ou parce qu'il y a lieu à révocation, ou parce qu'il est déchu, ou parce qu'il n'a pas l'étendue que le propriétaire prétend lui assigner, il serait naturel que tous ces moyens de défense opposés par le prétendu contrefacteur fussent admissibles sous forme d'exception et qu'il fût statué sur la justesse de ces arguments par le tribunal appelé à connaître de la contrefaçon, sans que la solution portât sur la valeur absolue du brevet et sur son indépendance.

Par contre, il semble juste que, si des allégations de ce genre sont formulées par une action spécialement dirigée contre la validité et l'indépendance du brevet, si on demande ainsi la nullité, la révocation, la déchéance, la déclaration de dépendance ou la limitation d'un brevet, la décision qui intervient sur une semblable action, devant avoir un effet absolu, même à l'égard des tiers, ne dépende pas des tribunaux ordinaires, même si on devait former des Chambres spéciales, et soit confiée à une juridiction unique, comprenant, du reste, plusieurs degrés.

Mais, cette juridiction, dont sans doute l'institution est proche en Allemagne, doit-elle être en première instance une Section spéciale du *Patentamt*, par exemple la Section des nullités, ou doit-on créer une juridiction entièrement distincte du *Patentamt*, une Cour de justice spéciale de première instance, composée d'hommes de loi et de techniciens? J'adopterai le second système.

Rendre parfaitement indépendants l'un de l'autre ces deux offices, dont le premier statue sur la concession des brevets et le second sur leur nullité, paraît une solution recommandable.

Les décisions de la nouvelle Cour de justice devront subir l'examen d'une Cour supérieure; mais la possibilité de l'appel pourrait suffire et il ne serait pas nécessaire de créer une troisième instance de revision.

En faveur de l'adjonction de juges techniques aux hommes de loi dans les tribunaux supérieurs, militent les mêmes raisons essentielles que pour les tribunaux de première instance. Faudra-t-il confier les décisions suprêmes, en cette matière et aussi en matière de refus de brevet, ou à une Chambre de la Cour suprême déjà existante, en la renforçant de membres techniques, ou à une Cour spéciale des brevets? C'est la constitution politique intérieure et administrative de chaque Etat qui doit répondre à cette question.

D'après la loi allemande actuellement en vigueur, la question de la dépendance et de la limitation du brevet ne peut être décidée que par les tribunaux ordinaires et la décision n'a de force légale qu'entre les parties, non à l'égard des tiers, de quelque façon qu'elle soit intervenue.

Par contre, la compétence sur la nullité ou la révocation est complètement enlevée aux tribunaux ordinaires et réservée exclusivement à la Section des nullités au *Patentamt*, laquelle statue, d'une manière absolue, sur la question de l'existence ou de l'extinction du brevet. Quand, dans un procès devant un tribunal ordinaire, la question de nullité ou de révocation est soulevée par l'une des parties, la procédure doit être suspendue jusqu'à ce que le *Patentamt* tranche cette question et sa décision lie le tribunal ordinaire pour la continuation de la procédure.

Souvent le désir est manifesté, notamment dans les milieux industriels, que non seulement la connaissance de la nullité et de la révocation, mais encore celle de la dépendance et de l'étendue des brevets soient complètement retirées aux tribunaux ordinaires et confiées à la Cour des brevets qui serait constituée comme il est dit plus haut.

Du côté des juristes on se méfie de l'exclusion des tribunaux ordinaires pour toutes les questions techniques de brevets.

La solution la plus juste serait celle que nous proposons : aussi longtemps qu'un brevet existe, laisser aux tribunaux ordinaires et éventuellement aux Chambres à créer pour la connaissance des questions de propriété industrielle près les tribunaux ordinaires, le soin de décider, sur action directe ou sur exception, au sujet de ses conséquences matérielles, avec force légale uniquement entre les parties, et de réserver à la Cour des brevets le soin de statuer sur la validité absolue d'un brevet.

S'il est à recommander que, dans tous les litiges qui sont du domaine technique des brevets, la décision en première et en dernière instance soit confiée à des tribunaux composés de juristes et de techniciens, il ne doit pas en résulter qu'il faille toujours renoncer à l'audition d'experts. Il est évident pour tous que, surtout avec le développement sans cesse croissant de la technique, il est indispensable, aussi bien pour le *Patentamt* que pour la Cour des brevets, d'avoir à sa disposition des personnes suffisamment compétentes dans toutes les branches techniques. La présence de techniciens dans la Cour des brevets, comme dans les Sections du *Patentamt*, n'aura d'autre but que d'y apporter les connaissances techniques générales que les experts supposent toujours acquises.

Le devoir des membres techniques doit être avant tout de servir d'intermédiaires entre les juristes, les experts consultés et les parties et de contrôler les affirmations de celles-ci.

Il faut espérer que l'admission de membres techniques dans le collège des juges exercera une influence particulièrement favorable et, d'après les explications données plus haut, grandement nécessaire pour le choix et la rédaction des questions techniques à poser à l'expert.

SECTION I
Brevets d'invention.

Question IX

Des moyens de faciliter à l'inventeur la demande de brevet dans les pays étrangers. — Etudier le système du délai de priorité établi par la Convention de 1883, rechercher s'il est susceptible d'amélioration. Pourrait-on organiser, comme pour les marques, un dépôt unique? ou tout au moins unifier pour tous les pays les formalités de la demande, afin notamment, qu'un seul dessin, reproduit par des procédés pratiques, puisse servir pour toutes les demandes?

Rapport

par

Armengaud jeune, [1]
Ancien élève de l'Ecole polytechnique,
Ingénieur-conseil en matière de propriété industrielle.

Si le brevet d'invention — contrat entre l'inventeur et la société — était assimilé à un des actes de la vie civile, naissance, mariage, etc., il serait valable pour tous les pays; ce serait le brevet unique. Mais pour que ce but fût atteint, il faudrait arriver à unifier les lois qui régissent les brevets sous le rapport de la définition de l'invention et de la forme dans laquelle elle doit être présentée. On est encore loin de cet idéal. Il convient donc de rechercher les moyens de faciliter à l'inventeur la prise de ses brevets dans tous les pays industriels. Actuellement le dépôt à Berne, adopté pour l'enregistrement international des marques, peut difficilement se concilier avec les différences considérables qui existent entre les lois et les règlements des divers pays. On se heurterait à la même difficulté en déposant simultanément des demandes dans les consulats, comme cela avait été proposé au Congrès de 1878 (voir compte rendu, p. 244).

On pourrait, je crois, se mettre d'accord sur la forme du dessin, mais cela ne suffirait pas, car le plus souvent le dessin n'est que la partie accessoire des pièces de la demande, c'est la description qui en est la partie essentielle puisque c'est là que l'inventeur spécifie

1

ce qu'il considère comme étant le caractère nouveau de sa découverte et c'est à la fin de cette spécification qu'il formule ses revendications.

En attendant ces améliorations de forme, on peut dire qu'un grand pas a été fait, dans l'ordre d'idées qui nous occupe, par la Convention internationale d'Union de 1883, qui a consacré en faveur de l'inventeur un droit de priorité, pendant un temps déterminé, pour se faire breveter dans les pays autres que le sien.

Ce délai est fixé par l'article 4 à six mois pour les pays du continent et sept mois pour les pays d'outre-mer.

Aujourd'hui ce principe du droit de priorité n'est plus contesté par personne. Mais des critiques se sont élevées au sujet du délai, que beaucoup d'entre nous trouvent trop court et voudraient voir porté à un an. Cette prolongation de la durée à un an a été votée, à une immense majorité, dans les deux Congrès tenus à Vienne en 1897 et à Londres en 1898 par l'Association internationale de la Propriété industrielle.

Les rapports qui ont été présentés sur cette question et les débats qui ont eu lieu au Congrès de Vienne sont féconds en enseignements et il est indispensable de s'y reporter.

L'étude de la question peut se diviser en deux parties : Historique du droit de priorité. — Examen du délai actuel, nécessité de le prolonger.

Historique.

Il est intéressant de rappeler brièvement les faits qui ont abouti à la consécration, pour l'inventeur, du droit de priorité, de rappeler comment s'est manifestée cette idée qui semble aujourd'hui si naturelle, par quelles phases elle a passé, et comment, après l'opposition qu'elle a rencontrée au début des travaux du Congrès de 1878 et après avoir été tout d'abord écartée, elle s'est trouvée pour ainsi dire amenée d'elle-même dans la Convention de 1883, dont elle constitue à notre sens la clause principale.

Dans la séance du 11 septembre 1878 du Congrès de la Propriété industrielle tenu à Paris, M. Bozérian, qui présidait, mettait d'abord en délibération les questions concernant une entente internationale à établir relativement aux brevets.

Parmi les propositions soumises aux délibérations du Congrès figurait la suivante, signée de MM. Schreyer, Pieper, de Rosas, Ch. Thirion et Clunet :

« Le Congrès émet le vœu que l'un des gouvernements pro
» voque la réunion d'une Conférence internationale officielle, à
» l'effet de jeter les bases d'une législation uniforme. »

Alors que, dans cette séance, il semblait à la majorité des membres du Congrès que rien n'était plus facile que d'établir une entente internationale, l'auteur du présent rapport intervint pour dire que, « malgré toute l'ardeur que pourrait mettre une Commis
» sion à résoudre les propositions qui avaient été faites jusqu'à pré-

» sent dans le congrès, il faudrait discuter longtemps avant d'ob-
» tenir des gouvernements une loi internationale ». Les divergences
qui se sont produites depuis aux Conférences de Rome et de
Madrid et celles qui retardent la conclusion de la Conférence de
Bruxelles de 1898 ont confirmé nos appréhensions.

Pour arriver, disais-je, à une solution prompte, il faut aller au
plus pressé et fixer dès maintenant l'étendue des vœux que le Congrès désire voir se réaliser : or, *la question qui domine* c'est le
droit de priorité *qu'il faut accorder à l'inventeur*. Celui-ci, à
partir du jour où il a fait connaître sa découverte par la prise
d'un brevet dans son propre pays ou dans son pays d'adoption,
doit, par ce fait, être garanti dans tous les autres pays, et cela pendant au moins une année, contre toute spoliation de son droit.

Parmi les dispositions transactionnelles que je proposais, la
troisième était ainsi conçue (page 241 du compte rendu officiel) :

« L'obtention d'un brevet dans un pays doit assurer à l'inven-
» teur ou à ses ayants droit un droit absolu de priorité pour la
» prise d'un brevet dans d'autres pays pendant la première année
» du brevet principal. »

J'ajoutais :

« Grâce à cette disposition, la propriété de la découverte en
faveur de l'inventeur se trouverait assurée, au moins pour une
année à partir du jour où elle a été produite pour la première fois. »

Par là je repoussais complètement la nécessité, où l'on voulait
mettre les inventeurs, de déposer des doubles de leurs descriptions
et de leurs dessins aux consulats, inutile, dispendieuse et le plus
souvent impraticable.

Tout d'abord, la question du droit privilégié de l'inventeur
paraissait être en dehors du débat; mais le Congrès y revint peu à
peu. M. Colfavru, avocat à la Cour d'appel d'Alexandrie, proposa
que « le dépôt des demandes pût s'effectuer simultanément à l'autorité locale compétente et aux consulats des diverses nations
étrangères ». Cette question qui correspondait à la proposition 15
des questions générales, signée par MM. Pieper, Lyon-Caen,
Pouillet, Klostermann, Bozérian et Dumoustier de Frédilly, visait en réalité l'idée du brevet unique. Mais, en raison de la diversité des législations sur les règles qui président à la délivrance
des brevets, l'idée était prématurée et ne pouvait pas servir de base
à une entente internationale.

Cette proposition fut énergiquement combattue par M. Barrault,
et je saisis cette occasion de rendre à sa mémoire un hommage
bien mérité. Il montra les complications auxquelles entraînerait le
dépôt simultané des demandes de brevets dans tous les consulats
et il ajouta, en revenant à l'idée précédemment émise du délai de
priorité :

« En fait, quand on demandera un brevet dans un pays qui
fera partie de la grande union industrielle que nous espérons voir
se constituer, il me semble qu'il y aura un document authentique
et qu'en vertu de ce document on peut réserver le droit, pendant

six mois, un an, à l'inventeur, de prendre un brevet dans les pays étrangers. »

Il conclut en formulant la proposition suivante :

« L'adoption d'un brevet d'invention dans un pays assurera à » l'inventeur ou à ses ayants droit la priorité de la prise d'un » brevet dans d'autres pays, dans la première année du brevet » primitif. »

Cette proposition fut appuyée, après une réplique de M. Bozérian, par M. Pollok, représentant des Etats-Unis.

Lorsqu'on passa au vote, les membres du Congrès rejetèrent les propositions Armengaud jeune et Barrault et le Congrès adopta la proposition Colfavru et autres, ainsi conçue :

« Il est à désirer que le dépôt des demandes de brevets, de » marques, de dessins et de modèles puisse s'effectuer simultané-» ment à l'autorité locale compétente et aux consulats des diverses » nations étrangères. »

Avant de se séparer, le Congrès nomma une Commission permanente internationale avec mission de continuer l'œuvre du Congrès, et parmi les résolutions finales votées par le Congrès figure, sous le n° 12 des questions générales, la proposition 15 précitée.

Le Congrès décida encore, sur la proposition de M. Clunet, de répartir les membres de cette Commission en sections nationales, suivant la nationalité qu'ils représentaient. A l'issue du Congrès de 1878, la Commission permanente a tenu deux séances, les 18 et 19 septembre. La section française, constituée en Comité exécutif de la Commission permanente internationale, a arrêté un avant-projet d'une union internationale pour la protection de la Propriété industrielle, destiné à servir de base à la Conférence internationale officielle dont la Commission permanente a été chargée par le Congrès de provoquer la réunion.

Parmi les vœux émis par cette section, figure, au chapitre « brevets d'invention », l'article 1er ainsi conçu :

« Tout dépôt d'une demande de brevet, fait régulièrement dans » l'un quelconque des Etats contractants, devrait être attributif de » priorité d'enregistrement dans tous les autres Etats pendant un » délai de... »

Cette disposition figure aussi parmi les dispositions à soumettre à une conférence internationale. A partir de ce moment, la question du droit de priorité n'est plus abandonnée.

La Conférence internationale siège à Paris en novembre 1880. Dans la troisième séance, on y discute entre autres l'article 3 de la convention ainsi conçu :

« Tout dépôt d'une demande de brevet d'invention, d'un dessin » ou modèle industriel, d'une marque de fabrique ou de commerce, » régulièrement effectué dans l'un ou l'autre des Etats contrac-» tants, constituera pour le déposant un droit de priorité d'enre-» gistrement dans tous les autres Etats de l'Union pendant un délai » de... à partir de la date du dépôt. »

La discussion qui a été ouverte sur cet article est du plus grand intérêt et il convient de signaler notamment les excellents arguments développés par M. Weibel, représentant de la Suisse, tant pour montrer l'importance et l'utilité de cette disposition que pour proposer de modifier la durée du délai de priorité suivant qu'il s'agit d'un brevet, d'un dessin ou modèle, ou d'une marque de fabrique.

Alors qu'en 1878 M. Bozérian, l'un des promoteurs de la proposition 15 rappelée précédemment, devenue la proposition 12 votée par le Congrès, avait combattu la reconnaissance pour l'inventeur du droit de priorité, il défend ce droit dans cette séance du 8 novembre 1880 de la Conférence internationale qu'il préside. Au nombre des raisons qu'il donne, on trouve la situation souvent peu fortunée de l'inventeur et la nécessité d'éviter la nullité d'un brevet demandé dans un pays parce qu'il y aurait eu publicité de l'invention par suite de la demande d'un brevet faite antérieurement par l'inventeur dans son propre pays.

Parmi les motifs invoqués par divers membres de la Conférence pour appuyer la clause qui consacre le droit de priorité, on n'a pas fait valoir un argument qui nous semble essentiel : c'est la nécessité pour l'inventeur de disposer d'un certain temps pour expérimenter son invention, s'assurer de son efficacité, avant de faire la dépense assez importante de la prise des brevets à l'étranger.

La Conférence, ayant décidé en principe la nécessité de reconnaître le droit de priorité, aborde ensuite l'examen de la question de la durée de ce délai. M. Weibel (Suisse) propose *une année* pour les brevets, six mois pour les dessins et modèles, trois mois pour les marques de fabrique. M. le professeur Broch (Norvège) trouve ces délais trop longs et demande six mois pour les brevets d'invention, et trois mois pour les dessins et modèles et pour les marques.

Après une longue discussion sur cette question du délai, la Conférence adopte les délais suivants : pour les brevets d'invention, six mois ; pour les dessins et modèles, trois mois ; pour les marques de fabrique et de commerce, trois mois, et décide qu'un délai supplémentaire d'un mois serait accordé pour les pays d'outre-mer.

Enfin dans la séance du 17 novembre 1880 la Conférence procède à l'examen, en deuxième lecture, du projet de convention internationale. Elle arrête pour l'article 3 le texte suivant :

« Tout ressortissant de l'un des Etats contractants qui aura
» régulièrement fait le dépôt d'une demande de brevet d'inven-
» tion, d'un dessin ou d'un modèle industriel, d'une marque de
» fabrique ou de commerce dans l'un de ces Etats, jouira, pour
» effectuer le dépôt dans les autres Etats et sous réserve des droits
» des tiers, d'un droit de priorité pendant les délais déterminés
» ci-après.

» En conséquence, le dépôt ultérieurement opéré dans un des
» autres Etats de l'Union, avant l'expiration de ces délais, ne
» pourra être invalidé par des faits accomplis dans l'intervalle,
» soit, notamment, par un autre dépôt, par la publication de l'in-
» vention ou son exploitation par un tiers, par la mise en vente

» d'exemplaires du dessin ou du modèle, par l'emploi de la
» marque.

» Les délais de priorité mentionnés ci-dessus seront de six
» mois pour les brevets d'invention et de trois mois pour les dessins
» ou modèles industriels ainsi que pour les marques de fabrique
» ou de commerce. Ils seront augmentés d'un mois pour les pays
» d'outre-mer. »

Ce texte devient finalement celui de l'article 4 du projet de
convention soumis par la Conférence internationale dans sa séance
de clôture le 20 novembre 1880 aux Gouvernements des États qui
s'étaient fait représenter.

Ce projet de convention a été communiqué aux puissances, et,
en 1883, une Conférence internationale tenue à Paris a abouti à
une union entre un certain nombre de pays et à la Convention
internationale en vigueur depuis 1884. L'article 4 de la convention
est exactement celui qu'avait adopté le Congrès de 1880.

Telles sont les différentes péripéties qui ont marqué l'adoption
de la clause relative au droit de priorité.

*
* *

Malgré l'obscurité que présente l'interprétation de l'article 4 de
la convention sur certains points que nous indiquerons plus loin,
cet article, à notre connaissance, n'a été mis en cause ni à la Conférence de Rome ni à celle de Madrid. Il faut franchir un intervalle
de près de quinze ans, et arriver au Congrès tenu à Vienne en
octobre 1897, par l'Association internationale pour la protection
de la Propriété industrielle, pour voir l'attention appelée sur la
question du droit de priorité.

Cette question occupe une place importante dans le rapport
présenté pour ce Congrès par MM. Armengaud jeune et Édouard
Mack sur les effets de la Convention internationale de 1883 en
France et des améliorations à y introduire en ce qui concerne les
brevets d'invention.

1° Doit-on prolonger la durée du délai de priorité?

2° Faut-il en maintenir le point de départ au jour du dépôt de
la première demande?

3° Qui peut bénéficier du droit de priorité?

4° Quels sont les droits du breveté pendant le temps que court
le délai de priorité?

Les deux premiers points intéressent surtout les pays d'examen
préalable, tels que l'Allemagne, les États-Unis, pays où l'inventeur
reste longtemps incertain sur le sort légal de son invention. Les jurisconsultes de ces pays demandaient donc qu'on reculât le point de
départ du délai au jour de l'accord du brevet. Nous avons pensé,
M. Mack et moi, que le changement du point de départ offrait de
nombreux inconvénients et notamment celui de trop étendre le
délai de priorité, ce qui est le cas lorsque la procédure d'examen
s'éternise, et qu'il était préférable de porter le délai à une année.

De cette façon on donnait une satisfaction suffisante aux inventeurs allemands, américains, suédois, etc., dont les gouvernements devaient accélérer la procédure d'examen, en même temps qu'on augmentait pour les inventeurs de tous les pays la durée d'un droit légitime.

C'est dans ce sens que le Congrès de Vienne se prononça en votant, presque à l'unanimité, les deux résolutions suivantes :

1° « Il y a lieu de maintenir dans la convention d'Union le point
» de départ du délai de priorité à la date de la demande et de fixer
» le délai à une année ;

2° » Il est désirable que les gouvernements obligent le déposant d'un brevet ou ses ayants droit qui réclament le droit de
» priorité, à indiquer sur le brevet la date où le délai de priorité
» commence à courir sans que l'omission de cette indication entraîne la déchéance du brevet.

» Il est à désirer que la Conférence de Bruxelles donne mission au bureau international de préparer un avant-projet d'entente sur l'unification des formalités exigées dans les États de
» l'Union, pour le dépôt des demandes de brevets, ainsi que sur
» la classification des brevets et que le Conseil fédéral suisse prenne
» l'initiative d'une convocation des gouvernements intéressés pour
» examiner cet avant-projet dans une conférence dont le lieu sera
» immédiatement déterminé. »

Ces propositions, avec toutes les résolutions adoptées au Congrès de Vienne, ont été transmises à la conférence diplomatique qui s'est réunie à Bruxelles à la fin de la même année. Comme l'indique notre sympathique collègue, M. Georges Maillard, rapporteur général de l'Association internationale pour la protection de la propriété industrielle, dans sa note sur les résultats de la Conférence de Bruxelles (voir. *Annuaire Ass. int. Prop. ind.*, t. II, p. 12), l'article 4 de la convention sur le droit de priorité a été unanimement interprété dans le sens le plus large. Toutefois la question de la prolongation du délai a été réservée.

Au deuxième Congrès, tenu à Londres, par l'Association internationale, cette prolongation à un an a été de nouveau adoptée dans ces termes :

« Il est à désirer que le délai de priorité prévu par l'article 4
» de la Convention d'Union soit porté à un an pour les brevets et
» à quatre mois pour les dessins ou modèles industriels, pour les
» marques de fabrique ou de commerce, sans augmentation spéciale pour les pays d'outre-mer.

» Pour profiter du délai de priorité l'inventeur devra déclarer
» quelle est la date de son brevet originaire ; cette date devra être
» mentionnée dans le titre du brevet. »

Discussion.

L'idée de prolonger à un an la durée du délai de priorité a été presque unanimement acceptée aux Congrès de Vienne et de

Londres par les jurisconsultes, les inventeurs, les industriels. Elle n'a paru rencontrer d'opposition qu'en France, de la part de quelques membres du Syndicat des ingénieurs-conseils. Nous répondrons à leurs objections en discutant l'ensemble de la question.

Le délai de priorité est à considérer à trois points de vue :

1° A l'égard de l'inventeur ;

2° Vis-à-vis des tiers ;

3° En ce qui concerne les pays qui, restés jusqu'ici en dehors de la Convention, ont manifesté le désir d'y adhérer.

*
* *

Sur le premier point, l'intérêt de l'inventeur se justifie de lui-même ; deux considérations principales sont à invoquer.

Le chercheur, celui qui invente, s'il a à cœur de servir la cause de l'humanité, n'oublie pas la sienne et il obéit, comme les autres hommes, à la voix impérieuse du dieu : Argent. C'est une des conditions de la lutte pour l'existence et cet appât d'un gain légitime assuré par le brevet est souvent le meilleur aiguillon pour stimuler le zèle de l'inventeur. Aussi, d'une manière générale, on peut dire que les innovateurs sont loin d'être riches et n'ont généralement pas les ressources suffisantes pour prendre les brevets qui permettraient de leur assurer partout la propriété de leur découverte. Il faut donc le plus souvent que l'inventeur fasse appel au concours des capitalistes et ceux-ci, au début, se font beaucoup tirer l'oreille. De là, une première raison pour accorder un intervalle de temps suffisant entre la demande du premier brevet dont l'inventeur a fait le sacrifice et celle des brevets à prendre ultérieurement.

Mais les capitalistes, aussi bien que les inventeurs favorisés de la fortune, ne dénoueront les cordons de leur bourse que s'ils entrevoient une chance sérieuse de réussite de leur invention. Lorsque celle-ci vient d'éclore, elle est presque toujours assez éloignée de son point de maturité. L'expérience nous montre qu'il faut des semaines et des mois pour amener une invention, même très simple, au degré de perfection voulu. Que de tâtonnements, que d'essais elle doit subir avant qu'elle ait la sanction de la pratique !

Au sujet du temps nécessaire pour les essais, je citerai quelques exemples :

Si un inventeur imagine et fait breveter un calorifère et qu'on soit au commencement du printemps, quand pourra-t-il l'expérimenter ? Pas avant l'hiver suivant. Il lui faudra donc attendre plus de six mois pour se rendre compte de la valeur de son invention. Si, au contraire, l'invention a pour objet une machine à glace et qu'on soit à l'entrée de l'hiver, il devra évidemment attendre l'été. Allons plus loin. Je suppose qu'il s'agisse d'un engrais, d'un instrument agricole ; il est évident qu'on ne pourra en apprécier les résultats pratiques qu'après la révolution complète des saisons, c'est-à-dire après une année entière.

D'ailleurs, qu'on prenne l'objet le plus simple, un bouton de manchette par exemple, et qu'on songe au temps que demande la création de l'outillage nécessaire pour le fabriquer industriellement, on se convaincra qu'il dépassera souvent plus de six et sept mois. Que sera-ce s'il s'agit d'une invention plus complexe, d'un moteur à gaz, d'un système de traction électrique? Alors le délai de six mois, même de sept mois, devient tout à fait illusoire.

* *

J'aborde maintenant le second point de vue, le point de vue des tiers. C'est là seulement que l'on se trouve en face d'un argument, sérieux en apparence, pour s'opposer à la prolongation du délai de priorité. Les adversaires nous disent qu'étendre ce délai à une année, c'est augmenter l'intervalle mystérieux pendant lequel on ne saura pas, dans tel ou tel pays, si l'inventeur viendra oui ou non y faire breveter son invention. N'y a-t-il pas inconvénient à faire durer si longtemps cette incertitude?

A cela, je réponds qu'on ne voit que deux catégories de personnes à qui cette incertitude puisse être préjudiciable.

Dans la première, je range les industriels qui voudraient immédiatement exploiter, sans la payer, l'invention née d'un autre : ils auront appris par exemple qu'une machine vient d'être inventée à l'étranger, ils l'auront vue fonctionner et, plutôt que de s'adresser à l'inventeur, ils le guetteront pour savoir s'il n'oublie pas de la faire breveter dans leur pays. Avouons que ce procédé est immoral et que ces industriels, véritables frelons de l'industrie, sont bien peu intéressants.

L'autre catégorie comprend les personnes qui cherchent dans la même voie que l'inventeur, qui visent le même problème que lui.

Disons tout de suite qu'il est bien rare que deux inventeurs trouvent la même solution. On cite, comme exemple presque unique d'une telle rencontre, l'invention simultanée du téléphone par Bell et par Gray, dont les demandes ont été déposées, à une heure d'intervalle, au Patent Office de Washington.

Mais, bien que ce faible intervalle ait exclu toute idée d'imitation, les tribunaux américains n'ont reconnu légalement qu'un seul inventeur, en accordant seulement la patente à M. Bell. Sans doute, cette décision était dure pour M. Gray; mais, à moins de partager le droit privatif, comme on l'a proposé dans le projet de loi bulgare, article 21, alinéa 2 (*Annuaire de l'Association internationale de la Propriété industrielle*, t. II, p. 437), il ne peut y avoir qu'un seul brevet et c'est au premier inventeur qu'il doit appartenir.

En France, c'est celui qui effectue le premier le dépôt de la demande qui a droit au brevet. Une avance de quelques minutes dans le dépôt de la demande suffit, à moins de fraude, pour assurer le bénéfice du brevet; le déposant retardataire, même s'il avait réalisé le premier l'invention, n'aura qu'un droit de possession personnelle.

Ce n'est que lorsqu'il y a eu collaboration ou entente préalable que plusieurs personnes peuvent être par un brevet unique, mais collectif, investis d'un privilège exclusif. En d'autres termes, de même qu'un enfant ne peut avoir qu'un seul père légal, de même il ne peut y avoir qu'un seul brevet pour une invention, alors même que celle-ci aurait eu plusieurs auteurs distincts.

L'existence de deux ou plusieurs brevets concomitants pour le même objet aurait cette bizarre conséquence d'obliger un industriel à demander et à payer plusieurs licences pour avoir le droit de se servir de l'invention. Quelle cacophonie !

Mais ce que la loi refuse partout à l'inventeur qui arrive le second dans son pays, ceux qui combattent le droit de priorité voudraient l'accorder quand le premier inventeur est étranger. Est-ce logique, est-ce juste? Evidemment non. En matière d'invention, comme en matière d'art, les questions de nationalité doivent rester à l'écart et je dirais volontiers que pour le génie inventif, qui sert la cause de l'humanité, il n'y a pas de frontières.

En tout cas il est possible d'atténuer l'inconvénient qui résulte de la période d'incertitude pour les inventeurs qui, à la façon des carabiniers d'Offenbach, seraient arrivés trop tard. Il suffit d'abréger la période de secret des demandes de brevets, en les portant promptement à la connaissance du public. A défaut d'une publication dans un journal spécial, on sait que, dans les bureaux officiels de la Propriété industrielle, on peut déjà, très peu de temps après les dépôts, connaître les noms et les titres des demandes de brevets. C'est ce qui a lieu notamment à Londres, où dès le lendemain on connaît les demandes déposées la veille. Il serait préférable, pour généraliser cette mesure, de faire publier indistinctement toutes les demandes dans un journal international de l'Union, journal dont des exemplaires seraient mis à la disposition du public dans tous les bureaux de brevets des pays de la Convention.

Les esprits difficiles à contenter objecteront encore que ce renseignement sera insuffisant, puisqu'il ne donnera que le titre de l'invention et le nom du breveté. Mais on ne peut leur donner satisfaction qu'en délivrant tout de suite le brevet (comme cela se passe au Luxembourg), ce qui est matériellement impossible dans les autres pays où l'on prend beaucoup de brevets et surtout dans les pays à examen préalable.

En résumé, la rencontre fortuite et excessivement rare de deux chercheurs travaillant sur la même invention ne peut faire échec au délai de priorité parce que ces chercheurs, au lieu d'être dans le même pays, auront travaillé et déposé leurs demandes dans deux pays différents. Le but de la Convention est précisément de faire tomber les barrières qui séparent les pays qui y ont adhéré, en créant un véritable droit de priorité international au profit du premier et réel inventeur. Or, la durée de ce droit, pour être efficace, doit être, selon moi, étendue au moins à un an. Telle a été l'opinion de la grande majorité des membres des Congrès précédents, et nous espérons qu'elle réunira la presque unanimité des membres du Congrès de 1900.

*
* *

J'arrive au troisième point, celui qui concerne les pays tels que l'Allemagne, où la question de l'examen préalable fait désirer une prolongation du délai de priorité jusqu'après la délivrance du brevet.

Certains jurisconsultes allemands demandaient subsidiairement que le point de départ du délai pût être reporté à une date autre que celle de la demande de brevet (voir rapport Wirth au Congrès de Vienne, *Annuaire Ass. int.*, t. I, p. 231); le bureau de Berne proposait, pour la Conférence de Bruxelles, de laisser aux gouvernements respectifs le soin de déterminer, par avance, le point de départ du délai de priorité (voir rapport Georges Maillard, au Congrès de Vienne, *Annuaire Ass. int.*, t. I, p. 170 et s.).

Ce vœu de la variabilité du point de départ du délai fut abandonné par la majorité des congressistes allemands eux-mêmes au Congrès de Vienne, il ne fut pas soutenu à la Conférence de Bruxelles et, malgré un nouvel effort de M. Assi, ne triompha pas davantage au Congrès de Londres.

Les hommes compétents en Allemagne se sont ralliés à la proposition de porter à un an le délai de priorité de l'article 4 de la Convention, en maintenant comme point de départ du délai la date du dépôt et de la demande.

Ce sera là, en réalité, la seule modification importante à faire subir à l'article 4 pour la partie qui se rapporte aux brevets. Mais on pourra en même temps préciser un point qui pouvait ouvrir le champ à des divergences d'interprétation : j'entends parler du cas où l'inventeur, comme cela arrive souvent, cédera son brevet primitif ou voudra prendre un associé pour exploiter son invention à l'étranger. Il nous paraît juste que dans l'une ou l'autre de ces circonstances son droit de priorité puisse profiter à son acquéreur ou à ses ayants droit.

Il y a lieu aussi de rappeler, au point de vue des facilités à accorder aux inventeurs pour la prise de brevets à l'étranger, combien serait utile l'unification du format des dessins à joindre aux descriptions. M. Mintz, ingénieur à Berlin, a fait approuver, l'an dernier, par le Congrès de Zurich, des propositions en vue de l'unification (voir *Annuaire Ass. int.*, t. III, p. 112 et s.). Elles sont à recommander auprès des divers gouvernements.

Enfin M. Frey-Godet fait justement observer que les demandes effectuées en vertu du délai de priorité devraient indiquer la date de la demande du brevet originaire, afin d'avertir les autres inven-

11

teurs qui auraient, de bonne foi, demandé un brevet pour une invention analogue, pendant le cours du délai de priorité. Pour tenir compte de cette observation, il suffit de reprendre le vœu adopté au Congrès de Londres, sur la proposition de M. Bert (*Annuaire Ass. int.*, t. II, p. 470) et qui était contenu en substance dans une proposition de M. Pilenco, l'année précédente au Congrès de Vienne.

Conclusions.

Il y a lieu, dans l'intérêt supérieur de l'inventeur et pour sauvegarder ses droits sur la propriété de sa découverte, de préconiser le principe du délai de priorité accordé par l'article 4 de la Convention internationale d'Union de 1883.

Pour rendre plus efficace l'application de ce principe, il convient de proposer les améliorations suivantes:

1° En maintenant le point de départ du délai de priorité au dépôt de la demande, il y a lieu de fixer ce délai à une année;

2° Le bénéfice de ce droit de priorité doit s'étendre aux acquéreurs du brevet d'origine comme aux ayants droit légaux du breveté;

3° Pour ne pas laisser trop longtemps dans l'incertitude les nationaux des pays autres que celui de l'origine, il est désirable que les demandes de brevets dans tous les pays soient annoncées le plus tôt possible dans un journal international qui sera publié au siège de l'Union et mis à la disposition du public dans les bureaux de brevets des pays de l'Union;

4° Il convient d'unifier pour tous les pays les formalités de la demande, notamment en ce qui concerne la régularisation du pouvoir donné par le demandeur, les descriptions, le format des dessins, les échantillons, suivant les indications proposées au Congrès tenu à Zurich en 1899 (1);

5° Pour bénéficier du délai de priorité qui lui est accordé par la Convention de 1883, l'inventeur devra déclarer quelle est la date de son brevet originaire et cette date devra être mentionnée dans le titre du brevet.

----

(1) Au point de vue des brevets les dispositions proposées sont les suivantes :

a) Pouvoirs.

Une légalisation n'est pas nécessaire.

b) Description.

1. Il doit être déposé deux exemplaires.
2. Le format des exemplaires est $0^m,33/0^m,21$.
3. Les exemplaires doivent naturellement être faciles à lire. Ils peuvent être dus à un mode de reproduction quelconque (lithographie, imprimé, copie à la machine ou à la main, etc.).
4. Il doit être laissé une marge de $0^m,02$.

c) Dessins.

1. Les dessins doivent être faits avec des traits noirs, peu importe par quel mode de reproduction (lithographie, imprimé, autographie, dessin à la plume, etc.).
2. Le format est $0^m,33$ ou $0^m,42$ sur $0^m,21$, et dans des cas exceptionnels $0^m,33/0^m,63$.
3. Les dessins doivent avoir une marge de $0^m,02$.

d) Echantillons.

Les échantillons déposés ne doivent pas dépasser autant que possible $0^m,50$ de côté.

Cf. Rapport de M. A. Taillefer sur la publication des brevets.

SECTION I
Brevets d'invention.

Question IX

Annexe 1

Observations,
au point de vue allemand, sur le délai de priorité et sur le dépôt unique,

par

Maximilian Mintz,
Agent de brevets, à Berlin.

———

Il n'y a pas lieu, au point de vue allemand, de se prononcer sur le système de délai de priorité adopté par la Convention d'Union de 1883, puisque l'Allemagne n'a pas encore adhéré à cette Convention.

Au point de vue général, on peut s'en rapporter très utilement aux travaux de l'Association internationale pour la protection de la Propriété industrielle. Spécialement, dans les divers Congrès de l'Association il a été émis, relativement à la priorité, des vœux dont la tendance est que le délai de priorité doit être prolongé à un an, sans qu'il y ait de différence pour les pays d'outre-mer.

Les motifs qui militent en faveur de ces décisions ont été exposés de diverses manières et sont concluants.

La création d'un dépôt unique, comme cela est prévu pour les dépôts de marques, à l'égard des pays de l'Union, ne peut être adoptée en ce qui concerne les brevets. Une marque, lors du dépôt de la demande, constitue toujours un tout absolument complet et définitif; un brevet est généralement, lors du dépôt de la demande, dans l'état de développement. On voit, par exemple, dans le domaine de la chimie une grande quantité de demandes qui, lors de l'étude ultérieure de l'idée, sont abandonnées entièrement ou partiellement.

Dans ces conditions, il serait injuste d'entraver ou d'arrêter

1

l'industrie de tout le monde civilisé par une seule et unique demande, sans tenir même compte de ce qu'il paraît presque impossible en pratique de prendre cette détermination : il y a, dans l'industrie, de tout autres intérêts pour les inventions déposées que pour les marques déposées ; en d'autres termes, le concurrent loyal, en créant un nouveau dessin ou une nouvelle dénomination, peut, lorsqu'il possède véritablement quelque chose de nouveau, beaucoup plus facilement supposer, avec une assurance et une sécurité certaines, qu'il n'empiète pas sur les droits de tiers à lui inconnus, tandis que cela n'existe pas pour les inventions.

Mais une simplification de la procédure pour le dépôt de demandes concernant les inventions est une mesure toute indiquée. Dans cet ordre d'idées il n'y a qu'à se reporter aux travaux du Congrès de l'Union internationale de la Propriété industrielle qui a eu lieu à Zurich. (*Annuaire de l'Association de la Propriété industrielle*, t. III, pages 48 et 112 et suivantes.)

SECTION I

Brevets d'invention.

———

Question X

Des moyens d'assurer la paternité d'une découverte même en dehors de tout brevet.

Rapport

par

Georges Maillard,
Avocat à la Cour de Paris.

———

Le Congrès tenu à Paris en 1889 a voté le renvoi, à la Commission permanente qu'il instituait, « d'une proposition tendant à assurer les bénéfices de leurs découvertes aux savants qui, sans prendre de brevets, donnent, par leurs travaux, naissance à de nouvelles industries ».

La Commission permanente n'a pas cru devoir poursuivre l'étude de la proposition sous cette forme, sans doute parce qu'il a paru que le législateur ne pouvait, sans porter une atteinte dangereuse à l'économie de la législation sur les brevets telle qu'elle existe dans tous les pays, réserver un monopole d'exploitation à l'auteur d'une découverte, s'il ne l'a pas menée jusqu'au résultat industriel ou s'il n'a pas accompli les formalités exigées par la loi spéciale pour assurer la protection des inventions, si importantes qu'aient pu être les conséquences de la découverte. S'il ne s'agit que de récompenser pécuniairement le savant qui a rendu de signalés services à la société, ce n'est point par une disposition générale de la loi qu'on peut espérer atteindre ce but.

La Commission d'organisation du Congrès de 1900 a maintenu la question au programme, mais en la restreignant. Elle propose de rechercher les moyens d'assurer, en dehors de tout brevet, non pas le bénéfice, mais la paternité de la découverte, c'est-à-dire non pas le profit pécuniaire, mais l'honneur.

Dans cet ordre d'idées l'accord sera facile.

1

Pour les pays où une disposition assez souple du Code permet d'intenter une action en réparation de tout dommage causé par la faute ou la négligence d'autrui, il n'y a qu'à s'en remettre à la jurisprudence qui ne manquera pas de reconnaître à l'auteur d'une découverte, comme un droit naturel, la faculté de faire reconnaître sa propriété et de poursuivre quiconque s'attribuerait directement ou indirectement le mérite de la découverte, qu'elle n'ait pas été brevetée valablement ou soit, après brevet, tombée dans le domaine public. C'est ainsi qu'en France de nombreuses décisions judiciaires ont proclamé : que le titre et l'honneur d'une invention sont inaliénables et le cessionnaire d'un brevet ne peut se présenter comme l'auteur d'une invention, encore bien qu'il l'ait perfectionnée (Paris, 3 décembre 1859, Pataille, 59-411); que le bénéfice moral de l'invention doit rester à l'inventeur et à ses héritiers, même après l'expiration du brevet (Paris, 25 janvier 1875, Pataille, 75-237).

Mais il peut être utile pour certains pays, dont la législation est plus rigide ou dont la jurisprudence est moins habituée à l'interprétation large des textes, de poser, en réponse à la question de la Commission d'organisation, le principe suivant :

L'auteur d'une invention ou découverte, même en dehors de tout brevet, doit avoir une action civile pour faire respecter sa qualité d'auteur.

*
* *

Quant aux moyens, pour le savant ou l'inventeur, de faire constater sa priorité, ils sont nombreux et variés et il ne semble pas nécessaire de les indiquer dans un vœu. Par exemple, en France, il est facile de déposer la description de sa découverte ou de son invention, sous pli cacheté, soit à l'Académie des sciences, soit à la Société d'encouragement pour l'industrie nationale.

Nos collègues appartenant à diverses nationalités nous feront vraisemblablement connaître les moyens employés dans leurs pays et nous diront si le respect de la qualité d'auteur y est suffisamment assuré ou si quelque mesure nouvelle est désirable.

*
* *

Il est à remarquer que, en dehors du brevet, le premier inventeur a, dans la plupart des pays, des droits, même quant à l'exploitation de l'invention (droits de possession personnelle), si cette invention n'a pas eu de publicité avant d'être brevetée, et le fabricant qui conserve une invention à l'état de secret de fabrique est protégé contre la violation de ce secret.

Aux États-Unis il n'y a même que le premier inventeur qui ait droit au brevet.

Il serait intéressant, pour un Congrès ultérieur, d'étudier com-

2

ment sont réservés, dans les divers pays, les droits du premier auteur de la découverte ou de l'invention, en présence du tiers qui demande un brevet avant que le domaine public ait été saisi de la découverte ou invention, et ensuite de dégager quelle est la meilleure solution.

***

Un des membres de l'Association française pour la protection de la propriété industrielle a signalé, à propos de la présente question, les conséquences cruelles de la loi française, privant du monopole l'inventeur qui a décrit dans un certificat d'addition une invention assurément considérable et nouvelle, mais que le juge a estimé ne pas se rattacher suffisamment au brevet principal. La question est, à coup sûr, digne d'intérêt, mais elle ne se rattache pas suffisamment à notre programme. Elle pourra être reprise par l'Association française pour la protection de la propriété industrielle.

***

Une autre question avait été soulevée dans la Commission d'organisation, c'était celle de la protection de toutes les productions intellectuelles, même non brevetables, par exemple : études d'ingénieur pour la construction d'un pont, pour le tracé d'un chemin de fer. Elle a été écartée comme ne rentrant pas dans le cadre d'un Congrès de la propriété industrielle. Mais elle mérite d'attirer l'attention pour faire l'objet d'études spéciales dans d'autres Congrès.

SECTION II

Dessins et modèles de fabrique.

QUESTION I

Fondement d'une loi spéciale. — Une législation spéciale sur les dessins et modèles de fabrique est-elle nécessaire ou la législation sur la propriété artistique doit-elle être considérée comme suffisante?

QUESTION II

Définition. — Y a-t-il lieu de définir les dessins et modèles de fabrique ou est-il préférable de procéder par élimination ou autrement pour déterminer le champ d'application de la loi?

QUESTION III

Art appliqué à l'industrie. — Les œuvres des arts graphiques et plastiques doivent-elles, lorsqu'elles ont une destination ou un emploi industriels, être soumises aux prescriptions de la loi sur les dessins et modèles de fabrique?

QUESTION IV

Formalités. — La protection des dessins ou modèles de fabrique doit-elle être subordonnée à l'obligation du dépôt du dessin ou modèle? Faut-il exiger le dépôt d'un exemplaire de l'objet lui-même ou une simple image devrait-elle suffire? Le dessin ou modèle n'aura-t-il droit à la protection de la loi que s'il a été déposé avant d'être mis dans le commerce? En cas de contestation de priorité, la propriété du dessin ou modèle appartiendra-t-elle au premier déposant ou à celui qui justifiera avoir été le premier créateur de l'œuvre? Le dépôt doit-il être tenu secret par l'administration chargée de le recevoir, pendant toute la durée de la protection ou au moins pendant un certain temps? Où et comment doivent s'effectuer les dépôts?

QUESTION V

Durée du droit. — Quelle doit être la durée du droit? doit-elle être uniforme?

QUESTION VI

Taxes. — Quelle taxe devrait être perçue pour l'enregistrement du dessin ou modèle?

QUESTION VII

Obligations du propriétaire du dessin ou modèle. — Doit-il avoir une fabrique dans le pays où il revendique la protection? faut-il l'obliger à exploiter dans ce pays le dessin ou modèle revendiqué? à défaut d'exploitation, la déchéance doit-elle être encourue de plein droit ou ne le sera-t-elle que si le propriétaire exploite ou fait exploiter ce même dessin ou modèle à l'étranger?

QUESTION VIII

Etrangers et fabriques étrangères. — Quels doivent être les droits et les obligations des nationaux qui ont une fabrique à l'étranger et des étrangers?

QUESTION IX

Contrefaçon. — Quelle doit être la sanction de la loi sur les dessins et modèles de fabrique?

———

Rapport[1]

Le programme préparatoire de la Commission d'organisation, tel qu'il a été primitivement distribué, portait en tête des questions qui sont ci-dessus reproduites avec quelques additions et variantes, jugées ultérieurement nécessaires, la mention : « Elaborer un projet de loi qui pourrait servir de type pour l'unification des législations sur les dessins et modèles de fabrique. »

Pour répondre à ce *desideratum,* une sous-commission a été chargée d'examiner, d'ensemble, toutes les questions relatives aux dessins et modèles de fabrique et de proposer au Congrès une série de réponses qui formeront, s'il y a lieu, un projet de loi sur les dessins et modèles de fabrique.

Les membres de la sous-commission ont été, tout d'abord, unanimes à penser qu'il serait préférable de ne maintenir, dans aucun pays, une loi sur les dessins et modèles de fabrique et que la loi sur les brevets, d'une part, la loi sur la propriété artistique, d'autre part, devraient être rédigées de manière à ne laisser entre elles aucune lacune, la première protégeant tout le domaine de l'*Utile,* c'est-à-dire toute création produisant un résultat industriel, la seconde protégeant tout le domaine de l'*Agréable,* c'est-à-dire toute création ayant pour but de donner satisfaction au sentiment esthétique, plus ou moins élevé, du public.

C'était déjà le vœu émis par le Congrès de 1889, qui adopta les deux résolutions votées à l'unanimité par la Section (voir Compte rendu, p. 14 et s.) :

« 1° Il est impossible d'établir un criterium qui permette de distin-

———

(1) Ce rapport a été rédigé par M. Georges Maillard, au nom d'une sous-commission composée de MM. Josse, Maillard, Soleau, Taillefer, rapporteurs.

» guer les dessins et modèles industriels des œuvres artistiques;
» 2° Il n'est pas nécessaire d'avoir deux lois différentes pour
» les dessins et modèles industriels et pour les œuvres artistiques. »

Mais il est à craindre qu'un tel vœu reste, pendant plusieurs
années encore, dans certains pays, bien platonique. Il est donc
intéressant, tout en le maintenant au premier rang des vœux à
formuler par le Congrès de 1900, de chercher dans quelle mesure
et dans quel ordre d'idées il conviendrait d'agir sur les législations
existantes pour les améliorer provisoirement. Tant qu'il restera
dans certains pays une loi sur les dessins et modèles de fabrique,
il importera d'en faciliter l'usage aux intéressés qui n'auront pas
d'autres moyens de protection.

M. FREY-GODET, premier secrétaire du Bureau international de
la propriété industrielle à Berne, fait ressortir les obstacles particuliers qu'on rencontrera actuellement pour la suppression d'une
loi intermédiaire dans certains pays et les difficultés que présente
la protection internationale des créations sur la nature desquelles
la manière de voir n'est point partout la même :

« Les pays, dit M. FREY-GODET, qui protègent toutes les œuvres
» d'art sans enregistrement aucun ne voudront pas assimiler les
» dessins et modèles industriels aux œuvres d'art, s'il leur faut,
» pour cela, établir un enregistrement; d'autre part, certains des-
» sins et modèles portent à un si faible degré l'empreinte de leur
» auteur qu'il parait difficile de les protéger en dehors d'un dépôt
» et d'un enregistrement. Assimiler les dessins ou modèles aux
» œuvres d'art serait, de la part de la France, renoncer à la pro-
» tection internationale : les pays étrangers ne la suivraient pas
» dans cette voie et ils ne consentiraient pas non plus à protéger
» comme dessins de fabrique des objets protégés en France comme
» œuvres d'art; d'autre part, ils se refuseraient à appliquer les dis-
» positions de la Convention littéraire et artistique à des dessins
» ou modèles industriels. »

C'est dans un ordre d'idées analogue, pour assurer les effets
internationaux du dépôt d'un dessin ou modèle en pays d'origine
que le Congrès de Vienne, en 1897, chargea le Comité exécutif de
l'Association internationale pour la protection de la propriété industrielle de mettre à l'étude d'un Congrès ultérieur un projet d'unification des législations en cette matière (*Annuaire de l'Association internationale pour la protection de la propriété industrielle*, t. I, p. 84).

Le difficile est d'établir un type de loi sur les dessins et modèles
de fabrique, donnant satisfaction à tous les intérêts et à toutes les
opinions en présence. Un projet de loi sur les dessins et modèles
de fabrique sera toujours, en soi, quelque chose d'illogique, car ou
il englobera des objets de caractères essentiellement différents ou il
fera double emploi avec l'une des deux lois sur la propriété industrielle et la propriété artistique; en outre, la discussion en sera
toujours malaisée, car chacun, tant les espèces sont nombreuses et
variées, se placera au point de vue d'objets d'une nature particulière, fera involontairement abstraction de tout le reste et, suivant

que le caractère industriel sera plus ou moins prédominant dans la catégorie d'objets qui le préoccupera, il préconisera des solutions analogues à la législation sur les brevets (le dépôt seul créant le droit, *système du dépôt attributif*) ou à la législation artistique (le droit découlant de la protection, *système du dépôt déclaratif*).

Si l'on établit un projet se rattachant exclusivement, logiquement à l'un de ces deux types, on fera un joli travail théorique, qui ne convaincra personne, réunira dans le Congrès une majorité vraisemblablement assez faible et le vœu ainsi obtenu sera dépourvu de toute portée pratique.

La sous-commission, où se trouvaient représentées les deux opinions contradictoires, a estimé, sans méconnaître les difficultés de sa tâche, qu'il fallait tenter un projet transactionnel.

On avait pensé tout d'abord à un projet dont les dispositions auraient varié suivant les industries. C'était assez logique puisque l'obstacle à vaincre provient de la diversité même des industries intéressées; mais on a reculé devant la difficulté du classement par industrie et l'on s'est rallié au principe d'une loi unique.

Cette loi, étant destinée à protéger des créations qui ont pour but de rendre les objets industriels plus séduisants pour le public et non pas plus utiles, devra être basée sur ce principe : c'est le fait de la création qui donne naissance au droit, ce n'est pas une formalité, telle qu'un enregistrement ou un dépôt. Il n'y a pas le même intérêt qu'en matière de brevets d'invention à mettre, à la protection, des conditions rigoureuses, telles que l'accomplissement d'un dépôt avant toute publicité donnée à la création par l'auteur ou par des tiers, car l'intérêt général est que les industriels, au lieu d'avoir facilité à employer des dessins et modèles dont la reproduction serait permise à tous, soient obligés de faire eux-mêmes des créations nouvelles qui assureront le progrès de l'industrie (voir rapp. gén. au Congrès de Vienne, *Annuaire de l'Association internationale pour la protection de la propriété industrielle*, 1897, p. 164 et s.).

Mais le dépôt doit être exigé du propriétaire qui veut poursuivre, car il est juste qu'à l'égard des tiers sa revendication soit nettement déterminée s'il veut la faire consacrer en justice. Il faut, en tout cas, qu'il puisse effectuer le dépôt, à sa volonté, pour avoir ainsi un moyen de faire constater sa priorité.

Maintenant, quelle sera la sanction de ces principes? Le créateur du dessin ou modèle, qui justifiera, indépendamment du dépôt, de sa priorité de création et qui n'aura déposé qu'après un tiers de mauvaise foi, lequel avait copié l'œuvre originale, pourra-t-il poursuivre ce tiers? Assurément oui, car la fraude n'a pu créer un droit contre le créateur de l'œuvre. Mais si le tiers était de bonne foi, si, tout en n'ayant pas la priorité réelle de création, il a réalisé, de son côté, avant le dépôt par le premier créateur, un dessin ou modèle, sinon identique, au moins analogue, pourra-t-il être poursuivi à l'avenir? devra-t-il cesser son exploitation? Rigoureusement il faudrait répondre oui. La sous-commission a estimé qu'ici, pour donner satisfaction à ceux qui répugnent à accorder des droits à l'auteur en dehors du dépôt, la rigueur des principes pouvait fléchir et qu'il était équitable, en somme, d'accorder, dans ces conditions, au tiers de bonne foi une possession personnelle. En réalité, dans le domaine de ce projet de loi, les rencontres seront rares, mais elles peuvent se réaliser, sinon pour les œuvres ayant un caractère nettement personnel, au moins pour ces bibelots, dits articles de Paris, où l'effort de création sera parfois minime et, à défaut de similitudes absolues, assez fréquemment se présenteront des analogies qui rendraient difficile la tâche du juge, tandis que le système mixte de la possession personnelle évitera le conflit.

Il est vrai que le premier déposant pourra se voir ainsi opposer, à l'encontre de son droit, des faits dont le contrôle sera parfois difficile. Mais son dépôt lui assurera une présomption de priorité, et, si la preuve contraire n'est pas rapportée de façon décisive, c'est cette présomption qui l'emportera ; sa situation, en tout cas, n'est pas plus mauvaise qu'avec le système du dépôt attributif, car, dans ce système, les tiers pourront établir une publicité antérieure et faire tomber le dessin ou modèle dans le domaine public. D'autre part, le premier créateur, s'il n'a pas effectué son dépôt, aura grand'peine à faire sa preuve, mais tant pis pour lui, il n'avait qu'à prendre cette précaution, et si, une fois cette preuve faite, il est obligé de supporter la possession personnelle d'un tiers, il n'est pas bien à plaindre, car le système du dépôt attributif lui aurait enlevé la totalité de ses droits.

C'est encore le système de la possession personnelle qui a permis à la sous-commission de résoudre une question sur laquelle la discussion avait été vive aux Congrès de Vienne (*Ann. Ass. int. prop. ind.*, p. 78) et de Zurich (*Annuaire*, 1899, p. 104) : le dépôt du dessin ou modèle de fabrique doit-il être secret ou public? Le déposant sera libre de préférer le secret à la publicité ; mais, tant que le public ne pourra pas prendre connaissance de l'objet déposé, le déposant ne pourra poursuivre les contrefacteurs, car, n'ayant pu se renseigner, ils seront peut-être des contrefacteurs malgré eux et les tiers qui, tout en ne justifiant pas de la possession personnelle antérieure au dépôt, auront néanmoins, avant la publicité du dépôt, exploité pendant un certain temps, qui variera suivant les industries, ne pourront plus être troublés dans leur exploitation.

Ainsi le créateur du dessin ou modèle aura tout intérêt à effectuer son dépôt le plus tôt possible et à le rendre public. Mais s'il a omis de déposer ou s'il a intérêt à garder le secret, il ne sera pas déchu de tous ses droits, il n'aura qu'à respecter la possession personnelle de quiconque aura exploité publiquement ou déposé avant lui, et, s'il n'a déposé que sous pli cacheté, il ne se sera pas encore assuré la protection complète, il devra respecter les droits acquis par les tiers de bonne foi qui auront exploité avant la publicité du dépôt, pendant un certain délai.

Telle est l'économie du système présenté par la sous-commission pour concilier les opinions diverses qui se sont manifestées en cette matière et tenter l'unification des lois sur les dessins et modèles de fabrique, en attendant qu'elles disparaissent, comme il est à souhaiter, de toutes les législations. Le texte des réponses proposées va maintenant se comprendre de lui-même et ne nécessitera plus qu'un bref commentaire sous chaque article (1).

I

Une législation spéciale sur les dessins et modèles de fabrique n'est pas nécessaire. La loi sur les brevets d'invention, s'appliquant à toute invention ou découverte qui produit un résultat industriel, et la loi sur la propriété artistique, protégeant toutes les œuvres des arts graphiques et plastiques, par conséquent toutes les œuvres du dessin et de la sculpture, devraient suffire. Il serait à souhaiter seulement que, dans chaque pays, toutes les œuvres soumises à la loi sur la propriété artistique pussent faire l'objet d'un dépôt, afin que les intéressés eussent la faculté de s'assurer une preuve de priorité.

Le préambule du présent rapport a déjà indiqué le sens de cette déclaration, qui n'est que la transcription, sous une forme plus générale et plus nette, d'un vœu du Congrès de 1889. On trouvera des développements plus complets sur l'inutilité d'une loi spéciale dans l'introduction à la deuxième édition du traité de M. Pouillet sur les dessins et modèles de fabrique.

Il conclut à assimiler purement et simplement le dessin de fabrique au dessin artistique et à les confondre dans une même protection (voir p. 14 et suiv.) :

« De cette façon, dit-il, on mettrait dans la législation une unité » parfaite : tout ce qui touche au domaine de la propriété intellec- » tuelle tiendrait dans deux lois : l'une réglementant le progrès in-

---

(1) La sous-commission n'a pas jugé utile de présenter un travail complet de législation comparée, d'abord parce qu'on le trouvera soigneusement fait dans des ouvrages récents (Pouillet, *Traité des dessins et modèles de fabrique*, 3e édition, p. 217 et suiv. ; Vaunois, *Les dessins et modèles de fabrique*, p. 250 ; Ducreux, *Traité théorique et pratique des dessins et modèles de fabrique*, p. 285), à compléter par la loi japonaise du 2 mars 1899, *Prop. ind.*,1899, p. 177, la loi suédoise du 10 juillet 1899, *Prop. ind.*, 1900, p. 22 et 83 ; ensuite, parce que dans aucun pays la législation sur la matière ne donne satisfaction aux intéressés et ne peut être prise comme type. (Voir rapports présentés au Congrès de Vienne : pour l'Allemagne, p. 297 ; pour l'Autriche, p. 353 ; pour la Belgique, p. 206 ; pour l'Italie, p. 486 ; pour la Suisse, p. 486).

» dustriel, c'est-à-dire le progrès de tout ce qui est utile à nos be-
» soins matériels, progrès qui ne saurait être longtemps entravé
» sans que la société en souffre ; l'autre réglementant le progrès
» artistique, c'est-à-dire le progrès de tout ce qui sert à embellir
» notre existence, à la charmer, de tout ce qui répond à cette aspi-
» ration vers le beau, vers l'idéal qui est au fond de toute âme hu-
» maine. »

D'autre part, il est certains objets qu'on classe ordinairement
dans les dessins et modèles de fabrique et qui ne représentent aucun
effort de création intellectuelle : là, le prétendu dessin ou modèle
n'est que le signe distinctif des produits d'une fabrique ; s'il a droit
à quelque protection, il le trouvera dans la législation sur les
marques (1).

En dehors de ces trois ordres d'idées on ne voit pas comment,
logiquement, il pourrait y avoir place pour une quatrième législation, dont le champ d'application ne saurait être nettement déterminé et empiéterait inutilement sur les trois autres.

Si dans certains pays la loi sur les dessins et modèles de fabrique
doit englober des créations qui se rattachent purement à l'utilité
d'un objet industriel, c'est que la législation sur les brevets n'a
pas une étendue suffisante, c'est que l'idée du produit industriel
brevetable en lui-même n'y est pas encore assez développée. Qu'on
réforme la loi sur les brevets pour y incorporer tous les produits
industriels nouveaux (2).

---

(1) M. Monath, au Congrès austro-allemand de Berlin (1896), présentait le dessin
industriel comme une sorte de marque. Et les auteurs français considèrent
comme pouvant constituer une marque la forme distinctive d'un produit ou de
l'enveloppe d'un produit. (Voir Pouillet, *Marq. fab.*, p. 41 et 39.)

(2) Le Congrès de 1889 renvoya à la Commission permanente, qu'il instituait,
l'étude de « la question des modèles d'utilité (produits industriels, d'un caractère
intermédiaire entre celui d'inventions brevetables et celui de modèles industriels) ».

M. PIEPER avait présenté la proposition suivante :

« Les nouveaux produits industriels qui ne peuvent être considérés ni comme
inventions, ni comme dessins, ni comme œuvres d'art, mais qui peuvent favoriser
le développement d'une industrie, doivent être protégés par une loi spéciale. Ces
produits devront être déposés au moment où la protection est demandée. »

M. Ch. THIRION, d'autre part, proposait de dire :

« La protection des objets dits d'utilité est assurée, suivant leur nature, soit
par les lois relatives aux brevets d'invention, soit par les lois relatives aux dessins
et modèles de fabrique, à la condition que le dépôt facultatif reste autorisé pour
ces dernières. »

La Commission permanente n'a point estimé qu'il fût nécessaire de proposer
une loi sur les modèles d'utilité aux pays qui n'en avaient pas et de créer ainsi
une catégorie nouvelle quand il y en avait déjà une de trop. Les nouveaux produits industriels auxquels songeait M. Pieper n'ont pas besoin de protection particulière, puisque tout produit industriel nouveau doit être brevetable (voir rapport de M. Letellier, section I, question III, des travaux du Congrès de 1900); là
où il n'en est pas ainsi, qu'on ait comme en Allemagne une loi spéciale pour les
petites inventions ou modèles d'utilité, *Gebrauchsmusterschutz* (voir traduction
de la loi allemande du 1er juin 1891 et commentaire par M. Ernest Eisenmann,
Bulletin du syndicat des ingénieurs-conseils, n. 24, p. 33, annexe à la séance du
29 octobre 1894), mais il ne semble pas, même d'après l'expérience faite en Allemagne, qu'il y ait lieu de généraliser ce système. Quant à la proposition de M. Thirion (voir observations de M. von Schütz au Congrès de Berlin en 1896, p. 110),
elle trouvera satisfaction dans le présent rapport.

Si la loi sur les dessins et modèles de fabrique doit englober des créations qui se rattachent aux arts graphiques ou plastiques, c'est que la législation dite de la propriété artistique est restreinte à un domaine trop étroit ou n'est pas heureusement adaptée à la fonction qu'elle doit remplir (1).

Il ne nous appartient pas ici d'empiéter sur les autres sections du Congrès, qui traiteront des brevets d'invention et des marques de fabrique, ni sur les travaux du Congrès de la propriété littéraire et artistique. Mais nous pouvons indiquer dans quel sens devraient être conçues les diverses législations pour rendre inutile une loi sur les dessins et modèles de fabrique.

Au Congrès de 1889, après avoir voté l'assimilation des dessins et modèles de fabrique aux œuvres artistiques, on avait commencé à étudier quel devrait être le caractère de la loi unique qui les protégerait et spécialement le caractère du dépôt (voir Compte rendu, p. 16-17). Il fut impossible de se mettre d'accord et, conformément aux conclusions de la section, la question fut réservée (voir p. 37-38). Il est sage de la réserver ici encore, car un Congrès de la propriété industrielle ne peut entreprendre d'élaborer une loi sur la propriété artistique. Mais on peut sans inconvénient, comme le demandait M. MACK en 1889, émettre le vœu que la loi unique relative aux arts graphiques et plastiques prévoie le dépôt facultatif des œuvres qu'elle protège, parce que les intéressés peuvent avoir besoin parfois d'un dépôt officiel pour s'assurer une date de priorité.

II

Si une loi sur les dessins et modèles de fabrique était cependant jugée encore indispensable dans certains pays, elle devrait s'appliquer à toute création modifiant l'aspect d'un produit industriel ou d'un objet de commerce sans rentrer dans le domaine de la législation sur les brevets.

La sous-commission estime, comme l'a décidé le Congrès

---

(1) M. OSTERRIETH (Berlin), dans une note soumise à la Commission d'organisation, cite, pour justifier de la nécessité d'une loi sur les dessins et modèles de fabrique, l'exemple de certaines créations industrielles, telles que les armures d'étoffes, qui ne rentreraient pas dans la catégorie des œuvres artistiques. Mais l'exemple est mal choisi, car, en France par exemple, la jurisprudence refuse d'appliquer aux armures d'étoffes précisément la loi de 1806 sur les dessins et modèles de fabrique (Cass., 12 mars 1890, Ann. Prop. ind., 90, 260). Pourquoi l'armure d'étoffe ne serait-elle pas protégée au même titre qu'un dessin — car elle consiste en une combinaison de fils qui est un véritable dessin — si elle donne un effet destiné à charmer l'acheteur, et par la loi sur les brevets si elle donne au produit des qualités qui en font un produit industriel nouveau?

de 1878, que, s'il y a une loi sur les dessins et modèles de fabrique, elle doit définir à quels objets elle s'applique (1).

Mais au lieu de procéder par énumération, comme en 1878, nous avons pensé qu'il était préférable de chercher une définition plus générale ; nous nous sommes inspirés de celle proposée par M. OSTERRIETH, elle comprenait « toute création industrielle qui, par son apparence extérieure, est nouvelle ».

Le mot « création » nous paraît indiquer nettement la condition primordiale de la protection ; il implique par lui-même la nouveauté et, une fois mis à part le domaine des brevets d'invention, il englobe tout ce qui a droit à la protection.

Nous espérons, par cette définition brève, arriver au même but que visait le Syndicat des ingénieurs-conseils en matière de propriété industrielle (Assemblée plénière du 10 mai 1897, *Bulletin*, n° 32) lorsqu'il proposait de protéger tous « les dessins et les » modèles utilisés dans un but industriel ou commercial et carac- » térisés, soit par une création de lignes, de figures, de reliefs ou » de couleurs, soit par l'obtention d'un effet ou d'un aspect nou- » veau, soit par l'application ou la combinaison de dessins, d'ob- » jets ou de figures connus qui leur donnent une physionomie » particulière ».

III

Il devrait y être dit expressément que les œuvres des arts graphiques et plastiques ne seront pas soumises obligatoirement à d'autres formalités que celles imposées par la loi sur la propriété artistique et resteront pro-tégées pendant le temps fixé par la dite loi, même si elles ont une destination ou un emploi industriels.

Mais, dans ce cas, elles pourraient être néanmoins admises au bénéfice de la loi sur les dessins ou modèles de fabrique, moyennant l'accomplissement des forma-lités prévues par la dite loi.

Le principe qu'en tout cas les œuvres protégées par la loi sur

---

(1) Les deux premiers vœux du Congrès de 1878, en ce qui concerne les dessins et modèles industriels, étaient ainsi conçus :

» 1° Une définition des dessins et modèles industriels doit être donnée par la » loi qui les régit.

» 2° Sont réputés dessins industriels tout arrangement, toute disposition de » traits ou de couleurs destinés à une production industrielle et tous effets obtenus » par des combinaisons de tissage ou d'impression.

» Ne sont pas compris dans ces catégories, encore qu'ils soient destinés à une » reproduction industrielle, tout dessin ayant un caractère artistique, tout objet » dû à l'art du sculpteur.

» Quant aux inventions dans lesquelles la forme n'est recherchée par l'auteur » qu'à raison des résultats industriels obtenus, elles seront régies par la loi spé- » ciale sur les brevets. »

la propriété artistique ne peuvent pas perdre le bénéfice de cette protection, à raison de leur destination industrielle, a déjà été proclamé par le Congrès de 1878 (voir *supra*, p. 9, note 1).

Mais ce Congrès, s'il réservait la protection de « tout objet dû à l'art du sculpteur », ne réservait que les dessins « ayant un caractère artistique ». L'emploi de cette expression était de nature à faire croire que la protection du dessin varierait suivant son mérite. Nous avons préféré employer la formule votée par le Congrès de la propriété industrielle à Londres en 1898, au rapport de M. Soleau (*Annuaire de l'Ass. int. prop. ind.*, t. II, p. 357), et qui n'est que la reproduction presque textuelle d'un vœu du Congrès international du Commerce et de l'Industrie à Bruxelles en 1897 et des vœux réitérés de l'Association littéraire et artistique internationale (Congrès de Heidelberg, 1899, compte rendu, p. 16 et s.; voir aussi le rapport de M. Soleau, p. 11, avec renvoi aux travaux antérieurs, Congrès de Turin, 1898, compte rendu, p. 9 et s.).

Il n'y a aucune raison pour que le législateur impose des règles différentes à la protection de l'œuvre d'un dessinateur ou d'un sculpteur suivant que cette œuvre est ou non employée dans l'industrie; le dépôt, surtout avec les conditions rigoureuses auxquelles il est soumis dans certaines législations, est une gêne non justifiée, particulièrement pour les sculpteurs et leurs ayants cause.

Toutefois, si on élabore une loi qui réglemente le dépôt des créations non brevetables employées dans l'industrie, pourquoi ne pas permettre aux sculpteurs, dessinateurs, etc... d'en profiter, en se soumettant volontairement aux formalités qu'elle prescrira?

IV

1. Le créateur d'un dessin ou modèle de fabrique ou ses ayants droit ne devraient pouvoir invoquer la protection de la loi qu'à partir du dépôt légal, effectué par eux, de ce dessin ou modèle. Le dépôt devrait consister, en principe, dans un spécimen de l'objet constituant la création revendiquée. Toutefois, le déposant aurait la faculté de déposer seulement une photographie, un dessin ou une esquisse, avec commentaire explicatif. Un même dépôt pourrait contenir plusieurs dessins ou modèles.

2. La propriété du dessin ou modèle devrait appartenir à celui qui l'a créé ou à ses ayants droit; mais le premier déposant devrait être présumé, jusqu'à preuve du contraire, être le premier créateur dudit dessin ou modèle.

3. La mise en vente par le déposant ou par des tiers antérieurement au dépôt n'entraînerait pas la déchéance du droit. Mais le déposant ne pourrait opposer son dépôt aux tiers de bonne foi qui justifieraient avoir exploité leur dessin ou modèle ; le droit à continuer l'exploitation du dessin ou modèle ne pourrait être transmis qu'avec le fonds de commerce.

4. Le déposant devrait, lorsqu'il effectuerait le dépôt, désigner l'industrie ou les industries auxquelles ce dépôt s'appliquerait et indiquer la nature du dessin ou modèle revendiqué ; ces mentions, relatées dans le certificat de dépôt, seraient transcrites sur un registre qui serait mis à la disposition du public. Le dépôt pourrait être effectué soit à découvert, soit sous pli cacheté, au choix du déposant ; dans le premier cas, le public pourrait prendre connaissance du contenu des dépôts. Le déposant aurait la faculté de transformer son dépôt secret en dépôt public. Il ne pourrait intenter de poursuites pour les faits antérieurs à la publicité du dépôt. La possession personnelle serait, en outre, acquise à tout industriel de bonne foi qui aurait exploité le dessin ou modèle pendant une période dont la durée serait déterminée, pour chaque industrie, par un règlement d'administration.

5. Les dépôts devraient être centralisés et il serait tenu un registre unique. Toutefois, un règlement pourrait déterminer les administrations locales où les intéressés auraient la faculté d'effectuer leurs dépôts ; dans ce cas, les dépôts seraient immédiatement transcrits, avec copie des certificats, au Bureau central.

Il est à souhaiter que des mesures soient prises pour assurer dans tous les pays les effets du dépôt effectué dans le pays d'origine.

C'est l'application des principes exposés dans le préambule du présent rapport (voir p. 4) : c'est la création et non le dépôt qui donne la propriété, le dépôt n'est qu'une présomption de priorité et, lorsqu'il est public, il donne le droit de poursuivre les contrefacteurs ; les tiers de bonne foi, qui ont exploité le même dessin ou modèle avant le dépôt par le premier créateur, ont une possession personnelle et, même s'ils ont exploité après le dépôt demeuré secret, ils ont pu acquérir une possession personnelle pourvu que l'exploitation ait duré un certain temps avant la publicité du dépôt.

Quant aux détails, nous nous sommes inspirés des propositions de M. Frey-Godet.

Ainsi le déposant aura la faculté de déposer l'objet même dont il revendique la création, car il est des cas, particulièrement pour la sculpture, où l'objet seul permettra d'identifier la création et de constater le surmoulage; si le dépôt consiste seulement dans une esquisse, la protection ne portera que sur cette esquisse et c'est à elle qu'il faudra comparer les objets prétendus contrefaits.

Quant à la désignation, par le déposant, de l'industrie ou des industries auxquelles le dépôt s'applique, nous avons cru devoir la maintenir pour la facilité du classement et des recherches, mais l'article 9 prévoit que le dépôt n'est pas restreint, en fait, aux industries désignées et permet d'atteindre toute contrefaçon qui serait préjudiciable au déposant.

Même si le dépôt reste secret, le registre des inscriptions sera public.

Pour la centralisation des dépôts nous avons adopté le principe de M. Frey-Godet, mais en y ajoutant un correctif dû à M. Osterrieth.

Nous avons noté, en outre, l'intérêt qu'il y aurait à assurer la protection internationale des dessins et modèles de fabrique par un seul dépôt. Le Congrès de Vienne en 1897 (*Annuaire Ass. int. prop. ind.*, t. I, p. 162 et s., p. 78 et s., p. 84 et s.) a émis le vœu, pour la revision, à Bruxelles, de la Convention d'Union de Paris, que les dessins ou modèles industriels soient protégés dans tous les Etats de l'Union sans autres formalités que celles prévues et accomplies au pays d'origine; il a chargé, en outre, le comité exécutif de l'Association de mettre à l'étude d'un Congrès ultérieur un projet d'unification des législations sur les dessins et modèles industriels. La première partie du vœu s'est heurtée, à la conférence de Bruxelles, contre l'indifférence des plénipotentiaires pour tout ce qui touchait aux dessins et modèles; la seconde partie trouve sa réalisation dans le présent rapport. Une fois établi un projet de loi-type pour l'unification des législations en cette matière, le moment sera venu de reprendre l'étude des moyens par lesquels on mettrait partout en vigueur le dépôt effectué au pays d'origine.

V

La durée maxima du dépôt devrait être celle fixée par la législation sur la propriété artistique. Elle serait subdivisée en périodes de cinq années. Le déposant qui n'aurait pas, trois mois après l'expiration de chaque période, effectué le versement de la taxe afférente à la période suivante, serait déchu de tous droits pour l'avenir.

C'est à M. FREY-GODET que nous devons l'idée de la protection renouvelable par périodes de cinq années et pouvant se prolonger ainsi pendant un assez long temps. Nous avons pris comme maximum de la durée totale la durée fixée par la loi sur la propriété artistique, pour bien faire ressortir le caractère commun des deux protections. Pour les conditions de paiement de la taxe, on pourrait, s'inspirant de la proposition de M. Fayollet en matière de brevets d'invention (section I, question V), ajouter l'exigence d'une amende pour le cas où le déposant, au lieu de renouveler son dépôt avant l'expiration de la période, profiterait du délai de grâce.

VI

La taxe devrait être très minime pour les premières années, puis légèrement progressive par périodes de cinq ans.

La taxe progressive était notamment recommandée par M. OSTERRIETH.

VII

Le déposant ne devrait pas être tenu d'avoir une fabrique, ni d'exploiter le dessin ou modèle revendiqué, ni d'accorder des licences. Il devrait pouvoir introduire des objets conformes au dessin ou modèle revendiqué, fabriqués dans un pays étranger, à condition que la réciprocité fût assurée par la législation de ce pays ou par une convention internationale.

M. OSTÉRRIETH est partisan de la suppression absolue de l'obligation d'exploiter.

Le Congrès de Zurich, l'an dernier, au rapport de M. FREY-GODET, demandait une entente entre les Etats en vue de la suppression de la déchéance pour introduction d'objets fabriqués à l'étranger.

La sous-commission a pensé que, sous condition de réciprocité, le droit d'introduire les objets fabriqués à l'étranger devrait être proclamé dans les législations futures.

VIII

Les nationaux, même s'ils n'ont de fabriques qu'à

l’étranger, et les déposants de nationalité étrangère devraient avoir droit au bénéfice de la loi sur les dessins et modèles et n’être soumis à aucune obligation particulière si la réciprocité était assurée, soit par la législation du pays dans lequel ils ont leur fabrique ou auquel ils appartiennent, soit par une convention internationale.

Déjà le Congrès de Paris, en 1878, avait déclaré qu’il n'y avait pas lieu de soumettre les auteurs de dessins et modèles industriels à la déchéance pour défaut d'exploitation. Même vœu aux Congrès de Vienne (1897) (1) et Londres (1898) (2) pour la revision de la Convention d’Union : la formule du Congrès de Londres prévoit également qu’on ne pourra refuser le bénéfice du dépôt aux étrangers ressortissants de l’Union, sous prétexte qu’ils n’auraient pas de fabrique dans le pays de dépôt; cette précaution de rédaction était nécessitée par de nouvelles exigences de la jurisprudence française (voir rapp. Georges Maillard au Congrès de Zurich en 1899) (3). A Zurich (voir rapp. Frey-Godet, p. 2, et procès-verbaux des séances, p. 7 et 19), on a voté qu’il était à désirer qu’il intervînt, *entre les Etats qui protègent les dessins et modèles industriels, une entente* au terme de laquelle cette protection ne pourrait être ni refusée aux ressortissants d’aucun des Etats contractants pour défaut d’un établissement industriel dans le pays ni leur être retirée pour cause de non-fabrication du produit muni du dessin protégé.

IX

La contrefaçon du dessin ou modèle déposé et dont le dépôt serait public devrait être passible d’une pénalité et servir de base à une action en dommages-intérêts.

L’emploi du dessin ou modèle, dans une autre industrie que celles pour lesquelles le dépôt aurait été effectué, devrait être punissable s’il était de nature à causer préjudice au déposant.

Le premier alinéa n’est que la sanction des principes posés par les articles précédents.
Le deuxième alinéa est le correctif de l’article 4, alinéa 4. Il correspond à un vœu adopté, l’an dernier, par le Congrès de Zurich, sur la proposition de M. Frey-Godet (voir rapp. Frey-Godet, p. 7, proc.-verb., p. 11).

(1) *Annuaire Ass. int. prop. ind.*, t. I, p. 160 et 77.
(2) *Annuaire Ass. int. prop. ind.*, t. II, p. 58 et 476.
(3) *Annuaire Ass. int. prop. ind.*, t. III, p. 9.

SECTION II

Dessins et modèles de fabrique.

Annexe I

La nouvelle loi suisse
sur les dessins et modèles industriels
comparée avec les principes
proposés au Congrès de Paris pour servir
de base à la législation sur la matière,

par

B. Frey-Godet,
Premier secrétaire du Bureau international de la propriété industrielle, à Berne.

La loi suisse du 30 mars 1900 sur les dessins et modèles industriels est l'acte législatif le plus récent qui existe actuellement en cette matière. A bien des points de vue elle réalise des progrès sur la législation précédente de la Suisse et aussi sur celle de plusieurs autres pays, particulièrement en ce qui concerne la simplicité du dépôt et le bon marché des taxes. Il ne sera donc pas sans intérêt de comparer les dispositions de cette loi avec les propositions élaborées par les rapporteurs de la question au Congrès de Paris, en vue d'établir les principes pouvant servir de base pour l'unification des législations sur les dessins et modèles industriels.

Nous suivrons, pour cette étude comparative, l'ordre des propositions soumises au Congrès.

I. — La nouvelle loi suisse maintient, comme toutes les autres lois existant sur la matière, la distinction entre le *dessin* ou *modèle industriel* et l'*œuvre d'art*.

II. — *Définition du dessin ou modèle.* Les dispositions de la loi suisse concordent avec les principes proposés au Congrès, en ce que le dessin ou modèle industriel ne se rapporte qu'à ceux des éléments du produit industriel qui ont pour but de donner satisfaction au sentiment esthétique, indépendamment de toute utilité pratique.

1

La loi suisse définit le dessin ou modèle : « *Toute disposition de lignes ou toute forme plastique, combinées ou non avec des couleurs*, devant servir de type pour la production industrielle d'un objet. » Les rapporteurs au Congrès proposent, de leur côté, la définition suivante : « Toute *création modifiant l'aspect* d'un produit industriel. » Sans être à l'abri de toute critique, la première définition nous paraît préférable, car elle vise *une combinaison* de lignes, de formes ou de couleurs *déterminée*, faite dans un but esthétique, tandis que l'*aspect* d'un objet peut dépendre de sa couleur (unie), de son brillant, de sa matité, etc., choses qui, par elles-mêmes, n'ont rien à faire avec le sentiment esthétique ou l'art décoratif, qui est le domaine propre des dessins et modèles industriels.

III. — Conformément aux vues des rapporteurs et contrairement aux dispositions en vigueur dans certains autres pays, la loi suisse ne prévoit pas qu'une *œuvre d'art* perde son caractère, pour revêtir celui d'un dessin ou modèle industriel, quand son auteur permet qu'elle soit utilisée dans l'industrie.

IV. — La loi suisse est encore en harmonie avec les propositions des rapporteurs :

1° En ce qu'elle reconnaît à l'*auteur* du dessin ou modèle ou à ses ayants cause le droit exclusif à la protection légale ; 2° en ce que le *premier déposant* est présumé être le créateur du dessin ou du modèle déposé ; 3° en ce que le *dépôt est centralisé*, et peut se faire soit sous la forme du produit industriel auquel le dessin ou modèle est destiné, soit sous celle d'une autre représentation suffisante dudit dessin ou modèle ; 4° en ce que le *dépôt* peut être effectué soit *à découvert*, soit *sous pli cacheté*, et que le déposant a la faculté de transformer son dépôt secret en dépôt public.

Sur deux points importants la concordance n'existe pas : 1° la loi suisse dispose que le droit de l'auteur est frappé de *nullité*, si le dessin ou le modèle a été *divulgué antérieurement au dépôt* ; 2° elle admet, contrairement aux propositions des rapporteurs au Congrès, que l'on puisse intenter des *poursuites* en vertu d'un *dépôt fait sous pli cacheté*. Sur ce dernier point, ces propositions nous paraissent défavorables pour certaines industries, qui préfèrent renoncer à la protection légale plutôt que d'effectuer leurs dépôts à découvert.

V. — *La durée de la protection* est subdivisée, dans la loi suisse, en périodes de cinq années, comme le propose la Commission ; mais elle ne peut s'étendre au delà de quinze ans.

VI. — Le montant de la *taxe* n'est pas fixé par la loi suisse. Celle-ci se borne à dire : 1° que les dessins et modèles peuvent être déposés isolément ou réunis en paquets ; 2° que le nombre des dessins et modèles renfermés dans un paquet ne sera limité que par les dimensions et le poids prescrits pour ce dernier ; 3° que les taxes doivent présenter une progression importante, d'une période à l'autre ; 4° que le détail sera réglé par une ordonnance du Conseil fédéral.

Cette ordonnance est actuellement en voie de préparation ; mais nous croyons pouvoir indiquer la manière dont la question des dépôts en paquets et celle des taxes seront probablement réglées par elle.

Le poids maximum du paquet (enveloppe contenant plus d'un dessin ou modèle) sera de 10 kilos.

La dimension maximum sera de 40 centimètres dans les trois dimensions.

L'administration ne sera pas tenue d'accepter des dépôts dépassant le poids et la dimension indiqués plus haut ou pourra subordonner leur admission au payement d'une taxe de magasinage.

Les taxes seront payées, soit par dessin ou modèle déposé, soit par paquet, de la manière qui, dans chaque cas spécial, sera la moins onéreuse pour le déposant. Leur importance est fixée comme suit :

	TAXE par dessin ou modèle.	TAXE par dépôt.
1re période (1re à 5e année). . .	Fr. 1	Fr. 5
2e » (6e à 10e année). . .	» 3	» 30
3e » (11e à 15e année). . .	» 6	» 120

Exemples :

Paquet de 500 dessins ou modèles, dont 9 passent dans la 2e et 3 dans la 3e période :

1re période.	500 × 1 fr. = Fr. 500 ou **Fr. 5**
2e »	9 × 3 fr. = **Fr. 27** ou Fr. 30
3e »	3 × 6 fr. = **Fr. 18** ou Fr. 120

Paquet de 1000 dessins ou modèles, dont 16 passent dans la 2e et sont maintenus dans la 3e période :

1re période.	1000 × 1 fr. = Fr. 1000 ou **Fr. 5**
2e »	16 × 3 fr. = Fr. 48 ou **Fr. 30**
3e »	16 × 6 fr. = **Fr. 96** ou Fr. 120

Les sommes **soulignées** sont celles qui seront perçues comme taxes de dépôt ou de renouvellement.

De la part des fabricants de broderies, les dépôts de 500 et de 1000 dessins à la fois ne seront pas rares. Admettant qu'un dépôt de 1000 dessins soit maintenu complet jusqu'à l'expiration du terme de protection, la somme à payer sera de 155 francs, soit de 15 centimes 1/2 par dessin pour les 15 ans, ou de 1 centime par dessin et par année. Aucun autre pays ne favorise à ce point les déposants.

VII. — *Exploitation, importation, etc.* Conformément aux principes recommandés par les rapporteurs au Congrès, la loi suisse n'exige du déposant ni qu'il possède une fabrique dans le pays, ni qu'il y exploite les dessins ou modèles déposés, ni qu'il accorde des licences à des tiers.

En revanche, elle déclare déchu « le déposant qui n'exploitera pas en Suisse le dessin ou le modèle dans une mesure convenable et qui, en même temps, importera, fera ou laissera importer par d'autres, des objets fabriqués à l'étranger d'après le même dessin ou modèle ». Mais le but de cette disposition n'est pas tant de fermer la porte aux produits de l'industrie étrangère, que de fournir au Conseil fédéral le moyen de négocier avec les autres Etats pour obtenir d'eux, par réciprocité, la suppression de l'exploitation obligatoire et de la déchéance pour cause d'introduction, en matière de dessins et modèles industriels. En effet, il est dit plus loin, dans le même article, que le Conseil fédéral peut déclarer la disposition dont il s'agit « non applicable aux Etats qui accordent la réciprocité à la Suisse ».

VIII. — *Étrangers.* Sauf l'obligation d'opérer leur dépôt et d'exercer leurs droits par l'entremise d'un mandataire domicilié dans le pays, les personnes non établies en Suisse sont traitées absolument sur le même pied que les nationaux.

IX. — *Sanction civile et pénale.* La loi suisse n'a pas adopté le principe recommandé implicitement par les rapporteurs au Congrès et d'après lequel la contrefaçon ne devrait pas être passible d'une pénalité, ni servir de base à une action en dommages-intérêts, quand elle porte sur un dépôt fait à couvert. Elle ne distingue qu'entre la contrefaçon intentionnelle, qui donne lieu à des pénalités, et la contrefaçon commise par négligence, dont l'auteur est tenu seulement à la réparation du dommage causé.

4

SECTION II

Dessins et modèles de fabrique.

———

Annexe II.

Les résolutions du Congrès de l'Association allemande pour la protection de la propriété industrielle (Francfort, 1900) comparées avec les principes proposés au Congrès de Paris pour servir de base à la législation sur la matière,

par

Dr Albert Osterrieth,
Secrétaire général de l'Association internationale pour la protection
de la Propriété industrielle.

———

L'Association allemande pour la protection de la propriété industrielle, à son dernier Congrès tenu au mois de mai, à Francfort-sur-le-Mein, a étudié une série de propositions en *matière de dessins et modèles industriels*. Il paraît intéressant de comparer les résolutions de ce Congrès avec les propositions des rapporteurs au Congrès de Paris.

Je suivrai l'ordre des propositions soumises au Congrès de Paris :

I. — Les œuvres d'art appliqué n'étant, à l'heure qu'il est, protégées en Allemagne que par la loi sur les dessins et modèles industriels, le Congrès de Francfort a, en premier lieu, émis le vœu que toutes les œuvres d'art soient protégées de la même façon, quel que soit le mode de fabrication employé pour leur reproduction ou leur destination. Cette résolution a été votée à une majorité considérable, mais non sans une opposition assez vive de la part des partisans du système actuel.

Cette résistance s'explique par le fait que, dans l'opinion de beaucoup de personnes, il n'est pas admissible de protéger une œuvre industrielle de la même façon qu'une œuvre de l'art élevé, même quand les deux œuvres seraient nées de l'effort personnel du même artiste. Ils considèrent l'application de l'art à des objets d'utilité comme une sorte de dégradation de l'art.

1

Tout en protestant contre cette façon de voir, nous devons admettre qu'elle pourrait devenir, dans la pratique, fatale à de nombreuses créations qui ne révèlent l'effort personnel que par des nuances intimes et difficiles à reconnaître. Il nous paraît donc indispensable — pour l'Allemagne — de pourvoir aux moyens de protéger les créations industrielles destinées à produire effet par leur apparence extérieure, sans appartenir dans l'opinion courante aux œuvres des beaux-arts. Cette protection est assurée aujourd'hui par la loi sur les dessins et modèles industriels.

Pour ces raisons, la question de savoir si une législation spéciale sur les dessins et modèles industriels est nécessaire ou utile, n'a pas été posée au Congrès de Francfort.

Il devait, par conséquent, envisager comme point de départ de la discussion, l'hypothèse que les deux lois, la loi sur la propriété artistique et la loi sur les dessins et modèles industriels, existent l'une à côté de l'autre. Il s'agit donc simplement de délimiter le domaine des deux lois.

Sur cette question, le Congrès de Francfort se trouve en parfait accord avec les rapporteurs du Congrès de Paris. Il admet la protection cumulative des œuvres qui constituent à la fois une œuvre artistique et une création industrielle. Le fabricant d'un objet d'art appliqué, qui ne sera pas sûr si les juges sauront apprécier le caractère personnel de l'œuvre, pourra le déposer comme dessin ou modèle industriel.

II. — En ce qui concerne la définition de l'objet de la protection de la loi sur les dessins et modèles industriels, le Congrès de Francfort a adopté la formule suivante :

« Seront protégées comme dessins et modèles industriels toutes » les créations industrielles qui, par leur apparence extérieure, sont » nouvelles. »

Elle est conçue dans la même pensée que la formule du rapport.

III. — Voir ce qui a été dit au n° I.

IV. — 1. La proposition du rapport est conforme à la résolution suivante du Congrès de Francfort :

« Lorsque l'élément qui constitue la nouveauté du dessin » ou modèle industriel ne ressort pas du spécimen du dessin ou » modèle déposé, il sera nécessaire d'y ajouter une description » écrite. »

2. Le Congrès de Francfort ne s'est pas prononcé sur cette question. Mais nous croyons pouvoir dire qu'il n'a pas entendu modifier le système actuel, qui est le système du dépôt attributif. Pour comprendre cette manière de voir, il est à remarquer que le Congrès, bien qu'il ait admis la protection cumulative, a envisagé l'organisation de la protection des dessins et modèles industriels, sans tenir compte de la protection des œuvres d'art.

3. Le Congrès de Francfort ne s'est pas prononcé sur la ques-

tion qui, il est vrai, a même plus d'importance pratique dans le système du dépôt attributif que dans le système du dépôt déclaratif adopté par la Commission d'organisation.

4. Ce paragraphe embrasse plusieurs questions d'une importance différente.

La question de savoir si le déposant doit indiquer l'industrie à laquelle le dépôt s'appliquera, étant une question administrative et n'ayant que le but de faciliter les recherches, n'a pas été soumise au Congrès.

D'un autre côté, la question du dépôt secret a été très discutée. Voici la résolution du Congrès :

« Le déposant aura le droit de demander que, pour un délai » restreint, le dépôt reste secret. Mais il ne pourra, pendant la » durée du secret, intenter ni des actions en dommages-intérêts, » ni des poursuites criminelles. »

Il a été cependant entendu qu'il aurait le droit d'intenter, même pendant la durée du secret, l'action *negatoria*. La Commission préparatoire, au Congrès de Francfort, avait proposé de n'admettre le secret que jusqu'au moment où les objets fabriqués, d'après le dessin ou modèle déposé, seraient mis en vente. Mais les industriels, parmi les membres du Congrès, s'élevèrent contre cette proposition, en déclarant que ce délai de secret n'était pas suffisant pour les protéger contre les manœuvres déloyales des concurrents qui pourraient profiter du dépôt pour faire copier et imiter les modèles déposés.

La question de la possession personnelle de l'industriel, qui pendant la durée du secret aurait exploité le dessin ou modèle, n'a pas été posée.

5. La proposition des rapporteurs au Congrès de Paris est conforme à celle qui avait été soumise au Congrès de Francfort par la Commission préparatoire. Plusieurs industriels firent valoir les avantages du système actuel, d'après lequel le dépôt est opéré uniquement aux administrations locales et qui semblait leur assurer une protection plus prompte que la centralisation des dépôts. Le Congrès adopta le principe de la centralisation, mais, tenant compte des objections faites, supprima la phrase qui permettait d'effectuer le dépôt par l'intermédiaire des administrations locales. Par contre, on adopta une proposition suivant laquelle le récépissé postal suffirait pour constater la date du dépôt.

V. — Le Congrès de Francfort, s'inspirant de l'idée que la loi sur les dessins et modèles industriels ne s'appliquerait, en principe, qu'aux petites créations industrielles, qui ne restent sur le marché que pendant des délais restreints, a reconnu que le délai maximum de quinze ans, établi par la loi actuelle, était suffisant. Mais il était en même temps convenu que, si les œuvres d'art appliqué devaient rester protégées par la loi sur les dessins et modèles industriels, le délai de protection de cette loi devrait être porté à trente ans.

VI. — La proposition de la Commission d'organisation correspond exactement à la résolution du Congrès de Francfort.

VII. — Le Congrès de Francfort a émis le vœu que la protection des dessins et modèles industriels ne soit subordonnée à aucune obligation d'exploiter.

VIII. — Le Congrès de Francfort, se bornant strictement aux questions de la protection nationale, n'a pas été saisi de la question de la protection des étrangers. Mais nous pouvons affirmer que l'Association allemande pour la protection de la propriété industrielle, ayant toujours eu le souci d'étendre la protection internationale, ne saurait qu'applaudir aux propositions des rapporteurs.

IX. — En ce qui concerne le premier paragraphe, les résolutions du Congrès de Francfort sont plus explicites que les propositions des rapporteurs au Congrès de Paris. Le Congrès de Francfort a, en effet, émis le vœu que la contrefaçon du dessin ou modèle industriel ne soit punissable que dans les cas de mauvaise foi (1) et que l'action en dommages-intérêts aurait lieu dans les cas de mauvaise foi ou de négligence grave.

Quant à la question visée dans le second paragraphe, le Congrès de Francfort a émis l'opinion qu'il n'y a pas lieu de restreindre la protection à des produits déterminés ou des classes de produits.

Cette résolution est plus favorable au déposant que la proposition des rapporteurs au Congrès de Paris, car celle-ci oblige le déposant à prouver que l'emploi de son dessin par un tiers est de nature à lui causer préjudice, preuve toujours difficile à fournir, tandis que, d'après le système adopté par le Congrès de Francfort, la preuve simple de la contrefaçon suffit pour justifier de la poursuite intentée.

---

(1) Il est à remarquer que, d'après la loi actuelle, est punissable la contrefaçon commise par mauvaise foi ou par négligence. Mais, par contre, l'*error juris* exclut la négligence. Le Congrès de Francfort a demandé la suppression de cette règle.

SECTION III

Marques de fabrique et de commerce, Nom commercial, Noms de localités, Diverses formes de la concurrence illicite.

———

Question I

Définition de la marque : Y a-t-il lieu dans la loi de définir la marque? En cas d'affirmative, faut-il procéder par définition du caractère de la marque ou par énonciation des signes qui peuvent la constituer? Convient-il de faire une distinction entre la marque de fabrique et la marque de commerce?

Rapport

par

Maurice Maunoury,

Docteur en droit, ancien élève de l'Ecole polytechnique,
Avocat à la Cour de Paris.

———

A. — Y a-t-il lieu dans la loi de définir la marque?

Il semble *a priori* que la première chose que l'on puisse attendre d'une loi réglementant la matière des marques de fabrique et de commerce soit précisément la définition de ce qu'elle entend protéger.

Cependant les auteurs des mémoires adressés à la Section des Marques ne sont pas unanimes sur ce point.

« Il ne paraît pas nécessaire, dit M. Frey-Godet, de définir la » marque de fabrique. On est généralement d'accord pour voir en » elle un signe constatant l'origine commerciale ou industrielle » commune des produits qui en sont munis. »

Remarquons que cette affirmation contient en elle-même une définition, encore que cette définition ne nous satisfasse pas complètement. Fût-il exact que l'accord existât sur la définition donnée par M. Frey-Godet, il n'y aurait aucun inconvénient à le bien constater en l'introduisant dans la loi.

« La définition pourrait donner lieu à contestation, » ajoute cet auteur. C'est donc que l'accord n'existe pas. Et d'ailleurs est-il vrai qu'il y ait plus de chance à contestation en présence d'une définition précise qu'en l'absence de toute définition?

1

Nous ne le pensons pas.

Nous pensons au contraire, avec M. Raoul Chandon, qu'une définition est nécessaire, « c'est le seul moyen de ne laisser aucun doute sur l'objet de la loi. » Cela est à notre avis d'autant plus utile qu'en l'état actuel des législations, l'accord est loin d'être fait et, pour ne parler que des dénominations, il y a nombre de pays, et des plus importants, qui ne les admettent pas comme marques ou qui ne les admettent qu'avec des restrictions telles que cela revient à les prohiber.

B. — *Faut-il procéder par définition du caractère de la marque ou par énonciation des signes qui peuvent la constituer?*

Il nous semble indispensable que la loi donne tout d'abord une définition indiquant le caractère de la marque et nous pensons que cette définition doit être aussi large que possible. Une semblable définition présente cet avantage sur l'énonciation, qu'elle permet d'englober tous les signes qui peuvent constituer une marque sans avoir à craindre qu'un signe cependant protégeable ait été oublié dans l'énumération.

Mais il n'y aurait aucun inconvénient, bien au contraire, à faire suivre cette définition du caractère de la marque, par une énumération purement énonciative et nullement limitative des signes qui peuvent constituer une marque.

M. R. Chandon et M. Frey-Godet sont d'accord sur ce point et ce dernier fait très justement remarquer que cette énumération peut avoir une grande utilité au point de vue international, lorsqu'il s'agit de savoir si une marque déterminée est protégée dans son pays d'origine alors que ce pays n'a pas l'examen préalable des marques. Une énumération qui contiendrait nommément le signe qui compose cette marque ferait en effet cesser toute incertitude (1).

M. Osterrieth est partisan d'une définition générale de la marque : c'est tout signe distinctif des produits d'un fabricant ou d'un commerçant. Ensuite, pour préciser, il procède par exclusion : il propose ainsi d'exclure « les marques qui ne sont pas » distinctives, soit par leur sens ou les signes qui les composent » (lettres ou chiffres), soit parce qu'ils sont, par suite d'un usage » général, tombés dans le domaine public (*Freizeichen*). »

C. — *Convient-il de faire une distinction entre les marques de fabrique et les marques de commerce?*

Là encore la divergence réapparaît dans les opinions. M. Chandon considère cette distinction comme indispensable. M. Frey-Godet

---

(1) Voir pour la définition internationale de la marque, *Annuaire de l'Association internationale pour la protection de la propriété industrielle*, t. III, Congrès de Zurich, p. 11.

estime au contraire que cela « ne peut que créer des difficultés sans aucun avantage appréciable », et nous sommes de son avis.

Quel intérêt s'agit-il de défendre?

Celui du consommateur, répond-on.

Tout d'abord nous ne voyons pas bien dans l'espèce en quoi l'intérêt du consommateur se trouve lésé par l'état actuel des choses.

On dit : Un consommateur prend chez un détaillant, un épicier par exemple, un litre d'alcool ou un litre de vin, il voit sur cet objet la marque de ce fournisseur, il croit que le vin a été récolté ou l'eau-de-vie fabriquée par le titulaire de la marque, alors que celui-ci n'a jamais rien ni récolté ni fabriqué, ne possédant même pas un pied de vigne. Donc il est trompé.

Si ce consommateur est vraiment assez naïf pour croire que la marque apposée sur le produit qu'il achète signifie que ce produit a été fabriqué par celui qui le lui vend, il ne peut s'en prendre qu'à lui-même de son erreur, car jamais ce vendeur n'a entendu lui dire rien de pareil. Il entend simplement se porter garant de la valeur du produit, d'où qu'il vienne.

Si un consommateur tient essentiellement à savoir où le produit a été fabriqué, il peut le demander à son vendeur, mais ce n'est pas une distinction législative entre les marques de fabrique et les marques de commerce qui pourrait satisfaire sa curiosité. Tout au plus saura-t-il en effet, si on lui vend un objet revêtu d'une marque de commerce, que cet objet n'a pas été fabriqué par celui qui le lui vend.

Et d'ailleurs, comment établir matériellement la distinction entre les deux genres de marques? On n'a, à notre connaissance, proposé qu'un moyen : placer sur la marque de fabrique, dans un coin, les initiales M. F., sur la marque de commerce, les initiales M. C. Cela peut encore se faire lorsque la marque sera constituée par une étiquette, et encore cela passera-t-il généralement inaperçu. Sans compter que, si on le met en lettres gothiques ou fantaisistes, il sera souvent difficile de reconnaître les unes des autres. Mais comment faire lorsqu'il s'agira d'un habillage spécial de bouteilles, d'une marque qui consistera dans la forme d'un flacon, par exemple, ou dans un jeu de rubans disposés d'une manière particulière? Cela devient tout à fait impossible.

Et tout cela pour qu'un consommateur, d'ailleurs satisfait d'un produit qu'il a acheté, sache si ce produit a été fabriqué par le patron du commis qui le lui a vendu ou par un autre. La complication que cela entraînerait ne nous paraît pas contrebalancée par l'intérêt qu'il s'agit de sauvegarder.

M. Osterrieth est partisan d'une distinction entre les marques de fabrique et les marques de commerce, mais seulement au point de vue des formalités du dépôt. Cette distinction n'a guère d'intérêt que dans les pays à dépôt attributif. Elle consisterait à ne pas exiger, pour les marques de commerce, que le dépôt fût restreint à une ou plusieurs classes de produits.

3

Le rapporteur, pour résumer les observations que lui ont suggérées les trois questions soumises au Congrès sous la formule : DÉFINITION DE LA MARQUE, propose de mettre en discussion les conclusions suivantes :

1° Il est à désirer que chaque législation donne une définition, aussi large que possible, du caractère de la marque, sans distinction entre les marques de commerce et les marques de fabrique, en adoptant par exemple la formule suivante :

La marque est tout signe distinctif à l'aide duquel une personne ou un établissement industriel ou commercial imprime le cachet de sa personnalité aux objets qui en sont revêtus.

2° Il est à désirer que dans chaque législation cette définition soit suivie d'une énumération purement énonciative, non limitative, des signes qui peuvent constituer une marque, par exemple :

Sont notamment considérés comme constituant des marques de fabrique ou de commerce : les noms sous une forme distinctive, les dénominations, étiquettes, enveloppes, formes de produits, timbres, cachets, vignettes, lisières, liserés, couleurs, dessins, reliefs, lettres, chiffres, devises, et en général tout moyen servant à distinguer les produits d'une fabrique, d'une exploitation agricole, forestière ou extractive, et les objets d'une maison de commerce.

SECTION III

Marques de fabrique et de commerce, Nom commercial, Noms de localités, Diverses formes de la concurrence illicite.

Question II

Marques à exclure de la protection. — Y a-t-il lieu d'exclure de la protection légale certaines marques ?

Rapport

par

Victor Fumouze,

Président honoraire de l'Union des fabricants,
Président de la Commission d'organisation du Congrès international de l'industrie et du commerce des spécialités pharmaceutiques.

Il importe tout d'abord de bien préciser les termes de la question. Il doit être entendu qu'il ne s'agit pas ici des différentes conditions que doit remplir une marque pour être valable. Ces conditions sont du ressort de la question I : *Définition de la Marque*.

Nous n'avons à nous occuper ici que des fins de non-recevoir qui peuvent être soulevées, à propos de marques possédant d'ailleurs tous les caractères constitutifs requis par la loi du pays où la demande a été introduite, mais présentant certaines particularités de nature à léser l'intérêt général.

Les motifs d'exclusion admis dans un certain nombre de lois sont les suivants :

Atteinte à la morale, atteinte à l'ordre public (usage des armoiries publiques et des décorations sans autorisation des pouvoirs compétents).

Ce sont là des motifs d'exclusion *intrinsèques* que la marque porte en elle-même.

A côté de ceux-ci, il en est d'autres, *extrinsèques*, qui ne ressortent pas de l'examen de la marque elle-même, et ne peuvent être appréciés que par la comparaison de la marque présentée au dépôt et des autres marques déposées antérieurement. Ces causes extrinsèques d'exclusion se résument ainsi :

1

Similitude de la marque déposée avec des marques déposées antérieurement ; *usurpation* des noms de fabricants ou des firmes; *fausses indications de provenance.*

Tels sont, du moins, les motifs le plus souvent reproduits dans les textes de lois ; mais nous n'avons pas à nous en occuper ici, car, dans la pensée de la Commission d'organisation, la question posée ne concerne que les motifs d'exclusion, pour cause d'intérêt général, que la marque porte en elle-même.

Trois notes nous ont été adressées sur cette question par l'entremise de M. le Secrétaire général.

La première de ces notes émane de M. Raoul CHANDON, de la Maison MOET et CHANDON, membre de la Chambre de Commerce de Reims. Il conclut qu'il est inutile d'exclure de la protection légale certaines marques.

« C'est au juge, dit-il, qu'il appartient de décider si telle ou » telle marque constitue un signe distinctif et mérite par consé- » quent la protection de la loi. »

Cette note, on le voit, reproduit simplement la doctrine de la loi française de 1857, à laquelle, par conséquent, il faudrait s'en tenir d'après l'opinion de M. Chandon. Cela revient à dire qu'il ne doit y avoir aucun motif d'exclusion pour une marque régulièrement constituée.

Bien que l'opinion de M. Chandon soit très soutenable, on doit reconnaître qu'elle se trouve en désaccord avec les textes de lois d'un grand nombre de pays. En France même, le projet de loi élaboré par la Commission du Sénat en 1890 interdisait comme marque ou composant de marque l'emploi, par reproduction ou imitation, des décorations françaises conférées par l'Etat.

La deuxième note a pour auteur M. FREY-GODET, premier secrétaire du Bureau international de la Propriété industrielle à Berne. Elle est conçue dans les termes suivants :

« Il y a lieu d'exclure de la protection :

» 1° Les marques qui, dans le pays où le dépôt est effectué, » sont considérées comme étant contraires à l'ordre public ou » aux bonnes mœurs;

» 2° Celles qui consistent dans la dénomination usuelle et né- » cessaire du produit, ou dans la représentation de ce dernier. »

« Il conviendrait en outre d'ajouter que :

» 3° Un nom de personne, ou un nom géographique contenu » dans une marque, ne doit pas empêcher ceux qui portent le » même nom, ou qui sont établis dans la même localité, ou » dans une localité homonyme, de faire usage du nom dont il » s'agit dans leurs propres marques, à la condition que cela se » fasse de manière à ne pas créer de confusion entre les produits » d'entreprises différentes. »

On comprend très bien que M. Frey-Godet, justement préoccupé des difficultés que présente l'enregistrement des marques au Bureau international de la Propriété industrielle à Berne, ainsi que dans les pays restés en dehors de l'Union internationale, désire voir introduire, dans chaque législation, des termes précis, qui permettraient d'admettre ou d'exclure telle ou telle marque, sans aucune hésitation.

A l'égard des marques contraires à l'ordre public ou aux bonnes mœurs, tout le monde est d'accord pour ne pas les admettre, et généralement on tend à considérer comme contraires à l'ordre public les marques contenant des armoiries publiques ou des décorations, dont l'usage n'a pas été autorisé par les pouvoirs compétents.

J'estime donc qu'il serait utile d'introduire dans les textes législatifs de chaque pays une clause excluant les marques contraires à la morale ou à l'ordre public. Mais il demeure entendu, en vue de maintenir la clarté de la discussion, que ces restrictions, obligatoires pour l'administration de l'enregistrement dans les pays d'examen préalable, ne sauraient être obligatoires que pour les juges dans les pays de non-examen préalable (1).

Quant aux deux autres propositions de M. Frey-Godet, concernant la dénomination usuelle et nécessaire du produit ou l'emploi des noms de fabricants ou des noms géographiques, il nous semble

---

(1) Pour les marques des spécialités pharmaceutiques on consultera les travaux du Congrès international de l'industrie et du commerce des spécialités pharmaceutiques (Paris, septembre 1900, pages 116 et suivantes). Les résolutions suivantes ont été adoptées : « 1º les marques de fabrique devant être protégées indépendamment des produits qu'elles revêtent, il en résulte que la marque de fabrique d'un médicament quelconque doit être protégée même dans le pays où ce médicament est prohibé; 2º le nom d'un fabricant ou d'un inventeur, fût-il inscrit dans un Codex ou tout autre recueil officiel de médicaments, constitue une propriété qui doit être protégée partout sans distinction de nationalité et sans obligation de dépôt, à moins que ce fabricant n'en ait fait volontairement abandon au domaine public; 3º l'emploi des désignations usuelles, telles que le nom scientifique d'un médicament ou le nom de la forme qu'il affecte, comme par exemple les mots *capsules, élixirs, globules, granules, ovules, pilules, poudres, sels, sirop, solution, suppositoires, vins*, etc., étant absolument nécessaire dans bien des cas pour dénommer clairement les spécialités pharmaceutiques, il est à désirer que les marques de fabrique portant l'une desdites désignations, suivie du nom du fabricant ou de l'inventeur, soient acceptées au dépôt dans chaque pays, étant entendu que le dépôt ne concède au déposant aucun droit à la propriété de la désignation usuelle; 4º la dénomination de fantaisie d'un médicament doit être protégée dans tous les pays, à l'égal des dénominations de fantaisie des autres produits de l'industrie; 5º il est à désirer que tous les pays adoptent une législation uniforme au regard de la brevetabilité des produits industriels, y compris les médicaments. »

La question n'a même pas été soulevée ici, on n'a pas considéré que l'industrie des produits pharmaceutiques pût être privée du droit à la marque.

De même la proposition de loi sur l'exercice de la pharmacie, qui est soumise à la Chambre des députés de France par M. Astier, n'exclut pas les marques privatives dans le commerce de la pharmacie, pas même les marques composées de mots pourvu que la dénomination soit arbitraire, puisqu'elle prévoit que l'Académie de médecine aura à créer une dénomination lorsqu'elle voudra constituer une désignation nécessaire ne pouvant faire l'objet d'aucun droit privatif. (Pour les controverses auxquelles ont donné lieu devant les tribunaux français les dénominations de produits pharmaceutiques, voir *Annales de la Propriété industrielle*, mars-avril 1898, p. 107 et suiv.).

En revanche, le Congrès international de pharmacie a émis le vœu « que les dénominations données à des médicaments ne puissent être déposées comme marques de fabrique ».

Pour l'Italie, voir *supra*, p. 97, note 1.

(Note du rapporteur général, postérieurement au Congrès.)

que leur inscription dans les textes de loi ne serait pas sans présenter des inconvénients sérieux.

Examinons d'abord sa proposition concernant la dénomination usuelle et nécessaire.

Comment les choses se passent-elles dans la plupart des pays, lorsqu'on présente au dépôt une marque contenant une dénomination usuelle et nécessaire?

Dans les pays à examen préalable, ces marques sont refusées *ipso facto*. Au contraire, dans les pays n'ayant pas l'examen préalable, elles sont acceptées; mais la jurisprudence ne reconnaît aucune valeur au dépôt de pareils mots.

Quoi qu'il en soit, dans bien des cas, c'est une question fort délicate que de décider si telle ou telle marque est ou n'est pas une dénomination usuelle et nécessaire, et les tribunaux eux-mêmes ont été souvent fort embarrassés pour trouver les termes d'une décision équitable, dans maints cas de ce genre.

Pourquoi laisserait-on aux bureaux d'enregistrement le pouvoir exorbitant de trancher ces questions? N'a-t-on pas vu récemment certaines dénominations acceptées par les bureaux d'enregistrement dans certains pays et refusées par les bureaux dans d'autres pays, sous prétexte qu'elles constituaient des dénominations usuelles ou nécessaires.

Il convient d'ajouter que, dans plusieurs cas, le refus d'enregistrement n'était guère basé que sur des arguties de linguistique.

Ces conséquences, disons-le sans ambage, ces abus sont beaucoup plus à redouter du pouvoir administratif, dont émanent les bureaux d'enregistrement, que du pouvoir judiciaire. C'est pourquoi nous voyons de sérieux inconvénients à investir les bureaux d'enregistrement de prérogatives leur permettant de décider, d'une façon plus ou moins absolue, si telle ou telle dénomination est usuelle ou nécessaire.

Du reste, le législateur a toujours fait preuve d'une grande hésitation quand il a voulu aborder cette question. C'est ce qui ressort, du moins, de l'examen des réglementations les plus récentes.

Ainsi, l'article 4 de la loi allemande de 1894 interdit l'enregistrement des marques du domaine public (*Freizeichen*) et celles « 1° qui consisteront exclusivement en chiffres ou en lettres ou encore en mots contenant des indications concernant le mode, l'époque ou le lieu de la fabrication ou la matière ou la destination ou enfin le prix, la quantité, le poids de la marchandise. » Et l'article 13 reprend: « l'enregistrement d'une marque de marchandise n'empêchera personne d'apposer, même en une forme abrégée, sur des marchandises ou sur leur emballage ou leur enveloppe son nom, sa raison de commerce ou l'indication de son domicile, non plus que des indications concernant le mode, l'époque et le lieu de la fabrication ou la nature ou la destination ou le prix, la quantité ou le poids des marchandises ni de faire usage d'indications semblables dans le commerce. »

4

Dans les lois autrichiennes du 19 février 1890 et du 30 juillet 1895, sont exclues seulement les marques d'un usage général dans le commerce pour désigner certaines catégories de produits.

Le règlement de 1898, aux Etats-Unis, se borne à exclure les mots ou les phrases désignant la nature ou la qualité de la marchandise.

La loi japonaise, du 1er mars 1899, exclut la dénomination usuelle de la marchandise ou de son lieu de production.

Celle du 31 décembre 1895, au Pérou, exclut les désignations usuelles des produits.

Dans l'avis du Conseil d'Etat de Russie, du 26 février 1896, sont exclues les marques qui sont dans l'usage général pour marquer certaines catégories de marchandises.

De cette courte énumération des textes de loi les plus récents, je crois pouvoir tirer cette conclusion que le législateur, à bon escient, n'a pas voulu donner aux bureaux d'enregistrement un droit de « veto » absolu sur des marques contenant des désignations plus ou moins usuelles ou nécessaires.

Quant à la troisième proposition de M. Frey-Godet, relative au dépôt des noms homonymiques ou géographiques, elle nous suggère des réflexions analogues à celles que nous venons de présenter au regard des dénominations.

Tout le monde ne sait-il pas que les questions d'homonymie en matière de marques de fabrique sont souvent des plus complexes, et qu'il en est de même des noms géographiques, surtout quand le nom géographique, adopté par le fabricant, n'est à l'origine qu'un nom de fantaisie, n'ayant rien de commun avec le lieu de provenance ou de fabrication du produit ?

Quelle tâche assumeront les bureaux d'enregistrement, si on leur impose définitivement ce travail gigantesque, consistant à rechercher à propos de chaque dépôt :

1° Tous les homonymes déjà existant et déposés, aussi bien pour les noms de fabricants que pour les noms géographiques ;

2° Toutes les possibilités de confusion pouvant en résulter !

Ce serait le cas de n'exiger des bureaux qu'un simple avis préalable.

Enfin, j'ai deux objections communes à présenter aux deuxième et troisième propositions de M. Frey-Godet.

La première est qu'elles ne peuvent être adaptées facilement, ni l'une ni l'autre, à l'instrument législatif de chaque pays en particulier.

La deuxième, c'est que, jusqu'à l'unification parfaite, elles gêneront considérablement le fonctionnement de l'article 6 de la Convention de Paris, prescrivant que les marques doivent être acceptées telles qu'elles ont été déposées dans le pays d'origine.

M. Osterrieth, auteur de la troisième note, propose d'exclure :

« 1° Les marques qui sont contraires aux bonnes mœurs » et à l'ordre public (armoiries d'un Etat, etc.) ;

» 2° Les marques qui ne sont pas distinctives soit par

» leur sens ou les signes qui la composent (lettres ou chiffres),
» soit parce qu'elles sont, par suite d'un usage général, dans
» le domaine public (*Freizeichen*). »

Le second paragraphe me paraît ici sans objet, car c'est par la
définition même de la marque qu'il y aura lieu d'écarter tout ce
qui n'est pas distinctif, et l'énumération des signes qui peuvent
servir de marques fait déjà l'objet de la première question de notre
programme.

En définitive, me semble-t-il, dans l'état actuel des choses il y
aurait inconvénient à multiplier les motifs d'exclusion. Je propose
donc, en vue de l'unification des textes législatifs, le vœu suivant :

Il y a lieu d'exclure de la protection légale les marques qui, dans le pays où la demande de dépôt est
présentée, sont considérées comme étant contraires aux
bonnes mœurs ou à l'ordre public.

Il doit être entendu que l'usage des armoiries publiques et des décorations, sans autorisation des pouvoirs compétents, est considéré comme contraire à l'ordre
public.

6

SECTION III

Marques de fabrique et de commerce, Nom commercial, Noms de localités, Diverses formes de la concurrence illicite.

Question III

Du droit à la marque. — Quelles bases du droit d'appropriation y a-t-il lieu d'adopter à la suite de l'expérience faite depuis vingt ans dans les divers pays? Notamment le droit à la marque doit-il être fondé exclusivement sur l'antériorité du dépôt (ou de l'enregistrement), ou sur l'antériorité de l'usage, ou enfin sur un système mixte? Si le dépôt est nécessaire, l'autorité chargée du dépôt des marques doit-elle être investie d'un droit d'examen préalable; et, dans l'affirmative, quelles limites doivent lui être imposées?

Rapport

par

Henri Allart,
Docteur en droit,
Avocat à la Cour de Paris.

Quelles bases du droit d'appropriation y a-t-il lieu d'adopter pour les marques de fabrique et de commerce?

Trois systèmes sont en présence.

Suivant le premier, dont la loi française peut être considérée comme le type, le droit à la marque est fondé sur l'antériorité de l'usage. C'est ce qu'on exprime en disant que le dépôt de la marque est déclaratif, c'est-à-dire qu'il constate simplement une propriété préexistante. Suivant un deuxième système adopté, notamment par la loi allemande, le droit à la marque est fondé exclusivement sur l'antériorité d'usage. Enfin dans un système mixte, celui de la loi anglaise, l'enregistrement de la marque simplement déclaratif à l'origine devient attributif de la propriété après un délai de cinq ans.

Les deux premiers systèmes présentent des avantages et des inconvénients que nous devons signaler.

Il est assurément conforme à l'équité de fonder le droit à la marque sur l'antériorité d'usage; mais dans ce système, comme l'expérience le prouve, le créateur de la marque néglige souvent d'effectuer un dépôt qui n'est pas nécessaire pour consacrer son droit. Il en résulte que si, après avoir fait usage de sa marque pendant un grand nombre d'années, il veut en poursuivre la contrefaçon, il peut éprouver les plus sérieuses difficultés pour établir la priorité d'usage qui seule constitue le fondement de sa propriété. Il est à craindre qu'un concurrent venu après lui parvienne à le dépouiller de sa marque en établissant un usage antérieur à celui que le véritable propriétaire est en mesure de prouver lui-même.

Avec le système de l'effet attributif ce danger n'existe pas puisque le droit à la marque est fondé uniquement sur le fait matériel et officiel du dépôt ou de l'enregistrement. En cas de conflit, la date du dépôt tranche toute difficulté. Mais si ce système a l'avantage incontestable d'être très simple, il n'est pas toujours conforme aux principes d'équité qui, en cette matière, comme en toute autre, doivent être pris avant tout en considération.

Lorsque le dépôt est simplement déclaratif, la négligence du créateur de la marque peut compromettre son droit. Si le dépôt est au contraire attributif, il peut constituer une prime à la course, la marque devenant la propriété de celui qui remplit le premier la formalité exigée par la loi. Le second inconvénient nous paraît plus grave que le premier, et nous estimons que le système de l'effet déclaratif est préférable en principe.

Mais n'est-il pas possible de concilier les avantages des deux systèmes, en faisant disparaître leurs inconvénients. C'est cette pensée qui a inspiré l'article 76 de la loi anglaise de 1883 ainsi conçu :

> « L'enregistrement d'une personne comme propriétaire
> » d'une marque constitue *prima facie* la preuve de son droit
> » à l'usage exclusif de cette marque et deviendra, après l'expi-
> » ration de cinq années depuis l'enregistrement, la preuve
> » définitive de son droit à l'usage exclusif de cette marque,
> » conformément aux dispositions de la présente loi. »

Ainsi, d'après cet article, l'enregistrement de la marque constitue non pas une preuve absolue, mais une présomption de propriété pouvant être combattue par la preuve contraire. Autrement dit le dépôt est déclaratif de propriété. Mais il devient attributif lorsque, pendant cinq années, il n'a fait l'objet d'aucune revendication de la part d'une autre personne se prétendant propriétaire de la marque déposée à son préjudice. Ce système mixte concilie, comme on le voit, d'une façon aussi parfaite que possible les intérêts de tous et il donne à l'enregistrement un effet définitif, dans des conditions qui sauvegardent les droits du véritable propriétaire de la marque. Il est en effet difficile d'admettre que ce dernier reste cinq ans sans s'apercevoir et sans se plaindre d'une usurpation dont il serait victime.

Toutefois M. John Cutler, avocat conseil de la Reine, dans un rapport présenté au deuxième Congrès de Londres en 1898, nous a appris que les tribunaux anglais donnaient à l'article 76 de la loi de 1883 une interprétation qui en atténue singulièrement la portée.

Même après l'expiration du délai de cinq ans, le défendeur à une action en contrefaçon d'une marque régulièrement enregistrée peut répondre par une demande en radiation à l'appui de laquelle il dira que l'enregistrement n'aurait pas dû avoir lieu et plaidera à peu près les mêmes moyens que si le délai n'était pas expiré.

Mais cette interprétation de la loi par les tribunaux anglais ne doit pas être une raison pour condamner le principe qui nous paraît présenter des avantages sérieux et qu'il est désirable de voir introduire dans les autres législations.

M. Raoul Chandon, associé-gérant de la maison Moët et Chandon, dans un rapport présenté au Comité d'organisation du Congrès de 1900 critique le système anglais ; il estime que son application permet bien des surprises :

« Pourquoi et comment, dit-il, obliger un commerçant qui
» se sert d'une marque à surveiller tous les greffes du monde
» pour voir si le dépôt de cette marque existe à un endroit
» plus ou moins éloigné ? Il y a là quelque chose d'impos-
» sible pratiquement. »

Cette objection est sérieuse. En effet, si chacun peut prendre connaissance des dépôts ou enregistrements de marques, la publicité n'est pas telle que cette connaissance puisse s'obtenir facilement et on ne saurait exiger du commerçant ou de l'industriel que, sans cesse aux aguets, il recherche si une marque semblable à celle dont il fait usage n'a pas été déposée ou enregistrée par un autre. Or, avec le système de la loi anglaise, si un dépôt de cette nature échappe à sa vigilance et si cette ignorance où il est dure pendant cinq années, il se trouvera dépouillé de son droit par suite de l'effet attributif du dépôt après ce délai.

Mais il est facile de remédier à cet inconvénient en décidant que le dépôt ne deviendra attributif de propriété que si la marque a depuis cinq ans non seulement été déposée mais encore employée.

De la sorte le propriétaire de la marque à qui le dépôt a pu échapper connaîtra certainement l'usage qui en sera fait à son préjudice et aura ainsi toute facilité pour sauvegarder ses intérêts.

Il peut arriver cependant que le véritable créateur de la marque se trouve dépossédé par celui qui, l'ayant déposée, en a fait usage pendant cinq ans. Le cas sera certainement très rare, car il suppose un défaut de clairvoyance difficile à concevoir. Mais s'il se présente, faudra-t-il sauvegarder les droits du créateur de la marque et décider que le dépôt, valable après cinq ans vis-à-vis de tout le monde, sera sans effet à son égard ?

Cette exception de possession antérieure, admise en matière de brevet, doit-elle recevoir ici son application ? Je ne le pense pas ; car si on conçoit que deux personnes, le breveté et celui qui possédait antérieurement l'invention, puissent l'exploiter concurremment, il est difficile d'admettre cette concurrence lorsqu'il s'agit d'une marque qui, destinée à garantir l'origine du produit, ne peut appartenir à deux maisons rivales. Sans doute, il sera rigoureux d'interdire l'usage de la marque à celui qui en est le créateur et qui l'a employée avant celui qui en a fait le dépôt. Mais il ne faut pas oublier que ce dépôt ne sera devenu attributif de propriété qu'au bout de cinq ans d'usage, et le créateur de la marque qui aura laissé passer ce délai sans élever aucune protestation ne sera victime que de sa négligence.

Du reste, on enlèverait une partie de ces avantages au système mixte que nous préconisons, si l'effet attributif après cinq ans n'était pas absolu et ne coupait pas court à toute discussion au sujet de la priorité d'usage.

Une question reste à examiner.

L'autorité chargée du dépôt des marques doit-elle être investie d'un droit d'examen préalable?

Elle doit naturellement rechercher si toutes les formalités matérielles exigées par la loi sont remplies. Mais faut-il aller plus loin et lui donner la mission d'examiner si la marque est susceptible d'appropriation, notamment si elle est nouvelle ou seulement, comme le propose M. Osterrieth, si un des cas d'exclusion légale n'est pas applicable? Je crois que ces systèmes présentent des inconvénients graves, en mettant le créateur de la marque à la merci du bon vouloir et de la fantaisie des fonctionnaires chargés d'un pareil examen; mais, sans constituer ces fonctionnaires juges de la question, il peut être utile de les charger de signaler au déposant les antériorités qu'il ne connaît pas et qui pourraient lui être opposées plus tard. Le déposant ainsi éclairé restera libre d'abandonner ou de maintenir son dépôt.

Il ne s'agit donc pas d'un examen, mais d'un simple avis préalable qui ne saurait présenter aucun inconvénient puisqu'il se borne à éclairer le déposant en lui laissant toute sa liberté. En conséquence je proposerai au Congrès d'ouvrir la discussion sur la résolution suivante :

Il y a lieu de préconiser pour l'unification des législations les principes suivants :

Le droit à la marque doit être basé sur la priorité d'usage.

Toutefois, lorsque la marque a été déposée et employée depuis cinq ans, le dépôt ou enregistrement qui n'a, pendant ce délai, fait l'objet d'aucune contestation reconnue fondée, devient attributif de propriété.

L'autorité chargée de recevoir le dépôt des marques doit être chargée de rechercher les antériorités et de les signaler au déposant, ce dernier restant libre de maintenir ou de retirer son dépôt.

SECTION III

Marques de fabrique et de commerce, Nom commercial, Noms de localités, Diverses formes de la concurrence illicite.

Question VI[1]

Du nom commercial et de la raison de commerce. — Y a-t-il lieu de définir ces deux natures de propriété? Y a-t-il lieu d'admettre qu'on puisse faire le commerce sous le nom de son prédécesseur avec le consentement de celui-ci? Quelles mesures à prendre pour éviter les fraudes (Registres de commerce, publications dans les journaux, etc.)?

Rapport

Edouard Mack,
Avocat à la cour de Paris

et

H. Garbe,
Président de la chambre des Agréés
près le tribunal de commerce de la Seine.

La distinction entre le *Nom commercial* et la *Raison commerciale* ne semble pas avoir été jusqu'ici nettement faite par les auteurs ni par les lois.

Si pourtant cette distinction repose sur un fondement vrai, s'il y a réellement entre ces deux expressions (dont nous indiquerons plus loin les équivalents) des différences résultant de la nature même des choses, s'il y a là en un mot « deux natures de propriété » auxquelles doivent s'appliquer des règles différentes, et si des raisons pratiques et d'ordre législatif rendent cette distinction nécessaire, le Congrès fera œuvre utile en donnant des deux termes une exacte définition.

Au point de vue international, il y a lieu, en effet, d'observer

---

[1] Pour la question IV il n'a été fait aucun rapport écrit. On trouvera au procès-verbal de la deuxième séance de la section des marques la sténographie du rapport oral de M. Darras.
Pour la question V, voir même procès-verbal.

qu'aux termes de l'article 8 de la Convention d'Union du 20 mars 1883, le *nom commercial* est protégé dans tous les pays de l'Union *sans obligation de dépôt*, alors qu'il semble intéressant, comme nous le verrons plus loin, que la *Raison de commerce* de tout établissement de quelque importance reste immuable et se perpétue, quels que soient les noms successifs des propriétaires ou des gérants de l'entreprise, ce qui implique nécessairement que le *nom de l'établissement*, la *raison commerciale* qui survit aux fondateurs de l'entreprise, soit l'objet d'une mesure légale comportant un dépôt et une publicité, comme en Allemagne.

Dans ce dernier pays, la *firme*, que la loi (art. 17 du Code de commerce de 1896) définit « le nom sous lequel un négociant gère ses affaires et donne sa signature », est obligatoirement l'objet d'un dépôt ou enregistrement sur un *Registre du Commerce* (art. 29 et 8 à 16); elle doit se distinguer nettement (art. 29) des firmes déjà enregistrées au même lieu ou dans la même commune (art. 30). Originairement elle doit se composer, si le négociant exploite sa maison sans associé ou avec un simple commanditaire (1) (*mit einem stillen Gesellschafter*), du nom de famille du négociant avec, au moins, un prénom écrit intégralement (art. 18) (2); la firme d'une Société en nom collectif contiendra le nom, au moins, d'un des associés avec une mention indiquant l'existence d'une Société ou les noms de tous les associés; la firme d'une Société en commandite contiendra le nom, au moins, d'un associé personnellement responsable, avec mention de l'existence d'une Société; d'autres noms que ceux des associés responsables ne peuvent, en principe, figurer dans la firme.

Mais, une fois déposée, à condition que le titulaire antérieur ou ses héritiers y consentent et que les changements qui surviennent dans la propriété ou la gérance du fonds de commerce qu'elle désigne soient inscrits sur ledit registre, la firme reste la même, en quelques mains que passe ultérieurement le fonds, et sert de signature à ses gérants (art. 22 à 24).

Ceci indiqué, faisons observer qu'au surplus le nom véritable du commerçant est, en Allemagne, comme en France et dans les autres pays, protégé en lui-même, au point de vue civil comme au point de vue commercial, indépendamment de tout dépôt, et voyons si, en France, par exemple, l'adoption de règles analogues à celles du Code de commerce allemand, en ce qui touche les firmes ou Raisons de commerce, souffre quelque difficulté. Si, ensuite, nous admettons qu'elle aurait de réels avantages, nous aurons du même coup répondu affirmativement aux diverses questions posées en tête de ce rapport.

---

(1) L'obligation de l'enregistrement des firmes ne s'applique pas aux artisans ni aux personnes dont l'industrie ne dépasse pas le cercle de la *petite industrie*; les Gouvernements doivent préciser, par des règlements spéciaux, les limites de la petite industrie, en prenant pour base notamment les impositions (art. 4, C. comm.).

(2) Si le même nom accompagné du même prénom a déjà été enregistré par un tiers, le déposant devra ajouter une mention qui distingue nettement sa firme de la firme enregistrée antérieurement (art. 30, 2e al.).

*
* *

En France, la loi fait nettement les distinctions suivantes (art. 2 à 30 du Code de commerce) :

Un commerçant sans associés gère son fonds sous son propre *nom*.

Quand un fonds appartient à une Société en nom collectif, il est géré par les associés sous une *Raison sociale*, qui constitue la signature que chacun d'eux peut employer et qui se compose du nom de tous les associés, ou au moins de plusieurs d'entre eux (art. 21 et 22).

. La Société en commandite est gérée sous un *nom social*, qui se compose nécessairement du nom véritable d'un ou plusieurs des associés gérants (art. 23).

La Société anonyme, au contraire, ne peut être gérée sous un nom social, mais seulement désignée par une qualification rappelant l'objet de l'entreprise et qui ne peut comprendre le nom d'aucun des associés (art. 29 et 30).

D'autre part, la loi du 28 juillet 1824, relative aux altérations et suppositions de noms sur les produits fabriqués, et la loi sur les marques du 22 juin 1857 (art. 19) protègent distinctement, outre les noms de lieux de fabrication, les noms de fabricants (expression qu'emploient ces deux lois) et les *noms* ou *raisons commerciales* de fabriques, la loi de 1857 définissant ainsi, par l'emploi du mot *nom de la fabrique*, ce que la loi de 1824 appelle la *Raison commerciale*. Constatons au surplus que le rapporteur de la loi de 1824 donnait de celle-ci une sorte de définition quand il disait (Chambre des députés, juin 1824) qu'elle « peut contenir et contient quelquefois un nom autre que celui du fabricant ».

La Raison commerciale est donc, en droit français, le *nom* sous lequel est exploité un établissement, autrement dit le nom de cet établissement, par opposition avec le nom commercial, qui ne comprend et ne peut comprendre que les noms des associés responsables et qui devient la raison sociale ou le nom social quand il désigne une Société.

L'expression de *nom commercial* se rapporte donc aux personnes, tandis que la *raison commerciale* sert à distinguer la maison, l'établissement.

. En pratique, d'ailleurs, en France, il arrive quelquefois que, du consentement du fondateur d'une maison, ses successeurs emploient son nom comme signature commerciale ; mais la loi n'a pas sanctionné cet usage, et les tiers, en cas non seulement de fraude, mais d'erreur, ne sauraient se le voir opposer.

En pareil cas, l'usage qu'un commerçant fait du nom de son prédécesseur est pratiquement le même que l'usage légal de la firme que le législateur allemand a consacré. Seulement, comme la loi ne l'a pas jusqu'ici reconnu et organisé, les commerçants en général ne croient pas pouvoir y recourir, malgré l'intérêt qu'ils y auraient.

3

Un texte de loi serait nécessaire, organisant une publicité légale opposable aux tiers.

Puis cela n'est possible que si le négociant exerce seul son commerce. D'après l'article 21 du Code de commerce français, les noms des associés en nom collectif peuvent seuls faire partie de la raison sociale. D'après l'article 23, la Société en commandite est régie sous un nom social qui doit être nécessairement celui d'un ou plusieurs associés responsables et solidaires.

*
* *

Si nous jetons un coup d'œil sur les autres législations, nous voyons qu'en Autriche la loi distingue également des noms des commerçants les firmes et en réprime, par des dispositions particulières, tant civilement que pénalement, l'usurpation, comme celle des noms, des marques, des armoiries et des dénominations d'établissement.

Il en est de même en Hongrie.

En Belgique, l'article 191 du Code pénal de 1867 reproduit à peu près les termes de la loi française du 28 juillet 1824. Il distingue, autrement dit, le *nom* d'un *fabricant* de la *raison commerciale* d'une *fabrique*, et les protège également.

En Danemark, le nom d'un commerçant sans associé lui sert de raison de commerce ; cette raison de commerce n'est pas soumise à un enregistrement obligatoire ; elle peut être employée sans modification par la veuve, le mari ou les héritiers ; elle ne doit même pas être nécessairement modifiée, mais elle doit être enregistrée, dès que le titulaire prend un associé. Inversement, une raison sociale comprenant le nom de deux associés peut rester la raison de commerce de l'associé qui garde le fonds après dissolution de Société. Cette dernière raison de commerce peut même être cédée, avec le fonds, à une Société ou à un simple particulier, avec obligation d'y ajouter la désignation de l'acquéreur.

En Portugal, la loi permet l'enregistrement, avec publicité spéciale, des *noms industriels et commerciaux*, indépendamment du dépôt des marques et des autres dépôts auxquels sont assujettis les commerçants ou les Sociétés ; les noms personnels, les raisons commerciales ou firmes, les dénominations de sociétés, les dénominations et même les noms de fantaisie et les noms d'immeubles sont compris indistinctement dans l'expression ci-dessus et soumis aux mêmes règles. Cependant les noms de personnes, qui ne sont pas ceux des propriétaires de l'établissement, les dénominations spécifiques ou de fantaisie et les noms d'immeubles ne deviennent « nom industriel ou commercial » constituant une propriété exclusive qu'autant qu'ils sont enregistrés. Les noms enregistrés deviennent une propriété dont le transfert, comme celui des noms originairement dispensés d'enregistrement, peut être effectué partous les modes admis en droit et doit être enregistré pour produire tous ses effets en faveur du cessionnaire ; sauf stipulation contraire, le principe est que le nom demeure attaché à l'établissement, lorsque celui-ci change de propriétaire ; l'enregistrement entraîne le paiement d'une taxe ; de même le transfert, sauf en cas de transmission par succession naturelle ; la propriété des noms enregistrés est garantie par une durée indéfinie.

L'ensemble du système est, on le voit, aussi complet que le système relatif à l'enregistrement des firmes en Allemagne, il embrasse même plus d'objets, dont, pour quelques-uns, l'enregistrement n'est d'ailleurs obligatoire qu'en cas de cession et dont certains ne constituent une propriété exclusive que moyennant enregistrement ; l'enregistrement confère la propriété perpétuelle du nom aux propriétaires successifs ; mais la loi ne dit pas, comme en Allemagne, que la firme composée des noms des fondateurs d'une maison continue, à la condition que tous les changements de titulaires soient enregistrés, à servir de signature commerciale aux propriétaires successifs de l'établissement.

En Roumanie, une loi des 18-30 mars 1884 prescrit l'enregistrement obligatoire des firmes de tous commerçants possédant des établissements d'une certaine importance.

En Russie, lisons-nous dans le *Recueil général des lois* concernant la propriété industrielle publié par le Bureau de Berne, le mot *firme* a plusieurs sens et la loi ne lui en attribue aucun d'une façon précise ; il semble comprendre à peu près tout ce que la loi portugaise comprend dans la catégorie des « noms industriels et commerciaux ». En Russie, voyons-nous à la page 404 du Recueil que nous venons de citer, la pratique administrative admet la cession des raisons commerciales, mais exige que le successeur signe de son propre nom ou indique celui-ci à côté de la raison cédée sur tous documents, actes ou autres papiers relatifs à son commerce.

La Suède (loi du 13 juillet 1887) a consacré, comme les pays que nous avons déjà cités, l'institution du registre de commerce. En principe, le nom de famille de tout commerçant doit y être inscrit, avec ou sans prénoms, à titre de firme. La raison de commerce d'une Société (en nom collectif) ne peut, comme en France la raison sociale, contenir que des noms d'associés ; s'il y a commandite, cette particularité doit être indiquée. Comme en Danemark, la veuve, le mari ou les héritiers peuvent continuer le commerce sous la raison commerciale de leur auteur ; de même, l'associé resté seul peut, sauf refus de consentement de la part de celui-ci ou de ses héritiers, continuer l'usage de l'ancienne raison sociale, et, dans tous les autres cas, la raison de commerce ne peut être cédée qu'avec obligation, pour l'acquéreur, d'y faire une addition indiquant le fait de la cession.

Ajoutons que la loi suédoise (art. 14), comme la loi danoise, pousse très loin la rigueur des principes en matière de signature, en exigeant qu'au cas où, dans une société de commerce, la signature sociale appartient à plusieurs associés, chacun d'eux ne puisse l'employer « qu'en signant son nom en sus de celui de la raison sociale », de sorte qu'une lettre de change ne peut pas être considérée comme engageant la Société, si elle ne répond pas à cette exigence (Recueil de lois précité, t. 1er, p. 187).

Nous trouvons encore, finalement, le registre de commerce en Suisse. Mais la loi suisse ne réglemente que partiellement l'usage des raisons commerciales, et ses prescriptions ne tendent qu'à permettre aux commerçants et aux industriels d'empêcher, d'une façon certaine, un concurrent portant le même nom de se servir de ce nom sans « une adjonction qui le distingue nettement de la raison déjà inscrite ». La question de la cession des raisons de commerce n'est pas traitée par la loi ; mais la jurisprudence applique des principes analogues à ceux qu'ont adoptés plusieurs autres pays ; en particulier il est admis que l'acquéreur d'un fonds de commerce peut, du consentement au moins tacite de son prédécesseur ou des héritiers de celui-ci, ajouter à sa propre raison commerciale l'indication de celle du prédécesseur.

✲
✲ ✲

Nous ne nous prononcerons pas sur la question de savoir si l'on peut considérer l'expression « le nom commercial », qu'emploie seule l'article 8 de la Convention du 20 mars 1883, comme comprenant implicitement les firmes ou raisons de commerce composées de noms de prédécesseurs et les déclarant protégées *sans obligation de dépôt*, soit lorsqu'elles sont employées seules, soit quand elles font partie d'une marque de fabrique ou de commerce.

Il nous suffira de constater que le dépôt des firmes est utile et que l'emploi courant des firmes comme constituant en quelque sorte l'état civil d'une maison et comme signature commerciale des propriétaires ou gérants de cette maison, ne peut être consacré par les lois de chaque pays que moyennant ce dépôt et la création d'un registre public *ad hoc*. Cette constatation ne saurait en rien gêner l'application de l'article 8, qui pourra être considéré comme protégeant les noms et les firmes, même si le dépôt de celles-ci n'est pas obligatoire ou en attendant qu'il le devienne (1).

Nous ne croyons pas avoir besoin de faire ressortir les avantages que les commerçants, les industriels ou les propriétaires d'exploitations diverses, d'une part, et le public, de l'autre, peuvent avoir à tirer de la généralisation de l'usage des firmes conformément aux règles indiquées ci-dessus, en un mot de la pérennité ou, si l'on veut, de la perpétuité des noms d'établissements et des

---

(1) Rappelons toutefois que, lors de la discussion du projet de Convention internationale à la Conférence de Paris (Séance du 11 novembre 1880), le président, M. Bozérian, sur une question à lui posée, a précisé que le but de l'article était « de faire protéger le nom comme étant une propriété de droit commun ». Ces expressions ne pouvaient évidemment pas se rapporter aux raisons de commerce, pouvant comporter d'autres noms que ceux de leurs propriétaires, dont parlait le rapporteur de la loi de 1824.

signatures commerciales conformes à ces noms quand ces noms correspondent à ceux des fondateurs et que ceux-ci ont consenti à en permettre l'usage à leurs successeurs ; mais nous pensons que la consécration de cet usage par les lois exige la publicité la plus large donnée aux créations de raisons de commerce et aux mutations qui surviennent dans la propriété des fonds qu'elles serviront à désigner : la loi allemande énumère les cas où de nouvelles mentions doivent être inscrites sur les registres du commerce à la suite de l'enregistrement de chaque firme.

L'enregistrement, d'ailleurs, doit être complété par la seule mesure qui permette de porter utilement à la connaissance de tous, les mentions inscrites sur le registre, c'est-à-dire par la publicité dans les journaux, comme les journaux d'annonces légales ou même un journal officiel. M. Frey-Godet, du bureau de Berne, dans la note qu'il a remise à la Commission d'organisation, conclut dans le même sens.

L'adoption de ces mesures en France ne devrait en rien porter atteinte aux règles existantes qui protègent, en matière commerciale comme au point de vue du droit civil, le nom individuel : le nom d'un commerçant, la raison sociale d'une Société commerciale, composée soit du nom de tous les associés, soit du nom de certains d'entre eux suivi de l'indication « et Cie », doivent continuer d'être protégés sans obligation de dépôt, « comme propriété de droit commun » ; la nouvelle réglementation ne devrait s'appliquer, d'une façon obligatoire, qu'aux raisons de commerce ou firmes destinées à être transmises aux successeurs de ceux qui en auront les premiers fait emploi.

Nous ne croyons pas, d'ailleurs, qu'il y ait lieu dès lors, comme le pense M. Raoul Chandon, dont les observations nous ont été communiquées, et avec qui nous sommes d'accord pour le surplus, d'imposer aux successeurs l'obligation de faire suivre, sur leurs papiers de commerce, le nom de leur prédécesseur de leur propre nom, *lorsqu'il s'agira d'une raison de commerce enregistrée*. Cette exigence se comprendrait, pour que les tiers ne fussent pas trompés, dans les pays où le registre du commerce n'existerait pas. Mais cette obligation devient inutile dès que, facilement, sur un registre ouvert à tous, déposé dans un lieu connu, dont les mentions sont reproduites dans des journaux, dans des annuaires, chacun peut se renseigner sur l'identité des chefs d'une entreprise commerciale et la constater officiellement. L'avantage est même certain : personne ne pourra être ni se prétendre trompé par des manœuvres tendant à faire croire que l'entreprise n'a pas changé de propriétaire, et la manœuvre inverse, celle que pratiquent couramment les concurrents qui essaient de jeter, aux yeux de la clientèle, injustement le plus souvent, la défaveur sur une maison dont les nouveaux propriétaires sont jeunes, en les représentant comme inexpérimentés, se trouvera déjouée ; le maintien de la firme, son emploi par les titulaires successifs comme signature commerciale, apparaîtront tout à la fois au public acheteur et aux commerçants en relations, comme

7

fournisseurs ou autrement, avec une maison, comme une garantie de la continuation des traditions de cette maison et chacun y trouvera profit. C'est ainsi que peut, mieux qu'avec les anciennes pratiques françaises, se maintenir la réputation de ces vieilles maisons de commerce qui sont couramment désignées par le nom de leur fondateur et dont la prospérité, tant que ceux qui sont à leur tête n'ont pas démérité en commettant des fautes dont de toute manière ils subiront les conséquences, intéresse au plus haut degré la localité même où leur industrie est établie et sert par répercussion les intérêts économiques de tout un peuple.

Nous croyons fermement qu'il y a un intérêt réel à ce que cette pratique se généralise, sous le couvert des lois, et que, même au point de vue du commerce international, il ne peut être qu'avantageux, pour tous, que la raison de commerce des maisons de quelque importance reste invariable et se transmette telle quelle aux titulaires successifs des fonds, comme les enseignes, les marques et autres signes quelconques qui caractérisent ceux-ci.

Nous soumettons, en conséquence, les conclusions suivantes à l'approbation du Congrès (1) :

Il y a lieu de définir le *Nom commercial* : le nom, individuel ou collectif, simple ou composé, sous lequel les commerçants, industriels ou exploitants exercent les actes de leur commerce, industrie ou exploitation.

La *Raison de commerce* ou *Firme*, qui est comme le nom d'un établissement, peut être définie : la dénomination spéciale sous laquelle un établissement industriel ou commercial, une exploitation agricole, forestière ou extractive, sont exploités.

La raison de commerce peut se composer des noms d'anciens propriétaires du fonds, quand ces derniers y ont consenti. La raison de commerce ainsi établie doit pouvoir être indéfiniment employée par les successeurs pour désigner le fonds et comme signature commerciale.

L'établissement et tous changements de propriétaires d'une raison de commerce doivent être en pareil cas obligatoirement constatés sur des registres publics. Les dépôts et changements devront en outre être publiés dans les

---

(1) La formule est empruntée partiellement au texte de la proposition de loi présentée au Sénat français en 1888 concernant les marques, noms commerciaux, raisons de commerce et lieux de provenance (Rapport de M. Dietz-Monin, annexé au procès-verbal de la séance du 11 novembre 1890).

journaux d'annonces légales, ou dans un journal officiel.

Au point de vue international, l'enregistrement régulier effectué au lieu du principal établissement fera preuve suffisante de la propriété.

Le nom commercial qui ne comprendra que les noms des propriétaires d'un fonds devra être protégé sans obligation d'enregistrement.

SECTION III
Marques de fabrique, etc.

———

Question VI

Annexe I.

Observations

sur le Nom Commercial et la Raison de Commerce, au point de vue suisse,

par

Ch. Vuille,
Avocat à Genève.

A. — Y a-t-il lieu de définir le nom commercial et la raison de commerce ?

La forme même sous laquelle cette question est libellée la place d'emblée sur son véritable terrain au point de vue du droit suisse.

Il est impossible en Suisse de définir le nom commercial par rapport à la raison de commerce, parce que ces deux notions se confondent absolument, ou, pour mieux dire, le nom commercial n'existe pas en Suisse. La loi appelle « raison de commerce » le nom sous lequel un individu ou une société d'individus fait le commerce ; on peut donc dire que ce qu'on appelle en France le nom commercial s'appelle légalement en Suisse la raison de commerce et que la dénomination française de « nom commercial » ne correspond en Suisse à aucune notion précise.

D'autre part, les mots « raison de commerce » n'ont pas le même sens en Suisse qu'en France. Tandis qu'on entend en France par « raison de commerce » toute désignation distincte d'un établissement commercial, tels que : le « Bon Marché », le « Printemps », etc., la loi suisse comprend uniquement sous cette dénomination le nom sous lequel une ou plusieurs personnes font le commerce et signent les engagements qui y sont relatifs. La loi suisse a même si strictement précisé ce que doit être la raison de commerce qu'elle a prescrit d'une façon impérative la manière dont la raison de commerce doit être composée, suivant qu'une seule ou plusieurs personnes sont à la tête de la maison et suivant la nature de la société qu'elles constituent entre elles (art. 867, 869 à 873 du Code des Obligations).

Toutes les raisons de commerce doivent être inscrites au registre du commerce et le préposé au registre doit même exiger d'office que les raisons de commerce dont l'inscription est requise soient constituées conformément à la loi.

Sans vouloir entrer plus avant dans les détails d'organisation concernant les raisons de commerce, leur inscription au registre du commerce et leur publication dans un journal officiel, qu'il nous suffise d'avoir démontré que la raison de commerce correspond en Suisse à une notion très étroite et très strictement régie par les dispositions légales.

Comment désignera-t-on alors en Suisse les désignations commerciales telles que : « Au Bon Marché », « Au Printemps », etc., que l'on appelle en France des raisons de commerce ? Ce sont, en Suisse, de simples enseignes ; elles ne sont point dépourvues de protection pour cela, mais sont régies par les articles 50 et suivants du Code des Obligations qui correspondent aux articles 1382 et suivants du Code civil français : c'est le droit commun.

(Voir la jurisprudence et notamment l'arrêt du Tribunal fédéral de juin 1900 dans l'affaire Old England contre New England.)

La protection des raisons de commerce est régie par les articles 868 et 876 et 50 et suivants du Code des Obligations. Toute raison de commerce inscrite au registre est protégée d'une façon exclusive au profit du titulaire ; ce dernier a une action en interdiction d'usage et en dommages-intérêts contre tout tiers qui se servirait indûment de cette raison. Un homonyme qui voudrait s'établir dans la même localité est tenu d'ajouter à son nom une adjonction qui le distingue nettement de la raison déjà inscrite.

Quelle est maintenant la relation de la raison de commerce avec la marque de fabrique ?

Ce sont, en droit, des notions absolument distinctes : la marque de fabrique est un signe qui sert à marquer les produits d'un établissement déterminé : elle est régie par une loi spéciale du 26 septembre 1890 comportant des sanctions civiles et pénales. La raison de commerce, d'autre part, est — nous l'avons dit — le nom sous lequel un ou plusieurs commerçants ou une société commerciale exercent leur commerce : la raison de commerce est régie par le Code des Obligations qui ne comporte que des sanctions civiles. La marque et la raison de commerce sont donc des fonctions différentes, régies par des lois différentes comportant des sanctions différentes.

Toutefois, en légiférant sur les marques de fabrique, le législateur fédéral a entendu donner une sanction nouvelle à la protection des raisons de commerce et c'est pourquoi il a considéré en premier lieu comme marques les raisons de commerce. Toute raison de commerce régulièrement inscrite au registre du commerce est au bénéfice de la loi sur les marques et cette dernière doit être appliquée à toute tentative qui serait faite d'employer la raison de commerce d'un concurrent pour marquer des produits qui ne sortent pas de ses ateliers. En outre, détail significatif, tandis que tous les autres signes qui peuvent servir de marques doivent être préalablement enregistrés dans le registre fédéral des marques de fabrique à Berne, les raisons de commerce ne sont pas astreintes à cette formalité ; elles sont protégées de plein droit comme marques, du seul fait de leur enregistrement au registre du commerce du lieu où leur titulaire a son établissement commercial.

Tel est en Suisse le régime et la protection des raisons de commerce. Nous terminons ce paragraphe en précisant comme suit les distinctions que comportent les trois notions de marque, raison de commerce et enseigne :

La marque est un signe distinctif apposé sur le produit ou sur son emballage afin d'en distinguer la provenance ; elle est protégée par la loi fédérale sur les marques de fabrique et de commerce du 26 septembre 1890.

La raison de commerce est le nom sous lequel une ou plusieurs personnes exercent leur commerce ; cette raison est strictement régie par le Code fédéral des Obligations quant à sa composition, son inscription au registre du commerce et sa protection ; en outre, la raison de commerce est protégée comme marque de fabrique du seul fait de son inscription au registre du commerce.

Enfin toute autre désignation d'une maison de commerce n'est, en droit suisse, qu'une enseigne, et elle bénéficie à ce titre, en vertu d'une jurisprudence constante, de la protection contre la concurrence déloyale, assurée par le droit commun (art. 50 et suiv. du Code des Obligations).

B. — Y a-t-il lieu d'admettre qu'on puisse faire le commerce sous le nom de son prédécesseur avec le consentement de celui-ci ? Quelles mesures à prendre pour éviter les fraudes (registre de commerce ; publication dans les journaux) ?

La loi suisse ne permet pas au successeur de faire le commerce sous le nom de son prédécesseur. Elle a posé, en effet, le principe absolu que pour figurer dans la raison de commerce, il faut être associé indéfiniment responsable.

Un négociant ne pourra donc utiliser la raison sociale de son prédécesseur qu'en indiquant clairement et nettement qu'il est successeur.

« Celui qui succède, dit le Code fédéral des Obligations, par
» acquisition ou autrement, à un établissement déjà existant, est
» soumis aux dispositions qui précèdent sur la raison de commerce.
» Il peut toutefois indiquer dans sa raison *à qui il succède*, s'il y
» est autorisé expressément ou tacitement par son auteur ou par
» les héritiers de son auteur. »

3

La traduction plus exacte du texte allemand signifie que le successeur peut *ajouter à sa raison une mention indiquant...*

Cette disposition nous semble donner toute sécurité pour éviter les fraudes, tout en garantissant suffisamment au successeur les avantages attachés à l'utilisation d'une ancienne raison sociale. Le successeur a le droit (à moins d'une interdiction formelle) de mentionner la maison à laquelle il succède ; il peut faire figurer le nom de l'ancienne maison sur ses enseignes, factures, papiers de commerce, etc. ; mais il doit composer sa maison de commerce conformément aux exigences de la loi, ce qui évite toute fraude et ce qui met clairement en évidence, aux yeux du public, le nom du titulaire actuel de la maison.

Nous ne pouvons que nous joindre absolument sur ce point aux considérations que M. le comte de Maillard de Marafy, dans son commentaire du programme, fait valoir à l'égard de l'utilité de l'institution du registre du commerce et applaudir aux efforts faits depuis tant d'années par l'Union des Fabricants pour doter la France de cette importante institution. Tel qu'il a été créé et doté en Suisse, le registre du commerce représente pour les commerçants ce que sont pour les particuliers les registres de l'état civil.

C'est un rouage, en définitive, fort simple et qui fournit aux tiers les plus précieuses garanties en les renseignant exactement sur la constitution des établissements commerciaux qui exercent leur activité en Suisse, les personnes qui sont à leur tête, l'importance des commandites et le nom des commanditaires, les pouvoirs des personnes qui engagent la société, les clauses intéressantes des statuts pour les sociétés, etc.

Il n'existe pas en Suisse de registre central du commerce : chaque canton a son registre, qui est public ; tous les renseignements sont donnés verbalement et gratuitement par le préposé au registre ; on peut aussi obtenir des extraits écrits moyennant une minime rétribution. Il paraît, au surplus, par les soins du Département fédéral du Commerce, une *Feuille officielle suisse du Commerce* qui publie, au fur et à mesure de leur inscription, toutes les raisons de commerce et toutes les marques de fabrique nouvelles.

Les détails d'organisation du registre du commerce sont régis par un règlement du 6 mai 1890.

SECTION III

Marques de fabrique et de commerce, Nom commercial, Noms de localités, Diverses formes de la concurrence illicite.

Question VII

Noms de localités. — Quelles sont les meilleures dispositions à introduire dans la législation intérieure de chaque pays pour assurer la protection des noms de localités?

Rapport

par

Ch. Fère,

Directeur de la Compagnie fermière de l'Etablissement thermal de Vichy, Président de l'Union des fabricants.

Sur cette question, deux communications ont été adressées à la Commission d'organisation :

L'une émane de M. Raoul Chandon, associé-gérant de la maison Moët et Chandon, membre de la Chambre de commerce de Reims.

Il rappelle que le Congrès de 1889 avait voté une résolution interdisant « toute indication mensongère du lieu de provenance d'un » produit, qu'il s'y joigne ou non un nom commercial fictif ou em- » prunté dans une intention frauduleuse ». Le Congrès laissait à chaque Etat le soin d'organiser les mesures nécessaires pour prévenir ou réprimer la fraude. Ce sont ces mesures, dit M. Chandon, qu'il s'agit aujourd'hui de déterminer. Il demande avec énergie qu'on ne puisse faire usage d'un nom de localité que pour les produits qui y ont été *récoltés* ou *fabriqués*, et s'élève contre l'idée d'étendre cette faculté au cas où le producteur, quoique récoltant ou fabriquant ailleurs, aurait un établissement de commerce dans la localité.

L'auteur de la seconde communication est M. Frey-Godet, du Bureau de Berne.

La loi française de 1824 lui paraîtrait suffisante pour protéger les noms de localités si elle ne s'appliquait pas uniquement aux noms apposés sur les *produits fabriqués*. Il est d'avis que toute fausse indication de provenance directe ou indirecte doit être réprimée, qu'elle se rapporte au lieu de fabrication ou au siège du commerce. De même l'emploi de fausses indications de provenance doit être puni, non seulement quand ces indications sont apposées sur des produits, mais encore quand elles se trouvent sur des papiers d'affaires, enseignes, etc. Il demande enfin que l'on puisse agir en justice, en dehors de tout dommage causé, aussi bien par une action pénale que par une action civile.

On voit que nos deux honorables correspondants se rencontrent dans le même désir d'une protection plus étendue et mieux assurée des noms de localités.

C'est d'ailleurs la tendance bien marquée de la science juridique internationale qui, depuis vingt ans, n'a pas cessé de se préoccuper des améliorations à introduire dans les conventions diplomatiques et dans la législation de chaque pays, pour élargir et fortifier cette protection.

Dès la première conférence de revision de la Convention du 20 mars 1883, en 1886 à Rome, le remaniement de l'article 10 était discuté.

A la seconde revision, en 1891, les jurisconsultes éminents réunis à Madrid consacraient le premier protocole du Nouvel Arrangement à une heureuse transformation de cet article. Au principe posé en 1883, sous une forme un peu sommaire, le protocole ajoutait des dispositions étendant son application à la fausse indication indirecte, autorisant la saisie des produits, non seulement à l'importation mais à l'intérieur même des pays où ils seraient introduits, excluant enfin les appellations régionales de provenance des produits vinicoles du droit laissé aux tribunaux de chaque pays de déterminer les appellations qui, à raison de leur caractère générique, échapperaient aux dispositions de l'Arrangement (ce qui laissait entendre dans quel esprit de ferme protection ce droit devait être exercé par ces tribunaux pour les autres produits).

De l'avis de tous, ce premier protocole a été l'œuvre maîtresse de la Conférence de Madrid.

Entre temps, le Congrès réuni à Paris en 1889, dans une circonstance semblable à celle d'aujourd'hui, avait discuté, dans un sens presque unanime, le premier paragraphe de l'article 10 de la Convention de 1883 et avait voté une résolution faisant disparaître la restriction si fâcheuse contenue dans ce paragraphe. C'est la résolution rappelée par M. Chandon.

Le Congrès actuellement réuni ne fera donc que suivre la tradition des grandes réunions internationales précédentes en réservant une large place dans ses délibérations à la question des indications de provenance. Ses décisions auront un retentissement certain dans chaque pays. Elles aideront puissamment aux réformes législatives qui sont en voie de réalisation dans plusieurs, et en provoqueront dans d'autres.

Un rapide coup d'œil sur le régime législatif des divers Etats en matière de fausse indication de provenance permettra de se rendre compte des progrès accomplis ou restant à faire.

En Allemagne, les dispositions se rapportant à la fausse indication de provenance sont contenues dans la loi du 27 mai 1896 sur la concurrence déloyale.

D'après l'article 1, alinéa 1, de cette loi : « Quiconque, par des annonces publiques ou par des communications destinées à un grand nombre de personnes, aura fourni... sur la manière dont on s'est procuré les marchandises (c'est-à-dire produits naturels ou artificiels), ou sur la source d'où on les a tirées (*bezugsquelle*)... des indications fausses, susceptibles de donner à l'offre une apparence plus avantageuse, pourra être actionné en suppression de ces fausses indications. Cette action peut être exercée par toute personne qui fabrique ou lance dans le commerce des produits similaires ou d'un genre analogue ou par des associations ayant pour objet le développement des intérêts industriels, pourvu que ces associations soient qualifiées pour ester en justice ; cette action est indépendante de celle de droit commun en dommages-intérêts pour le préjudice causé, à condition que l'auteur des fausses indications en ait connu ou ait dû en connaître la fausseté. » Toutefois, l'alinéa 3 ajoute que « les dispositions ci-dessus ne s'appliquent pas à l'emploi de noms qui servent, dans l'usage commercial, à dénommer certaines marchandises sans désigner leur origine ».

L'article 4, alinéa 2, ouvre, à l'occasion des mêmes faits, une troisième voie judiciaire : l'action pénale qui peut aboutir à une amende de 1 500 marks et, en cas de récidive, à un emprisonnement de six mois.

Il est bon de remarquer que l'expression *bezugsquelle*, employée dans l'article 1, ci-dessus rapporté, s'applique aux indications de provenance de toutes espèces, par conséquent aussi à celles ayant un caractère géographique.

Une autre loi du 12 mai 1894, sur les marques, dans son art. 16, punit d'une amende de 150 à 5 000 marks ou d'un emprisonnement pouvant aller jusqu'à six mois « celui qui applique faussement sur
» des marchandises ou leur emballage, ou leur enveloppe, ou sur
» des réclames, des tarifs, lettres de commerce, lettres de voiture,
» factures, etc., les armes d'un Etat, ou le nom ou les armes d'une
» localité, d'une commune ou d'une autre agglomération commu-
» nale dans le but d'induire en erreur sur la nature et la valeur
» de la marchandise, ou celui qui, dans le même but, lance sur le
» marché ou met en vente des marchandises portant des marques
» de cette nature ».

En Autriche, il n'existe pas de législation spéciale sur les fausses indications de provenance. Un projet de loi a été déposé par le Gouvernement en 1896. Il a rencontré sur certains points une vive opposition, notamment de la part de l'Association autrichienne pour la protection de la propriété industrielle (1), et n'a pas jusqu'à ce jour abouti. Sa principale disposition, en ce qui touche les indications de provenance, est la suivante : « Quiconque revêt sciemment » des marchandises ou leur emballage, ou leur enveloppe, d'une » indication fausse relative à la provenance locale d'une marchan- » dise et en particulier du nom ou des armoiries d'un Etat; qui- » conque vend, met en vente, ou d'une autre manière lance dans » la circulation des marchandises revêtues d'une fausse indica- » tion de provenance de cette nature ; enfin, quiconque fait sciem- » ment usage de fausses indications de provenance dans des » annonces, lettres d'affaires, prix courants, factures, lettres de » voiture et autres imprimés usités dans le commerce, se rend » coupable d'un délit et peut être frappé d'une amende de 5 à 500 » florins pouvant se cumuler avec un emprisonnement d'une » semaine à trois mois. »

Au Brésil, un décret du 3 novembre 1897 (2) prohibe : l'importation et la fabrication d'étiquettes destinées à des boissons ou autres produits nationaux dans le but de les vendre comme s'ils étaient des produits étrangers; la mise en vente de préparations pharmaceutiques sans la déclaration du nom du fabricant, du produit et du lieu de provenance; la mise en vente des marchandises ou produits manufacturés nationaux sous une étiquette en langue étrangère.

Aux Etats-Unis, c'est par mesures préventives que procède le législateur dans l'Act du 28 août 1894 dont les sections V et VI disposent :

« *Section V.* — Tous articles de fabrication étrangère qui ha- » bituellement sont marqués, timbrés, marqués au feu ou étiquetés » et tout colis contenant de tels articles ou d'autres articles impor- » tés devront chacun être nettement marqués, timbrés, marqués » au feu ou étiquetés en mots anglais lisibles, de façon à indiquer » leur pays d'origine... et ne seront pas délivrés à l'importation » avant d'avoir été ainsi marqués, timbrés, marqués au feu ou » étiquetés.

» *Section VI.* — Tout article importé sur lequel seront copiés » ou imités le nom ou la marque de fabrique d'une fabrique ou d'un » fabricant nationaux ne sera admis à l'entrée par aucun bureau » de douane des Etats-Unis. »

Il faut ajouter à ces dispositions la circulaire du 14 février 1898 (3), d'après laquelle « les officiers de douane doivent refuser

(1) Voir *Propriété industrielle*, de Berne, 1897, p. 12 ; *Conférence austro-alle- mande de la Propriété industrielle*, Berlin, 1896; rapport de M. Schuloff au Congrès de Vienne, *Annuaire de l'Association internationale pour la protection de la Pro- priété industrielle*, t. 1er, p. 369.
(2) *Propriété industrielle*, 98, 18.
(3) *Propriété industrielle*, 98, 117.

» l'entrée à tous les articles portant le nom d'un fabricant national
» bien connu, ou un nom fictif étant censé être celui d'un fabricant
» national, ou les mots « Etats-Unis », ou le nom d'un Etat, d'une
» cité ou d'une ville des Etats-Unis, étant indifférent que le nom
» du pays d'origine étranger figure ou ne figure pas sur lesdits ar-
» ticles. Le nom de l'importateur ou du commerçant de ce pays (en
» dehors des cas prévus plus haut) peut y figurer si le nom du pays
» d'origine est apposé sur les articles d'une manière tout aussi
» visible. »

La France est toujours régie par la loi du 28 juillet 1824, qui
constituerait une protection sérieuse contre les usurpations des
noms de localité si elle ne contenait une malheureuse lacune en ce
qui concerne les produits naturels.

D'après cette loi :

« Quiconque aura soit apposé, soit fait apparaître par addition,
» retranchement ou par une altération quelconque sur des objets
» fabriqués... le nom d'un lieu autre que celui de la fabrication
» sera puni des peines portées en l'article 423 du Code pénal (1)
» sans préjudice des dommages-intérêts, s'il y a lieu.

» Tout marchand, commissionnaire ou débitant quelconque
» sera passible des effets de la poursuite lorsqu'il aura sciemment
» exposé en vente ou mis en circulation des objets marqués de
» noms supposés ou altérés. »

Il faut y ajouter, comme mesure de protection nationale, l'article 19 de la loi du 23 juin 1857, ainsi conçu :

« Tous produits étrangers portant soit la marque, soit le nom
» d'un fabricant résidant en France, soit l'indication du nom ou du
» lieu d'une fabrique française, sont prohibés à l'entrée et exclus
» du transit et de l'entrepôt et peuvent être saisis en quelque lieu
» que ce soit, soit à la requête du ministère public ou de la partie
» lésée. »

Dans le même ordre d'idées on peut citer la loi du 11 janvier
1892 dont l'article 5 prohibe à l'entrée, exclut de l'entrepôt, du
transit et de la circulation tous produits étrangers, naturels ou fabriqués portant soit sur eux-mêmes, soit sur des emballages, caisses,
ballots, enveloppes, bandes ou étiquettes, etc., une marque de
fabrique ou de commerce, un nom, un signe ou une indication
quelconque de nature à faire croire qu'ils ont été fabriqués en
France ou qu'ils sont d'origine française.

Cette disposition s'applique également aux produits étrangers,
fabriqués ou naturels, obtenus dans une localité de même nom
qu'une localité française, qui ne porteront pas, en même temps que
le nom de cette localité, le nom du pays d'origine et la mention
« importé » en caractères manifestement apparents.

---

(1) Emprisonnement de 3 mois à 1 an et amende qui ne pourra pas excéder
le quart des restitutions et dommages-intérêts ni être au-dessous de 50 francs.

On peut encore rattacher à notre matière une toute récente loi du 1er juin 1899, article 2 (1) qui prohibe à l'entrée, exclut de l'entrepôt, du transit et de la circulation tous vins étrangers ne portant pas sur les récipients une marque indélébile, indicatrice du pays d'origine. D'après une circulaire de la Direction générale des douanes, la loi doit être interprétée en ce sens que l'absence d'indication de provenance ne constituera ni une contravention fiscale, ni une infraction au droit commun. La douane n'aura simplement qu'à s'opposer à l'enlèvement de la marchandise.

La Grande-Bretagne a introduit dans sa législation, par le « Marchandise Marks Act » de 1887, un ensemble de dispositions très importantes, trop étendues pour pouvoir être intégralement reproduites, mais qui peuvent se résumer ainsi :

La fausse désignation commerciale, et sous cette expression l'Act classe toute fausse indication du lieu ou du pays où les marchandises ont été faites ou produites, est punie d'amende, d'emprisonnement avec ou sans travaux forcés, de confiscation. En outre, une action en dommages-intérêts est ouverte aux acheteurs contre les vendeurs. L'importation de marchandises portant une fausse indication commerciale est prohibée. La preuve de la bonne foi est à la charge du défendeur.

Cette législation a soulevé, à l'origine, beaucoup de protestations à l'étranger et même à l'intérieur, mais elle a fini par faire ses preuves dans le domaine de la pratique (2). Quelques atténuations y ont été apportées sur certains détails d'application par un mémorandum du 20 janvier 1898 (3) qui résume les instructions de la douane concernant « les marques qui figurent sur les marchandises importées pour la consommation intérieure » ; et par une ordonnance du 6 juillet 1898 (4) qui dispense de contrôle, à moins de dénonciation, les marchandises transbordées dans l'intérieur d'un pays.

A l'heure actuelle, il existe en Angleterre un fort mouvement d'opinion pour obtenir une extension de la loi tendant à rendre obligatoire, comme aux Etats-Unis, l'indication, sur toutes les marchandises importées, d'une mention faisant connaître leur origine étrangère, sauf pour les marchandises que les règlements des Commissaires excluraient de cette disposition parce qu'elles ne seraient pas, en pratique, susceptibles d'être marquées.

L'Espagne n'a pas, à l'heure actuelle, de loi sur la matière, mais les pouvoirs publics sont saisis d'un important projet.

L'Italie n'a que des dispositions générales inscrites dans son Code pénal, articles 295 et 297, et punissant la tromperie sur la nature de la chose vendue.

---

(1) *Propriété industrielle*, 1899, 75.
(2) Voir rapport Iselin au Congrès de Vienne, *Annuaire de l'Association internationale de la Propriété industrielle*, t. Ier, p. 279.
(3) *Propriété industrielle*, 1898, 35.
(4) *Propriété industrielle*, 1899, 57.

En Portugal, un décret du 15 décembre 1894 (1) punit d'une amende de 50000 à 300000 reis, sans préjudice des dommages-intérêts, les importateurs de produits munis de fausses indications de provenance (art. 205). Sont également frappés ceux qui vendent ou mettent en vente de tels produits (art. 207). Des saisies à l'importation sont également organisées (art. 202).

Enfin, la Suisse est maintenant dotée d'une législation spéciale sur les fausses indications de provenance par la loi fédérale du 26 septembre 1890 (2° partie). En voici les principales dispositions :

« Art. 18. — L'indication de provenance consiste dans le nom » de la ville, de la localité, de la région ou du pays qui donne sa » renommée à un produit.

» L'usage de ce nom appartient à chaque fabricant ou produc-» teur de ces ville, localité, région ou pays, comme aussi à l'ache-» teur de ces produits.

» Il est interdit de munir un produit d'une indication de prove-» nance qui n'est pas réelle.

» Art. 20. — Il n'y a pas de fausse indication de provenance » dans le sens de la présente loi :

» 1° Lorsque le nom d'une localité a été apposé sur un produit » fabriqué ailleurs, mais pour le compte d'un fabricant ayant son » principal établissement industriel dans la localité indiquée comme » lieu de fabrication, pourvu toutefois que l'indication de prove-» nance soit accompagnée de la raison de commerce du fabricant » ou, à défaut d'espace suffisant, de sa marque de fabrique dépo-» sée ;

» 2° Lorsqu'il s'agit de la dénomination d'un produit par un nom » de lieu ou de pays qui, devenu générique, indique, dans le lan-» gage commercial, la nature et non la provenance du produit... »

De fortes pénalités, amende et prison, sont édictées contre les délinquants.

L'action civile ou pénale peut être intentée :

» 1° Par tout fabricant, producteur ou négociant lésé dans ses » intérêts et établi dans la ville, localité, région ou pays faussement » indiqué, même par une collectivité, jouissant de la capacité civile, » de ces fabricants, producteurs ou négociants ;

» 2° Par tout acheteur trompé au moyen d'une fausse indication » de provenance. »

De cet aperçu des diverses législations, il ressort que des progrès importants ont été réalisés dans un certain nombre de pays; que ces progrès, dus pour une grande part à l'action persévérante des Congrès et des Associations pour la protection de la Propriété industrielle, encouragent à de nouveaux efforts pour amener d'autres pays à suivre l'exemple des plus avancés et à opérer leurs réformes

---

(1) *Propriété industrielle*, 1895, p. 129.

sous l'influence des mêmes idées générales afin d'aboutir à une relative uniformité de législation.

Il est à désirer du reste que ces idées générales s'inspirent d'une conception plus large encore du principe de protection; qu'elles admettent aux mêmes droits tous les industriels ou producteurs atteints, établis ou non dans la localité ou la région dont le nom - été usurpé; qu'elles ne fassent plus de distinction entre les natioa naux et les étrangers. A tout prendre, n'est-ce pas l'intérêt social, aussi bien que l'intérêt commercial, qui exige que de telles fraudes soient réprimées par tous moyens, car non seulement elles entravent et découragent le commerce honnête, mais causent un dommage bien autrement sensible aux consommateurs trompés.

C'est ce que met parfaitement en évidence l'honorable M. Mintz dans son travail sur les indications de provenance présenté au Congrès de Vienne (*Ann. Ass. int. Propr. ind.*, t. Ier, p. 326). Si, dit-il, une source minérale quelconque usurpe le nom de Carlsbad, assurément, les exploitants de cette dernière en éprouveront un préjudice, mais que sera-t-il en comparaison du dommage subi par le consommateur qui attend de cette eau la santé? — Voilà de quoi justifier l'attribution du droit de poursuite à toutes les catégories de personnes indiquées plus haut ainsi que d'énergiques sanctions pénales.

On pourrait souhaiter aussi de voir se généraliser les mesures prises à l'importation contre les fraudes venues du dehors, à l'exemple des dispositions si fortes de la législation anglaise (1).

Enfin l'intérêt du consommateur, que l'on ne saurait invoquer trop souvent et qui se retrouve encore là étroitement lié à celui du producteur, réclame une disposition qui empêche les noms de provenance de produits naturels connus de tomber à l'état de dénominations génériques. L'identité absolue de deux produits concurrents peut s'admettre pour les produits fabriqués, mais ne peut se concevoir pour les produits naturels. Dès lors, étendre, sans autre raison qu'un abus de langage, le nom de provenance d'un produit naturel connu à toute une catégorie de produits plus ou moins analogues, n'est-ce pas créer des confusions dommageables et parfois dangereuses lorsqu'il s'agit de produits alimentaires, comme les vins, ou médicamenteux comme les eaux minérales?

Dans l'esprit des considérations qui précèdent, il conviendrait de soumettre au Congrès les résolutions suivantes :

I. — Dans la législation intérieure de chaque pays devra être interdite toute fausse indication de provenance de produits *naturels* ou fabriqués, quelle qu'en soit la

---

(1) *Marchandise Marks Act* de 1897, et *Mémorandum* de l'Administration des Douanes du 20 janvier 1898.

forme, qu'elle soit apposée sur le produit même ou qu'elle
figure dans des prospectus, circulaires, annonces, papiers
de commerce quelconques, même si la provenance
usurpée est une provenance étrangère. Cette interdiction
sera frappée d'une sanction pénale et les poursuites
pourront être intentées à la requête de toute personne
intéressée, notamment d'un concurrent ou d'un acheteur,
même étranger.

II. — Devront être prohibés à l'importation dans
chaque pays les produits étrangers qui porteront ou seront
l'objet de telles indications. Tout produit étranger qui
portera le nom ou la marque d'un industriel ou d'un
commerçant d'un pays autre que celui de la fabrication
ne pourra être introduit que s'il porte aussi, en caractères
apparents et indélébiles, le nom du pays de fabrication; si
la marchandise importée porte un nom de lieu identique à
celui d'un lieu situé dans le pays d'importation ou qui en
soit une imitation, ce nom devra être accompagné du nom
du pays où ce lieu est situé.

III. — Il est à désirer que les noms de localités ou régions connues comme lieux de provenance de produits
naturels ne puissent jamais être employés pour désigner
un genre de produits indépendamment de la provenance.

Ces résolutions donneraient satisfaction à M. FREY-GODET, car ses
principaux *desiderata* (répression de toute fausse indication de provenance, directe ou indirecte, apposée même sur des papiers d'affaires, enseignes, etc., et sanction pénale) se trouvent réalisés.

Quant au cas visé par M. Chandon, il bénéficierait du sens général dans lequel est conçue l'interdiction de toute fausse indication
de provenance dans la première résolution.

SECTION III

Marques de fabrique et de commerce, Nom commercial, Noms de localités, Diverses formes de la concurrence illicite.

———

Question VIII

Récompenses industrielles ou honorifiques. — Quelles sont les mesures propres à assurer la protection des récompenses industrielles ou honorifiques et à prévenir les abus que l'expérience a révélés?

La protection des récompenses industrielles ou honorifiques doit-elle être introduite dans les conventions internationales?

Rapport

par

H. Garbe,

Président de la Chambre des agréés près le Tribunal de commerce de la Seine.

———

Les questions relatives aux récompenses industrielles ou honorifiques sont, comme ces récompenses elles-mêmes, le couronnement nécessaire des expositions.

C'est au moment de conférer ces distinctions qu'il est logique de s'occuper des mesures à prendre pour en assurer et maintenir le prestige ; c'est à ce moment qu'elles attirent l'attention du législateur, en temps ordinaire si diversement sollicitée ; c'est à ce moment que s'imposent l'examen des lois qui les protègent et la nécessité de remédier, s'il échet, à l'insuffisance de ces lois.

Nous prendrons comme base de notre étude la législation française sur cette matière et nous examinerons si elle donne satisfaction dans son principe, si elle n'est pas susceptible d'amélioration.

Il est bon de citer, au commencement de cette étude, comme dans le rapport de notre première loi relative aux récompenses, ces remarquables paroles d'un des juristes qui se sont les premiers consacrés aux questions qui nous occupent, paroles où se trouve résumée, avec le programme complet d'une législation à faire, la philosophie même de cette législation.

Voici comment s'exprimait, au Congrès de 1878, M. Willis Bund, avocat, professeur au Collège de l'Université de Londres (1) :

« Il est nécessaire, disait-il, d'envisager la question (des récom-
» penses industrielles ou honorifiques), non seulement au point de
» vue du véritable propriétaire et du public, mais aussi de l'expo-
» sition, des exposants, de l'Etat.

» A tous ces points de vue, il est clair qu'il est de l'intérêt gé-
» néral de restreindre l'usage des médailles d'exposition aux véri-
» tables propriétaires. Si on le fait, les expositions ont un grand
» avenir.

» D'année en année, dans les grandes capitales de l'Europe, de
» l'Amérique, de l'Australie, des colonies anglaises, les expositions
» succèdent aux expositions, imprimant un nouvel essor aux indus-
» tries réunies de l'univers.

» Si, à l'inverse, on permet l'usurpation des médailles d'expo-
» sition, si tous les pays civilisés ne font pas une loi pour mettre fin
» à une fraude qui nuit également à tous, alors pas n'est besoin
» d'être prophète pour prédire que le jour des expositions est passé,
» qu'au lieu d'être des moyens d'exciter les fabricants des divers
» pays à de nouveaux efforts et à de nouveaux triomphes, elles
» tomberont au rang d'exhibitions de fantaisie et de spectacles à
» bon marché, et qu'on ne verra plus dans leurs récompenses que
» des choses à éviter et à craindre, comme tendant à ravaler les
» œuvres du travail humain au-dessous des bijoux de pacotille et
» des marchandises banales des charlatans des places publiques. »

Quand les idées en cours arrivent à une telle expression, on peut dire qu'une législation est faite.

La loi française du 30 avril 1886 était déjà conçue en 1878; il ne lui restait plus qu'à naître.

L'énergie du législateur s'y est inspirée de l'importance des intérêts à défendre.

Jusqu'en 1885, les abus dont les récompenses étaient l'objet, avaient été considérés comme touchant à des intérêts privés et donnaient lieu seulement à des dommages-intérêts.

Dorénavant, ils constituent, en droit comme en fait, une atteinte à l'ordre public ; ils sont élevés à la hauteur de délits et réprimés comme tels.

Loi française du 30 avril 1886.

Voici, en résumé, et dans ses dispositions principales, la législation qui protège actuellement en France les récompenses industrielles ou honorifiques.

---

(1) Voir communication de M. Bund sur les médailles d'exposition (Compte rendu du Congrès de 1878, p. 647).

La loi du 30 avril 1886 punit comme délits :

1° Le fait, par un commerçant, de s'attribuer publiquement une récompense qu'il n'a pas obtenue ;

2° L'application d'une récompense à d'autres objets que ceux pour lesquels elle a été conférée ou l'attribution d'une récompense imaginaire ;

3° L'indication, sur les papiers de commerce d'un commerçant, des distinctions auxquelles il n'a pas droit ;

4° L'absence d'indications relatives à la date des récompenses, à leur nature, à l'exposition ou au concours dans lesquels elles ont été décernées ; le défaut d'indication de l'objet récompensé.

Certains esprits, et non des moindres, ont fait à cette loi des critiques de principe.

Ils l'ont trouvée inutile, ne se rendant pas compte que, à raison de la valeur croissante des distinctions honorifiques, les usurpations dont elles étaient l'objet devenaient une source de profits trop grands pour être compensés par de simples condamnations pécuniaires et civiles.

Ils ont trouvé cette loi excessive, n'admettant pas qu'on réprime pénalement des faits d'ordre privé.

Mais cette opinion est la conséquence d'un raisonnement qui, parfaitement juste en soi, part d'une proposition inexacte à mon avis ; ceux qui la partagent ont peut-être perdu de vue que, au moins en ce qui concerne les concours officiels, il s'agit précisément de mesures d'intérêt général.

Les infractions auxquelles s'attaque le législateur de 1886 ne font pas que nuire aux bénéficiaires des récompenses : elles forcent, en la trompant, la confiance du public ; elles atteignent la collectivité dans un de ses moyens de progrès les plus puissants, l'Etat dans une manifestation de sa souveraineté.

La loi de 1857 a protégé par des dispositions répressives la propriété des marques de fabrique, qui est d'ordre privé ; les distinctions honorifiques, d'ordre plus général et plus élevé, pouvaient-elles être moins favorisées ?

Le principe de la répression justifié une fois de plus, nous allons voir si la loi de 1886 en a su faire un usage suffisant.

Mais, avant de parler d'abus de droits, il est logique, parlant de ces droits eux-mêmes, de rechercher s'il n'en est point qu'on ait oublié de reconnaître et de consacrer.

La loi de 1886 ne s'est pas occupée des expositions collectives.

La loi de 1886 n'a pas réglé l'usage des récompenses décernées à une exposition collective ; elle est muette sur les conditions dans lesquelles les membres de la collectivité peuvent invoquer la distinction conférée à leur œuvre commune, et ce mutisme équivaut pour eux à l'interdiction de s'en prévaloir.

Le rapporteur de la loi s'était pourtant préoccupé de ce point particulier :

« Il arrive parfois, disait-il, que des expositions, au lieu d'être
» individuelles, sont collectives. Dans ce cas, il n'eût pas été juste,
» bien que la récompense soit accordée à la collectivité, d'en inter-
» dire l'usage aux individus qui ont concouru à former cette col-
» lectivité. En conséquence, cet usage sera permis à ces individus,
» à la condition d'accompagner l'indication de ces distinctions des
» mots *exposition collective.* »

La loi de 1886 n'a pas reproduit ces sages dispositions, si bien
que, par une ironie vraiment cruelle, ceux-là mêmes qui ont partiellement mérité une récompense en sont considérés, lorsqu'ils l'invo-
quent, comme les usurpateurs et qu'ils peuvent être poursuivis
comme tels en vertu de la loi qui eût dû les protéger !

Déjà, en 1889, le gouvernement a pris soin de les mettre en
garde par la note suivante communiquée aux journaux :

« Il est utile de rappeler aux exposants que des poursuites
» peuvent être exercées au nom de la loi contre les personnes qui
» s'attribuent des récompenses qu'elles n'ont pas obtenues.

» C'est ainsi que certains exposants ayant fait partie d'une ex-
» position collective s'attribuent à tort la récompense obtenue par
» la collectivité. »

Evidemment on ne saurait laisser subsister plus longtemps un
tel état de choses, non seulement à cause des injustices qui en découlent, mais encore et surtout parce que, en décourageant la collaboration, on menace de tarir la production dans une de ses sources
les plus fécondes.

Il faut, comme cela existe en Suisse, permettre à chaque parti-
cipant d'une exposition collective l'usage de la récompense décernée
à la collectivité, à la condition d'indiquer qu'il n'en est pas le seul
bénéficiaire ; puis, comme le défaut de cette indication équivaudrait,
pour partie au moins, à une usurpation, il faut punir cette omission
en lui appliquant les pénalités édictées à l'article 2 de la loi du 30
avril 1886, les récompenses collectives restant d'ailleurs soumises
aux autres dispositions du même article ainsi que de l'article 4 de
la loi précitée.

La loi de 1886 se trouvera ainsi complétée au point de vue des
intérêts qu'elle avait pour but de sauvegarder.

*
* *

Reste à savoir si les mesures de protection qu'elle a édictées
sont suffisantes.

A vrai dire, il n'en est rien :

— Elle a laissé impunies certaines manifestations de la fraude.

— Elle n'a pas suffisamment pourvu aux moyens efficaces de la
découvrir.

— Elle a, relativement à l'usage de certaines distinctions dites

4

» décorations », laissé planer une incertitude qui a engendré des abus.

— Elle ne s'est point enfin préoccupée du règlement de la question des récompenses en matière internationale.

L'imitation frauduleuse des récompenses n'est pas punie par la loi du 30 avril 1886.

En réprimant l'usurpation des récompenses, le législateur de 1886 n'a pas pris garde qu'il existe pour le fraudeur, à côté de l'usurpation, un procédé moins dangereux, tout aussi simple et non moins fructueux, de s'attribuer les distinctions qu'il n'a pas : l'imitation.

En omettant d'ériger en délit l'imitation frauduleuse des récompenses, le législateur a, pour ainsi dire, détruit toute la partie bienfaisante de son œuvre.

La fraude, se voyant interdire une porte, s'est précipitée par celle qu'on lui laissait ouverte. On ne peut plus usurper les médailles : qu'à cela ne tienne ; on les imitera, et le profit sera le même puisque, usurpée ou imitée, la récompense constituera aux yeux du public un titre valable.

Jamais, plus que depuis 1886, l'imitation frauduleuse des récompenses n'a fleuri.

Les concurrents lésés se sont trouvés désarmés.

La déloyauté criante des abus les incite, malgré tout, à en demander la répression ; l'identité apparente des objets imités et des modèles doit leur permettre, croient-ils, d'invoquer la loi : vain espoir ! Les tribunaux leur répondent, et ils ne peuvent guère faire autrement : il n'y a pas usurpation de médailles, puisqu'il n'y a pas de médailles ; nous ne voyons que des simulacres quelconques, dont aucune disposition légale n'interdit l'usage.

Telle est, en somme, la formule à laquelle se ramène la jurisprudence relative à ces sortes de procès.

Parfois il est arrivé à des tribunaux civils d'atteindre ces fraudes, mais ils l'ont fait, soit en relevant à côté d'elles des faits rentrant dans les prévisions de la loi et justifiant une condamnation (absence d'indication de la date et de la nature de la récompense, Tribunal civil, Poitiers, 11 mars 1889, Picon et Cⁱᵉ, Fairan, *Grand Dictionnaire international de la propriété industrielle*, tome VI, page 298), soit en constatant que les figures incriminées concouraient à une imitation frauduleuse de marque (Tribunal correctionnel, Lyon, 1889, Picon et Cⁱᵉ, Michel, *Grand Dictionnaire international de la propriété industrielle*, tome VI, page 297), et alors ce n'était pas la loi de 1886 qui intervenait dans la répression.

En résumé, la loi de 1886 qui, à raison de son caractère pénal, autorise tout ce qu'elle n'interdit point, a assuré l'impunité à toute une catégorie d'abus.

Le rapporteur de cette loi, plus avisé que ses auteurs, les avait prévus et sanctionnés dans une disposition spéciale ; ils ont été passés sous silence lors de la discussion et de la rédaction.

M. le comte Raoul Chandon de Briailles, dans une note qu'il a communiquée à la Commission d'organisation du Congrès, demande que l'imitation frauduleuse des récompenses soit formellement punie.

La loi de 1886 n'a pas suffisamment pourvu aux moyens
efficaces de découvrir la fraude.

Maintenant, comment s'assurer que telle distinction est usurpée ou faussement appliquée? comment vérifier son authenticité? les conditions dans lesquelles elle a été conférée? comment avoir la preuve, ou simplement la certitude, d'un fait déloyal que l'on dénonce? Si l'on n'a point cette preuve ou cette certitude, l'on s'abstiendra évidemment d'agir, il sera, en principe, téméraire de poursuivre.

Supposons que le délit d'imitation frauduleuse existe, et qu'on soit fondé à se croire en présence d'un tel acte. Parmi les récompenses innombrables distribuées dans des concours de toutes sortes, qui pourrait se flatter de discerner à coup sûr celles qui existent de celles qu'on invente?

Il faut donc que tout le monde puisse obtenir des renseignements indiscutables sur les récompenses dont chacun fait usage, sous peine de réduire à presque rien les dispositions et la portée de la loi du 30 avril 1886.

Un moyen a été trouvé et préconisé depuis nombre d'années déjà par le groupe de l'*Union des Fabricants*, à l'initiative duquel nous devons un grand nombre des innovations réalisées et restant à réaliser dans la législation qui nous occupe en ce moment; moyen bien simple, et en dehors duquel il est d'ailleurs difficile d'en concevoir d'autres : l'inscription des récompenses.

Dès avant 1886, dans un avant-projet élaboré par le groupe que je viens de dire, on montrait la nécessité d'ouvrir au Conservatoire des Arts et Métiers, pour les tenir à la libre disposition du public, des registres spéciaux où les bénéficiaires des distinctions industrielles devraient, avant de s'en prévaloir, faire enregistrer, avec pièces à l'appui, tout ce qui aurait trait à leur obtention, à leur date, aux concours dans lesquels elles auraient été décernées, aux produits qui en auraient été spécialement l'objet.

Cette disposition, d'une importance capitale, qui donnait à la fraude son coup de grâce, n'a point cependant attiré l'attention du législateur de 1886.

Pour démontrer l'impérieuse nécessité qu'il y a à la reprendre, il me paraît juste de laisser la parole au Président même du groupe auquel en revient la paternité.

« Cette lacune, écrit-il, a révélé de tels inconvénients, qu'au » Congrès de 1889 la nécessité de la combler a été signalée de » nouveau. Malheureusement le temps manquait pour approfondir

» la question. Elle a été effleurée à peine et écartée sur cette obser-
» vation faite par un orateur, qu'il est toujours facile de faire les
» vérifications dont il s'agit en consultant la liste des récompenses
» délivrées dans les documents publiés à la suite des expositions.

» Si les circonstances avaient permis d'ouvrir un débat contra-
» dictoire de quelque portée, nous n'aurions pas hésité à intervenir,
» et il nous aurait été facile assurément de prouver que cette ré-
» ponse ne résiste pas au moindre examen.

» En effet, des expositions d'importance plus ou moins grande
» ont eu lieu sur presque tous les points du globe depuis vingt ans.
» Or, on ne trouve les documents relatifs à ces concours parfois
» réduits à un petit nombre d'exposants, dans aucun recueil, dans
» aucune administration.

» Le ministère du Commerce, par exemple, répond invariable-
» ment qu'il n'est pas en mesure de fournir des informations ; bien
» plus : qu'il ne croit pas être tenu de fournir celles qu'il possède,
» et dont il ne saurait prendre la responsabilité, à raison de l'ab-
» sence d'authenticité des documents dans lesquels ils sont puisés.

» Mais cette absence de renseignements sur les innombrables
» concours plus ou moins sérieux qui se sont produits à la suite des
» grandes expositions n'est pas le seul inconvénient que présente
» le défaut d'enregistrement dont nous nous plaignons : le plus
» grave, c'est que les sociétés véreuses qui tiennent boutique ou-
» verte de récompenses industrielles se gardent bien de communi-
» quer au public, sous une forme quelconque, la liste et les titres
» des lauréats.

» Il en résulte que, lorsqu'un commerçant fait figurer sur ses
» prospectus, ses en-têtes de lettres et ses produits une récompense
» aux allures plus ou moins pompeuses, personne n'ose l'attaquer,
» car personne n'est en mesure de savoir d'une façon certaine,
» avant l'introduction d'instance, si le titulaire de cette récompense
» est ou n'est pas en situation de prouver qu'elle lui a été délivrée.

» Il en résulte que ce sont précisément les bénéficiaires de ces
» distinctions de contrebande qui sont, en fait, à l'abri des pour-
» suites. » (Comte de Maillard de Marafy, *Grand Dictionnaire international de la propriété industrielle*, tome VI, pages 299 et 300.)

Voilà des paroles singulièrement autorisées : elles émanent d'un
homme auquel il a été donné par sa situation de reconnaître dans
la pratique même le vice fondamental de la loi de 1886.

Il nous indique les mesures nécessaires à conjurer les maux
qu'il révèle. Il faut recourir à ces mesures, et les sanctionner rigoureusement à raison même de leur importance.

Il faut subordonner à l'inscription l'usage des récompenses, dire
que le droit de s'en prévaloir ne commence qu'à partir de l'inscription, puis, partant de là, considérer comme une usurpation et
punir comme telle tout usage antérieur à cette formalité.

M. RAOUL CHANDON DE BRIAILLES a présenté à la commission d'organisation des observations dans le même sens.

Incertitude résultant de la loi de 1886, *relativement à l'usage des « décorations ». — Abus qui en ont été la conséquence. — Moyens nécessaires pour les supprimer.*

Après avoir établi l'ensemble des dispositions prises ou à prendre pour régler en France l'usage des récompenses industrielles, il est naturel et prudent de nous demander si les dispositions existantes s'appliquent à toutes les récompenses industrielles.

Toute distinction obtenue par un industriel ou un commerçant pourra-t-elle être mentionnée par lui personnellement sur ses papiers de commerce et ses produits?

Toute distinction de même nature pourra-t-elle être invoquée par une maison de commerce en considération de laquelle elle aura été décernée ?

A ne considérer que les termes de la loi de 1886, le seul monument de la législation spéciale qui nous occupe, la réponse ne paraît pas douteuse, « l'usage des distinctions honorifiques *quelconques* décernées dans les expositions ou concours étant permis à ceux qui les ont obtenues personnellement et à la maison de commerce en considération de laquelle elles ont été décernées ».

Il est pourtant certaines récompenses, obtenues dans des expositions ou concours, dont l'usage a soulevé et soulève encore certaines difficultés : je veux parler des décorations et particulièrement des décorations de la Légion d'honneur.

Je crois qu'il y a à cet égard des incertitudes à dissiper, des règles à établir et à codifier.

Tenons-nous-en à la Légion d'honneur, les solutions auxquelles nous aboutirons en ce qui la concerne devant nécessairement s'appliquer à toutes autres décorations.

Il peut sembler à première vue que, à raison de son caractère spécial, les abus qu'on en peut faire échappent aux tribunaux ordinaires et au droit commun.

C'est ainsi que le tribunal civil de la Seine, par un jugement du 2 août 1890, a cru pouvoir décider « que l'usage qui pourrait être » fait par les commerçants, dans leurs étiquettes, de la croix de la » Légion d'honneur, ne peut être critiqué par d'autres commerçants » et donner lieu à une action civile, à raison de leur caractère es- » sentiellement personnel et honorifique, étant soumis à des statuts » et à des règles qui ne sont pas de la compétence des tribunaux » civils ». (Affaire Gaëtan Picon, *Gazette des Tribunaux* du 9 août 1890.)

Le tribunal civil a évidemment commis une erreur provenant de ce que le caractère complexe de la décoration lui a échappé : Dès lors que la Légion d'honneur est obtenue dans une exposition ou concours ou utilisée commercialement, l'usage qu'on en fait tombe sous les dispositions de la loi du 30 avril 1886.

Sans doute elle reste protégée par l'article 259 du Code pénal

contre l'usurpation spéciale dite « port illicite de décorations »,
mais en même temps l'usurpation qu'on en peut commettre dans
l'exercice d'un commerce tombe sous la censure de la loi de 1886 ;

Sans doute le légionnaire commerçant reste soumis aux règles
spéciales de l'ordre dont il est membre, mais il est en même temps
régi par le droit commun quant à l'usage commercial qu'il en fait.

Il est difficile de contester que la croix de la Légion d'honneur
puisse être considérée, dans certains cas, comme une récompense
industrielle ? Il suffit, pour s'en rendre compte, de parcourir la
longue énumération des lois votées depuis l'année 1874, date de
l'exposition de Vienne, à l'occasion de toutes les grandes expositions internationales et permettant en termes formels d'accorder un
certain nombre de décorations de la Légion d'honneur « à ceux qui
s'y sont le plus exceptionnellement distingués ». (Dalloz, suppl.,
t. XI, p. 667, § 79.)

Aussi, certains industriels ou commerçants, devenus légionnaires dans les conditions qui viennent d'être dites, ont-ils usé de
la croix comme de leurs autres récompenses commerciales, et
cela le plus naturellement du monde, soit en l'exposant dans les
vitrines de leurs magasins, soit en la mentionnant sur leurs papiers
de commerce et leurs produits, soit en l'introduisant dans leurs
marques de fabrique.

Certains autres commerçants, successeurs de légionnaires, ont
laissé subsister cette distinction sur les papiers et les produits de la
maison qu'ils acquéraient.

A vrai dire, les premiers pouvaient considérer qu'ils étaient, en
agissant comme ils faisaient, dans les termes de l'article 1er, § 1, de
la loi de 1886. Les seconds étaient bien portés à croire que les distinctions de leurs prédécesseurs avaient été conférées en considération des maisons de commerce de ceux-ci et qu'ils exerçaient, en
en faisant usage, un droit consacré par le même article.

Tel n'a point été l'avis de M. le Grand Chancelier non plus que
du Conseil supérieur de la Légion d'honneur.

Il résulte, en effet, d'une note insérée au *Journal Officiel* du 10
février 1879 par les soins de la Grande Chancellerie, et, d'autre
part, d'une circulaire du Ministre de la justice, en date du 23 juin
1879, inspirée par la note précitée :

1° « Que la croix de la Légion d'honneur est une distinction exclusivement personnelle, destinée à récompenser l'ensemble de la
conduite et des services des légionnaires ; que dès lors, ceux à qui
elle est conférée ne peuvent en faire un usage de réclame, soit en
l'apposant sur un produit, soit en la faisant servir à désigner aux
regards un magasin ou un établissement industriel » ;

2° Que les industriels décorés peuvent reproduire l'image de la
croix elle-même sur les factures et papiers de commerce, mais « que
» la mention de la croix à côté du nom d'un négociant n'est régu-
» lière que si elle est placée immédiatement après le nom du légion-

» naire, et non après les diverses mentions qui peuvent constituer
» une raison sociale » ;

3° Qu'un délai serait accordé aux industriels qui en feraient la
demande pour faire disparaître des papiers de commerce ou des
articles fabriqués la marque d'une distinction qui ne serait pas personnelle au chef de la maison ;

4° Que dans les cas où la croix de la Légion d'honneur aurait
été introduite dans une marque de fabrique déposée par un industriel décoré, elle devrait en disparaître du jour où la maison passe-
rait entre les mains et sous le nom d'un successeur qui ne serait
pas lui-même membre de l'Ordre. (*Bull. Min. Just.*, 1879, p. 94, et
1884, p. 255.)

Les injonctions de M. le Grand-Chancelier et de M. le Garde des
sceaux, inspirées par le sentiment des hauts intérêts dont ils ont la
garde, ont une autorité morale absolue ; mais il leur manque l'autorité légale.

Il est vrai que les tribunaux n'ont pas hésité à invoquer ces avis
et même à les transcrire presque textuellement dans leurs décisions.
(Voir notamment : Cass. req., 16 juillet 1889, D. 91, 1, 61 : Trib.
commerce, Seine, 10 février 1896, *la Loi*, numéro du 15 mars 1896.)

Toutefois, ce ne sont pas des décisions de principe ; elles ont été
rendues en vertu du *pouvoir* que l'article 1er de la loi de 1886 laisse
au juge d'apprécier si les distinctions sont ou non conférées en considération de la maison de commerce, ce sont donc nécessairement
des décisions d'espèce ; elles sont, d'ailleurs, intervenues seulement
contre les successeurs des négociants décorés, il ne semble pas que
les décorations dont elles se soient occupées aient été conférées dans
des expositions ou concours. S'il s'agit jamais de contrôler l'usage
fait d'une décoration obtenue dans une exposition par le titulaire
même de la distinction, qui nous dit qu'un tribunal, cédant d'ailleurs à la vraisemblance, n'estimera point, alors, qu'il s'agit d'une
récompense industrielle, régie, quant à son usage, par toutes les
dispositions de la loi de 1886 ? Qui nous garantit qu'il ne rendra pas
dans ce sens une décision, laquelle sera souveraine, comme basée
sur son pouvoir d'appréciation, et échappera, faute de textes, à la
censure de la Cour suprême ?

Une bonne loi sur les médailles et récompenses industrielles
devrait contenir des dispositions sur les décorations analogues à la
note de la Grande Chancellerie de la Légion d'honneur.

Il y aurait seulement à modifier un peu cette note en ce qui concerne l'impossibilité pour le successeur d'un légionnaire d'user de
la décoration de celui-ci.

Même en posant en principe le caractère personnel d'une décoration, il faut bien reconnaître qu'en fait elle s'adresse aussi à la
maison du décoré. Déjà la note de la Grande Chancellerie admet que
celui-ci pourra reproduire sur ses papiers de commerce l'image de
la croix, à la condition que la croix suive immédiatement le nom
du négociant. Pourquoi ne pas étendre cette disposition au succes-

seur du légionnaire décoré dans une exposition ; pourquoi ne pourrait-il pas user de la distinction de son prédécesseur, à la condition
de mentionner le nom de celui-ci, suivi de la décoration ? On conci-
lierait ainsi en toute équité l'intérêt des commerçants et les exigences du prestige nécessaire à la décoration : le principe de la personnalité serait sauvegardé et les maisons de commerce ne seraient
pas privées de la plus haute recommandation qu'elles puissent
invoquer.

En ce qui concerne le légionnaire lui-même, comme, malgré
tout, une maison de commerce tire profit de la distinction conférée
à son propriétaire, il me paraît équitable aussi, dans les rapports
entre commerçants, d'interdire au négociant légionnaire d'user de
sa croix sur les papiers d'une maison autre que celle dont il était
propriétaire au moment où il a été décoré.

Il est bien entendu que l'inscription à laquelle j'ai proposé de
subordonner l'usage des distinctions serait inutile en ce qui concerne les décorations, puisqu'il en est tenu régulièrement état.

*La loi du 30 avril 1886 a oublié encore de pourvoir au règlement
de la question des récompenses en matière internationale.*

Cette question se trouve d'avance et accidentellement réglée par
la Convention internationale de 1883 sur un point accessoire : C'est
en ce qui concerne l'interdiction de faire figurer les décorations
dans les marques de fabrique.

Une clause existant dans l'article 6 de cette convention, aux
termes de laquelle une marque devra être admise dans le pays
d'importation telle qu'elle a été déposée dans le pays d'origine, est
soumise à cette restriction « que le dépôt pourra être refusé, si
» l'objet pour lequel il est demandé est considéré comme contraire
» à la morale ou à l'ordre public » ; et le protocole de clôture, précisant l'article 6, dispose « que l'usage des armoiries publiques et
» des décorations *peut* être considéré comme contraire à l'ordre
» public dans le sens du paragraphe final de l'article 6 ».

Sauf sur ce point, la réglementation internationale de l'usage
des distinctions honorifiques et industrielles n'existe nulle part dans
notre législation, même à l'état embryonnaire.

La plupart de nos lois touchant au droit industriel contiennent
un article en étendant le bénéfice aux étrangers, sous condition
d'une réciprocité de traitement à établir par conventions diplomatiques ; tel est, pour ne citer que cet exemple, l'article 5 de notre loi
de 1857 sur la protection des marques de fabrique.

Rien de semblable dans la loi de 1886.

Mais peut-être que l'oubli du législateur d'alors n'a pas été involontaire ; peut-être a-t-il été inspiré par la différence existant entre
notre législation et celle des autres États.

Avant 1886, il existait, seulement en France, relativement à la
concurrence déloyale, un ensemble de règles établies, et seule la

législation française se disposait à réprimer pénalement les abus commis contre les distinctions honorifiques.

L'Angleterre, qui s'était la première engagée dans cette voie, en protégeant, par une loi répressive du 20 juillet 1863, les médailles et récompenses décernées à ses expositions de 1851 et de 1862, s'était déjà arrêtée court en refusant d'étendre les mêmes dispositions aux expositions postérieures et aux expositions étrangères.

Partout il n'existait que des lois impuissantes, s'appliquant aux fraudes qui nous occupent comme à toutes les indications mensongères généralement quelconques et laissant toute latitude à l'appréciation forcément incertaine du juge.

Dans ces conditions, il était vraiment inutile, en 1886, de penser à une réciprocité de traitement que l'inégalité rendait matériellement impossible.

Aujourd'hui, il n'en est plus tout à fait de même : un Etat, la Suisse, a suivi l'exemple de la France ; la loi fédérale du 26 septembre 1890 a reproduit, en y ajoutant, les dispositions de la loi du 30 avril 1886, elle convie même à une convention diplomatique tout Etat en situation juridique de traiter avec la Suisse, en déclarant dans son article 31 que ses dispositions sont inapplicables « au » profit des personnes non domiciliées en Suisse ressortissant d'E- » tats qui n'accordent pas la réciprocité de traitement en cette ma- » tière ».

Il faut que les lois des principaux Etats se mettent à l'unisson, pour que l'on puisse aboutir à cette Convention dont l'orateur anglais de 1878 montrait si éloquemment l'impérieuse nécessité ; M. Raoul Chandon est du même avis.

En aucune matière plus qu'en celle-ci l'unité ne s'impose : il s'agit de défendre un bien commun, la fortune des expositions. A tour de rôle, chaque Etat a la sienne et y convie tous les autres ; tous participent chez chacun au jugement qui précède la distribution des récompenses ; l'organisation des expositions est partout semblable ; tout ce qui y a trait doit être universel comme elles-mêmes : les lois surtout.

Notons cependant que M. Frey-Godet, premier secrétaire du Bureau international de la propriété industrielle à Berne, estime qu'il n'est pas utile de comprendre cette matière dans les conventions internationales, que, dans les cas graves, on pourrait appliquer les principes de la concurrence déloyale.

Conclusions.

En somme, pour répondre aux questions posées par le programme, je proposerai de préconiser dans tous les pays, comme type de loi sur la matière, la loi française du 30 avril 1886. Elle est le développement des principes posés par le Congrès de la propriété industrielle à Paris en 1878.

M. Frey-Godet, dans la note qu'il nous a soumise, déclare que la loi française suffit amplement pour protéger les récompenses industrielles, qu'elle aurait plutôt besoin d'être adoucie sur certains points plutôt que d'être renforcée.

Je pense néanmoins, pour les raisons développées dans mon rapport, qu'elle devrait être améliorée et complétée. En la résumant dans le premier vœu que je propose au Congrès, j'y introduis la répression de l'imitation frauduleuse des récompenses et dans les vœux suivants je recommande les dispositions complémentaires à prendre.

Il est à désirer que dans tous les pays l'usage des médailles, diplômes, mentions, récompenses ou distinctions honorifiques quelconques décernés dans des expositions ou concours, dans le pays même ou à l'étranger, ne soit permis qu'à ceux qui les auront obtenus personnellement et à la maison de commerce en considération de laquelle ils auront été décernés ; que des dispositions pénales soient édictées contre : 1° quiconque, sans droit et frauduleusement, se sera attribué publiquement de telles récompenses sous quelque forme que ce soit, ou en aura fait une imitation frauduleuse ; 2° quiconque les aura appliquées à d'autres objets que ceux pour lesquels elles avaient été obtenues ou qui s'en sera attribué d'imaginaires ; 3° quiconque aura omis de faire connaître la date et la nature de la récompense dont il se prévaut, l'exposition ou le concours où elle a été décernée, l'objet récompensé ; 4° quiconque, sans droit et frauduleusement, se sera prévalu publiquement de récompenses, distinctions ou approbations accordées par des corps savants ou des sociétés scientifiques.

Les membres d'une exposition collective récompensée devront pouvoir user de la récompense obtenue, à la condition d'accompagner l'indication de cette récompense des mots : exposition collective.

Quiconque aura obtenu une récompense industrielle ou honorifique, ne pourra s'en prévaloir commercialement qu'après l'avoir fait inscrire sur un registre spécial.

L'usage des décorations doit être interdit sur les marques de fabrique et de commerce ; il y a lieu seulement de permettre aux industriels ou commerçants qui ont été décorés à raison de leur industrie ou de leur commerce, d'indiquer ce fait sur les papiers de commerce de la maison qui leur a valu cette distinction et d'autoriser les successeurs à indiquer que leur prédécesseur a reçu telle décoration comme récompense industrielle.

Il y a lieu d'introduire dans les conventions internationales la protection des récompenses industrielles ou honorifiques, en prescrivant notamment l'inscription sur un registre public spécial des récompenses obtenues et des sanctions en cas d'usurpation ou d'imitation frauduleuse.

SECTION III

Marques de fabrique et de commerce, Nom commercial, Noms de localités, Diverses formes de la concurrence illicite.

Question IX

Des moyens de combattre la concurrence illicite. — Y a-t-il lieu de poser dans toutes les législations un principe général permettant d'obtenir des réparations civiles contre toutes les formes de la concurrence illicite, ou bien est-il préférable de codifier les principales formes de la concurrence illicite? Y a-t-il lieu d'édicter des mesures pénales contre certaines formes de la concurrence déloyale? La protection contre la concurrence illicite doit-elle être introduite dans les conventions internationales?

Rapport

par

Claude Couhin,
Docteur en droit,
Avocat à la Cour de Paris.

L'article dont je suis chargé porte cet intitulé général : *Des moyens de combattre la concurrence illicite.*

Si cet intitulé était le seul, je me serais trouvé en présence d'une lourde tâche, car j'aurais eu à analyser toute la matière, si touffue et si complexe, de la concurrence illicite. Fort heureusement, l'intitulé général que je viens de reproduire est suivi de trois questions limitées et précises, les seules que nous ayons à examiner.

Avant d'aborder l'étude de ces questions, je crois utile de rappeler en quoi consistent la *concurrence illicite,* d'une part, et la *concurrence déloyale,* d'autre part. La concurrence illicite comprend toutes les atteintes qui peuvent être portées, même sans intention de nuire et par suite d'une simple négligence ou d'une simple imprudence, aux diverses variétés de la propriété industrielle, comme aussi — qu'il me soit permis de le dire en passant — de la propriété artistique et littéraire. La concurrence déloyale n'embrasse que les atteintes portées à ces mêmes propriétés sciemment et avec la volonté de s'approprier le bien d'autrui. L'une est *le genre*, l'autre est une *espèce*. Ajoutons : une espèce particulièrement dangereuse, caractérisée par la circonstance aggravante de la mauvaise foi (1).

Ceci dit, je vais reprendre successivement, au point de vue de la propriété industrielle exclusivement, les trois questions susvisées :

Je commence par la première :

Y a-t-il lieu de poser dans toutes les législations un principe général permettant d'obtenir des réparations civiles contre toutes les formes de la concurrence illicite, ou bien est-il préférable de codifier les principales formes de la concurrence illicite ?

Les termes mêmes dans lesquels cette question est libellée font ressortir la supériorité d'un principe général sur le système de la codification : un principe général tel, par exemple, que celui qui est inscrit dans les articles 1382, 1383 et 1384 du Code civil français, permet d'atteindre TOUTES les formes de la concurrence illicite, quelles qu'elles soient, tandis que la codification, telle que l'a réalisée, notamment, la loi allemande du 27 mai 1896, ne garantit que contre les PRINCIPALES formes, expressément et limitativement déterminées, de la concurrence illicite.

Cette supériorité est certaine. Elle a été reconnue et proclamée par les auteurs mêmes de la loi allemande de 1896. Tous les orateurs sont tombés d'accord que cette loi était évidemment et forcément incomplète et qu'un nombre, plus ou moins considérable, d'actes de concurrence illicite échappaient à ses prévisions. Aussi est-ce une raison toute spéciale, toute particulière à l'Allemagne, qui a déterminé l'adoption par ce pays du système de la codification. Cette raison, qu'il importe de ne pas perdre de vue, c'est la différence profonde existant entre la jurisprudence française et la jurisprudence allemande, c'est la souplesse infinie de la première, qui avait su peu à peu faire rentrer toutes les formes de la concurrence illicite sous l'application des articles 1382 et suivants du Code civil, c'est, au contraire, le formalisme rigoureux de la seconde qui s'était toujours et persévéramment refusée à une pareille extension, ainsi que l'expérience l'avait montré dans les provinces allemandes où ces dispositions du Code civil français avaient été en vigueur pendant de longues années. Telle est la raison dominante et principale qu'on retrouve dans les déclarations des orateurs qui ont pris part à la discussion (2). Cette raison pouvait être excellente dans le cas particulier de l'Allemagne, mais elle met en relief

---

(1) Nous avons précisé cette distinction dans le tome III de notre ouvrage sur la *Propriété industrielle, artistique et littéraire,* texte et notes 1786 à 1792.
(2) Voir, dans le compte rendu officiel de la discussion devant le Reichstag, les explications données sur ce point par M. le député Bassermann (séance du 13 décembre 1895).

la supériorité du principe général adopté par la loi française, puis-qu'elle reconnaît que ce principe, entre les mains de juges capables de l'appliquer, ne laisse aucune échappatoire à la concurrence illicite.

Une autre raison encore a été donnée, au cours de la discussion de la loi allemande, en faveur du système de la codification (1). Cette raison est celle-ci : d'après le principe général inscrit dans la loi française, l'action en concurrence illicite est subordonnée à la preuve d'un dommage causé. Or, il arrive souvent que la concurrence illicite, tout en étant flagrante, ne se manifeste par aucun dommage positif.

Cette raison est-elle fondée ? Je ne le pense pas. Sans doute les articles 1382 et suivants du Code civil français exigent un dommage causé pour qu'une action civile soit justifiée. Mais supposez un industriel ou un commerçant menacé par un acte de concurrence illicite de la part d'un de ses rivaux. Cette seule menace est un trouble manifeste pour l'industriel ou le commerçant qu'elle vise et ce trouble constitue déjà, par lui-même et par lui seul, un véritable dommage. Cela est certain, mais ce n'est pas tout. L'industriel ou le commerçant menacé dans ses intérêts devra intenter une action afin d'obtenir des tribunaux une défense ou injonction qui mette obstacle à l'accomplissement du fait qu'il a lieu de redouter : et la nécessité d'introduire une pareille action est encore un dommage non moins positif que le premier (2). En un mot, tout acte de concurrence illicite, bien plus, toute menace d'un acte de concurrence illicite suppose, pour qui va au fond des choses, un dommage causé et entraîne, dès lors, l'application du principe général inscrit dans les articles 1382 et suivants du Code civil français. Ce principe assure donc aux industriels et aux commerçants, bien évidemment, la garantie la plus complète contre toutes les entreprises de la concurrence illicite.

En conséquence, je conclus, sans hésitation, sur la première question, ainsi qu'il suit :

> « Un principe général, permettant d'obtenir des réparations civiles contre toutes les formes de la concurrence illicite, est préférable, pour chaque législation, à la codification des prin-cipales formes de la concurrence illicite. »

J'arrive à la deuxième question :

Y a-t-il lieu d'édicter des mesures pénales contre certaines formes de la concurrence déloyale ?

Il semble que l'affirmative ne puisse faire de doute, puisque les

---

(1) Voir le discours cité dans la note qui précède.
(2) Voir en ce sens l'arrêt rendu par la Cour de Paris, le 18 janvier 1844, ledit arrêt rapporté dans le tome III de notre ouvrage sur la *Propriété industrielle, artistique et littéraire*, note 1774.

3

lois de la plupart des nations civilisées édictent de pareilles mesures contre certaines formes particulièrement graves de la concurrence déloyale, telles que les usurpations dolosives des marques de fabrique et de commerce. Je pourrais en citer beaucoup d'autres exemples. Mais cette énumération me paraît sans objet. Je crois plus intéressant d'appeler l'attention sur une forme spéciale de la concurrence déloyale (1), qui cause le plus sérieux dommage à un grand nombre d'industriels et de commerçants et qui est de nature, à tous les points de vue, à motiver une répression pénale qu'on ne lui a jusqu'ici, à ma connaissance du moins, nulle part, encore appliquée.

Le fait dont je veux parler se rapproche beaucoup des actes constitutifs de l'usurpation soit d'une marque de fabrique ou de commerce, soit du nom d'un industriel ou d'un commerçant, mais il ne rentre cependant, à vrai dire, dans aucun de ces actes. C'est le fait d'un commerçant qui, sur la demande écrite ou même sur la demande purement verbale d'un produit qu'un consommateur lui désigne par une marque ou par un nom caractéristique, livre, comme étant ce produit, un produit similaire, mais étranger au fabricant, à la fabrique ou au lieu de fabrication du produit objet de la demande. Ce fait, en général, n'est ni moins immoral, ni moins grave, dans ses conséquences, que les usurpations directes des marques et des noms. Presque toujours le produit substitué au produit authentique par le commerçant qui pratique ce genre de fraude est un produit de qualité très inférieure, et c'est ainsi que cette fraude, indépendamment du dommage direct qu'elle cause au propriétaire du produit authentique par la diminution de sa vente, lui occasionne indirectement un préjudice considérable en discréditant son produit dans l'esprit des consommateurs, victimes irritées et inconscientes de la fraude... En France, cette fraude tombe sous l'application des articles 1382 et suivants du Code civil. Mais elle n'est l'objet d'aucune mesure pénale. Ce qui rend les actes de ce genre particulièrement préjudiciables et dangereux, c'est la difficulté d'en administrer la preuve. Nous aurions beaucoup à dire sur ce point, mais nous ne l'entamerons même pas, car nous craindrions d'empiéter sur l'article suivant du programme, lequel comporte précisément l'étude des *constatations*.

Nous estimons donc qu'il convient de répondre à la seconde question :

> « Oui, il y a lieu d'édicter des mesures pé-
> » nales contre certaines formes de la concur-
> » rence déloyale. »

---

(1) Voir les explications détaillées données par nous à cet égard dans le tome III de notre ouvrage sur la *Propriété industrielle, artistique et littéraire*, texte et notes 1833 à 1840.

4

Nous voici arrivé à la troisième et dernière question :

La protection contre la concurrence illicite doit-elle être introduite dans les conventions internationales ?

A l'occasion de la deuxième question, nous avons fait remarquer que la plupart des législations édictent des mesures pénales contre certaines formes de la concurrence déloyale et plus particulièrement contre les usurpations dolosives des marques de fabrique et de commerce.

Une observation analogue se présente ici tout d'abord.

Les conventions internationales en matière de propriété industrielle stipulent, communément, la garantie réciproque contre ces mêmes formes de la concurrence déloyale.

Il s'agit donc uniquement de généraliser une clause devenue en quelque sorte de style dans les conventions de cette nature.

Nous ne voyons que des raisons en faveur de cette généralisation. Déjà, en 1898, le Congrès de Londres a voté une résolution ainsi conçue :

« Il est à désirer qu'un nouvel article soit inséré dans la Con-
» vention de Paris, en ces termes :

« Les ressortissants de la Convention (art. 2 et 3) jouiront,
» dans tous les Etats de l'Union, de la protection accordée aux
» nationaux contre la concurrence déloyale. »

Cette rédaction, on le remarquera, ne visait que la concurrence déloyale.

Nous estimons qu'il y a lieu de faire un pas de plus et de répondre à la troisième et dernière question :

> « La protection contre la concurrence illicite
> » doit être introduite dans les conventions inter-
> » nationales. »

*
* *

Nous n'avons plus qu'à rendre compte de deux notes que la Commission d'organisation a reçues en réponse au questionnaire qu'elle avait envoyé à tous les membres du Congrès.

La première émane de M. Raoul Chandon, associé-gérant de la maison Moët et Chandon, membre de la Chambre de Commerce de Reims. Elle est ainsi conçue :

« Cette matière doit être laissée sous l'application des principes
» généraux des articles 1382 et 1383. Un principe général posé
» dans toutes les législations permettrait seul de frapper toutes les
» atteintes aux règles de droiture et d'honnêteté qui devraient tou-
» jours régir les relations commerciales.

» Vouloir codifier es principales formes de concurrence dé-
» loyale, ce serait par. là même limiter les atteintes illicites aux
» droits à protéger.

» Il faudrait de plus autoriser à agir toute personne lésée, le
» consommateur aussi bien que le commerçant ou le fabricant.

» Cette réglementation de la concurrence déloyale ainsi faite
» dans le sens le plus étendu devrait être ensuite introduite dans
» les conventions internationales. C'est le vœu qui a été émis par
» le Congrès de Londres de 1898. »

Cette note reproduisant, en termes excellents, l'opinion que
nous avons nous-même soutenue, nous nous abstiendrons de tout
commentaire. Un mot seulement en ce qui concerne cette phrase :
« Il faudrait de plus autoriser à agir toute personne lésée, le con-
» sommateur aussi bien que le commerçant et le fabricant. » La
proposition, ainsi formulée par M. Raoul Chandon, nous paraît justifiée à tous les points de vue. Si le consommateur est lésé, s'il
éprouve un dommage, il a, pour intenter une action en réparation
contre l'auteur de ce dommage, les mêmes droits exactement que
le fabricant ou le concurrent lésé. D'ailleurs, des précédents existent. L'article 8 de la loi française du 23 juin 1857 sur les marques,
par exemple, punit le délit d'apposition d'une marque qui contient
des indications propres à tromper l'acheteur sur la nature du produit. Tout le monde admet que le consommateur lésé par une
marque portant de semblables indications est fondé à exercer une
action directe. Pourquoi n'accorderait-on pas le même droit, d'une
façon générale, à tout consommateur lésé par un acte de concurrence illicite ?

La seconde note dont j'ai parlé est due à M. Frey-Godet, du
Bureau international de Berne. En voici le texte :

« Partout où la jurisprudence a assez de souplesse pour
» adapter un texte rédigé en termes généraux, comme celui de
» l'article 1382 du Code civil français, aux divers faits de la
» concurrence illicite, il paraît préférable de ne pas faire de loi
» détaillée où tous les cas pourraient ne pas être prévus.

» Il serait utile d'introduire la protection contre la concurrence
» illicite dans les conventions internationales. »

Cette note est une nouvelle adhésion, particulièrement autorisée, à l'opinion qui est la nôtre. Nous n'avons donc rien à y
ajouter.

Au nom de la Commission d'organisation, nous remercions
très sincèrement MM. Raoul Chandon et Frey-Godet de leurs intéressantes communications.

SECTION III

Marques de fabrique, etc.

Question IX

Observations,

au point de vue suisse, sur les moyens de combattre la concurrence illicite,

par

Ch. Vuille,
Avocat à Genève.

A. — Y a-t-il lieu de poser dans toutes les législations un principe général permettant d'obtenir des réparations civiles contre toutes les formes de la concurrence illicite? Ou bien, est-il préférable de codifier les principales formes de la concurrence illicite? Y a-t-il lieu d'édicter des mesures pénales contre certaines formes de la concurrence déloyale?

Avant de répondre à cette question il convient de rappeler qu'en Suisse une jurisprudence constante a toujours condamné les diverses formes de la concurrence déloyale en se basant sur le principe de l'article 50 du code fédéral des obligations, lequel dispose que quiconque cause, sans droit, un dommage à autrui, soit à dessein, soit *par négligence ou par imprudence*, est tenu de le réparer.

Il résulte des termes de cette disposition légale que la concurrence ne doit pas nécessairement avoir été déloyale, c'est-à-dire impliquant une intention frauduleuse pour pouvoir être l'objet d'une action civile.

La concurrence illicite, fondée sur une simple faute, une imprudence ou une négligence, peut aussi être poursuivie en vertu de l'article 50 sus-visé. C'est ce que la Cour de Genève a admis lorsqu'elle a jugé que la bonne foi de celui qui emploie une enseigne appartenant déjà à un autre négociant faisant le même genre de commerce que lui, ne suffit pas pour l'exonérer de toute responsabilité. Il y a dans ce cas non pas concurrence déloyale,

1

mais simplement concurrence illicite. (*Sem. jud.*, 1892, p. 311, arrêt du 23 avril 1892.)

La doctrine s'est rattachée à cette opinion (voir Vallotton, *Concurrence déloyale*, p. 51, et Weiss, *Concurrence déloyale*, p. 69), bien que du côté de la Suisse allemande cette distinction n'ait été admise qu'avec une certaine réserve (voir Schuler, *Concurrence déloyale*, p. 38). Nous n'hésitons pas à appuyer, pour notre part, la jurisprudence de la Cour de Genève, puisque l'article 50 du Code fédéral des obligations, qui est en Suisse la base de toute la jurisprudence en matière de concurrence, prévoit expressément les actes illicites commis sans dol ni mauvaise foi.

Mais voici : l'application de l'article 50 C. O. aux diverses formes de concurrence déloyale ou même illicite étant un fait acquis, y a-t-il lieu de codifier les principales formes de la concurrence illicite ou de s'en tenir au principe général?

La question a fait récemment, à Genève, l'objet d'un rapport à la Chambre de commerce, par M. Alfred Georg, secrétaire de la dite Chambre. Ce rapport, basé sur les réponses faites à un questionnaire qui avait été adressé à tous les membres de la Chambre de commerce de Genève, a conclu nettement en faveur du maintien de l'état actuel de la législation fédérale se bornant à un principe général dont les juges font librement application aux cas particuliers. L'assemblée générale de la Chambre de commerce, réunie à Genève, le 5 décembre 1899, a approuvé les conclusions de ce rapport, mais elle a décidé en même temps la création d'une Association genevoise contre la concurrence déloyale en vue de signaler à l'attention publique les procédés déloyaux de toute nature, d'améliorer la jurisprudence dans ce domaine, d'agir au nom de ses membres pour obtenir la répression des actes délictueux et d'exercer une influence préventive utile.

C'est certainement dans ces groupements de négociants pour la défense commune de leurs intérêts que réside la meilleure organisation contre la concurrence déloyale; c'est ce principe qui est à la base de l'Union des fabricants et l'expérience a démontré quelle en est la valeur d'application pratique. Organiser une surveillance éclairée, mettre à la tête de l'Association des personnes spécialement versées dans l'étude de ces questions délicates, faciliter par le groupement l'intentat des actions juridiques au nom des intéressés, écarter pour eux les questions de frais; qui trop souvent paralysent les actions les mieux justifiées, et enfin ne procéder qu'à coup sûr ou avec les plus grandes chances possibles de succès, tel est bien le vrai moyen pratique de suspendre l'épée de Damoclès sur la tête des commerçants dépourvus de scrupules.

Une association semblable est aussi en voie de formation, à Saint-Gall, et plusieurs cantons suisses sont en train d'élaborer des lois cantonales visant la concurrence déloyale, mais il semble plutôt que ce mouvement soit dicté par des visées protectionnistes contre le colportage et les voyageurs de commerce que par une initiative juridique tendant à codifier les règles de la concurrence illicite.

En tous cas, aucune loi fédérale n'est en préparation en vue de cette codification, et lorsqu'il y a six ans la Société suisse des juristes mit au concours la question de la concurrence déloyale, les mémoires qui furent présentés et primés ne concluaient point à l'intervention d'une législation spéciale sur la matière, mais seulement à l'extension de la loi sur les marques de fabrique à certaines manifestations de la concurrence déloyale. (Weiss, p. 68.)

Sans doute, cette législation pourrait avoir quelques effets heureux, mais il serait fort à craindre qu'en visant certaines formes de la concurrence déloyale le législateur n'ait l'air d'autoriser celles qui ne tomberaient pas directement sous le coup de ses prohibitions ; les commerçants déloyaux, d'autre part, seront toujours assez habiles pour tourner les dispositions de la loi.

En résumé, nous ne pensons pas qu'il y ait opportunité, pour l'instant, de remplacer le principe général actuel par une codification des principales formes de la concurrence illicite.

Quant à des mesures pénales, l'article 78 du projet de Code pénal fédéral pour la Suisse contient un article spécial visant la répression de la concurrence déloyale, en ces termes :

« Sera puni de l'emprisonnement et de l'amende jusqu'à 10000 francs celui qui, par des machinations perfides, des allégations mensongères, des suspicions malveillantes ou par tout autre moyen déloyal, aura, dans un but intéressé, cherché à détourner la clientèle d'un établissement. Les deux peines pourront être cumulées. »

Nous approuverions en principe l'opportunité d'une répression pénale en matière de concurrence déloyale et nous ajoutons que la disposition légale projetée a rencontré le meilleur accueil chez les commentateurs suisses, mais, en pratique, nous doutons beaucoup de son efficacité dans les cantons où, comme à Genève, le jury fonctionne en matière correctionnelle.

Cette juridiction montre, en général, pour ce genre de délits — nous avons eu l'occasion de le constater, en ce qui concerne les marques de fabrique, — une très large indulgence. Il suffirait de quelques verdicts d'acquittement injustifiés pour émasculer et affaiblir singulièrement le principe de la loi en ôtant, d'autre part, à la jurisprudence le caractère d'unité et de permanence qu'elle doit avoir ; déjà, en matière de marques de fabrique et de brevets, nous estimons qu'une poursuite pénale devant le jury est bien aléatoire, elle se trouve à la merci d'un incident ou d'une impression d'audience. Aussi pensons-nous que, en tous cas, à Genève, des sanctions pénales en matière de concurrence déloyale demeureraient d'une utilité pratique douteuse.

B. — *La protection contre la concurrence illicite doit-elle être introduite dans les conventions internationales?*

Nous nous rattachons complètement, sur ce point, à l'opinion

3

de M. le Comte de Maillard (1). Le droit international n'est qu'une extension du droit national; essayer de codifier internationalement un principe qui n'est pas encore définitivement acquis par la législation ou la jurisprudence des Etats signataires de la Convention, c'est faire œuvre prématurée et s'exposer à un échec qui risquerait de retarder la solution désirée.

---

(1) Voir aux annexes le rapport de M. le Comte de Maillard de Marafy.

SECTION I

Marques de fabrique et de commerce, Nom commercial, Noms de localités, Diverses formes de la concurrence illicite.

Question X

Procédure et sanctions. — Quelles sont les principales questions pouvant être utilement soumises aux délibérations du Congrès au point de vue d'une unification future en matière de juridictions, constatations et sanctions?

Rapport

par

Edmond Seligman,
Avocat à la Cour de Paris.

La matière des marques de fabrique est, dans le domaine de la propriété industrielle, celle où l'unification est à la fois le plus souhaitable et le plus réalisable : le plus souhaitable, parce que la protection internationale des marques intéresse tout fabricant, tout commerçant qui vend, à l'étranger, une boîte de marchandises ; le plus réalisable, parce que le respect des marques répond à une notion de probité et que l'idée de probité ne varie pas suivant la latitude. Les questions relatives aux brevets d'invention soulèvent des conflits délicats entre les droits de l'invention, ceux du domaine public, ceux de l'Etat. Il n'est pas possible d'espérer que, d'ici longtemps, toutes ces controverses soient résolues d'une façon identique par les différentes législations. De pareilles divergences de vue existent aussi à propos des marques, mais moins accentuées et plus faciles à corriger.

« En matière de brevets d'invention, disait à la Conférence diplomatique de Paris en 1880, un délégué italien, M. INDELLI, les divers Etats peuvent avoir des principes différents, mais, en matière de marques, la protection doit être la même partout. »

Nos efforts tendront à ce que ce vœu devienne une réalité. C'est l'idée qui inspirera les diverses questions que nous proposons à l'examen du Congrès.

1

1re Question.

Y a-t-il lieu de mettre à l'étude l'établissement d'un tribunal international pour statuer sur les actions en nullité du dépôt des marques et en contrefaçon des marques?

Cette première question est, on le voit, posée en termes extrêmement réservés. Nous ne demandons pas au Congrès s'il est possible de songer à l'établissement actuel d'une juridiction internationale pour les marques, mais seulement si la question doit être mise à l'étude. Tant qu'il n'y aura pas d'harmonie entre les législations à propos de questions aussi graves que celles du caractère déclaratif ou attributif du dépôt, de l'examen préalable des marques, de la définition même de la marque, les gouvernements seront hors d'état de se mettre d'accord sur la création d'un tribunal unique. Quelle loi appliquerait ce tribunal? une loi internationale, sur les termes de laquelle l'entente préalable serait à faire? ou bien les cinquante à soixante législations qui réglementent aujourd'hui la matière dans les deux hémisphères?

Toutefois la question nous paraît devoir figurer au programme du Congrès.

Au cours des cinquante dernières années, la conception de la justice s'est élargie et élevée. Le développement des moyens de communication, le progrès des lumières établissent une plus grande solidarité entre les intérêts des hommes que séparent encore les distances et les frontières. L'utilité, mère de la justice, suivant le mot du poète antique, réclame, de plus en plus impérieusement, des sanctions générales et efficaces. Sans doute, la souveraineté nationale des différents pays demeure la gardienne jalouse d'une indépendance qui se confond avec la notion même de la patrie. Mais chaque étape de la civilisation, chaque crise même de l'idée de justice nous rapprochent un peu du moment où toutes les forces publiques seront mises au service de tous les droits lésés. C'est sûrement la matière des échanges de peuple à peuple qui bénéficiera la première de ce progrès, quand il commencera à se réaliser.

Comme la protection des marques intéresse au premier chef la probité et la moralité des échanges, on conçoit fort bien que, à un certain jour, les nations civilisées se mettent d'accord pour l'établissement d'une police unique contre la circulation de cette fausse monnaie commerciale qu'on appelle les fausses marques. Nous avons déjà un enregistrement international des marques; peut-être aurons-nous un jour le Tribunal international des marques. Mais ce ne sont là que des vues d'avenir. Nous ne pouvons demander en leur faveur au Congrès qu'une manifestation théorique d'intérêt.

M. Frey-Godet, Secrétaire du Bureau de Berne, fait observer, dans une note qu'il nous a adressée, que le Congrès tenu à Zurich en 1899, par l'Association internationale pour la protection de la propriété industrielle, a décidé l'établissement de rapports dressés dans les différents pays pour l'examen de la question de la juridiction internationale (1). Il propose, si ces rapports ne sont pas déposés au moment du Congrès de 1900, de retirer la question de l'ordre du jour.

Etant donné les termes très généraux dans lesquels nous la présentons, nous croyons, au contraire, qu'il y a lieu de la maintenir, à raison des réflexions qu'elle pourra susciter. Nous n'espérons toutefois pas qu'elle soit résolue.

L'œuvre pratique à laquelle nous convions le Congrès consiste, non pas dans l'établissement du Tribunal international, mais dans une meilleure détermination de la compétence qui doit être reconnue aux tribunaux de chaque nationalité. Actuellement, les législations en vigueur dans le monde civilisé règlent encore trop souvent les attributions de leurs tribunaux comme si chaque pays vivait isolé et comme si leurs ressortissants naturels ne pouvaient compter sur aucune autre protection légale que celle qu'ils trouvent auprès des juges de leur pays. Les Codes sont encore un peu dans l'état de guerre les uns vis-à-vis des autres, avec de vieux restes du droit d'aubaine et du droit de prise. On peut tenter de mettre quelque harmonie dans ces conflits de lois et, dans certaines matières qui, comme celle des marques, prêtent à l'unification, d'attribuer aux tribunaux de chaque pays la connaissance des litiges qui lui reviennent naturellement (2). Les tribunaux, si légitimement jaloux des droits de leurs nationaux, lorsque la garde leur en est confiée, élèvent aisément leur point de vue dès que le législateur et les traités élargissent leur mission et les chargent de faire justice, même en faveur des étrangers.

Nous allons nous efforcer de dégager un certain nombre de principes susceptibles de prendre place dans les lois des pays civilisés. Sans heurter aucun droit acquis et même aucune susceptibilité légitime, leur mise en vigueur sera une conquête pour la purification internationale du commerce.

2ᵉ Question.

Les décisions judiciaires qui statuent sur la régularité du dépôt d'une marque dans le pays d'origine doivent-elles avoir l'autorité de la chose jugée dans les pays étrangers?

Cette formule est le développement naturel du principe consacré par l'article 6 de la Convention d'Union du 6 mars 1883. Quel-

---

(1) Voir *Propriété industrielle*, année 1899, page 193.
(2) Voir, en ce sens, les observations du Dʳ Jitta, d'Amsterdam, *Annuaire de l'Association internationale*, 1899, page 337.

ques explications sont nécessaires pour en préciser et en limiter la portée.

Les jugements, régulièrement rendus, ont un double effet. Ils ont d'abord la force de chose jugée : ils forment contrat entre ceux qui y sont parties. Ensuite, ils ont la force exécutoire ; c'est-à-dire que l'autorité publique doit en assurer l'exécution.

Une décision étrangère n'a jamais force exécutoire sans l'intervention de la justice nationale qui peut seule la munir de la formule exécutoire. Mais il n'est pas impossible qu'un jugement ait, de plein droit, force de chose jugée en dehors du territoire. Il en est ainsi, notamment, suivant une doctrine généralement suivie, pour les décisions qui statuent sur l'état et la capacité des personnes. Comme un particulier ne peut avoir qu'un seul état civil, les souverainetés étrangères s'inclinent devant les jugements rendus dans le pays d'origine à propos de l'état civil, quelles qu'en puissent être les conséquences vis-à-vis des tiers. L'homme qu'une sentence prononcée par son tribunal national a déclaré majeur, interdit ou marié, est, par tout pays, majeur, interdit ou marié.

Or, on a dit avec raison que l'objet de l'article 6 de la Convention de 1883 avait été de reconnaître aux marques une sorte de statut personnel. Munie par sa loi nationale d'un état civil régulier, la marque peut se présenter à l'étranger avec les caractères de la légitimité. Il n'est pas téméraire d'appliquer à la marque la formule par laquelle les anciens jurisconsultes définissaient le statut personnel : *Personam sequitur sicut umbra, sicut cicatrix in corpore*. La marque s'incruste au produit et fait corps avec lui : « L'intérêt des échanges commerciaux, dit un arrêt de la Cour de Leipzig, cité bien des fois dans les Congrès (1), exige qu'un industriel possède une marque unitaire qui soit valablement reconnue, non seulement dans son propre pays, mais encore dans les deux hémisphères. »

Il est donc conforme aux principes de transporter dans la matière des marques la règle admise pour le statut personnel. Quand le tribunal national aura reconnu la régularité du dépôt, c'est-à-dire la conformité de la marque avec les prescriptions de la loi nationale, cette décision aura, entre les parties, la force de chose jugée, même en dehors du territoire.

Que l'on ne se trompe pas sur la portée de notre formule. Nous n'entendons pas donner au tribunal du pays d'origine de la marque le droit de trancher définitivement les questions de priorité auxquelles l'usage de la marque donnera lieu, ni les conflits entre le propriétaire prétendu de la marque et le domaine public étranger, questions qui, d'après la Convention de 1883, se rapportent à l'article 4 de cet acte diplomatique et non à l'article 6, dont nous développons ici le principe. Il ne s'agit que de savoir si le tribunal du pays d'origine, quand il constate que la marque est admissible

---

(1) *Compte rendu du Congrès international de la Propriété industrielle* de 1878, page 330 ; Congrès de Vienne de 1897, dans l'*Annuaire de l'Association internationale*, tome I, page 147.

au point de vue de la loi nationale, peut rendre une décision dont l'autorité s'étende au delà de la frontière. Notre proposition n'a donc rien de téméraire ni de subversif.

Ajoutons que la réserve, toujours sous-entendue des nécessités de l'ordre public, permettra trop facilement encore de faire brèche au principe.

Nous venons de nous occuper du conflit possible entre la marque et les définitions formulées dans les lois étrangères. Passons maintenant aux conflits qui s'élèveront entre la marque et ses contrefacteurs ou ceux qui prétendent avoir le droit d'en faire usage.

À ce point de vue, même dans le cercle de l'Union de 1883, les différents pays vivent encore sous le régime de la rétorsion. Un Français condamné en Angleterre, pour contrefaçon d'une marque anglaise, peut recommencer son procès en France, comme demandeur en invoquant le bénéfice de l'article 14 du *Code civil*, ou comme défendeur, en réponse à la demande d'exequatur. La décision anglaise aura sans doute une grande autorité morale aux yeux du juge français. Légalement, elle n'a d'autre valeur que celle d'un document de jurisprudence, tant qu'un jugement français ne l'a pas ratifiée.

Convient-il de maintenir intégralement cette indépendance réciproque des tribunaux de pays différents? Ou bien les peuples industriels et commerçants peuvent-ils accorder aux magistrats investis par la puissance publique étrangère une confiance suffisante pour s'incliner devant les décisions rendues dans le cercle d'une compétence précise et déterminée?

C'est la question que nous posons dans les termes suivants :

3° Question.

Y a-t-il lieu d'autoriser l'exécution, sans revision au fond, des décisions rendues en matière de contrefaçon de marques et de nullité de dépôts lorsque ces décisions sont intervenues à propos d'une marque déposée dans le pays et à raison de faits accomplis sur son territoire?

La même question pourrait se poser à propos du nom commercial, des fausses indications de provenance et même de la concurrence déloyale. Mais le criterium de compétence serait plus difficile à trouver, à cause de l'impossibilité de le rattacher à un point d'appui fixe comme le dépôt.

4ᵉ Question.

Y a-t-il lieu, en matière de marques, de nom commercial, de fausses indications de provenance, de concurrence illicite, de supprimer toute condition de réciprocité légale ou diplomatique?

C'est là une très grande question, digne d'être examinée et peut-être susceptible d'être résolue à l'instant où finit le dix-neuvième siècle.

Il y a à peine cent ans, elle n'eût pas même été comprise, sauf peut-être par des hommes comme Turgot, Necker ou Mirabeau. Les marques constituaient alors des privilèges, défendus avec âpreté par les maîtrises et les jurandes.

Se plaçant à un point de vue tout opposé, la Révolution aurait regardé la prétention à la marque comme entachée d'aristo-cratie (1).

Le dix-neuvième siècle a fait faire de grands progrès à cette idée que la protection de la propriété intellectuelle n'intéresse pas seulement les bénéficiaires directs de cette protection, mais qu'elle importe à la probité publique. La propriété intellectuelle entre, à petits pas, dans ces droits des gens dont la jouissance est reconnue, même aux étrangers. Pour les brevets et pour la propriété littéraire, la cause est bien près d'être gagnée.

Pour les marques et le nom commercial, quelques esprits avancés soutiennent depuis longtemps que, puisque l'étranger a le droit de faire le commerce hors de chez lui, il a le droit d'y avoir une marque. Citons parmi les plus anciens partisans de cette opinion dans notre pays MM. DEMOLOMBE (*Code civil*, tome Iᵉʳ, 246 *bis*), SERRIGNY (*Droit public*, tome Iᵉʳ, page 252), MASSÉ (*Droit commercial*, tome II, n° 23), FŒLIX (*Droit international privé*, n° 607), PARDESSUS (*Droit commercial*, tome VI, n° 1479), WOLOWSKI (*Recueil d'économie politique*, v°, Marques, page 473) et les deux doyens des avocats qui se sont en France occupés spéciale-ment de la propriété industrielle, MM. BLANC et PATAILLE (*Annales*, année 1855, art. 8, 9, 10 et 22).

Jusqu'ici pourtant cette idée n'a point prévalu dans les législa-tions à titre de principe.

Dès 1848, elle a été l'objet d'un grand et solennel débat devant la Cour de cassation, toutes chambres réunies, présidée par PORTALIS, le fils du rédacteur du Code civil. La Cour de Paris et la Cour de Rouen avaient, par deux arrêts, réprimé l'usurpation du nom d'un commerçant anglais. Devant les Chambres réunies, le Conseiller ROCHER, chargé du rapport, soutint la doctrine des Cours d'appel

---

(1) Voir, sur le rétablissement du droit des marques à partir de 1801, Claude COUHIN, *Propriété industrielle*, Paris, 1894, pages 206 et suivantes.

avec beaucoup de vigueur et d'élévation. Le Procureur général Dupin fit triompher une théorie moins généreuse, appuyée sur des considérations plus positives d'intérêt pratique (1).

L'Angleterre, par un arrêt de la Cour de Chancellerie du 16 août 1838 (2), avait refusé de reconnaître une marque française. Mais des jurisconsultes anglais de première importance, lord Langdale, le vice-chancelier Wood, donnèrent à l'opinion contraire l'appui de leur autorité (3). Aux Etats-Unis, la sentence rendue dans une affaire Taylor contre Carpenter (4) reconnut la validité d'une marque étrangère. Deux maisons françaises, qui seront représentées au Congrès de 1900, gagnèrent le même procès en Belgique et en Suisse (5).

L'impulsion était donnée et, dans la seconde moitié du siècle, la marche en avant se fit peu à peu dans les législations. Nos lois du 23 juin 1857, article 5, et du 26 novembre 1873, article 9, admirent la réciprocité.

La première exige la réciprocité diplomatique ; la seconde se contente de la réciprocité légale. La plupart des lois votées depuis notre loi de 1857 s'inspirent de principes analogues.

Mais les progrès accomplis résultent surtout des bienfaits produits par l'établissement d'un vaste réseau de traités qui, aujourd'hui, enveloppent le globe et assurent, dans presque tous les pays, aux marques de presque tous les pays, une protection plus ou moins complète. Le nombre même de ces traités démontre avec éclat que la reconnaissance des marques réclame son entrée dans le droit des gens et qu'elle est fondée à y prétendre.

Les grands juristes anglais ont continué à donner le bon exemple.

La législation établie par la loi du 24 décembre 1888 (6) est particulièrement libérale pour les étrangers. La Chambre de Commerce de Londres ayant attiré l'attention du Gouvernement sur les pertes que la répression des fausses indications de provenance pourrait infliger au commerce, le Gouvernement a répondu que ces considérations étaient primées par celle de la « purification du commerce » (7).

L'heure est donc venue de rechercher si cette protection internationale des marques ne doit pas sortir du domaine contingent des traités pour entrer dans la partie fixe de la science du droit. Le système de la réciprocité a pu, à titre transitoire, avoir sa raison d'être pour contraindre les pays récalcitrants à réprimer le vol commercial comme ils répriment le vol sans épithète. Il appartiendra au Congrès de décider si les progrès faits dans notre matière con-

---

(1) *Recueil Dalloz*, année 1848, 1re partie, page 140.
(2) Blanc, *Contrefaçon*, page 741.
(3) Arrêt du 11 juin 1857, *Annales de la Propriété industrielle*, année 1857, page 279.
(4) *Annales*, 1855, page 100.
(5) Affaire Fumouze, Cour de Bruxelles du 30 mai 1855, et affaire Christofle, Tribunal de Genève du 10 novembre 1857, Journal *la Propriété industrielle* du 22 décembre 1859.
(6) *Recueil publié par le Bureau de Berne*, tome I, page 476.
(7) *Eod. loc.*, page 370.

stituent, dès à présent, une conquête définitive de l'idée de justice.

Un commerçant, que ses affaires appellent à l'étranger, s'aperçoit, en débarquant, qu'on lui a dérobé son porte-monnaie. Dans aucun pays civilisé, il ne se rencontrera un agent de police pour lui demander quelle est sa nationalité avant d'arrêter le voleur. Passant dans les rues de la ville, ce commerçant trouve, à une devanture, sa marque usurpée par un concurrent. L'autorité publique peut-elle se refuser à constater le larcin? Voilà la question, posée en des termes que comprendrait un enfant des écoles.

5ᵉ Question.

Y a-t-il lieu, en matière de marques, de nom commercial, de fausses indications de provenance et de concurrence illicite, de supprimer la caution exigée des étrangers? d'admettre les étrangers au bénéfice de l'Assistance judiciaire ou du *Pro Deo?*

Ces réformes sont tout à fait mûres. La seconde répond à une idée d'humanité. La première a été réalisée dans les relations qui existent entre un grand nombre de pays par un acte diplomatique récent, la Convention de la Haye (1). Bien entendu la suppression de la caution suppose, corrélativement, que la condamnation aux dépens, prononcée contre le demandeur étranger qui a perdu son procès, sera obligatoirement rendue exécutoire dans son pays d'origine.

———

Certaines des questions, objet de notre rapport, ont donné lieu à deux travaux qui nous ont été adressés par M. DE MAILLARD DE MARAFY et par M. CHANDON, de la Maison MOET ET CHANDON.

M. CHANDON demande que les litiges, en matière de marques, de nom commercial et de concurrence déloyale, soient déférés à la juridiction civile avec adjonction, au besoin, d'un jury industriel. Il nous paraît assez difficile de proposer, à ce sujet, une formule susceptible d'une application internationale. Les points de vue varient suivant les principes admis par chaque pays en matière d'organisation judiciaire. Les législations dans lesquelles il existe des tribunaux de commerce ne peuvent guère accepter la conception de M. CHANDON. Le jury industriel, en France, constituerait un retour partiel aux juridictions de caste, abolies depuis 1789. D'ailleurs, les procès industriels n'intéressent pas seulement les industriels, mais aussi les consommateurs et le domaine public.

———

(1) Des 14 novembre 1896-22 mai 1897. *Journal officiel* du 7 février 1899 et *Propriété industrielle*, année 1899, page 46.

Enfin, il convient d'observer que les pays qui admettent l'examen préalable sont forcément conduits à soumettre certaines questions à des juridictions spéciales, qui ont le caractère de juridictions administratives puisqu'elles statuent sur une prérogative réservée à la puissance publique.

Les points que nous signale M. CHANDON seront l'objet d'une étude dans une autre section du Congrès à propos des brevets d'invention.

Pour les constatations, M. DE MAILLARD DE MARAFY et M. CHANDON sont favorables à l'extension de la procédure de saisie qui, surtout en matière civile, n'est admise que dans de rares législations. Le Congrès pourra faire d'intéressantes comparaisons entre la procédure de saisie, telle qu'elle est organisée dans les différents pays. Ainsi la loi allemande autorise la saisie par la Douane et l'Administration des finances et va jusqu'à admettre que la condamnation puisse être prononcée sans que la partie poursuivie ait été assignée. (Loi du 12 mai 1894, §§ 17 et 22, et Ordonnance du Ministère des Finances de Prusse du 9 janvier 1895 (1).

En matière de concurrence déloyale, il serait difficile d'organiser une procédure de saisie, parce que la concurrence déloyale ne porte pas d'ordinaire sur un fait matériel précis comme la contrefaçon ou la fausse indication de provenance. Pourtant M. DE MAILLARD DE MARAFY, dont les observations ont été énergiquement appuyées dans la section par plusieurs membres, fait remarquer que la difficulté des constatations rend malaisée la répression de la concurrence déloyale, même dans les pays qui, comme l'Allemagne, lui appliquent des sanctions pénales.

Nous formulons en ces termes les difficultés soumises à l'examen du Congrès :

6° Question.

Y a-t-il lieu, en matière de marques, de nom commercial et de fausses indications de provenance, d'autoriser la saisie soit à l'importation, soit à l'intérieur? Quelles mesures pourrait-on prendre pour assurer la constatation des faits de concurrence illicite?

A propos des sanctions, M. DE MAILLARD DE MARAFY s'est occupé des sanctions civiles ; M. CHANDON, des sanctions pénales.

M. DE MAILLARD DE MARAFY se plaint de l'insuffisance des dommages-intérêts qui sont, dans la pratique, alloués par les tribunaux.

---

(1) *Recueil publié par le Bureau de Berne*, tome I, pages 79, 80, 97, 98.

Il souhaiterait que l'on fît rentrer dans la condamnation les frais accessoires du procès, tels que les honoraires d'avocat.

Ces observations ne nous ont pas paru susceptibles d'être condensées dans une formule d'un intérêt international. Elles portent plutôt sur des détails d'organisation judiciaire, voire même sur des habitudes d'esprit que sur les principes généraux.

M. CHANDON propose que, en matière de propriété industrielle, la peine habituelle soit l'amende et que l'emprisonnement ne soit infligé qu'en cas de récidive ou aux personnes sans fortune ou en déconfiture commerciale. La dernière partie de la formule semblera peut-être quelque peu aristocratique..

La question des pénalités sera formulée dans les termes suivants, observation faite que le point de savoir si la concurrence illicite comporte des pénalités correctionnelles, rentre dans le cadre rempli par un autre rapport :

7ᵉ et dernière question.

Y a-t-il lieu, en matière de contrefaçon de marques, d'usurpation de nom et de fausses indications de provenance, de laisser au demandeur l'option entre la juridiction civile et la juridiction correctionnelle?
Les pénalités correctionnelles doivent-elles s'élever jusqu'à l'emprisonnement, même quand il n'y a pas de récidive?

PRINCIPALES SOURCES CONSULTÉES

Annuaires de législation étrangère de la Société de législation comparée; Paris, Cotillon, 1871-1898, 27 volumes in-8°.

Annales de la propriété industrielle, artistique et littéraire, fondées par Pataille; Paris, 1855-1899, 44 volumes in-8°, et notamment année 1855, articles 8, 9, 10 et 22.

Journal de la propriété industrielle, 1858 à 1865; 2 volumes in-f° et notamment article de Huard: *des Marques de fabrique,* numéro du 11 octobre 1860.

Journal de droit international privé; Paris, Marchal et Billard, 1874-1899, 26 volumes in-8°, et notamment article de Pouillet : *Droits des étrangers en France en matière de marques,* année 1875, page 257.

La Propriété industrielle, organe officiel du Bureau de l'Union; Berne, 1885-1899.

Recueil général de la législation et des traités concernant la Propriété industrielle, publié par le Bureau de Berne; 3 volumes in-8°, 1896-1900.

10

Annuaire de l'Association internationale pour la protection de la Propriété industrielle; 1re et 2e années; Paris, Le Soudier, 1898-1899, in-8°.

Dictionnaire de droit international privé, par Vincent et Penaud; Paris, Larose et Forcel, 1887, in-4°.

Grand Dictionnaire international de la propriété industrielle, par de Maillard de Marafy; Paris, Chevallier-Maresq, 1890-1892, 6 volumes in-4°.

Traité de la contrefaçon, par Etienne Blanc; Paris, Plon, 1855, in-8°.

Traité pratique des marques de fabrique, par Ambroise Rendu; Paris, Cosse, 1865, in-8°.

Répertoire de législation en matière de marques de fabrique, par Huard; Paris, Cosse, 1865, in-8°.

Traité des marques de fabrique, par Pouillet; Paris, Marchal et Billard, 1898, in-8°.

Nouveau Traité des marques de fabrique, par Braun; Paris, 1880, in-8°.

Les Marques de fabrique et de commerce en droit français, droit comparé et droit international, par Joseph-Lucien Brun; Paris, Larose, 1897, in-8°.

COMPTE RENDU

DU

CONGRÈS

Emploi du temps

———❈———

Les séances du Congrès se sont tenues du 23 au 28 juillet, à l'Exposition universelle de Paris, dans le Palais des Congrès.

Lundi matin, 23 juillet.	Séance d'inauguration, à 10 heures.
Lundi soir, »	Section des Brevets d'invention, à 3 h. 1/2.
Mardi matin, 24 juillet.	Section des Brevets d'invention, à 9 h.
Mardi soir, »	Section des Brevets d'invention, à 3 h. 1/2.
Mercredi matin, 25 juillet.	Section des Dessins et Modèles, à 9 h.
Mercredi soir, »	Section des Dessins et Modèles, à 3 h. 1/2.
Jeudi matin, 26 juillet.	Section des Marques de Fabrique, à 9 h.
Jeudi soir, »	Section des Marques de Fabrique, à 3 h. 1/2.
Vendredi matin, 27 juillet.	Section des Marques de Fabrique, à 9 h.
Vendredi soir (1), »	Section des Brevets d'invention, à 3 h. 1/2.
Samedi matin, 28 juillet(2).	Section des Marques de Fabrique, à 9 h.
Samedi soir, »	Séance plénière, à 3 heures.

M. le Ministre du Commerce et Mme Millerand ont bien voulu donner un dîner et une brillante réception en l'honneur du Congrès dans les salons du Ministère.

Le Congrès a été clôturé par un banquet au restaurant russe de la Tour Eiffel. Des discours ont été prononcés par : M. Pouillet, président; MM. Hauss, délégué du Gouvernement allemand; Beck von Managetta, délégué du Gouvernement autrichien; de Ro,

---

(1) La séance du vendredi soir devait être consacrée à la séance plénière des brevets, celle du samedi matin à la séance plénière des marques. Mais les première et troisième sections n'ayant point terminé leurs travaux et une seule séance plénière pouvant suffire à l'enregistrement des résolutions des trois sections, les deux premières séances plénières ont été transformées en séances de section.

(2) Avant la séance du samedi matin, M. Armengaud jeune a bien voulu guider les Congressistes pour leur faire voir l'installation du trottoir roulant, leur en montrer la mise en marche et leur en expliquer le fonctionnement.

délégué du Gouvernement belge ; Richards, délégué des États-Unis ; Chaumat, délégué de M. le Ministre de la Justice de France; Jouanny, délégué du Comité central des Chambres syndicales; Campi, délégué du Gouvernement italien ; Osterrieth, secrétaire général de l'Association internationale pour la protection de la Propriété industrielle ; de Maillard de Marafy, président des Comités consultatifs de l'Union des fabricants ; Armengaud jeune, ancien Président du Syndicat des ingénieurs-conseils ; Casalonga, ingénieur-conseil, secrétaire général de la Commission d'organisation du Congrès international des Associations d'inventeurs; Michel Pelletier, délégué du Gouvernement français à la Conférence diplomatique de Bruxelles.

Procès-verbaux des séances[1].

———

Séance du lundi matin, 23 juillet.

Première séance plénière.

La séance est ouverte à dix heures, sous la présidence de M. Pouillet, président de la Commission d'organisation.

M. Thirion, secrétaire général de la Commission d'organisation, fait l'appel des délégués étrangers qui successivement viennent prendre place au bureau (2).

M. Pouillet prononce le discours suivant :

« Messieurs,

» M. le Ministre du Commerce ne peut, comme je l'espérais, présider la séance d'inauguration de notre Congrès. Mais, pour témoigner de l'intérêt qu'il porte à nos travaux, il a résolu d'assister à l'une de nos séances qu'il ne peut encore préciser. A quelque moment que M. le Ministre vienne nous surprendre, nous serons heureux de le voir parmi nous, car sa présence sera la preuve de l'intérêt que le gouvernement de la République française porte lui-même à la propriété industrielle, à cette propriété, qui, fruit de l'intelligence et du travail, née du seul génie de l'homme, échappe par sa nature à toutes les critiques et à toutes les controverses.

» L'idée même de propriété dût-elle, un jour, disparaître de nos lois et de nos mœurs, le droit de l'inventeur sur les produits de sa découverte, de quelque nom qu'on l'appelle, n'en serait pas moins conservé ; car l'inventeur, au lieu d'appauvrir le patrimoine commun, l'enrichit au contraire.

» L'absence du Ministre à la séance d'aujourd'hui me met plus à l'aise pour rappeler ce qu'il a déjà fait pour améliorer la loi française sur les brevets d'invention.

» Notre loi péchait en deux points principaux et ne pouvait supporter la comparaison avec les lois des autres pays : elle n'avait pas organisé la publication des brevets ; elle frappait impitoyablement de déchéance le breveté, qui, par négligence ou par manque de ressources, n'avait pas acquitté l'une des annuités de son brevet. De cette déchéance, rien ne pouvait le relever, même une maladie le terrassant à

---

(1) Des procès-verbaux sommaires ont été lus et approuvés en séance. Ils ont été complétés par les secrétaires d'après la sténographie de MM. Arsandaux, Guérin, Hellouin, Poirel, sténographes du Sénat, et E. Potin, sténographe de la Chambre des députés.

(2) Voir la liste des délégués, p. 17.

l'improviste. On s'étonnait, avec juste raison, à l'étranger, de cette rigueur inexorable dans un pays essentiellement démocratique comme le nôtre.

» Depuis trente ans, tous ceux qui, dans notre pays, s'intéressent aux inventeurs, demandaient qu'une modification sur ces deux points fût apportée à la loi ; mais leurs plaintes étaient restées vaines.

» Cette demande, sans cesse renouvelée, et toujours dédaignée ou repoussée, nous l'avons présentée une fois de plus aux pouvoirs publics. Mais, cette fois, le Ministre, à qui nous l'adressions, l'a prise en considération. Il a, d'un trait de plume, pris un arrêté qui règle la publication des brevets, sinon avec toute l'ampleur que les lois étrangères donnent à cette publication, du moins dans une large mesure. Il a, en même temps, présenté aux Chambres un projet de loi qui accorde au breveté, comme toutes les autres législations, un délai pour le paiement des annuités et lui fournit ainsi le moyen d'éviter la déchéance, c'est-à-dire, en certains cas, l'anéantissement de ses efforts et la ruine.

» Grâce à ces mesures, dues à l'initiative de M. Millerand, nous pouvons, au moment où le Congrès nous réunit dans un effort commun, affirmer à nos collègues étrangers que la loi française, perfectionnée, ne le cédera, désormais, en rien aux lois des autres pays. Un Congrès, qui s'ouvre sous de tels auspices, ne peut manquer de réussir et de porter des fruits glorieux.

» Nous nous inspirerons, du reste, de l'exemple que nous ont laissé les Congrès de 1889 et de 1878 surtout. Le Congrès de 1878, quel beau Congrès ce fut ! Quel souvenir il a laissé dans la mémoire de ceux qui, comme moi, jeunes alors, y prirent part avec toute l'ardeur et toutes les illusions de la jeunesse.

» C'était la seconde fois que se réunissait un Congrès international de la Propriété industrielle. Le premier s'était tenu à Vienne en 1873, et l'apprentissage qu'on y avait fait de ces discussions internationales ne contribua pas peu à l'éclat du Congrès de Paris. A Vienne on avait appris à travailler ; à Paris on travailla avec méthode et avec fruit.

» Les législations qui, depuis, se sont faites ou renouvelées, ont emprunté souvent leurs dispositions aux résolutions votées au Congrès de Paris.

» Mais ce qui est et ce qui restera l'honneur du Congrès de Paris en 1878, c'est l'idée, qui y fut émise, d'établir, entre le plus grand nombre de nations possible, une union, pour créer, entre leurs lois, un minimum d'unification.

» Le rêve, c'est l'uniformité des lois ; le rêve, c'est que l'invention, où qu'elle naisse, soit protégée partout de la même manière et pour le même temps ; le rêve, c'est que la protection obtenue dans le pays d'origine s'étende du même coup à tous les autres pays ; le rêve, enfin, c'est le brevet international, le brevet qui, demandé dans un pays quelconque, assurerait à l'inventeur, dans tous les autres pays, sans formalité et de plein droit, les fruits de sa découverte.

» Ce rêve, hélas ! n'est pas encore près de s'accomplir ; les législations sont trop profondément différentes les unes des autres. Mais la Convention d'union du 20 mars 1883 a déjà créé entre certaines d'entre elles un commencement d'unification, et c'est beaucoup.

» Cette Convention, dite Convention de Paris, est due aux travaux du Congrès de 1878, et, après le Congrès, aux efforts persévérants de son président, M. le Sénateur Bozérian, qui fut, de son vivant, l'un des plus vaillants défenseurs de la propriété industrielle, et dont j'aime à rappeler qu'il fut l'un de nos avocats les plus distingués, d'abord au barreau de la Cour de cassation, puis au barreau de la Cour de Paris.

» Les rédacteurs de la Convention de 1883 avaient sagement déclaré qu'elle était perfectible, et que des conférences diplomatiques se réuniraient à des époques déterminées pour rechercher les améliorations dont elle était susceptible.

» Ces conférences se sont réunies, et, si la Conférence de Rome est demeurée sans résultat faute que l'accord ait pu se faire sur tous les points entre les puissances signataires de la Convention primitive, en revanche, celle de Madrid, en 1892, a apporté à la Convention de 1883 des améliorations sensibles, et j'espère que la Conférence de Bruxelles, qui s'est ajournée sans avoir achevé ses travaux, les reprendra bientôt et parviendra à les mener à bonne fin.

» Ainsi, de revision en revision, de progrès en progrès, la législation internationale va se perfectionnant, et se rapprochant par degré de l'idéal, c'est-à-dire de l'unification.

» Mais, pour atteindre ce but, il faudrait d'abord que toutes les grandes nations fissent partie de l'Union, et je souhaite de tout mon cœur que le Congrès de 1900 puisse avoir cet heureux résultat, grâce à l'échange d'idées qui s'y fera, d'amener à la Convention ces grands pays jusqu'ici restés à l'écart, l'empire d'Allemagne et l'empire Austro-Hongrois. Quelle force leur adhésion donnerait à la Convention !

» L'heure est d'ailleurs bien choisie pour demander à la loi, dans tous les pays, la protection efficace de l'inventeur. Partout, on se plaint de l'omnipotence du capital : on veut défendre contre lui, le faible, le travailleur, l'ouvrier. Le brevet répond admirablement à cette idée de notre temps ; il aide à contrebalancer la puissance du capital. Rendez la prise d'un brevet plus facile et moins coûteuse ; il suffira souvent d'une idée heureuse et neuve, pour que le petit fabricant, inventeur d'un nouveau produit ou d'un nouveau procédé, devienne, à l'abri de son brevet, le rival heureux ou même l'égal du fabricant plus riche et plus puissant, hier encore son patron.

» Ce que je dis du brevet, je puis le dire également de la marque de fabrique qui, protégée de la même façon dans tous les pays, deviendrait la garantie d'une concurrence honnête et loyale dans le monde entier.

» A Dieu ne plaise que je signale toutes les questions du programme que le Congrès aura à parcourir. C'est la tâche de vos rapporteurs, et ils la rempliront, soyez-en sûrs, de manière à satisfaire les plus difficiles.

» Je veux pourtant appeler votre attention sur la perpétuité des firmes qui, à condition d'être inscrites sur le registre du commerce, devraient pouvoir durer aussi longtemps que la maison à laquelle appartient la firme, au lieu de se transformer, au grand préjudice du commerce, à chaque successeur. N'est-il pas juste qu'une maison, dont son fondateur, par exemple, a fait la prospérité, et qu'il a fait connaître sous son nom dans le monde entier, puisse, si la famille en est d'accord, garder ce nom même après la mort du fondateur et continuer de faire les affaires, de signer la correspondance, et même d'ester en justice, sous ce nom, devenu le sien, encore que les successeurs en porteraient eux-mêmes un autre?

» Cette législation, particulière à l'Allemagne, y produit d'excellents effets et mériterait d'être étendue à tous les pays. Le commerce, l'industrie internationale y trouveraient un avantage considérable.

» Les questions que le Congrès aura à étudier sont nombreuses; les discussions, auxquelles elles donneront lieu, seront à la hauteur de leur importance.

» Les gouvernements l'ont jugé ainsi; car, à la demande que leur a adressée le Comité d'organisation de se faire représenter au Congrès par des délégués officiels, ils ont répondu favorablement.

» Il m'appartient, comme président du Comité d'organisation, de souhaiter la bienvenue à ces délégués comme à tous nos collègues étrangers et français qui nous apportent leur collaboration. Je le fais avec plaisir et je leur adresse à tous un salut cordial.

» Le Congrès de 1900 sera digne de ses aînés; il portera les mêmes fruits et marquera un nouveau progrès dans l'amélioration de la législation internationale.

» Œuvre de travail et d'apaisement, il resserrera les liens qui unissent les penseurs de tous les pays. Au moment où le bruit des armes retentit au loin et jette l'effroi et la tristesse dans tous les cœurs. le Congrès apparaîtra comme un appel à la concorde et à la paix; il constituera un nouveau pas vers la réconciliation des peuples et des races, c'est-à-dire vers la fraternité universelle.

» C'est là ce que nous attendons du siècle qui va bientôt s'ouvrir: puisse-t-il ne pas tromper nos espérances !

» Je déclare ouvert le Congrès de 1900. »

M. Hauss, *Conseiller de l'Office de l'Intérieur, à Berlin*, prononce en allemand un discours que M. Osterrieth résume en français de la façon suivante :

M. Hauss remercie, au nom des délégués allemands, M. le Président des paroles aimables qu'il a prononcées à leur intention; il estime que les travaux du Congrès produiront des effets utiles, tant à raison des études préparatoires que des discussions auxquelles celles-ci donneront lieu au sein de l'assemblée.

M. le Chevalier Paul Beck von Managetta, *chef de division au ministère impérial royal du commerce autrichien, président du bureau des brevets à Vienne*, a le plaisir de rappeler que c'est en 1873, à Vienne, qu'on eut pour la première fois la pensée de réunir, à l'occasion de l'Exposition universelle, un Congrès de la propriété industrielle et il est heureux de constater le développement qu'ont pris depuis les Congrès de ce genre. Il ajoute que l'Autriche possède une loi nouvelle sur les brevets d'invention et qu'un projet sur les dessins de fabrique est actuellement à l'étude dans ce pays; il prendra donc un intérêt tout particulier aux travaux du Congrès de 1900, dans l'intention de faire profiter sa législation nationale des idées qui y seront émises.

M. Saburo-Yamada, *professeur de droit international privé à l'Université de Tokio*, prononce le discours suivant :

« Messieurs,

» Permettez-moi de vous adresser quelques mots à l'ouverture de ce nouveau Congrès international de la Propriété industrielle auquel, pour la première fois, assistent des sujets de l'empire du Japon. Je suis heureux en cette circonstance de me trouver le premier Japonais qui ait l'honneur de prendre la parole devant vous pour vous assurer que toutes les questions que vous avez à traiter ici intéressent au plus haut point notre patrie, entrée tout récemment dans le grand mouvement de la civilisation occidentale. Nous avons, depuis le 2 mars 1899, trois lois nouvelles sur les brevets d'invention, sur les dessins et modèles industriels et sur les marques de fabrique ou de commerce, lois expliquées et interprétées par les règlements et ordonnances du 20 juin, et entrées en vigueur le 1ᵉʳ juillet de la même année, époque à laquelle notre gouvernement a d'ailleurs adhéré à la Convention de Paris. Paris, qui, à l'occasion de sa merveilleuse Exposition actuelle, voit encore un de vos Congrès se réunir dans ses murs, aura, je n'en doute point, dans votre glorieuse histoire, une bien belle page. Messieurs, dix-huit ans déjà se sont écoulés depuis la création de l'Union internationale pour la protection de la propriété industrielle et c'est avec regret que nous voyons certains pays industriels de premier ordre n'y avoir pas encore adhéré. Espérons que, grâce aux travaux de notre présent Congrès, il nous sera donné de voir ces pays se joindre à l'Union, à l'aube même du siècle nouveau. »

M. Campi (Italie), souhaite que M. Pouillet soit désigné comme président du Congrès et que le Congrès donne les fruits que peut faire espérer la réunion de tant de spécialistes si distingués et de tant de négociants si expérimentés.

M. Pouillet constate que M. Campi est allé un peu plus vite que les violons puisque, comme président du Comité d'organisation, il avait précisément l'intention de proposer la désignation du bureau définitif, après l'audition des délégués étrangers.

M. de Ro (Belgique), appuie la proposition de M. Campi et il espère que M. Pouillet sera désigné comme président par acclamation.

L'assemblée ratifie par ses applaudissements cette proposition.

M. Pouillet demande à la réunion comment elle entend désigner les autres membres du bureau.

M. le Secrétaire général donne connaissance d'une liste dont on pourrait s'inspirer pour désigner des présidents d'honneur, des vice-présidents d'honneur, des présidents effectifs, des vice-présidents effectifs, un rapporteur général, un secrétaire général, des secrétaires.

Cette liste est approuvée. Elle est ainsi conçue :

Présidents d'honneur :

MM. Le Ministre du Commerce et de l'Industrie.

Morel (Henri), directeur des bureaux internationaux de la Propriété industrielle et intellectuelle, à Berne.

Huber-Werdmüller (colonel), ancien président de l'Association internationale pour la protection de la Propriété industrielle, président de la Société des ateliers de construction d'Œrlikon à Riesbach (Zurich).

Lyon-Caen (Ch.), membre de l'Institut, professeur à la Faculté de droit de Paris.

Poirrier, sénateur, ancien président de la Chambre de commerce de Paris, président de la Société anonyme des matières colorantes et produits chimiques de Saint-Denis.

Vice-Présidents d'honneur :

MM. Saburo Yamada, conseiller en droit au bureau des brevets d'invention au ministère de l'Agriculture et du Commerce du Japon.

Pieper (Carl), ingénieur-conseil à Berlin.

Lloyd-Wise, Chartered Patent Agent, Londres.

De Matlekovicz, président de la section de la Propriété industrielle de la Société nationale « l'Industrie hongroise ».

Amar, avocat à Turin.

De Ro, avocat à la Cour d'appel, ancien secrétaire de l'Ordre des avocats à la Cour de Bruxelles.

Poinsard, sous-directeur des bureaux internationaux de la Propriété industrielle et intellectuelle, à Berne.

Thirion (Ch.), ingénieur-conseil en matière de propriété industrielle, vice-président de la Commission permanente internationale de la Propriété industrielle, vice-président de l'Association française pour la protection de la propriété industrielle.

Dumont, ancien président de la Société des ingénieurs civils.

Menier (Gaston), industriel, député de Seine-et-Marne.

Claude Couhin, avocat à la Cour d'appel de Paris, président de l'Association des inventeurs et artistes industriels.

Fayollet, président du Syndicat des ingénieurs-conseils en matière de propriété industrielle.

Legrand (Victor), président du Tribunal de commerce de la Seine.

Président :

M. Pouillet, ancien bâtonnier de l'Ordre des avocats à la Cour
d'appel de Paris, président de la Commission permanente
internationale de la Propriété industrielle, président de
l'Association internationale et de l'Association française
pour la protection de la Propriété industrielle.

Vice-Présidents :

MM. Armengaud jeune, ingénieur-conseil à Paris, ancien président
du Syndicat des ingénieurs-conseils, membre du Comité
français de l'Association internationale pour la protection
de la Propriété industrielle.

Comte de Maillard de Marafy, président des Comités consultatifs de l'Union des fabricants, vice-président de la Commission permanente internationale de la Propriété industrielle.

Soleau, président de la Chambre syndicale des fabricants de
bronze, membre du Comité français de l'Association internationale pour la protection de la Propriété industrielle.

Von Schütz, directeur aux usines Fried. Krupp Grusonwerk,
trésorier de l'Association internationale pour la protection
de la Propriété industrielle (Allemagne).

Hardy (J.), ingénieur-conseil à Vienne (Autriche).

Raclot, ingénieur-conseil à Bruxelles (Belgique).

Justice (Philipp-M.), Chartered Patent Agents à Londres
(Grande-Bretagne).

Kelemen (M.), ingénieur-conseil à Budapest (Hongrie).

Bosio (Ed.), avocat à Turin (Italie).

Bunji-Mano (Japon).

Jitta, professeur à l'Université d'Amsterdam (Pays-Bas).

Le Breton, avocat à Buenos-Aires (République Argentine).

Kaupé, ingénieur-conseil à Saint-Pétersbourg (Russie).

Imer-Schneider, ingénieur-conseil à Genève (Suisse).

Rapporteur général :

M. Maillard (Georges), avocat à la Cour d'appel de Paris, secrétaire de l'Association internationale et de l'Association
française pour la protection de la Propriété industrielle,
secrétaire de la Commission permanente internationale
de la Propriété industrielle.

Secrétaire général :

M. Thirion fils (Ch.), ingénieur-conseil en matière de propriété
industrielle, secrétaire général de la Commission permanente internationale de la Propriété industrielle.

Secrétaires :

MM. Bert, ingénieur-conseil à Paris, secrétaire général de l'Association française pour la protection de la Propriété industrielle.

Darras, docteur en droit, secrétaire de la Société de législation comparée.

Josse, ingénieur-conseil à Paris, secrétaire de l'Association
française pour la protection de la Propriété industrielle.

Osterrieth, secrétaire général de l'Association internationale
pour la protection de la Propriété industrielle (Allemagne).

Wauwermans, avocat à la Cour de Bruxelles (Belgique).

Barzano, ingénieur-conseil à Milan (Italie).

L'assemblée décide de joindre aux membres du bureau, en
qualité de secrétaire adjoint, M. Perroux.

M. Donzel (France) demande que dans le projet de règlement on
supprime l'alinéa 2 de l'article 10 (1). Il craint que, si cette suppression n'était pas votée, le Congrès ne soit qu'une Chambre
d'enregistrement des décisions prises par les sections; il voudrait
qu'on ne vote en assemblée plénière qu'après une discussion
complète devant cette assemblée.

M. Georges Maillard prend la parole pour remercier l'assemblée
qui a bien voulu le désigner comme rapporteur général. En réponse à M. Donzel, il fait observer que le règlement élaboré par la
Commission d'organisation doit, en principe, être considéré comme
définitif. Il entend bien que le Congrès pourrait modifier ce règlement, mais il ne pense pas qu'en l'espèce les observations élevées
contre l'article 10, paragraphe 2, soient fondées : il cite l'exemple
du Congrès de Vienne où la division du travail était organisée
comme le propose le règlement et où cette répartition en sections
suivie du vote sans délibération en assemblée plénière a donné les
meilleurs résultats : au surplus, les sections ne siégeront pas simul-

_____

(1) Voir le texte du règlement, p. 5.

tanément et tous les membres du Congrès pourront assister aux séances de chacune des sections.

M. Mack aurait dit des choses analogues à celles que vient de développer M. Maillard.

M. Delahaye, *président de la Chambre de commerce d'Angers*, craint que dans les sections on étouffe la discussion de certaines questions par cela seul qu'elles n'ont pas été inscrites à l'ordre du jour du Congrès ; il craint qu'il en soit ainsi notamment pour la question des marques aux États-Unis, pour les marques collectives.

M. Donzel craint que les travaux des sections ne soient suivis que par un petit nombre de congressistes qui fondront comme la neige au soleil.

M. le Président répond que le travail le plus utile se fera dans les sections.

Le règlement est définitivement adopté sans aucune modification.

La séance est levée à 11 heures moins un quart.

Le secrétaire :

A. Darras.

─────────

Séance du lundi soir, 23 juillet.

──

Section I. — Brevets d'invention.

(Première séance.)

La séance est ouverte à 3 heures et demie, sous la présidence de M. Pouillet.

M. Millerand, Ministre du Commerce et de l'Industrie, prend place au bureau, à côté de M. Pouillet.

M. le Président adresse au Ministre les remerciements de l'Assemblée pour avoir bien voulu assister à cette première séance de travail. Il rappelle que le Ministre du Commerce a droit à la reconnaissance de tous ceux qui s'intéressent à la propriété industrielle. Alors que depuis trente ans on a vainement tenté en France d'obtenir des réformes sur les deux points critiquables de la loi française, la publication des brevets et la déchéance pour non-paiement des annuités, il a, d'un trait de plume, élargi la publication et il a déposé un projet de loi qui rendra notre législation comparable à celle des autres pays en matière de déchéance pour défaut de paiement des annuités.

M. LE MINISTRE se défend de vouloir prononcer un discours d'inauguration. Il est venu, à l'improviste, assister à la séance uniquement pour donner le témoignage de l'intérêt qu'il porte aux questions qui sont à l'ordre du jour du Congrès. Il déclare que ce qu'il a fait n'est qu'un commencement. Si on le félicite, que ce soit plutôt pour ce qu'il veut faire que pour ce qu'il a fait. La publication des brevets, telle qu'il l'a organisée, n'est pas encore intégrale; mais il n'a pas cru pouvoir arriver à cette publication intégrale sans une transition ou, pour mieux dire, une expérience. En ce qui concerne la prolongation du délai pour le paiement des annuités telle qu'elle est proposée dans son projet de loi, elle ne lui donne pas toute satisfaction ; il pense qu'il y aurait utilité, pour que la réforme eût toute sa portée, à avertir les intéressés de l'expiration du délai et du terme de grâce qui leur est accordé pour éviter la déchéance. Il sera bien aise d'avoir sur ce point l'avis des membres du Congrès. La difficulté sera d'envoyer un avertissement à chaque breveté; mais c'est une difficulté administrative qui n'est pas insoluble : à l'anniversaire du brevet, on sait, dans les bureaux où la taxe doit être payée, chez le receveur ou le percepteur, qu'elle ne l'a pas été. il n'y a qu'à envoyer un avis administratif, sous une forme aussi simple que possible, à celui qui devait payer.

Les deux améliorations préparées par le Gouvernement seront loin, quand elles auront été réalisées, d'avoir rempli le cadre des vœux de ceux qui s'intéressent à la propriété industrielle. Le Ministre du Commerce a d'abord voulu donner, en matière de brevets, une preuve d'attention sérieuse et réfléchie à des intérêts qui deviennent de plus en plus importants, de plus en plus considérables et qui excitent l'intérêt du monde entier. Parmi les Congrès qui se réunissent à l'occasion de l'Exposition universelle, il en est peu où plus manifestement que dans celui de la Propriété industrielle il apparaisse que l'entente entre les nations est nécessaire pour arriver à un résultat utile. Il est évident que pour la propriété industrielle, pour la législation des marques de fabrique, des dessins et modèles, il est indispensable qu'il y ait une entente internationale; plus cette entente se fera étroite, précise, moins il y aura de flottement entre les diverses législations et plus on approchera du but qu'on veut atteindre : assurer à tous les inventeurs, à tous les propriétaires de marques, de dessins, d'inventions, une protection efficace.

On doit donc attendre beaucoup du Congrès de la propriété industrielle.

On en a jugé ainsi au Sénat français, car la Commission sénatoriale, saisie d'un projet de loi sur les brevets, a décidé à l'unanimité d'ajourner son étude jusqu'après la réunion du Congrès.

M. LE MINISTRE DU COMMERCE termine son allocution en remerciant tous les membres du Congrès et spécialement les étrangers qui ont bien voulu collaborer à une œuvre entre toutes utile et pacifique.

M. LE PRÉSIDENT, après ce discours unanimement applaudi, propose de se mettre immédiatement au travail et de commencer par la constitution du bureau de la section des brevets.

Sur la proposition de M. LE SECRÉTAIRE GÉNÉRAL, sont nommés : président, M. CLAUDE COUHIN ; vice-présidents, MM. KAUPÉ (Russie) et Bosio (Italie) ; secrétaires, MM. Maximilian MINTZ (Allemagne) et Maurice MAUNOURY (France).

Question 1

Du mode de délivrance des brevets.

M. Emile BERT, rapporteur, expose qu'il a, dans son rapport (1), étudié les modes de délivrance des brevets dans les différents pays. On peut les classer en deux catégories : le système de non-examen préalable (France, Brésil, Espagne, Belgique, Italie, Angleterre, etc.) et le système d'examen préalable (Allemagne, Autriche, Russie, etc.). Le premier système ne présente que peu d'inconvénients. On peut lui reprocher que les refus de brevets (ce qui est très rare) ont lieu sans que le demandeur soit avisé du motif. Il serait cependant facile de lui faire savoir que son brevet est refusé, par exemple, parce qu'il porte sur plusieurs objets. Ainsi, en Angleterre, dont la loi peut servir d'exemple, un examinateur signale à l'inventeur les imperfections qu'il trouve dans son brevet et l'inventeur peut, s'il le veut, corriger une erreur qui lui est signalée. Bien plus graves sont les critiques que l'on peut élever contre le système de l'examen préalable. En 1878, au Congrès de Paris, M. Klostermann a défendu ce système en disant qu'il donnait une valeur réelle au brevet ainsi délivré. M. Pouillet lui a répondu que, même après sa délivrance, le brevet examiné et reçu pouvait être discuté devant les tribunaux et annulé. L'examen préalable ne donne donc pas à l'inventeur une garantie absolue, et cela est si vrai qu'il y a moins de brevets annulés en France ou en Angleterre que de brevets attaqués en Allemagne. Cependant cet examen préalable illusionne le breveté et le pousse souvent à faire témérairement des procès en contrefaçon. Enfin, et ceci est plus grave, il arrive que des inventions d'une réelle valeur échouent devant le bureau d'examen; exemples : les inventions de Bessemer et de Giffard.

On peut joindre à ces inconvénients d'autres moins importants : en Allemagne, par exemple, le Patentamt a imaginé d'exiger que l'invention présentât un *effet technique nouveau*, ce qui est simplement un moyen de se débarrasser sans raison avouable des inventions qu'on ne veut pas breveter. D'autre part, la procédure de l'examen préalable retarde l'époque de délivrance des brevets. En Allemagne, la moyenne de gestation est de quinze mois et le brevet 107637 n'a été délivré qu'au bout de cinq ans et quarante-deux jours.

---

(1) Voir *supra* le texte de ce rapport.

On dit : cela débarrasse l'industrie de brevets sans valeur. C'est un leurre : en Allemagne, l'examen préalable délivre, en moyenne, un brevet sur deux. Donc, au bout de quinze mois (en moyenne), 50 p. 100 des demandes sont délivrées. Or, en France, *au bout d'un an*, 50 p. 100 des brevets sont abandonnés par leurs propriétaires. On arrive donc au même résultat en France (douze mois au lieu de quinze) et sans les frais qu'entraîne le Patentamt. On a proposé, et cela est séduisant, de substituer l'*avis* préalable (qui permettrait à l'inventeur, sans les lui imposer, des modifications à sa demande) à l'*examen* préalable, qui exige les modifications ou rejette la demande. Il serait à craindre que l'examinateur, n'ayant pas le droit d'imposer son opinion, mît moins d'énergie et de soins dans son étude et sa recherche des antériorités. C'est ce qui a lieu en Suisse, où l'avis préalable existe.

M. Bert termine par les conclusions suivantes :

1° En principe, les brevets d'invention doivent être délivrés sans aucun examen préalable, aux risques et péril du demandeur ;

2° Dans les pays où l'examen préalable est ou serait admis, cet examen ne doit en tous cas porter que sur la nouveauté de l'invention en laissant de côté toutes autres questions et notamment celles qui concernent l'importance, l'utilité et la valeur technique de l'invention. En aucun cas, l'inventeur ne doit être obligé à mentionner dans sa description ou ses revendications des références à des brevets antérieurs ;

3° Dans le cas où une demande de brevet se trouverait en connexion avec une demande antérieure en cours d'instance, l'examinateur devra communiquer au second demandeur une copie certifiée conforme du texte de la description de la première demande, tel qu'il était libellé au jour du dépôt de la demande ultérieure, et l'examen de la seconde demande ne pourra jamais être ajourné en raison de la première ;

4° Dans le cas où l'autorité chargée d'enregistrer les demandes de brevets estimerait qu'une invention est irrégulière ou complexe, l'inventeur devra être appelé à régulariser ou à réduire sa demande, ou à la diviser en plusieurs qui porteront la date du dépôt initial ;

5° Dans chaque pays, le service de la propriété industrielle doit être organisé de façon que tous les inventeurs puissent facilement se livrer à des recherches d'antériorités ou autres investigations. On devrait notamment mettre à leur disposition tous les brevets publiés, les catalogues des brevets dans tous les pays, ainsi que les principaux ouvrages techniques et publications industrielles.

M. Seligsohn (Allemagne) (1) ne pense pas qu'on puisse jamais s'entendre sur la question du mode de délivrance des brevets, depuis plus de trente ans qu'on la discute sans y être arrivé. Cela tient sans doute à ce que chaque pays a ses idées et ses mœurs spéciales. L'orateur se contentera donc d'examiner la question au point de vue purement allemand. Il recherche s'il y a intérêt à conserver l'examen préalable dans ce pays et n'hésite pas à conclure pour l'affirmative. Le grand avantage qu'il y voit est d'assurer aux industriels allemands une grande sécurité contre des monopoles usurpés par de prétendues inventions. L'examen préalable précise et détermine exactement le droit de l'inventeur et présente, en outre, les avantages suivants : 1° la discussion à laquelle l'invention est soumise oblige l'inventeur à bien approfondir l'étude de son invention et les Allemands attachent une grande importance à cette considération, d'ordre pédagogique ; 2° l'assistance d'un examinateur compétent dans les questions techniques et juridiques est utile à l'inventeur ; 3° les débats devant le Patentamt facilitent l'interprétation et la discussion du brevet devant les tribunaux dans les procès ultérieurs ; 4° ces mêmes débats devant le Patentamt aident les tiers dans l'étude d'un perfectionnement de l'invention. En ce qui concerne l'effet technique nouveau exigé par le Patentamt, l'orateur concède qu'il n'y a pas à examiner si l'invention est utile et a une valeur matérielle, mais il admet que le Patentamt a le droit de rechercher si l'invention réalise un progrès technique. On a reproché au Patentamt de se montrer trop sévère depuis quelque temps. Au Congrès de Francfort, en mai 1900, le président du Patentamt a reconnu qu'on était, en effet, tombé dans un excès et que la proportion des demandes admises (30 p. 100) était insuffisante. Depuis 1899, il a imposé des règles plus larges et la proportion a monté de 30 à 40 p. 100. Que le Patentamt ait quelquefois commis des erreurs, cela est certain, ajoute l'orateur, mais les tribunaux ordinaires en commettent aussi et la jurisprudence du Patentamt a fait des progrès considérables. La procédure est un peu longue, dit-on ; la faute n'en est pas au Patentamt, qui fait toute diligence, mais aux tiers opposants et quelquefois au demandeur lui-même. Cette procédure n'empêche pas les demandes en nullité, c'est vrai, mais ces demandes réussissent rarement. Sur 109 000 brevets accordés jusqu'en 1899, il n'y en a eu que 423 d'annulés et 298 de restreints. On répond que la proportion n'est pas plus grande dans les pays sans examen préalable. Cela tient à ce que dans ces pays, et surtout en Angleterre, la procédure est si coûteuse que, seules, les très grandes maisons peuvent se payer le luxe d'un procès en nullité. En somme, les industriels allemands sont satisfaits de l'examen préalable, principalement dans les industries chimiques, qui sont très développées en Allemagne. Quant aux étrangers, ils n'ont pas à s'en

(1) Communication en allemand, traduite par M. Osterrieth.

plaindre, car en 1899, la proportion des brevets accordés a été de
32 p. 100 des demandes déposées par des Allemands, tandis que
les demandes étrangères étaient admises dans la proportion de
41 p. 100. Il n'y a donc pas lieu de modifier la loi allemande, qui
satisfait les Allemands et dont les étrangers ont toutes raisons
pour se contenter.

M. Assi (France) ne veut pas entrer dans le détail des difficultés
délicates que soulève la question en discussion. Il constate que les
législations nouvelles se basent sur le principe de l'examen préalable, dont il est depuis longtemps partisan, malgré ses inconvénients. Il estime, d'ailleurs, que sa valeur dépend de la manière
de l'appliquer. Sans doute, les examinateurs sont toujours des
techniciens de valeur, mais ils manquent trop souvent de principes juridiques. Ils devraient toujours se confiner dans l'examen
de la question de nouveauté, au lieu de rechercher le mérite d'une
invention. Bien appliqué, le principe de l'examen préalable serait
avantageux pour le public et pour l'inventeur : pour le public qui
ne risquera pas d'être gêné par un brevet sans valeur, pour l'inventeur qui, possesseur d'un brevet, ayant subi victorieusement
l'examen de personnes compétentes, pourra en tirer un parti satisfaisant. On objecte que sa sécurité est illusoire puisque, même
après l'examen et la délivrance du brevet, ce brevet est encore
attaquable. Il est juste, en effet, que celui qui découvre un vice
nouveau au brevet puisse l'attaquer. Mais ce sera l'exception et
en tous les cas un brevet examiné sera toujours plus sérieux qu'un
brevet déclaré sans examen. Cela est si vrai que bien des inventeurs français prennent un brevet allemand uniquement pour
donner de la valeur à leur brevet français. Si l'examen préalable
est un mal, c'est un mal nécessaire.

M. Beck de Managetta, président du Patentamt autrichien, vient
protester contre ce passage du rapport de M. Bert où celui-ci déclare que l'examen préalable est encore plus défectueux en Autriche
qu'en Allemagne, sans d'ailleurs justifier son affirmation par
aucune preuve. La meilleure réponse qu'on puisse faire à cette
assertion est que presque toutes les conclusions que ce rapport
présente comme des améliorations désirables sont sanctionnées par
la loi autrichienne.

M. Von Schütz (Allemagne) (1), quoique n'ayant pas primitivement l'intention de prendre la parole dans cette discussion, désire présenter quelques observations en réponse au discours de
M. Seligsohn. M. Seligsohn a parlé de la sécurité que le système
de l'examen préalable apporte aux tiers contre de prétendues inventions ; cela est possible, mais en ce qui concerne les inventeurs
il produit l'effet contraire : l'inventeur risque d'être privé arbitrairement du fruit de ses travaux. L'orateur a été un des membres
de la minorité du Congrès de Francfort dont a parlé M. Seligsohn,

_____

(1) Observations en allemand, traduites par M. Osterrieth.

et les résultats de ce Congrès ne l'ont pas fait changer d'avis. Il a
cependant été assez touché par la déclaration du président du
Patentamt allemand, que M. Seligsohn vient de communiquer,
pour qu'il renonce momentanément à persister dans son opposition
contre l'examen préalable. Peut-être le système de l'examen préalable serait-il avantageux s'il était bien appliqué. Il lui paraît donc
utile et intéressant d'attendre les résultats que donnera l'application
du nouveau système en Allemagne. On ne pourra en juger que
dans trois ans. A cette époque, l'orateur verra s'il y a lieu de voter
ou non les conclusions de M. Bert.

M. BENIES (Autriche) (1), en se plaçant au point de vue spécial
de la loi autrichienne, dit que pendant quinze ans il a lutté pour
l'examen préalable qui vient d'être adopté par l'Autriche. Le système antérieur était très désavantageux pour l'inventeur et surtout
pour l'industriel, qui voyaient leur liberté entravée par des brevets
sans valeur. Il faut remarquer, d'ailleurs, que le système autrichien
actuel diffère du système allemand. L'examen ne porte, en effet,
que sur la nouveauté exclusivement. Il déclare donc appuyer la
deuxième proposition du rapport de M. Bert, mais non la première.

M. DONZEL (France) remarque qu'on peut diviser les brevetés en trois classes : 1° les brevetés qui ont fait une véritable
invention; 2° les brevetés qui de bonne foi ont réinventé sans le
savoir une invention ancienne et qui n'ont que le tort d'arriver trop
tard; 3° les brevetés qui n'ont rien inventé du tout et qui, de mauvaise foi, prennent un brevet pour intimider leurs concurrents. Il
y a un grand intérêt à se débarrasser des deux dernières classes.
Comment? On a proposé l'examen préalable, mais il a de nombreux
inconvénients et il est inapplicable en France, où l'inventeur refusé
croira toujours que l'offre d'un pot-de-vin lui aurait acquis la faveur
des examinateurs (*Protestations*). L'avis officieux et secret serait
bien préférable, à cette condition que, si l'inventeur insiste, on lui
délivre son brevet en y annexant l'avis des examinateurs, de façon
à faire éclater aux yeux des tiers la mauvaise foi du breveté qui
aura exigé la délivrance du brevet malgré les antériorités signalées.
Quant à l'inventeur de bonne foi, de la deuxième catégorie, éclairé
par la consultation officieuse des examinateurs, il retirera de lui-
même sa demande de brevet.

M. LE PRÉSIDENT propose de laisser de côté la question du principe de l'examen préalable, sur laquelle il ne semble pas que l'accord puisse se faire et de n'examiner que les autres propositions
de M. Bert.

M. HARDY (Autriche) appuie cette proposition de M. le Président, en faisant remarquer que l'examen préalable varie suivant
les pays. En Autriche, par exemple, il diffère totalement du système allemand et se rapproche, au contraire, du système américain qu'il n'a entendu critiquer par personne.

---

(1) Observations en allemand, traduites par M. Osterrieth.

M. Campi (Italie) approuve également la proposition de M. le Président. Il estime que les deux partis s'opposent des arguments très sérieux, mais dont aucun n'est décisif, au point qu'en Allemagne même il existe un fort courant contre l'examen préalable. Cette indécision fait qu'en Italie on reste dans le *statu quo*. L'heure des conversions n'est pas encore venue. Il est donc prêt, comme représentant de l'Italie, à voter toutes les conclusions du rapport de M. le Président.

M. Jouanny (France) vient protester, au nom des syndicats professionnels qu'il représente, contre certaines paroles de M. Donzel, qui pourraient faire croire que les industriels français ont quelquefois recours à la fraude ou aux pots-de-vin pour s'assurer les faveurs administratives. Il n'en est rien.

MM. Pesce (Italie) et Eisenmann (Allemagne) estiment que la première conclusion du rapport de M. Bert ne peut être écartée par une simple proposition du président, fût-elle couverte d'applaudissements. Il faut un vote.

M. le Président soumet au vote de l'Assemblée l'ajournement de la première proposition de M. Bert. Cet ajournement est prononcé.

M. le Chevalier Pesce présente à l'approbation du Congrès le vœu suivant :

> « Le Congrès de la Propriété industrielle en 1900 émet le vœu de voir maintenir et développer le principe de l'examen préalable, tout en perfectionnant son application.
>
> » Il souhaite que les plus grandes facilités soient accordées à l'inventeur pour connaître à fond les antériorités et que communication lui soit donnée officieusement de celles qui lui seraient inconnues pour lui permettre de modifier les termes de sa demande de brevet. »

M. le Président lui fait remarquer que c'est le résumé des conclusions de M. Bert et que cela fait, en conséquence, double emploi avec ces conclusions.

M. Eisenmann (Allemagne) se plaint de ce qu'on étouffe la question de l'examen préalable qui, cependant, intéresse à tel point les acquéreurs de brevets que la première question que l'on pose à un inventeur français est celle de savoir s'il a obtenu un brevet en Allemagne, en Amérique ou en Autriche. A défaut d'un de ces trois brevets étrangers, le brevet français est considéré comme sans valeur.

M. le Président répond que la question de principe a été ajournée par un vote de l'Assemblée. Il propose de discuter la seconde conclusion du rapport de M. Bert, qui demande que dans les pays à examen préalable cet examen ne porte que sur la nouveauté et non sur le mérite ou la valeur technique de l'invention.

M. Hœuser (Allemagne) déclare qu'il votera contre cette conclusion, car il estime, au contraire, que l'examinateur doit examiner s'il y a progrès technique.

M. Edwin Katz (Allemagne) estime qu'on ne peut discuter les propositions de M. Bert si on ne statue pas d'abord sur le principe dont les autres questions ne sont que la conséquence. En tout cas, il professe l'opinion de M. Hœuser. L'examinateur ne pourra étudier sérieusement la question de nouveauté s'il n'a pas la liberté de rechercher jusqu'à quel point l'invention qui lui est soumise constitue un progrès scientifique par rapport aux inventions antérieures. Au reste, la discussion actuelle ne présente pas, suivant lui, de caractère international, en ce sens que les votes du Congrès n'auront aucun résultat sur les pays à examen préalable qui n'en conserveront pas moins leurs idées.

M. Fayollet (France) estime, au contraire, que les questions qui restent à discuter ne sont nullement liées à la question de principe. Cela est si vrai que l'examen préalable est tout différent en Allemagne du système autrichien ou américain. En ce qui concerne la question du progrès technique, il ne voit aucun intérêt à la soumettre aux examinateurs. Une seule chose intéresse l'inventeur et, par suite, doit préoccuper l'examinateur : c'est la nouveauté.

M. le Président met aux voix les conclusions du rapport, qui donnent lieu aux votes et aux observations suivantes :

« Dans les pays où l'examen préalable est ou serait admis, cet examen ne doit en tout cas porter que sur la nouveauté de l'invention en laissant de côté toutes autres questions et notamment celles qui concernent l'importance, l'utilité et la valeur technique de l'invention. »

(*Adopté.*)

M. Eisenmann demande que le texte soit, pour chaque vote, traduit en allemand, pour que chacun vote en connaissance de cause. Il est fait droit à cette demande.

« En aucun cas, l'inventeur ne doit être obligé à mentionner dans sa description ou ses revendications des références à des brevets antérieurs. »   (*Adopté.*)

« Dans le cas où une demande de brevet se trouverait en connexion avec une demande antérieure en cours d'instance, l'examinateur devra communiquer au second demandeur une

copie certifiée conforme du texte de la description de la première demande, tel qu'il était
libellé au jour du dépôt de la demande ultérieure, et l'examen de la seconde demande ne
pourra jamais être ajourné en raison de la
première. »   (*Adopté.*)

M. Pesce (Italie) demande comment on peut voter une semblable
proposition, si on ne vote pas d'abord le principe de l'examen préalable.

M. le Président répond que, cet examen existant en fait dans
certains pays, il s'agit de le ramener à de justes limites :

« Dans le cas où l'autorité chargée d'enregistrer les demandes de brevets estimerait
qu'une invention est irrégulière ou complexe,
l'inventeur devra être appelé à régulariser ou
à réduire sa demande ou à la diviser en plusieurs qui porteront la date du dépôt initial. »
                                         (*Adopté.*)

« Dans chaque pays, le service de la propriété industrielle doit être organisé de façon
que tous les inventeurs puissent facilement se
livrer à des recherches d'antériorités ou autres
investigations. On devrait notamment mettre à
leur disposition tous les brevets publiés, les
catalogues des brevets dans tous les pays,
ainsi que les principaux ouvrages techniques
et publications industrielles. »
                                         (*Adopté.*)

M. Beck de Managetta déclare qu'en sa qualité de délégué officiel de l'Autriche, il s'abstient de prendre part au vote.

Question II

De la durée des brevets.

M. Lavollée développe son rapport sur cette question. Il explique
que l'uniformité de la durée des brevets est désirable. Elle varie

aujourd'hui de quatorze ans (Angleterre) à vingt ans (Belgique et Espagne). Il propose de faire l'unification sur la durée la plus étendue, c'est-à-dire vingt ans, et de reprendre le vœu déjà émis en 1889 et ainsi conçu :

> « La durée des brevets doit être de vingt ans. La prolongation ne pourra être accordée qu'en vertu d'une loi et dans des circonstances exceptionnelles. »

Ces conclusions sont adoptées sans discussion.
La séance est levée à 6 heures un quart.

Le Secrétaire,
MAURICE MAUNOURY.

Séance du mardi matin, 24 juillet.

Section I. — Brevets d'invention.

(Deuxième séance.)

La séance est ouverte à 9 heures 1/4.
Prennent place au bureau M. le Président de la Section, CLAUDE COUHIN, MM. POUILLET, BOSIO, KAUPÉ, POIRRIER, DE MAILLARD DE MARAFY, CH. THIRION FILS, FAYOLLET, OSTERRIETH et Georges MAILLARD.
M. MAUNOURY donne la lecture du procès-verbal de la précédente séance, qui est adopté.

Question III

Définition de la brevetabilité.

M. LE TELLIER, rapporteur, estime que, pour établir un critérium de la brevetabilité, il y a lieu d'examiner d'abord les systèmes des différentes législations pour voir si on pourrait en extraire des principes susceptibles de former les bases d'un accord international. A cet effet, il sépare ces diverses législations en trois classes :

1° celles qui procèdent, comme le Portugal, par énumération des inventions brevetables (ce système lui paraît inacceptable, parce qu'on risque de faire des omissions); 2° celles qui déclarent (Allemagne et Autriche) que sont brevetables toutes les inventions présentant un caractère industriel, ce qui n'est pas une définition et laisse au juge une trop grande latitude, inconvénient déjà grave dans un pays à examen préalable et absolument inacceptable si on passe au domaine international; 3° celles qui, comme la loi française, posent une définition à la fois large et précise. C'est dans ce dernier type qu'il faut chercher un criterium international. M. Frey-Godet croit difficile, sinon impossible, de trouver mieux que la définition française. L'orateur estime que cette définition est perfectible et a été améliorée et précisée notamment par la jurisprudence. Il signale, d'autre part, que la loi belge y a fait une addition utile en y ajoutant comme brevetable le perfectionnement d'une invention connue. Il pense aussi que tout le monde est d'accord pour admettre que la brevetabilité d'une invention est indépendante de son importance. En conséquence, il propose la définition suivante :

> « Sont considérées comme brevetables : 1° l'invention de produits industriels nouveaux ou perfectionnés; 2° l'invention de nouveaux moyens ou l'application nouvelle, ou la réunion nouvelle, ou le perfectionnement de moyens connus pour l'obtention d'un résultat ou d'un produit industriel. La brevetabilité de l'invention est indépendante de l'importance de l'innovation faite. »

Examinant la question de nouveauté, il critique la disposition de la loi allemande qui attache de l'importance à ce fait que l'invention aurait été publiée ou appliquée en Allemagne. Suivant lui, quel que soit le lieu où la divulgation ait été faite, la nouveauté disparaît. Il approuve au contraire sans réserve la disposition de cette loi qui spécifie que la description est suffisante quand elle permet à une personne compétente de reproduire l'invention, ce que la loi française ne dit pas. Il conclut en formulant le vœu suivant :

> « Ne sera pas réputée nouvelle toute invention qui, antérieurement au dépôt de la demande de brevet, aura reçu une publicité suffisante pour être exécutée par toute personne compétente. »

Sur la question de la brevetabilité des inventions oubliées, le rapporteur, adoptant l'opinion de M. Mintz et repoussant au contraire celle de M. Frey-Godet, estime que ces inventions ne sauraient être brevetables. Il signale la difficulté qu'il y aurait à établir si telle invention ancienne a été vraiment oubliée et inappliquée. Il ne pense pas qu'il y ait lieu d'accorder à une pareille découverte même une protection limitée.

M. Pilenco (Russie) estime qu'il est facile de trouver un criterium de la brevetabilité : il faut une *invention* qui soit *nouvelle*. Les conclusions du rapport donnent une définition parfaite de la *nouveauté*, mais elles ne donnent aucune définition de l'*invention*. On y trouve une simple énumération, ce qui est toujours dangereux. Suivant M. Pilenco, les inventions sont des créations donnant un résultat industriel. Il est heureux de signaler que cette définition est approuvée par MM. Mintz et von Schutz. Il propose alors la résolution suivante :

« Est considérée comme brevetable toute création donnant un résultat industriel, par exemple... (suivrait l'énumération du rapporteur). »

M. Mettetal (France) approuve les idées de M. Pilenco, mais au lieu de : « est considérée comme brevetable... » il préférerait dire : « est brevetable... » D'autre part, il demande la suppression, dans la formule de M. Le Tellier, des mots « perfectionnement de moyens connus », qui lui paraissent rentrer dans le cas général : application nouvelle de moyens connus. Quant au paragraphe sur l'importance de l'invention, il en propose également la suppression comme affirmant une vérité évidente.

M. de Ro (Belgique) propose d'amender la proposition de M. Pilenco en la généralisant. Il voudrait qu'au mot *création*, M. Pilenco ajoutât le mot *découverte* qui est plus général. D'autre part, il ne croit pas qu'il soit nécessaire que ce résultat nouveau soit industriel, en conséquence, il propose la formule suivante :

« Est brevetable toute création ou découverte produisant un résultat industriel ou commercial... »

M. Frey-Godet (du bureau de Berne) combat les conclusions du rapporteur sur la brevetabilité des inventions oubliées. Il estime que celui qui retrouve une invention oubliée rend un service à l'industrie et doit être protégé. De même est nouvelle une invention qui n'était pas connue dans le monde *civilisé :* on ne doit pas pouvoir opposer comme antériorité une publication qui aurait eu lieu en Chine ou dans une tribu nègre de l'Afrique centrale.

Il demande aussi la suppression du paragraphe relatif à l'importance de l'invention, car ce paragraphe rendrait impossible l'adoption, dans les pays anglo-saxons, de la formule proposée comme internationale ; en effet, dans ces pays la protection est refusée aux inventions sans utilité, comme la machine à décapiter les mouches.

Enfin, il combat la formule de M. de Ro ; il pense, en effet, que le résultat obtenu par l'invention doit être un résultat *industriel*.

M. von Schutz (Allemagne) préfère à la formule de M. Le Tellier celle de M. Pilenco. Il la trouve simple et brève et par suite excellente.

M. Le Tellier, rapporteur, répondant à M. Pilenco, rappelle qu'il n'était pas chargé dans son rapport de définir l'*invention*, mais seulement la *brevetabilité*. D'ailleurs, il ne trouve pas que le mot *création* soit plus clair que le mot *invention*, au contraire. A l'observation de M. Mettetal, le rapporteur répond qu'il y a intérêt à bien affirmer ces vérités qui peuvent paraître évidentes dans un pays, mais non dans un autre. A M. Frey-Godet, il objecte l'invraisemblable d'une antériorité existant au centre de l'Afrique. Il maintient donc toutes ses conclusions.

M. Georges Maillard, rapporteur général, propose, pour donner satisfaction aux opinions émises, en ce qu'elles n'ont pas de contradictoire, de formuler les conclusions de la manière suivante :

« Doit être brevetable toute création donnant un résultat industriel :

» Sont ainsi considérés comme brevetables :

» 1°....., etc. »

Il ne croit pas pouvoir accepter l'addition du mot *découverte* proposé par M. de Ro. Une découverte pure et simple ne saurait être brevetable par elle-même en dehors de toute application industrielle; quand la découverte aura une application industrielle, elle sera brevetable comme création.

M. de Ro se range à cet avis et retire sa proposition.

M. Couhin, président, met aux voix successivement chacun des paragraphes des conclusions de M. Le Tellier, complétées par la proposition de M. Maillard.

« Est considérée comme brevetable toute création donnant un résultat industriel. »

(*Adopté.*)

» Sont ainsi considérées comme brevetables:

» 1° L'invention des produits industriels nouveaux ou perfectionnés ; »   (*Adopté.*)

» 2° L'invention de nouveaux moyens ou l'application nouvelle ou la réunion nouvelle ou le perfectionnement de moyens connus pour l'obtention d'un résultat ou d'un produit industriel. »   (*Adopté.*)

» La brevetabilité de l'invention sera indépendante de l'importance de l'innovation faite. »

Cet alinéa est adopté malgré l'opposition de M. FREY-GODET.

M. BARZANO (Italie), avant qu'il soit passé au vote du paragraphe relatif à la nouveauté, déclare que les mots « publicité suffisante » ne sont pas clairs, car dans chaque pays on comprend la
publicité d'une façon différente. La publicité jugée suffisante en
France ne le sera pas en Allemagne par exemple.

M. LE TELLIER, rapporteur, répond que la publicité suffisante signifie publicité de quelque nature que ce soit et exclut par suite
le système de la loi allemande.

M. JOUANNY demande alors que l'on substitue à cette expression
celle de « publicité quelconque ».

M. COUHIN, président, pense que les déclarations du rapporteur
suffisent pour expliquer le sens qu'il faut attribuer à ces mots et
met aux voix le texte suivant :

« Ne sera pas réputée nouvelle toute invention qui, antérieurement au dépôt de la demande de brevet, aura reçu une publicité suffisante pour pouvoir être exécutée par toute
personne compétente. »

(*Adopté* par 29 voix contre 25.)

M. LE RAPPORTEUR GÉNÉRAL rappelle qu'aux termes du règlement,
la majorité n'ayant pas atteint les deux tiers des voix, la question
devra être remise en discussion à la séance plénière ; mais, estimant
qu'il n'y a sur ce point qu'un malentendu provenant de la rédaction, il propose de réunir une sous-commission pour arriver à une
entente.

M. POINSARD (du bureau de Berne) répond qu'il n'y a pas là
seulement une difficulté de mots, mais une difficulté de principe
assez grave. Il y a des pays, par exemple les Etats-Unis, où l'on
donne des brevets pour des inventions qui sont déjà connues,
pourvu qu'elles ne soient pas connues depuis un trop long temps.
Pourquoi se mettre en contradiction avec ces pays? Ils sont et ils
veulent être larges : ne les en empêchons pas.

Sur la non-brevetabilité des inventions oubliées, M. POINSARD
se joint aux observations de M. Frey-Godet et insiste pour le
rejet de ce paragraphe. Voici une invention oubliée depuis mille
ans : personne ne la connaît, ne l'exploite, ne s'en sert ; quand
on la découvre à nouveau, elle était pratiquement nouvelle ; celui
qui l'a remise dans la circulation a rendu un service à l'humanité :
pourquoi ne serait-il pas récompensé par un brevet ?

M. Pouillet, pour appuyer les précédents orateurs, cite des exemples où la résurrection d'une invention oubliée constitue une vraie découverte et un service rendu à l'industrie. Celui qui retrouverait les procédés de Bernard Palissy rendrait à l'industrie et à l'humanité les mêmes services que par une découverte ou une invention entièrement nouvelle. Le chimiste Maumené ayant pris, pour tirer la potasse du suint des laines de mouton, un brevet dont l'exploitation industrielle produisit des résultats tout à fait nouveaux et considérables, ce brevet fut annulé parce qu'on découvrit un mémoire présenté à l'Académie des sciences, en 1794, par Vauquelin, qui proposait de tirer la potasse du suint des laines de mouton.

M. Le Tellier, rapporteur, maintient sa proposition. Il ne faut pas confondre l'importation avec la découverte nouvelle d'une invention ancienne. Qu'on admette les inventions importées d'autres pays, c'est une question de législation intérieure ; mais qu'on brevète les inventions qui sont partiellement oubliées, ce n'est pas possible. D'ailleurs, comment prouver tout à la fois qu'une invention a existé et a été oubliée ? La découverte des procédés de Bernard Palissy serait une invention, car ils sont, à l'heure actuelle, inconnus.

M. Poinsard (du bureau de Berne) veut encore répondre à une objection qu'on aurait pu faire : c'est qu'on risquera d'accorder le brevet à quelqu'un qui aura retrouvé l'invention ancienne et l'aura simplement copiée. La réponse, c'est qu'il vaut mieux accorder un brevet à qui ne le mérite pas qu'en refuser un au réinventeur de bonne foi.

Le dernier alinéa des propositions du rapporteur est repoussé par 36 voix contre 25.

M. le Rapporteur général fait observer que ce vote n'ayant pas réuni la majorité des deux tiers prévue par le règlement, la discussion pourrait être reprise en séance plénière ; il demande à tous ceux qui ont pris part à la discussion ou que la question intéresse spécialement de bien vouloir se réunir dans la salle des commissions demain matin, à 8 heures et demie.

Question IV

Inventions exclues de la protection.

M. Mack, rapporteur, explique que certaines inventions sont exclues dans certains pays de toute protection. Presque toutes les législations excluent les inventions contraires à l'ordre public et aux bonnes mœurs, et cela peut se comprendre. D'autre part, la loi française refuse d'accepter les inventions relatives à des combinaisons de finances, ce que l'orateur approuve également. Mais la loi suisse exclut les procédés de fabrication et n'admet que les inventions représentées par des modèles et qui sont applicables à l'industrie, ce qui est moins admissible, surtout avec l'interprétation rigoureuse qui est donnée, en Suisse, à cette règle. Enfin, divers autres pays refusent toute protection soit aux produits alimentaires, soit aux produits chimiques, soit aux produits pharmaceutiques. Il résulte des différents travaux communiqués au rapporteur par MM. Martius, Frey-Godet, Dumont et Abramo Levi que tout le monde demande la suppression de ces exclusions. Après un examen détaillé des diverses législations en ce qui concerne les produits chimiques, l'orateur démontre que la grande diversité qui les sépare résulte de ce que les exclusions prononcées ne reposent sur aucune raison décisive. C'est ainsi que chaque système présente ses avantages et ses inconvénients. Dans le système français, l'inventeur d'un nouveau produit chimique en a le monopole indépendamment du procédé de fabrication : cela entrave l'industrie des autres chimistes, qui pourront trouver des procédés plus parfaits pour produire ce même corps, mais qui seront arrêtés par le monopole du premier inventeur. Frappés de ce fait, les Allemands ont décidé que l'inventeur d'un nouveau corps ne pourra faire breveter que le procédé par lequel il l'aura obtenu ; mais alors, autre inconvénient grave : le premier inventeur qui aura rendu un grand service à la société va peut-être se voir ruiner par un nouvel arrivant qui découvrira un nouveau procédé plus économique de production. On propose, pour obvier à ces inconvénients, de recourir à la licence obligatoire telle que l'établit l'article 12 de la loi suisse de 1888. C'est là une question qui sera discutée séparément. Mais, en ce qui concerne ce refus de protection, on ne peut l'admettre en matière de produits chimiques. On ne peut pas l'admettre davantage en matière de produits alimentaires et pharmaceutiques, et les raisons d'intérêt général qui ont été invoquées pour justifier leur exclusion ne résistent pas à l'examen. En conséquence, M. le Rapporteur propose au Congrès un vœu tendant à faire abroger toutes les exclusions autres que celles relatives à l'ordre public, aux bonnes mœurs et aux plans financiers.

M. Frey-Godet (du bureau de Berne) remarque que la loi française est la seule qui parle, pour les exclure, des combinaisons financières. Sans chercher s'il y a des raisons valables en faveur de cette exclusion, il signale que le seul fait que le Congrès a reconnu comme brevetables les inventions ayant un résultat industriel, suffit pour faire rejeter les inventions financières. En tout cas, il ne croit pas utile de parler de combinaisons financières dans un texte international. Cela provoquerait partout, sauf en France, des demandes d'explications. Il est inutile de compliquer sans nécessité le texte à soumettre au Congrès. L'orateur croit que M. Mack a fait erreur en attribuant à la crainte d'arrêter les progrès des procédés de fabrication l'exclusion que la loi suisse prononce contre les inventions chimiques. On s'est heurté à la résistance acharnée des industriels.

Mais ses renseignements personnels lui permettent d'espérer que cette exclusion va bientôt disparaître. Il croit, en tout cas, que la licence obligatoire est un premier pas fait vers cette solution.

M. HŒUSER (Allemagne) (1) se déclare, en principe, d'accord avec le rapporteur ; cependant, il ne peut admettre la protection des produits chimiques et pharmaceutiques qu'avec quelques restrictions. Il profite de l'occasion pour se plaindre de ce que la législation suisse ne protège mieux les procédés de fabrication des produits chimiques ; les fabriques suisses en profitent pour contrefaire les industriels allemands. Il croit, d'ailleurs, que les industriels suisses commencent à comprendre les inconvénients de cette loi pour eux-mêmes et il espère que le pays où siège le Bureau international de la Propriété industrielle ne conservera pas une législation qui permet de dépouiller les chimistes étrangers du fruit de leurs travaux.

M. DE RO (Belgique) approuve les conclusions du rapporteur, qui tendent à donner plus d'extension aux droits des brevetés ; il estime qu'il n'y a pas lieu d'exclure les produits chimiques, alimentaires ou pharmaceutiques. Quant aux plans de finance, il se rallie à l'opinion de M. Frey-Godet. Pour les inventions contraires aux lois et aux mœurs, il lui paraît inutile de les proscrire : leur exploitation ne serait jamais tolérée, même si la loi des brevets était muette sur ce point. En résumé, il propose de repousser le paragraphe Ier et d'adopter le paragraphe II des conclusions de M. Mack.

M. DUMONT (Luxembourg) propose le vœu suivant :

« Le Congrès de la Propriété industrielle de Paris est d'avis que l'adoption de principes plus larges, plus libéraux serait à considérer comme un progrès réel dans l'application et le développement du droit industriel au point de vue international et émet le vœu de voir — dans un délai moral — introduire les principes suivants dans les différentes législations sur les brevets d'invention :

1. Toute nouvelle invention ou découverte licite confère à son auteur un droit exclusif d'exploitation, sous les conditions et pour la durée déterminées, pourvu que cette invention ou découverte soit susceptible d'être exploitée comme objet d'industrie ou de commerce ;

2. L'inventeur ne peut être privé de ses droits inhérents au brevet d'invention que pour cause d'utilité publique à décréter par une loi spéciale et moyennant une juste et préalable indemnité. Cette indemnité sera fixée par une commission de quatre membres, nommée moitié par l'administration et l'autre moitié par l'inventeur ou ses ayants droit.

---

(1) Observations en allemand traduites par M. Osterrieth.

En cas de désaccord, le tribunal désignera un tiers expert ;

3. Le Congrès émet encore le vœu spécial de voir la Suisse, dans un avenir peu éloigné, protéger également les inventions non susceptibles d'être représentées par un modèle ;

4. Il exprime enfin l'espoir de voir la Hollande procéder à bref délai à l'adoption d'une loi sur les brevets d'invention. »

M. POIRRIER (France) s'associe aux critiques formulées par M. Mack contre les lois française et allemande en matière de produits chimiques. Il avait espéré que, dans ses conclusions, il se serait approprié l'opinion de M. Frey-Godet et aurait affirmé la nécessité de la licence obligatoire. Il regrette que le rapporteur n'ait pas cru devoir le faire. L'orateur serait partisan d'une solution voisine de celle proposée par M. Frey-Godet, qu'il estime cependant incomplète. En cas de perfectionnement sérieux apporté au procédé de fabrication indiqué par l'inventeur d'un produit pharmaceutique, il voudrait qu'il y eût, sous le contrôle des tribunaux, *échange obligatoire de licences*. Sous cette réserve, il faut que dans tous les pays une protection soit accordée à l'inventeur d'un produit chimique nouveau, car les brevets de procédés sont insuffisants.

M. FREY-GODET (du bureau de Berne) croit que M. Poirrier aurait satisfaction si le Congrès adoptait le vœu suivant :

« En matière de brevets chimiques, il y aurait lieu d'appliquer le principe de l'article 12 de la loi suisse sur les brevets. »

Il rappelle le texte de cet article 12 qui est ainsi conçu :

« Le propriétaire d'un brevet, qui se trouverait dans l'impossi-
» bilité d'exploiter son invention sans utiliser une invention bre-
» vetée antérieurement, pourra exiger du propriétaire de cette
» dernière l'octroi d'une licence, s'il s'est écoulé trois ans depuis
» le dépôt de la demande relative au premier brevet et que la nou-
» velle invention ait une réelle importance industrielle. — Si la
» licence est accordée, le propriétaire du premier brevet aura,
» réciproquement, le droit d'exiger aussi une licence l'autorisant
» à exploiter l'invention nouvelle, pourvu que celle-ci soit à son
» tour en connexité réelle avec la première. — Tous les litiges
» que soulèverait l'application des dispositions ci-dessus seront
» tranchés par le Tribunal, qui déterminera en même temps le
» montant des indemnités et la nature des garanties à fournir. »

M. BERNTHSEN (Allemagne) (1) estime que la protection du pro-

---

(1) Observations en allemand traduites par M. Osterrieth.

duit chimique nouveau peut constituer un obstacle au développement de l'industrie ; il faudrait trouver un système qui conciliât les intérêts de l'inventeur du produit et ceux de l'inventeur qui trouve ultérieurement un procédé nouveau pour fabriquer le même produit. La solution de la loi suisse, préconisée par M. Frey-Godet, ne serait pas mauvaise, si elle n'aboutissait pas à un procès devant le Tribunal fédéral pour faire juger que la seconde invention a une réelle importance industrielle, que l'utilisation de la première est nécessaire à son exploitation, et pour régler l'indemnité et les garanties à fournir. Le système allemand a l'avantage de trancher la difficulté sans procès.

M. POIRRIER (France) ne saurait s'associer à l'éloge de la loi allemande : il connaît, à l'heure actuelle, soixante-dix brevets allemands de procédé pour un même produit ; ces brevets peuvent être exploités sans aucun accord entre les brevetés et sans le consentement de l'inventeur du produit : c'est la négation absolue des droits du premier inventeur. Et comment définir ce qui est un procédé nouveau, par opposition à un produit ? La jurisprudence du *Patentamt* varie à l'infini : elle protégera, par exemple, comme procédé nouveau, un mélange de substances qui ne produira aucun résultat, ni au point de vue économique, ni au point de vue technique. Les représentants de l'industrie chimique allemande qui assistent au Congrès ne méconnaîtront pas les inconvénients de la multiplicité des brevets actuellement délivrés en Allemagne pour les procédés de fabrication des produits chimiques.

L'orateur est d'avis de nommer, comme pour la question précédente, une sous-commission qui complétera l'étude de la question et présentera au Congrès une nouvelle rédaction.

M. GEORGES MAILLARD, rapporteur général, demande le rejet de la première proposition de M. Mack, qui tend à maintenir l'exclusion, prononcée par la plupart des législations, de toute invention contraire aux lois et aux bonnes mœurs, des plans et combinaisons de crédit et de finances. Si une invention est contraire aux bonnes mœurs, l'exploitation en sera interdite par mesure administrative ou par l'intervention du ministère public. Quel est le résultat d'une disposition légale qui refuse la brevetabilité aux inventions contraires aux bonnes mœurs ? C'est qu'un contrefacteur qui aura trouvé l'invention parfaitement conforme aux bonnes mœurs, pour la contrefaire, la trouvera contraire aux bonnes mœurs quand il sera poursuivi en contrefaçon et pourra parfois profiter de cet argument pour essayer de se soustraire à la condamnation qu'il mérite.

M. MACK, rapporteur, déclare abandonner la première partie de sa proposition.

En conséquence, elle n'est pas mise aux voix.

M. LE RAPPORTEUR GÉNÉRAL propose l'adoption du principe posé dans le deuxième paragraphe des conclusions de M. Mack, qui tend à proclamer que toutes les législations doivent protéger les inventions relatives aux produits chimiques, alimentaires ou pharmaceutiques. Faut-il ajouter, comme le demande M. Poirrier, qu'il y a lieu d'organiser un système d'échange de licences obligatoires pour permettre l'exploitation de procédés perfectionnés de fabrication d'un produit par l'inventeur du procédé perfectionné et par l'inventeur du produit. La question a besoin d'être étudiée plus complètement ; il en demande le renvoi à la sous-commission déjà chargée d'un nouvel examen de la question III. Cette sous-commission proposera au Congrès une formule de résolution avec renvoi, si cela est nécessaire, à un prochain Congrès.

M. Poirrier se rallie à cette proposition d'autant plus volontiers qu'il pourra soulever à nouveau la question lors de la discussion de la question VI du programme du Congrès, ce qu'il se réserve de faire.

M. le Président met aux voix la partie des conclusions de M. Mack, que celui-ci maintient et que l'on vote par division :

« Il est à souhaiter que les lois cessent d'exclure de la protection les produits alimentaires, les produits chimiques et les produits pharmaceutiques... »

(*Adopté* par 34 voix contre 14.)

« ...et les procédés propres à les obtenir. »

(*Adopté* à l'unanimité.)

Il est décidé que la réunion de la sous-commission du travail, à laquelle voudront bien prendre part tous ceux qui se sont intéressés aux questions III et IV du programme de la section, aura lieu demain à 2 heures au lieu de 8 heures et demie.

La séance est levée à 11 heures 45.

Le Secrétaire,

Maurice MAUNOURY.

Séance du mardi soir, 24 juillet.

Section I. — Brevets d'invention.

(Troisième séance.)

La séance est ouverte à 3 heures 50.

Prennent place au bureau M. Pouillet, président du Congrès, assisté de MM. Claude Couhin, président de la section, Kaupé, Poirrier, de Ro, Huber-Werdmuller, Bosio, Osterrieth et Maillard.

Le procès-verbal de la séance précédente est lu et approuvé.

Question V

De la déchéance pour défaut de paiement de la taxe.

M. Fayollet, rapporteur, rappelle les conclusions de son rapport sur le délai qu'il convient d'accorder aux brevetés pour payer leurs annuités.

Trois rectifications lui ont été proposées à son travail de droit comparé, il en tiendra compte dans le texte de son rapport pour le volume des travaux du Congrès.

Ces erreurs qui se sont glissées dans ce rapport résultent de la modification constante des législations, au courant desquelles il est difficile de se tenir. D'ailleurs, le seul point important de la question des annuités est celui du délai qu'il serait utile d'accorder aux brevetés pour payer leur annuité avant d'encourir la déchéance. On propose aussi d'inviter les administrations d'État à prévenir les brevetés de l'échéance du terme. Cela serait en effet désirable, mais ces administrations consentiront-elles à endosser cette responsabilité? En tous cas il ne faudra pas que le breveté compte trop aveuglément sur leur exactitude.

M. Saburo Yamada (Japon) fait connaître la nouvelle loi japonaise du 2 mars 1899 :

« Art. 39. — Le breveté aura à payer une taxe annuelle de dix » yens (c'est-à-dire à peu près 25 francs) par brevet.

» Cette taxe annuelle sera augmentée d'une surtaxe de cinq » yens tous les trois ans.

» Lorsque le breveté aura obtenu un brevet additionnel, il ver-» sera la somme de vingt yens une fois payée.

» Art. 40, § 1. — Les taxes annuelles seront payables d'avance » pour une année entière au jour anniversaire de la délivrance du » brevet. Cependant, la taxe de la première annuité et la taxe du » brevet additionnel seront payables dans un délai de soixante » jours à partir du jour où la décision pour le brevet aura été noti-» fiée à l'intéressé.

» Art. 38. — Lorsqu'une invention déjà brevetée se trouvera » dans un des cas ci-après énumérés, le chef du bureau des brevets » d'invention pourra révoquer le brevet relatif à cette invention:

» 1° . . . .

» 2° Si le breveté, soixante jours après l'échéance, n'a pas en-» core acquitté le paiement de la taxe. »

On peut donc ajouter le Japon aux pays cités par M. Fayollet, comme ayant la législation la plus libérale. En effet, le paiement peut être effectué, sans amende, pendant les deux mois qui suivent la date de l'échéance.

L'orateur est heureux de pouvoir fournir au Congrès, en ce qui touche les brevets d'invention demandés et obtenus au Japon par les étrangers, les chiffres suivants pour l'année 1899. L'écart entre le chiffre des demandes et celui des obtentions ne saurait être pris comme celui des refusés, à cause du délai que demande l'examen préalable :

PAYS	DEMANDES	OBTENTIONS
Allemagne.	33	6
Angleterre.	52	29
Autriche.	2	0
Belgique.	1	1
Danemark.	5	1
Espagne.	1	0
Etats-Unis d'Amérique.	116	49
France.	10	8
Suède et Norvège	4	3
Suisse.	1	1
Total.	225	98

M. Poinsard (du Bureau de Berne) trouve que M. Fayollet a traité un peu dédaigneusement la question, pourtant si importante, de l'avis officieux que l'administration devrait adresser au breveté qui est en retard pour payer son annuité. La plupart des règlements prévoient cet avis officieux et il serait désirable d'encourager ce mouvement. Il propose donc d'ajouter aux conclusions de M. Fayollet le paragraphe suivant :

Il serait également désirable que l'administration fît parvenir au breveté en retard un avis officieux.

M. Pouillet, président, proposerait la formule suivante :

Il est à désirer que les brevetés soient prévenus officieusement de l'échéance de la taxe.

M. Poinsard (du Bureau de Berne) fait remarquer que cela obligerait à prévenir tous les brevetés, tandis que son texte permet de ne prévenir que les brevetés en retard.

M. Lavollée (France), relève, dans le rapport, qu'on propose d'infliger au breveté en retard une *amende*. Il préférerait à ce mot celui de *légère surtaxe*.

M. Campi (Italie) ne croit pas que le mot *officieux* du texte de M. Poinsard soit bien choisi. Il voudrait que le breveté indiquât un domicile élu auquel on lui ferait une *notification officielle*.

M. Poinsard (du Bureau de Berne) n'admet pas la substitution du mot *officiel* au mot *officieux*.

M. Sandars (Grande-Bretagne) propose de dire :

> Dans toutes les législations, le breveté aura un certain délai pour payer ses annuités, après un avertissement officieux.

M. Pouillet, président, explique que le breveté doit être considéré comme mis en demeure par l'échéance du terme. C'est de là que doit courir le délai et non de l'avertissement officieux.

M. Sandars (Grande-Bretagne) répond que dans ce système, si l'administration oublie d'envoyer l'avertissement, le breveté peut encourir la déchéance. L'administration, naturellement, déclinera toute responsabilité. Il préférerait que le délai courût à partir de l'avertissement.

M. Pouillet, président, remarque qu'on paraît être d'accord sur ce principe, sauf détail de rédaction. Il propose de voter ce principe et de confier le soin de la rédaction à une Commission composée de MM. Maillard, Campi et Poinsard.

Il met aux voix le principe que la déchéance ne doit pas être encourue par l'arrivée de l'échéance (*adopté*), et qu'il y a lieu de demander à l'administration un avis officieux (*adopté*).

Question VI

De l'obligation d'exploiter l'invention brevetée.

M. Gustave Huard, rapporteur, n'admet pas que dans cette question on puisse tirer argument, dans un sens ou dans l'autre, de la *nature* du droit de l'inventeur. Quelle que soit cette nature, ce droit est en conflit avec le droit de la société. Il s'agit de savoir lequel doit l'emporter. Quelles raisons invoque-t-on en faveur de l'obligation d'exploiter? On parle de l'intérêt *général* qu'il y a à ce que les inventions soient exploitées. Or, il est certain que si l'inventeur qui paie une taxe n'exploite pas, c'est qu'il ne le peut pas, pour une raison quelconque qui s'opposera également à l'exploitation d'un tiers moins favorisé que lui, puisqu'il n'aura pas de monopole. Donc l'argument tiré de l'intérêt général est illusoire. On a invoqué aussi l'intérêt *national*, qui fait que la main-d'œuvre nationale, les consommateurs, les moyens de transport sont tous intéressés à voir une exploitation se créer dans le pays même. Cela est certain, mais ici apparaît le conflit, car l'intérêt de l'inventeur est au contraire de ne pas créer une fabrication dans chaque pays, ce qui disséminerait ses forces et lui coûterait cher. Faut-il alors imposer au breveté cette sujétion et quelle sanction faudra-t-il y attacher? La déchéance, dit-on, satisfera pleinement l'intérêt national, car il permettra de créer dans le pays une nouvelle industrie. Ce n'est pas

certain, car l'expérience prouve au contraire que, souvent, lorsqu'une invention tombe dans le domaine public, personne, alors
que tous peuvent s'en emparer, ne l'applique. Les adversaires de la
déchéance présentent, au contraire, un argument bien plus décisif,
quand ils font remarquer que les inventions sont protégées dans
trente ou quarante pays. Imposer à l'inventeur de créer trente ou
quarante usines, c'est lui imposer l'impossible. On objecte que le
breveté peut satisfaire à l'obligation d'exploiter en concédant des
licences dans les différents pays. On oublie qu'une licence ne trouve
preneur que lorsque l'invention a fait ses preuves, c'est-à-dire au
bout de plusieurs années, alors donc que la déchéance est déjà encourue.

L'orateur examine ensuite le système de l'obligation d'exploiter,
avec la sanction de la licence obligatoire dans le cas de non-exploitation. Ce système est séduisant, mais il a ses inconvénients. Comment fixer le prix de la licence? Au début d'une invention, on n'en
connaît pas bien la valeur. D'autre part, quelle garantie l'inventeur
aura-t-il pour le paiement de ce qui lui est dû? Enfin, un fait décisif
est à noter : la licence obligatoire existe en Angleterre, or on n'en
cite que des applications très rares, car l'intérêt de l'inventeur
suffit à le pousser à concéder des licences amiables toutes les fois
que l'invention en vaut la peine. En résumé, le mieux est de supprimer l'obligation d'exploiter, quelle qu'en soit la sanction : inique
s'il s'agit d'une déchéance, illusoire s'il s'agit de la licence obligatoire.

M. Edwin Katz (Allemagne) croit préférable de ne pas aller
aussi loin que M. Huard.

En Allemagne, on admet que l'obligation d'exploiter doit être
supprimée lorsqu'elle a pour sanction la déchéance, mais la sanction de la licence obligatoire est un moyen par lequel la société se
trouve protégée contre la mauvaise foi de l'inventeur.

Voici un exemple qui ne remonte pas au delà de cette année : un
inventeur avait fait, en ce qui concerne le courant rotatoire, une
invention qui devait révolutionner l'industrie électro-technique ; cet
inventeur avait pris un brevet pour un compteur de courant rotatoire, un compteur pour des pendules et des moteurs ; il fonda une
grande fabrique, mais dans cette fabrique, il ne fabriquait que les
compteurs pour les pendules et non ceux pour les moteurs ; l'industrie électro-technique, qui avait besoin de ces compteurs pour
moteurs, qu'on ne lui livrait pas, se vit refuser la licence qu'elle
avait demandée à l'inventeur ; d'après la législation allemande, il
y avait là un cas de déchéance et l'industrie tira argument de la loi
pour demander la déchéance de ce brevet, au moins dans sa seconde
partie.

On voit, par cet exemple, que des inventeurs pourraient faire
obstacle au développement de l'industrie. Mais il est inutile de les
déposséder, il suffit de les obliger à donner licence.

M. Allart (France) ne peut se rallier à la proposition du rapporteur. L'obligation d'exploiter existe dans tous les pays, sauf trois

exceptions, l'Angleterre, l'Etat libre d'Orange et la République Sud-Africaine, c'est-à-dire trois Etats qui, à l'heure actuelle, seraient surpris de se trouver en complet accord, même sur une question de propriété industrielle.

Lorsque l'obligation d'exploiter se trouve ainsi acceptée dans la presque unanimité des pays d'Europe et du Nouveau Monde, il faut bien reconnaître qu'elle repose sur des raisons juridiques et techniques absolument sérieuses.

Un inventeur a fait une découverte extrêmement utile ; il l'a fait breveter dans son pays et il a, bien entendu, l'intention d'en faire profiter son pays et lui-même. Il a fait, en même temps, breveter son invention dans tous les autres pays, mais, pour concentrer l'exploitation industrielle dans le pays qu'il habite, il se borne, dans les autres pays où il a pris son brevet, à se croiser les bras et à dire à toutes les personnes qui pourraient exploiter ce brevet ou une licence : vous n'exploiterez pas parce que j'ai un brevet, et moi-même je n'exploiterai pas. C'est un danger qui se présentera peut-être rarement, mais il suffit qu'il se présente une fois pour qu'on y veuille un remède, ce remède c'est l'obligation d'exploiter.

D'autre part, celui qui invente un perfectionnement aurait à se plaindre de la suppression de l'obligation d'exploiter. Voici une invention qui est depuis quelques années en exploitation dans un pays et qui n'est pas exploitée dans d'autres ; arrive un inventeur qui la perfectionne ; si l'inventeur primitif n'exploite pas, se croise les bras, le perfectionneur devra prendre la même attitude et rester les bras croisés pendant toute la durée du brevet primitif ; c'est une situation intolérable à laquelle on ne peut remédier qu'en obligeant l'inventeur à exploiter, alors un accord intervient nécessairement entre les deux inventeurs.

L'orateur conclut au maintien de la déchéance pour défaut d'exploitation, mais en relevant l'inventeur de la déchéance lorsqu'il justifiera des causes de son inaction et en précisant certaines causes légitimes, comme on l'a fait au Congrès de Zurich :

> Le breveté restera soumis à l'obligation d'exploiter son invention, mais aucune déchéance, révocation ou autre sanction du défaut d'exploitation ne pourra être prononcée que plus de trois ans après la délivrance du brevet et à condition que le breveté ne justifie pas des causes de son inaction. Sera notamment considéré comme justifiant des causes de son inaction, le breveté qui aura sérieusement recherché des acquéreurs ou des licenciés dans le pays où le brevet a été pris.

M. Périssé (France) estime que l'obligation d'exploiter doit disparaître, mais il considère qu'une licence obligatoire doit être imposée à l'inventeur par les tribunaux, sur la demande d'un intéressé, alors même que l'invention serait exploitée par le premier inventeur. Cela est important surtout en matière de produits chimiques. Un inventeur découvre l'antipyrine, mais il la fabrique impure. Un second arrive qui la fabrique pure. Il est de l'intérêt de tous que ce second inventeur puisse produire cette antipyrine pure. On objecte que les tribunaux ne sauront comment juger le prix de la licence. Ils n'ont qu'à consulter les personnes compétentes. Comme garantie du payement, ils pourront imposer une caution.

M. Poirrier (France) développe un système intermédiaire entre celui de la loi française, qui décrète la déchéance en cas de non-exploitation au bout de deux années, et celui du rapporteur, qui demande la suppression de l'obligation d'exploiter. Pourquoi décréter la déchéance d'une invention qui n'aura pas été exploitée, alors qu'il n'apparaît pas qu'aucun intérêt légitime ait été lésé, qu'aucune réclamation se soit élevée? Par contre, pourquoi l'inventeur pourrait-il se refuser à exploiter et interdire à tous l'exploitation de l'invention? Un propriétaire est exposé à voir démolir son immeuble pour cause d'utilité publique; si cet immeuble menace ruine, on l'obligera à y faire des réparations; s'il n'offre pas des conditions d'hygiène suffisantes, on obligera le propriétaire à le mettre en bon état. De même, lorsque l'intérêt public est en jeu, la propriété industrielle doit être sujette à réglementation. Il y a bien des cas où l'intérêt public est en jeu : par exemple un inventeur, par mauvaise volonté, se refuse à livrer son produit à un autre inventeur, qui en a besoin comme matière première pour exploiter une invention toute différente, ou ne lui offre qu'à un prix tellement élevé que cela équivaut à un refus de livraison. Autre cas : l'exploitation est insuffisante, soit par défaut de ressources de l'inventeur, soit parce qu'il ne veut pas lui donner un développement suffisant; il en résulte que l'inventeur tient à sa merci les industriels qui dépendent de son invention, il peut favoriser certains industriels au détriment des autres; il livrera ses produits aux uns, il les refusera aux autres; qu'il s'agisse d'une machine à peigner, d'une machine à filer, d'un produit chimique quelconque, il le donnera à qui lui plaira. Au point de vue international, l'industrie tout entière d'une des nations contractantes peut se trouver lésée si l'inventeur refuse, aux industriels de cette nation, de livrer son produit. Voilà pourquoi la loi anglaise a organisé un système de licence obligatoire. Et les pays, comme la France, qui n'ont pas ce système, sont dans une situation d'infériorité vis-à-vis d'elle. Ainsi un Français a pris un brevet en Angleterre, on estime qu'il n'exploite pas suffisamment, on l'oblige à délivrer une licence, alors que l'inventeur anglais n'est nullement obligé d'en délivrer à un Français.

Le système de licence obligatoire doit être généralisé. Il ne doit pas être appliqué seulement à défaut d'exploitation. Le Congrès l'a admis en principe, pour les perfectionnements en matière de produits chimiques, les mêmes motifs s'appliquent au cas de perfectionnement dans une industrie quelconque. La loi française de 1844, qui accorde la brevetabilité du produit, a nui à l'invention, alors que l'on croyait qu'elle protégeait l'inventeur ; elle a gêné le développement de l'industrie française. Il est désirable que l'inventeur d'un procédé de perfectionnement puisse obtenir une licence du premier inventeur, et cela dans un intérêt réciproque. En effet, le premier inventeur peut avoir eu une idée excellente, mais le produit qu'il aura obtenu sera généralement trop cher ou bien laissera à désirer sous le rapport de la qualité. Arrive l'inventeur d'un procédé de perfectionnement qui modifie complètement l'invention ou qui obtient un produit beaucoup meilleur marché ; dans la loi française, il ne peut l'exploiter qu'après l'expiration du brevet du premier inventeur, il en résulte que la plupart du temps l'esprit d'invention se trouve découragé. A quoi bon, en effet, chercher à perfectionner un produit, alors qu'on sait qu'on ne pourra jouir du fruit de ses travaux qu'à l'expiration du brevet principal?

Pour remédier à cet inconvénient il faut que l'auteur d'un perfectionnement puisse demander une licence au premier breveté, mais à la condition que le perfectionnement soit notable, ou au point de vue économique ou au point de vue de la qualité, et que le premier inventeur obtienne, en revanche, licence de ce perfectionnement. Les tribunaux seront appelés, le cas échéant, à se prononcer sur le point de savoir si le perfectionnement est réel et à fixer le tantième de la redevance à payer par le second inventeur au premier, à moins qu'ils ne décident qu'il n'y aura aucune redevance à payer, un échange de licences devant éventuellement suffire.

En tous cas, dans le domaine des Conventions internationales, telles que la Convention d'Union de 1883, le breveté ne devrait pas être obligé de fabriquer dans tous les pays où il a obtenu un brevet. Dans certains pays, on se contente de la production d'un certificat de fabrication délivré souvent à la suite d'un semblant d'exploitation ; cette manière de procéder n'est pas nette, elle n'est pas franche. Dans d'autres, l'appréciation de l'exploitation est laissée à l'arbitraire des tribunaux ; mais on ne sait s'il faut satisfaire aux besoins de la consommation dans la proportion d'un quart, des deux tiers, de la moitié.

L'orateur conclut par les propositions suivantes :

I. — La déchéance pour défaut d'exploitation doit être supprimée.

Le breveté est tenu, dans le délai de trois ans à partir du jour de la signature du brevet, de satisfaire aux besoins de la consommation dans les pays où il a fait breveter son invention.

Les intéressés à qui il ne serait pas donné satisfaction, soit pour insuffisance de livraison, soit pour exagération de prix, équivalant à refus de livraison, auraient droit à une licence.

A défaut d'entente entre les parties, les tribunaux prononceront et fixeront la redevance à payer.

II. — Nul autre que l'inventeur breveté ne pourra, pendant *deux années*, prendre valablement un brevet pour un changement, perfectionnement ou addition à l'invention qui fait l'objet du brevet primitif.

Après l'expiration de ce délai, tout inventeur qui aura fait breveter un perfectionnement à l'invention primitive, réalisant une amélioration notable, soit au point de vue économique, soit sous le rapport de la qualité du produit obtenu, aura le droit de se faire délivrer une licence par le premier breveté, à la charge, par lui, de délivrer à celui-ci une licence de son brevet de perfectionnement.

A défaut d'entente entre les parties, les tribunaux auront à apprécier si l'importance du perfectionnement comporte l'octroi de la licence demandée et fixeront, s'il y a lieu, le chiffre de la redevance à payer.

III. — Les Conventions internationales devront éviter aux brevetés l'obligation de fabriquer dans chacun des pays où ils ont pris le même brevet.

Il suffira que les brevetés satisfassent, à l'expiration d'un délai de trois années, aux besoins normaux de la consommation, sans exagération de prix équivalant à des refus de livraison.

M. ARMENGAUD jeune (France) adresse ses plus vifs remerciements à ses collègues pour le très grand honneur qu'ils lui ont fait en le désignant comme l'un des vice-présidents du Congrès, il est très sensible à cet honneur, mais il croit que, comme les autres vice-présidents, il n'aura pas l'occasion de remplir souvent ces fonctions, grâce à la juvénile vaillance de notre cher président M. Pouillet. Il est très heureux d'avoir ainsi la faculté de rester dans le rang, afin de pouvoir prendre plus facilement part aux discussions; en effet, de proche en proche, on réussit quelquefois à faire une utile propagande pour ses idées. Toutefois, il considère que, si nous voulons arriver au but que nous cherchons à atteindre, nous ne devons pas nous montrer trop absolus dans la défense de nos opinions individuelles : nous devons faire certains sacrifices et atténuer ce que nos principes ont de trop personnel; nous arriverons ainsi à réaliser notre désir qui est, non de restreindre, mais d'étendre le terrain de l'entente internationale et d'améliorer d'une façon sérieuse la convention de 1883, de façon à ne pas être obligés d'y apporter sans cesse des modifications.

En ce qui concerne la question de l'exploitation, il pense qu'on pourrait s'inspirer à la fois des résolutions qui ont été prises au Congrès de Vienne et de celles du Congrès de Zurich. Il est, comme

le précédent orateur, M. Poirrier, partisan de la suppression absolue de la déchéance. Mais la proposition de M. Poirrier lui paraît
un peu compliquée, il propose une formule plus simple :

> « Le breveté qui, après l'expiration d'une période de
> trois ans à dater de l'accord du brevet, n'aura pas ex-
> ploité son invention ou ne l'aura pas fait de manière à
> suffire aux besoins de la consommation des différents pays,
> ne pourra repousser une demande de licence présentée
> d'une façon équitable par un industriel possédant son éta-
> blissement principal dans le pays. »

La période de trois ans est nécessaire à l'inventeur pour recueillir des capitaux et trouver le moyen de réaliser pratiquement
son invention. Cette durée sera trop grande cependant lorsque le
demandeur de licence aura apporté un perfectionnement capital à
l'invention. Par exemple : le téléphone est inventé, nulle découverte n'a rendu en aussi peu de temps de plus grands services, mais
il naît sous la forme du téléphone magnétique de Bell qui ne permet
pas les transmissions à grande distance ; il faut, pour que ce progrès
soit réalisé, l'invention du transmetteur d'Edison ; dès lors, pour
exploiter le téléphone, l'accord de Bell et d'Edison est nécessaire ;
une attente de trois ans pour imposer cet accord est inutile : après
un an, le breveté doit être tenu d'accorder la licence.

Autre exemple : qu'on vienne de découvrir le carbure de calcium et qu'on n'ait pas dit à l'origine qu'on pouvait s'en servir pour
faire de l'acétylène ; faudra-t-il attendre trois ans pour faire de
l'acétylène ? Il est nécessaire qu'au bout d'un an, celui qui était
breveté pour le carbure de calcium soit contraint d'accorder une
licence à l'inventeur de l'acétylène. L'orateur est amené, par de tels
exemples, à compléter sa proposition en ces termes :

> « Si le demandeur de licence est l'auteur d'un perfec-
> tionnement de l'invention, c'est à partir de l'expiration
> de la première année que le breveté sera tenu d'accorder
> une licence, même s'il exploite lui-même son invention. »

M. von Schütz (Allemagne) est heureux de la circonstance qui
lui permet de s'exprimer en français. La commission lui ayant fait
l'honneur de faire traduire son rapport en français, il n'a qu'à en
lire les conclusions :

1. L'avantage résultant des inventions pour une industrie consiste, à notre avis, moins dans la fabrication que dans l'application.

2. Il est possible qu'une nouvelle invention brevetée puisse
temporairement causer un préjudice à une certaine branche d'industrie, mais il est absolument indifférent pour cette industrie que
ce préjudice lui soit causé par l'importation de l'étranger ou par la
fabrication d'un étranger dans le pays.

3. Les installations nombreuses de la concurrence étrangère dans le pays semblent même présenter des dangers pour les États dont l'industrie est développée. Il est vrai qu'une partie des ouvriers sont des ouvriers indigènes et que les marchandises sont également payées dans le pays, mais le bénéfice de l'entreprise s'en va à l'étranger et la fortune nationale n'en est pas augmentée. La concurrence étrangère, par suite de l'économie de droits d'entrée et de frais de transport, devient même plus dangereuse.

4. L'éducation d'un noyau d'ouvriers et la création de nouvelles branches d'industrie dans un pays ne peuvent pas être la conséquence de l'obligation d'exploiter. Avec le système actuel de la division du travail, l'ouvrier, individuellement, n'apprendra toujours à connaître que la partie de l'invention qu'il a à construire et il lui est indifférent qu'il construise des pièces pour une nouvelle ou une ancienne machine.

La création de nouvelles industries dans un pays se règle d'après la loi non écrite de l'offre et de la demande. . . . .

Des arguments qui précèdent nous tirons la conclusion que, d'une part, le préjudice qui pourra être causé à l'industrie indigène par l'importation d'inventions brevetées est de beaucoup compensé par les avantages qui en résultent et que, d'autre part, l'obligation d'exploiter est absolument impuissante à prévenir un préjudice quelconque ou à causer un avantage quelconque; toutes les assertions contraires sont basées sur de fausses conclusions.

Mais nous sommes même en mesure de démontrer que l'obligation d'exploiter est directement préjudiciable aux intérêts du public et de l'industrie.

5. Tous ceux qui sont au courant des conditions de fabrication savent qu'un produit est d'autant meilleur marché qu'il est fabriqué en quantité plus considérable.

Plus de trente États imposent l'obligation de l'exploitation dans le pays même. Si un inventeur était réellement en état d'entretenir seulement cinq succursales dans différents pays, par ce fait il élèverait considérablement le prix de son invention. Si le public peut se passer de l'invention, celle-ci sombrera à cause du prix élevé; s'il ne peut pas s'en passer, il sera forcé de la payer un prix démesurément élevé. Et on peut formuler ainsi l'exploitation dans le pays : une entreprise généralement dirigée par des étrangers, peut-être même exploitée avec des ouvriers étrangers, qui est sans profit pour la fortune nationale.

Les partisans de l'obligation d'exploiter cherchent à réfuter cet argument en disant que le but de l'obligation d'exploiter n'est pas la création de succursales, mais la concession de licences à des fabricants indigènes.

D'après eux, l'obligation d'exploiter forcera le propriétaire du brevet à chercher des preneurs de licences.

A cela nous répondons :

6. Il faut en moyenne plusieurs années aux inventions avant d'arriver à leur point de maturité. Généralement les cinq premières

années se passent en essais pratiques. Avant qu'une invention soit mûre, la concession de licences équivaut à la destruction de l'idée, parce qu'il est extrêmement difficile d'enlever au public les préjugés causés par des résultats défavorables. En outre, il est impossible d'obtenir des conditions de licences satisfaisantes avant que l'invention ait fait ses preuves.

Mais avant que l'invention soit arrivée à point, les brevets, par suite de non-exploitation, sont devenus sans valeur, que les taxes soient payées ou non.

Il peut exister des motifs d'excuse pour la non-exploitation, mais aucun jurisconsulte n'est capable de dire à l'avance si ces motifs paraîtront suffisants aux juges, car il n'existe dans aucun pays de dispositions légales pour l'appréciation des motifs d'excuse.

Mais même le soupçon de l'annulation du brevet suffit pour rendre impossible la chance de trouver des preneurs de licence pour un brevet.

La conséquence de l'obligation d'exploiter est donc une perte dans la valeur de nombreux brevets.

7. L'objet d'un brevet prématurément tombé ne passe généralement pas dans la possession de la généralité de l'industrie, mais il se perd dans la masse.

Les inventions exigent les soins les plus minutieux, qui ne sont possibles qu'avec de grands sacrifices et avec la protection légale. Aucun industriel ne fera donc des sacrifices pour une idée qu'il sait que tout le monde pourra imiter quand il l'aura amenée à son point de maturité.

L'annulation prématurée d'un brevet n'a donc pas comme conséquence la mise à la disposition du public d'une richesse, mais bien une destruction de richesse, et par suite un tort fait au bien public.

En résumé, l'orateur propose de remplacer l'obligation d'exploiter par le système des licences obligatoires. Il n'ose proposer la suppression pure et simple de l'obligation d'exploiter, dans la crainte que les Etats qui ont encore cette obligation dans leurs lois ne se refusent à une solution aussi radicale. La licence obligatoire lui paraît un moyen terme acceptable pour tout le monde.

(Sur la proposition de M. le Président, la séance est suspendue pendant quelques minutes.)

Puis M. Raclot (Belgique) remercie, comme M. Armengaud, ses collègues de l'honneur qu'ils lui ont fait en le portant à la vice-présidence du Congrès.

Il est frappé d'entendre parler « d'obligation », de « forcer l'inventeur à faire telle chose ». C'est donc que les mots « brevet d'invention » n'éveillent pas chez les autres les mêmes idées qu'ils font naître en son esprit. Il considère que la propriété industrielle est assimilable à toutes les autres propriétés ; ce n'est ni un privilège, ni une récompense, puisqu'on laisse à chacun le soin de gérer sa propriété comme il l'entend, et que la société ne va pas lui dire :

« vous allez bâtir dans une telle partie et vous laisserez habiter telle autre par telle personne ». Il ne voit pas pourquoi la société, si elle a besoin d'une propriété industrielle, ne ferait pas comme pour toutes les autres, n'en serait pas réduite à exproprier le propriétaire. Il n'est donc partisan, ni de l'obligation d'exploiter, ni de la licence.

Ce qu'il ne veut pas, c'est qu'un inventeur, profitant du brevet qui lui est accordé, en abuse pour tenir l'industrie nationale en échec. La formule belge est bonne, qui n'oblige l'inventeur à exploiter en Belgique que s'il exploite autre part. Le législateur belge dit au breveté : vous êtes propriétaire de votre brevet et vous avez le droit d'en user ou de ne pas en user; seulement, si vous mettez notre pays dans un état indéniable d'infériorité industrielle, si vous exploitez votre brevet à l'étranger, nous vous demandons de venir l'exploiter aussi chez nous (art. 23 de la loi belge de 1854).

Ce n'est pas le tribunal qui est chargé, en Belgique, d'examiner les questions de cette nature, c'est le Ministère du Commerce et du Travail, qui fera annuler le brevet.

En aucun cas l'orateur n'admet qu'on puisse imposer la licence obligatoire, il ne comprend pas comment on peut imposer à un inventeur une chose qu'on n'a jamais pensé imposer à un auteur.

M. POUILLET, président, fait remarquer qu'il y a entre l'œuvre littéraire et l'œuvre industrielle la différence de l'agréable à l'utile.

M. RACLOT répond que l'œuvre littéraire a une portée aussi grande que l'œuvre industrielle. L'une est utile au point de vue moral, l'autre au point de vue matériel.

M. LE PRÉSIDENT remarque qu'il y a une autre différence entre elles, c'est la durée de protection. On a même proposé la perpétuité pour l'œuvre littéraire, on n'y a jamais pensé pour l'œuvre industrielle.

M. RACLOT se plaint justement que, bien que l'inventeur paie une taxe, il soit moins protégé que l'auteur. Si on veut encore lui imposer l'obligation d'exploiter, qu'on réduise au moins cette obligation au cas où il exploite dans son pays d'origine.

M. AMAR (Italie) se rallie à l'opinion de M. Katz : abolition de l'obligation d'exploiter, licence obligatoire. Il constate d'ailleurs qu'un seul orateur, M. Allart, a tenté de défendre cette obligation d'exploiter; cela tient à ce qu'il a oublié à quelle époque les lois qui l'imposent ont été promulguées, alors qu'on était encore impressionné par l'idée de défendre l'industrie nationale. Mais dans ce Congrès, ce qu'il importe de considérer, c'est la défense des droits de l'inventeur, droits qui sont lésés par cette obligation. Il est juste cependant de se prémunir contre la mauvaise volonté d'un inventeur en créant la licence obligatoire, et il estime que la formule proposée par M. Armengaud est la plus simple et la plus juste.

M. CAMPI (Italie) pense que la question est double : 1° un inventeur peut-il prendre un brevet en quelque sorte platonique, qu'il n'exploitera jamais nulle part? évidemment non; si l'inventeur ne peut exploiter lui-même, qu'on lui impose la licence obligatoire;

2º un inventeur doit-il exploiter dans tous les pays où il est breveté? Il remarque que certains traités reconnaissent que l'exploitation dans un pays dispensera d'exploiter dans tel autre; c'est ce qui
a lieu pour l'Allemagne et l'Italie qui sont liées par un traité de ce
genre. Il pense que de tels traités d'union sont désirables et que
l'obligation d'exploiter est une disposition surannée.

M. Donzel (France) déclare qu'au risque d'être seul, il vient
défendre le système de la loi française et combattre, pour la France,
la suppression de la déchéance pour défaut d'exploitation.

Certes, il est bon d'aimer l'inventeur, l'inventeur a toutes ses
sympathies. Mais, si on aime l'inventeur, il faudrait lui parler le
langage de la vérité; au lieu de l'exciter à se toujours plaindre de
la loi, il faudrait lui montrer que si la loi contient certaines restrictions à son égard, c'est qu'elles dérivent de la nature des choses.
Tout homme qui invoque un droit doit le prouver par titre ou par
possession, il n'y a que ces deux procédés. Quel est le titre de l'inventeur? Son brevet; mais c'est une concession de l'autorité, il le
paie plus ou moins cher, 100 francs en France, 25 francs en Belgique, et on en donne à tous ceux qui en demandent. Sa possession?
On ne peut pas prendre possession d'une idée, elle peut aller se fixer
dans un autre cerveau. Par conséquent, si l'on avait soumis l'inventeur au droit commun, il n'aurait pas été protégé.

C'eût été, il est vrai, une injustice et on eût gravement lésé la
société. Il faut protéger les inventeurs. Mais comment!

Il a fallu faire en leur faveur une exception au droit commun.
L'Etat leur dit : « Je vous dispense de prouver votre droit; vous
exhiberez simplement votre titre, je vous croirai et vous aurez le
droit de faire des procès, d'exiger de la personne que vous atta-
querez la preuve que vous n'êtes pas inventeur et qu'elle n'est,
par conséquent pas, elle, contrefacteur. »

C'est le renversement de toutes les idées admises en droit, renversement indispensable, à raison de la nature des choses, à raison
de cette infirmité juridique incurable dont est frappé le droit de
l'inventeur parce qu'il ne peut jamais prouver directement qu'il est
le premier inventeur : c'est là un fait négatif, et son droit est
toujours sujet à contestation.

Si l'inventeur se rendait compte de ces faits, au lieu de récri-
miner contre la loi, peut-être prendrait-il son parti de la situation
qui lui est faite, il accepterait les conditions que la société lui
impose en compensation des avantages qu'elle lui concède; tout ce
qu'il pourrait demander, ce serait la prolongation de durée de son
monopole ou la suppression de la déchéance pour défaut de
paiement.

L'orateur s'étonne qu'un industriel de la valeur de M. Poirrier,
fabricant de produits chimiques, ne se soit pas opposé à la suppression de l'obligation d'exploiter et n'ait pas songé aux conséquences d'une coalition étrangère, achetant à prix d'or un brevet
français qui tiendrait en tutelle toute une industrie.

Qu'il s'agisse d'un procédé qui ne consiste pas à fabriquer

quelque chose, mais à le finir, par exemple, de l'industrie de la teinture, dont tous les filateurs et tout le tissage sont tributaires; qu'un nouveau procédé de teinture, supérieur, soit comme qualité, soit comme solidité, soit comme économie, vienne à être breveté en France, immédiatement un syndicat américain, anglais, belge ou allemand couvre l'inventeur d'or pour lui acheter son brevet, afin qu'aucun filateur ou tisseur français ne puisse employer le procédé de teinture breveté; ces établissements considérables n'ont plus qu'à fermer; ils ne pourront pas lutter contre l'industrie qui aura monopolisé l'invention nouvelle.

Il y a peut-être certaines industries où l'on pourrait se passer de l'obligation d'exploiter, par exemple dans des industries comme celle des jouets, parce qu'il n'y a aucun inconvénient à ce qu'un jouet, qui faisait le bonheur de notre enfance, soit monopolisé. Un enfant peut se passer de la poupée nageuse, par exemple, mais quand il s'agit d'une grande industrie, dont d'autres industries ne peuvent pas se passer, il faut y regarder à deux fois avant de supprimer une garantie dont elle a besoin contre les abus de monopole du breveté.

Cette question est d'une importance capitale, car elle aura une répercussion économique sur les conditions du travail, que cette répercussion se fera sentir au profit des pays de production à bon marché contre les autres. Dans ces conditions il faut laisser au Parlement de chaque pays le soin d'apprécier la situation et de prendre les mesures nécessaires.

Ceux qui voudront travailler la question, prendront les discussions du Congrès et s'éclaireront. L'intérêt de ces Congrès consiste surtout dans la publicité donnée aux débats. Mais l'assemblée n'a pas qualité pour voter sur une question d'ordre économique comme celle-ci.

L'orateur déclare qu'il s'abstiendra.

M. LLOYD-WISE (Grande-Bretagne) présente en anglais quelques observations.

Il pense qu'il est au moins intéressant d'entendre l'avis d'un Anglais sur cette question, puisque la licence obligatoire existe en Angleterre.

Il est certain que toute disposition légale qui oblige l'inventeur à faire quelque chose pour maintenir son droit produit une incertitude. Par exemple, lorsqu'on dit que le brevet sera déchu parce que l'inventeur ne l'aura pas exploité suffisamment, on se demande ce que veut bien dire le terme « *suffisamment* ». Les tribunaux auront à statuer sur cette question; mais c'est une question de fait; jusqu'au moment où les tribunaux auront statué, il y aura incertitude complète et le breveté lui-même n'aura pas su, à l'expiration du délai, s'il était en règle. Cette raison seule devrait suffire à écarter le système de la déchéance pour défaut d'exploitation.

En Angleterre, on a adopté le système de la licence obligatoire. Il est vrai que les cas sont rares où la licence obligatoire a été accordée; mais cela s'explique par le fait que les frais judiciaires de la procédure pour octroi de licence sont très élevés. Quand un inventeur abuse de son droit et se refuse à faire profiter le public de ce qu'il a trouvé, il est juste, en principe, de lui imposer la licence obligatoire.

M. Georges Maillard, rapporteur général, pense, d'après la plupart des discours qui ont été prononcés et l'accueil qui leur a été fait, que l'opinion du Congrès va se manifester aisément sur les deux points suivants : d'abord, il y a lieu de supprimer dans toutes les législations où elle existe encore la déchéance pour défaut d'exploitation (*Très bien!*). Il est incontestable, en effet, qu'elle lèse gravement les droits de l'inventeur et le dépouille, sans raison suffisante, de son invention.

Un second point, sur lequel l'accord se fera également, c'est qu'il est bon, pour certains cas, d'avoir un système de licence obligatoire, permettant de remédier aux quelques rares inconvénients que présente la liberté de ne pas exploiter.

Le difficile sera de trouver une rédaction qui rallie tous les suffrages. Provisoirement, on peut voter le principe.

A l'orateur qui a dit que les droits de l'inventeur étaient juridiquement dans un état d'infirmité incurable, on répondra qu'en effet, dans maintes législations, les droits de l'inventeur ont certaines infirmités, mais qu'elles ne sont pas incurables et que le Congrès a précisément pour tâche de signaler le remède.

Précisément la déchéance pour défaut d'exploitation est une des plus graves atteintes qui aient été portées au droit de l'inventeur. On a dit qu'il y aurait danger à la supprimer, parce qu'un inventeur étranger qui viendra faire breveter son invention en France et ne l'y exploitera pas, nuira à l'industrie nationale. En réalité, le danger sera moindre lorsque la règle sera la même dans tous les pays et que les abus qui pourraient être commis seraient à charge de revanche. En tous cas, le danger disparaît complètement avec le système de la licence obligatoire : si l'étranger breveté en France n'exploite pas en France, les industriels français pourront exiger de lui la licence obligatoire.

Le rapporteur général propose d'abord de reprendre le vœu qui a été voté, à l'unanimité moins trois voix, par le Congrès de Vienne et à l'unanimité par le Congrès de Londres :

« Il est nécessaire dans l'avenir d'abandonner en principe l'obligation d'exploiter. »

Il propose ensuite de dire, sous réserve d'une rédaction meilleure :

« Il y a lieu d'étudier un système de licences obligatoires pour le cas de non-exploitation. »

Demain, à 2 heures, doit se réunir la Commission chargée

d'étudier la proposition qu'a développée ce matin M. Poirrier au sujet de la licence obligatoire en matière d'invention de produits chimiques ; cette même commission pourra examiner, d'une manière générale, la question de la licence obligatoire au cas de non-exploitation et l'on verra s'il n'y a pas lieu d'adopter une formule un peu plus détaillée (*Adhésion*).

M. POUILLET, président du Congrès, croit que tous les membres présents seront d'accord pour voter, sauf rédaction, les deux principes proposés. (*Adopté à l'unanimité.*)

Il ajoute que, à son sentiment, l'avenir est là : on ne peut pas obliger un inventeur à exploiter, mais on peut l'obliger à donner des licences. (*Marques d'approbation.*)

La suite de l'ordre du jour de la première Section est renvoyée à vendredi matin.

La séance est levée à 6 heures 20 minutes.

Le secrétaire,
Maurice MAUNOURY.

———·—·⤜⤛⋙⋙≒⊷⊸·—⊸———

Séance du mercredi matin, 25 juillet.

———

Section II. — Dessins et modèles.

(Première séance.)

La séance est ouverte à 9 heures, sous la présidence de M. POUILLET, président du Congrès.

Sur la proposition de M. le Président, le bureau de la Section est ainsi constitué :

Président : M. PÉRISSÉ (France).

Vice-présidents : MM. IMER-SCHNEIDER (Suisse) ; HARDY (Autriche).

Secrétaires : MM. SANDARS (Grande-Bretagne) ; MESNIL (France).

M. PÉRISSÉ prend place au fauteuil de la présidence et donne la parole à M. Georges Maillard, rapporteur général.

M. GEORGES MAILLARD explique que la Commission d'organisation a pensé qu'il convenait de préparer, comme on l'avait demandé à Vienne, un projet-type sur les dessins et modèles de fabrique. Une sous-commission a été nommée, comprenant un industriel, M. Soleau, un ingénieur-conseil, M. Josse, un juriste, M. Maillard, et M. Taillefer, à la fois juriste et ingénieur.

La sous-commission a d'abord adopté comme principe qu'il était préférable de n'avoir pas une loi spéciale sur les dessins et modèles, ce qui avait déjà été voté par le Congrès de la Propriété industrielle de 1889. Comme vœu idéal, il semble que cette proposition ne puisse rencontrer de contradiction. Il serait en effet préférable de n'avoir que deux lois pour protéger les créations de l'intelligence, l'une, s'appliquant aux créations qui produisent un résultat industriel, la loi des brevets, l'autre, s'appliquant aux autres créations qui ne produisent pas un résultat industriel et qui, dans une mesure quelconque, font appel au sentiment esthétique. Quant aux objets qui réalisent à la fois un résultat industriel et une création esthétique (ex. un encrier en bronze, portant un système spécial de fermeture), ils pourraient être protégés à la fois par les deux lois, l'une s'appliquant à l'élément industriel, l'autre à l'élément décoratif. Une loi intermédiaire n'est pas nécessaire, la sous-commission demande donc au Congrès de voter le principe de la suppression des lois spéciales sur les dessins et modèles.

Mais le Congrès n'a pas seulement à envisager le point de vue idéal, il faut qu'il se place aussi au point de vue pratique. Sous ce rapport, le vœu de 1889 n'a produit aucun résultat. Presque tous les pays, suivant l'exemple de la France, ont adopté des lois spéciales sur les dessins et modèles ; à l'heure actuelle il serait difficile de remonter le courant et il est nécessaire d'examiner, après avoir proclamé qu'il serait préférable de n'avoir pas de lois spéciales, comment, en pratique, ces lois spéciales devront être conçues dans les pays où on ne peut les faire disparaître.

Il n'est pas de question plus actuelle que celle-là, et, si le Congrès parvenait à trouver un type de loi sur les dessins et modèles industriels approuvé par la grande majorité, il est certain qu'il aurait fait une œuvre qui serait presque l'égale de l'œuvre du Congrès de 1878, qui a préparé la Convention d'Union de Paris. En effet, on vient de faire, en Suisse, une loi sur les dessins et modèles industriels, et M. le chevalier de Beck de Managetta a annoncé qu'un projet de loi venait d'être déposé en Autriche.

Mais sur quelle base doit être établie une loi concernant les dessins et modèles industriels ? C'est là qu'a commencé l'embarras de la Commission. Il y avait deux opinions en présence.

Les uns voulaient une loi qui ressemblât, en réalité, à la loi sur les brevets d'invention.

L'ingénieur qui faisait partie de la sous-commission disait : il faut absolument un dépôt attributif, c'est-à-dire qu'il faut, pour être protégé par la loi sur les dessins et modèles industriels, déposer l'objet revendiqué, avant toute exploitation. On lui répondait : alors la loi spéciale sur les dessins et modèles industriels ne sera qu'une répétition de la loi sur les brevets, il n'y a qu'à appliquer la législation sur les brevets à ces créations que vous ne voulez protéger que si elles sont encore nouvelles à la date du dépôt.

Un autre membre de la sous-commission disait : non, le dépôt de la loi sur les dessins et modèles industriels ne doit être que déclaratif, c'est-à-dire que, pour être propriétaire de son dessin ou de son modèle, on n'aura pas besoin d'exécuter le dépôt avant toute exploitation, il suffira de l'effectuer pour poursuivre. A celui-là, on répondait : alors c'est la loi sur la propriété artistique qui s'appliquera, ce ne sera pas une loi spéciale sur les dessins et modèles industriels.

Dans ces conditions et pour tâcher de faire un accord entre les deux contradicteurs afin d'arriver à établir une loi sur les dessins et modèles, voici la transaction à laquelle s'est décidée la sous-commission. Elle a d'abord posé le principe qu'il fallait en tout cas, si une loi sur les dessins et modèles industriels était faite, la faire de telle sorte qu'il n'y eût pas de déchéance absolue pour celui qui n'effectuerait pas le dépôt avant toute exploitation. Le motif déterminant de cette résolution c'est qu'il n'y a, en fait, aucune raison pour désirer que les dessins et modèles de fabrique tombent dans le domaine public : en matière de brevet d'invention, on comprend qu'il y ait intérêt, pour le public, à ce qu'une invention qui donne des résultats pratiques appartienne bientôt à tout le monde, que tout le monde profite de l'avantage réalisé ; en matière de dessins et de modèles industriels, la situation n'est pas la même ; il n'y a jamais intérêt à ce qu'on prenne les dessins ou les modèles d'un autre industriel, car, lorsqu'on le fait, c'est simplement pour s'éviter un effort de création ; comme on l'a déjà dit à Vienne, notamment au nom des fabricants suisses, il est, au contraire, à désirer, dans l'intérêt des industriels, que les dessins et modèles de fabrique soient facilement et sérieusement protégés au profit de leurs créateurs, de manière à obliger tous les industriels à créer à leur tour ; c'est à cette seule condition, qu'on pourra, dans les industries artistiques notamment, faire des progrès réels.

Mais après avoir posé le principe du dépôt simplement déclaratif, la sous-commission a voulu donner, dans une certaine mesure, satisfaction aux partisans du système contraire, qui relevaient certains inconvénients du dépôt déclaratif : en effet, un industriel a pu croire, de très bonne foi, qu'il avait inventé un nouveau modèle, un nouveau dessin, ou bien qu'il avait acheté d'un dessinateur un dessin ou un modèle certainement nouveau, qu'il était, par conséquent, en toute sécurité après avoir effectué son dépôt ; or le concurrent qui établirait avoir créé auparavant le même modèle pourrait interdire à l'industriel de bonne foi de continuer son exploitation.

La sous-commission a proposé un système transactionnel : le véritable propriétaire du dessin ou du modèle sera celui qui, le premier, aura fait la création ; mais, s'il n'a pas eu le soin d'effectuer un dépôt pour faire connaître qu'il est bien le propriétaire, ceux qui, de bonne foi, dans cet intervalle, auront retrouvé le même dessin, le même modèle, auront refait la même création, pourront continuer à l'exploiter. Ce n'est peut-être pas très logique, mais c'est très pratique, et cela ne présentera guère d'inconvénients.

De même, par cette transaction de la possession personnelle, on a résolu une autre difficulté qui avait soulevé de nombreuses discussions au Congrès de Vienne, en 1897 : c'est la question de savoir si le dépôt du dessin ou du modèle doit être secret ou public. Ceux qui considèrent le dessin ou modèle de fabrique comme une invention industrielle ont l'idée bien arrêtée que les dessins ou modèles de fabrique doivent être déposés publiquement, de manière que tout le monde puisse se rendre compte de ce qui a été revendiqué. Les autres, au contraire, pensent que le dépôt doit rester secret et qu'il n'y a aucun intérêt à faire connaître aux industriels qui ne se donnent pas la peine de réaliser des créations nouvelles, ce qui a déjà été créé antérieurement, et de constituer ainsi pour eux un véritable arsenal de contrefaçon.

Entre ces deux opinions, la sous-commission, cherchant un terrain transactionnel, est arrivée à cette solution que le dépôt sera facultativement secret ou public. Si l'industriel préfère garder sa création secrète, il pourra faire un dépôt secret ; mais, dans ce cas, comme il peut se trouver des contrefacteurs de bonne foi qui ne se seront pas doutés que le même dessin ou modèle avait déjà été créé par quelqu'un, il faudra qu'ils ne puissent être inquiétés.

En conséquence, la poursuite en contrefaçon ne sera possible qu'une fois le dépôt rendu public ; cela est assez rationnel, cela ne choque pas l'esprit et pourrait encore donner des résultats pratiques. En outre, celui qui, de bonne foi, aura exploité pendant un certain délai, avant la publicité du dépôt par le premier créateur, pourra avoir une *possession personnelle*.

Tels sont les principaux éléments, telles sont les idées directrices du projet de la sous-commission.

Entre deux idées diamétralement opposées, on a essayé de faire une transaction, dans l'espoir que chacun abandonnerait peut-être un peu de ses idées personnelles, un peu de ses idées théoriques, pour arriver à un résultat pratique, et à faire un type de loi qui pourrait être adopté dans tous les pays.

Ce projet de loi-type a avant tout pour but et aura pour effet, avec l'appui du Congrès, le rapporteur l'espère, d'éviter que les lois nouvelles, qui sont à l'étude, sur les dessins et modèles industriels, ne se rapprochent trop de la loi sur les brevets d'invention, ce qui est injuste pour les créateurs de dessins et modèles de fabrique et contraire aux véritables intérêts de l'industrie.

Pour les détails, la sous-commission s'en rapporte au Congrès. Mais elle insiste, avant tout, pour que le Congrès ne considère le projet de loi sur les dessins et modèles de fabrique que comme une transaction momentanée et proclame la suppression de toute loi sur les dessins ou modèles industriels comme l'idéal vers lequel il faut tendre et qu'on atteindra dans un avenir plus ou moins éloigné.

Le Rapporteur général termine en donnant lecture des résolutions suivantes :

« ARTICLE PREMIER. — Une législation spéciale sur les

dessins et modèles de fabrique n'est pas nécessaire. La loi sur les brevets d'invention, s'appliquant à toute invention ou découverte qui produit un résultat industriel, et la loi sur la propriété artistique, protégeant toutes les œuvres des arts graphiques et plastiques, par conséquent toutes les œuvres du dessin et de la sculpture, devraient suffire. Il serait à souhaiter seulement que, dans chaque pays, toutes les œuvres soumises à la loi sur la propriété artistique pussent faire l'objet d'un dépôt, afin que les intéressés eussent la faculté de s'assurer une preuve de priorité. »

« Art. 2. — Si une loi sur les dessins et modèles de fabrique était cependant jugée encore indispensable dans certains pays, elle devrait s'appliquer à toute création modifiant l'aspect d'un produit industriel ou d'un objet de commerce sans rentrer dans le domaine de la législation sur les brevets. »

« Art. 3. — Il devrait y être dit expressément que les œuvres des arts graphiques et plastiques ne seront pas soumises obligatoirement à d'autres formalités que celles imposées par la loi sur la propriété artistique et resteront protégées pendant le temps fixé par ladite loi, même si elles ont une destination ou un emploi industriels.

Mais, dans ce cas, elles pourraient être néanmoins admises au bénéfice de la loi sur les dessins ou modèles de fabrique, moyennant l'accomplissement des formalités prévues par ladite loi. »

« Art. 4. — 1. Le créateur d'un dessin ou modèle de fabrique ou ses ayants droit ne devraient pouvoir invoquer la protection de la loi qu'à partir du dépôt légal, effectué par eux, de ce dessin ou modèle. Le dépôt devrait consister, en principe, dans un spécimen de l'objet constituant la création revendiquée. Toutefois, le déposant aurait la faculté de déposer seulement une photographie, un dessin ou une esquisse, avec commentaire explicatif. Un même dépôt pourrait contenir plusieurs dessins ou modèles.

2. La propriété du dessin ou modèle devrait appartenir à celui qui l'a créé ou à ses ayants droit; mais le premier déposant devrait être présumé, jusqu'à preuve du contraire, être le premier créateur dudit dessin ou modèle.

3. La mise en vente par le déposant ou par des tiers antérieurement au dépôt n'entraînerait pas la déchéance du droit. Mais le déposant ne pourrait opposer son dépôt

aux tiers de bonne foi qui justifieraient avoir exploité leur dessin ou modèle ; le droit à continuer l'exploitation du dessin ou modèle ne pourrait être transmis qu'avec le fonds de commerce.

4. Le déposant devrait, lorsqu'il effectuerait le dépôt, désigner l'industrie ou les industries auxquelles ce dépôt s'appliquerait et indiquer la nature du dessin ou modèle revendiqué ; ces mentions, relatées dans le certificat de dépôt, seraient transcrites sur un registre qui serait mis à la disposition du public. Le dépôt pourrait être effectué soit à découvert, soit sous pli cacheté, au choix du déposant ; dans le premier cas, le public pourrait prendre connaissance du contenu des dépôts. Le déposant aurait la faculté de transformer son dépôt secret en dépôt public. Il ne pourrait intenter de poursuites pour les faits antérieurs à la publicité du dépôt. La possession personnelle serait, en outre, acquise à tout industriel de bonne foi qui aurait exploité le dessin ou modèle pendant une période dont la durée serait déterminée, pour chaque industrie, par un règlement d'administration.

5. Les dépôts devraient être centralisés et il serait tenu un registre unique. Toutefois, un règlement pourrait déterminer les administrations locales où les intéressés auraient la faculté d'effectuer leurs dépôts ; dans ce cas, les dépôts seraient immédiatement transcrits, avec copie des certificats, au Bureau central.

Il est à souhaiter que des mesures soient prises pour assurer dans tous les pays les effets du dépôt effectué dans le dépôt d'origine. »

« ART. 5. — La durée maxima du dépôt devrait être celle fixée par la législation sur la propriété artistique. Elle serait subdivisée en périodes de cinq années. Le déposant qui n'aurait pas, trois mois après l'expiration de chaque période, effectué le versement de la taxe afférente à la période suivante, serait déchu de tous droits pour l'avenir. »

« ART. 6. — La taxe devrait être très minime pour les premières années, puis légèrement progressive par périodes de cinq ans. »

« ART. 7. — Le déposant ne devrait pas être tenu d'avoir une fabrique, ni d'exploiter le dessin ou modèle revendiqué, ni d'accorder des licences. Il devrait pouvoir introduire des objets conformes au dessin ou modèle revendiqué, fabriqués dans un pays étranger, à condition que la réciprocité fût assurée par la législation de ce pays ou par une convention internationale. »

« Art. 8. — Les nationaux, même s'ils n'ont de fabriques qu'à l'étranger, et les déposants de nationalité étrangère devraient avoir droit au bénéfice de la loi sur les dessins et modèles et n'être soumis à aucune obligation particulière si la réciprocité était assurée, soit par la législation du pays dans lequel ils ont leur fabrique ou auquel ils appartiennent, soit par une convention internationale. »

« Art. 9. — La contrefaçon du dessin ou modèle déposé et dont le dépôt serait public devrait être passible d'une pénalité et servir de base à une action en dommages-intérêts.

L'emploi du dessin ou modèle, dans une autre industrie que celles pour lesquelles le dépôt aurait été effectué, devrait être punissable s'il était de nature à causer préjudice au déposant. »

M. Périssé, président, ouvre d'abord la discussion sur la question de savoir s'il y a lieu de faire une législation spéciale ou si, au contraire, les législations sur la propriété en matière d'arts graphiques ou plastiques ne suffisent pas, aussi bien pour les dessins et modèles de fabrique que pour tous autres dessins.

M. Frey-Godet (du Bureau de Berne) est d'accord avec le rapporteur général s'il s'agit seulement d'exprimer un vœu théorique. Mais s'il s'agit de faire passer l'idée dans la pratique, il tient à faire remarquer que le Congrès a pour mission d'unifier et qu'une réelle unification est préférable à un projet idéal qui ne serait suivi par aucun pays.

Si le Rapporteur n'insistait pas sur le paragraphe 1er du projet de loi, M. Vaunois n'aurait presque rien à dire; mais, si l'on insiste pour que le Congrès vote sur le point de savoir si une législation spéciale sur les dessins et modèles de fabrique est nécessaire et si le rapporteur demande au Congrès de déclarer que la loi sur la propriété artistique doit être suffisante pour protéger tout ce qui est dessin ou modèle industriel, il contestera formellement cette argumentation.

M. Georges Maillard déclare que le vœu de suppression d'une loi spéciale sur les dessins et modèles industriels, c'est la partie essentielle des propositions de la sous-commission.

M. Vaunois (France) se déclare alors partisan très convaincu de la thèse contraire.

Il ne veut pas soumettre des raisonnements théoriques et faire, en quelque sorte, une discussion académique; il n'apportera que des arguments précis, autant que cela dépendra de lui.

Quelques-uns des membres du Congrès savent qu'il s'est occupé de ces questions depuis plusieurs années et qu'il y a deux ou trois ans, il s'est efforcé, à propos d'un ouvrage qu'il a publié, de réunir certains documents statistiques.

Dès ce moment, il a été frappé par le fait qu'une quantité considérable de dessins et modèles de fabrique sont déposés, aussi bien en France que dans les autres pays étrangers. Il parlera de la France en particulier, pensant que ses collègues étrangers pourront entretenir le Congrès de ce qui se passe chez eux.

En France, la loi sur la protection des dessins et modèles de fabrique est considérée comme utile par un grand nombre d'industriels, puisque ces dessins et modèles sont déposés en quantités considérables.

C'est ainsi que, pour ne parler que des dernières années, on en a déposé en France :

en 1894. . . . . 49 000 ;
en 1895. . . . . 55 000 ;
en 1896. . . . . 54 000 ;
en 1897. . . . . 73 000.

On peut donc dire, tout d'abord, que la loi a trouvé, en France, un champ d'application particulièrement étendu. Il en est de même dans les pays étrangers.

En Suisse, et M. Frey-Godet, mieux que personne, pourrait renseigner le Congrès sur ce point, on dépose plus de 25 000 dessins par an ; on en dépose un nombre également important dans les autres pays d'Europe et même du monde.

Par conséquent, la législation des dessins et modèles est très répandue, très appliquée et considérée comme utile. Elle existe dans la plupart des pays civilisés et, lorsqu'on a dit qu'en 1889 on en avait proposé la suppression, c'est un vœu qui est resté absolument théorique et sans effet sur les législations. Au contraire, depuis 1889, dans un grand nombre de pays étrangers, on a fait des lois spéciales sur la matière, c'est donc qu'on en avait reconnu la nécessité.

Pour ne parler que des deux ou trois dernières années, l'orateur cite le Portugal, le Japon, la Suède et, cette année même, la Suisse, qui ont remanié leurs lois antérieures sur la matière.

On constate donc, d'une part, l'accord des industriels qui déposent, et, d'autre part, l'accord des législateurs qui légifèrent ; cet ensemble est tout à fait significatif.

Supprimer une législation spéciale sur les dessins et modèles, serait aller à l'encontre de tous les intérêts de l'industrie. A cet égard, se plaçant au point de vue français, M. Vaunois communique certains renseignements de statistique, qu'il a réunis pour un Congrès économique qui aura lieu en septembre.

Il a essayé, en particulier, de déterminer quelles étaient, en France, les industries qui se servaient de la loi en question et quelles étaient celles qui s'en servaient le plus. Or, il a constaté qu'en

France, sur 75 000 dépôts qui ont été effectués en 1899, près de 70 ou 75 p. 100 provenaient de l'industrie des tissus. C'est à Paris qu'on dépose le plus, même pour les tissus. Après Paris, vient Rouen avec toute la région normande, Elbeuf, Louviers, les Andelys, etc. On dépose également beaucoup dans le Nord, à Roubaix, ainsi qu'à Lyon. L'industrie de cette ville n'est pas, il est vrai, celle qui dépose le plus, pour les tissus, en France, mais elle dépose encore, en moyenne, de 1 000 à 1 100 dessins par an depuis une vingtaine d'années, les chiffres sont absolument réguliers, la moyenne est constante. Les fabricants lyonnais n'ont donc pas renoncé au bénéfice de la loi de 1806 sur les dessins de fabrique, bien que, dans un précédent Congrès, on se soit plaint en leur nom de l'application de cette loi.

Au Congrès de Zurich, on a déclaré que la Chambre de commerce de Lille était hostile à la loi sur les dessins et modèles ; elle a évidemment peu d'intérêt à l'application ou à la non-application de la loi sur les dessins et modèles de fabrique, car, dans les stastistiques des dépôts de ces dernières années, le chiffre des dépôts, pour Lille, se monte à 15 ou 20 par an ; en 1897-1898, on a déposé 30 ou 35 dessins et modèles à Lille, mais 18 de ces modèles étaient applicables à des pelotes de ficelle.

Dans les environs de Lille, il y a des villes dans lesquelles on fait beaucoup de dépôts. Roubaix, par exemple, atteint presque, à ce point de vue, l'importance de Lyon. Il serait donc intéressant de connaître l'opinion des fabricants de Roubaix sur cette loi de 1806.

Une autre ville fait une quantité considérable de dépôts de dessins et modèles industriels, c'est Rouen : on y fait 10 000 à 15 000 dépôts par an. M. Vaunois a tâché de se renseigner et de savoir ce qu'on pensait à Rouen de la loi spéciale sur les dessins et modèles industriels.

Il a reçu d'un des principaux fabricants de Rouen, membre de la Chambre de commerce, une lettre disant notamment :

« Aucun groupement industriel ne s'est occupé encore de la question des dépôts de dessins et modèles. Il existe dans les archives de la Chambre de commerce un certain nombre de rapports sur les questions de brevets et de marques de fabrique, surtout en ce qui concerne les conventions internationales, la « Convention de Berne », mais je ne connais rien traitant du dépôt de dessins et modèles. Il faut attribuer ce silence à la raison suivante : il est probable que la loi de 1806 donne satisfaction aux déposants, puisqu'il n'y a jamais eu de réclamations à la Chambre de commerce ayant donné lieu à une étude de cette question.....

En ce qui me concerne et en ma qualité de déposant, je crois la loi de 1806 parfaitement suffisante, pourvu cependant que l'on observe toutes les précautions voulues pour la rendre efficace. »

L'orateur croit que la loi sur les dessins et modèles industriels peut être améliorée, qu'elle a besoin de l'être et que, si des plaintes se sont fait jour dans certains lieux de dépôt et dans certaines industries, on peut donner satisfaction aux réclamations ; mais sous prétexte que l'on n'a pas été content d'une loi il ne pense pas qu'on doive arriver à la supprimer. Quand on a une jaquette ou une chemise qui va mal, ce n'est pas une raison pour aller se promener sans jaquette ou sans chemise.

(Quelqu'un fait observer qu'en pareil cas on change de tailleur.)

M. Vaunois répond que la jaquette et la chemise, dans notre état de civilisation, sont une nécessité et un agrément auquel on renoncera difficilement. On ne peut pas plus renoncer à une loi sur les dessins et modèles de fabrique.

M. Pouillet : On prendra le tailleur de la propriété artistique.

M. Vaunois : Le tailleur de la propriété artistique ne peut faire que peu de choses pour les déposants ; la loi sur la propriété artistique ne servira qu'à certains industriels, comme les fabricants de bronzes, que représente M. Soleau.

Mais il restera toujours en dehors de la loi sur la propriété artistique certaines industries, moindres si on veut, mais qui ont besoin d'une protection, comme l'industrie du cartonnage. Les fabricants de boîtes pour confiserie déposent des dessins et des modèles industriels. Y aura-t-il des tribunaux pour décider que la loi sur la propriété artistique protégera ces boîtes rondes ou carrées, rouges ou jaunes?

M. Frey-Godet : La loi pourra les y obliger.

M. Vaunois répond que, si la loi le disait, l'opinion publique ne la suivrait pas. Il cite encore les objets en caoutchouc, la chaudronnerie, la ferblanterie, la quincaillerie, les brosses à habits, la vannerie, les chaussures.

Qu'on laisse de côté l'idée théorique de la distinction entre l'utile et l'agréable, pour ne voir que l'intérêt pratique. L'intérêt de l'industrie c'est d'étendre la loi, non de la restreindre. Qu'on garde donc une loi sur les dessins et modèles. L'expérience a prononcé : partout on a créé une loi spéciale pour les industriels, il convient d'améliorer celles qui existent et de faire une loi internationale.

M. Pouillet fait observer que le côté théorique ne doit pas être si facilement négligé, et qu'il doit retenir l'attention des Congrès parce que leur œuvre consiste à préparer l'avenir et que la théorie d'aujourd'hui doit être la pratique de demain.

M. Jouanny (France), comme représentant l'industrie des papiers de tenture et comme délégué du Comité central des Chambres syndicales (industrie de l'ameublement, bimbeloterie, jouets, caoutchouc, céramique, verrerie, faïences, fonderies en cuivre, en bronze, typographie, lithographie, industries métallurgiques, fabricants de lanternes, syndicat du papier et des industries qui le transforment, quincaillerie, reliure, union céramique et chaufournière), combat l'opinion exprimée par M. Vaunois. Il est d'accord avec M. Maillard pour dire que c'est la création et non le dépôt qui doit constituer la propriété.

Avec deux lois sur la propriété artistique et littéraire et sur les brevets, on arrivera d'une façon plus claire et plus simple à la protection des intérêts en jeu. Il ne s'agit pas de demander la suppression immédiate des lois spéciales sur les dessins et modèles, mais on ne peut maintenir telle quelle, en France, la loi de 1806 qui est, en réalité, à peu près délaissée.

Ayant été conseiller prud'homme pendant dix-neuf ans, il déclare que le chiffre des dépôts (75 000) est hors de toute proportion avec les progrès de l'industrie et le nombre toujours croissant des dessins et modèles créés chaque année. On ne dépose plus parce qu'il est devenu sans utilité de déposer. Ainsi l'industrie lyonnaise, pour laquelle a été faite la loi de 1806, est disposée à en approuver la suppression : M. Legrand, président du groupe des industries textiles, qui comprend les industries lyonnaises, s'est déclaré absolument favorable aux conclusions de la sous-commission. A Lille, on ne dépose à peu près rien. A Roubaix, 1 500 dépôts par an, ce n'est rien si l'on songe qu'un seul tisseur crée plus de 2 000 combinaisons annuellement.

En tous cas, la transaction proposée par la Commission répond à tous les intérêts. Grâce à elle, le créateur d'un dessin ne sera protégé que s'il dépose et il ne pourra poursuivre qu'après avoir rendu son dépôt public. Le dépôt secret, tel qu'il est pratiqué, est un abus ; mais il est impossible de fixer une période après laquelle un dépôt devra être publié, parce que le temps nécessaire à la mise en œuvre d'un dessin ou modèle varie trop suivant les industries.

M. Osterrieth (Allemagne), tout en reconnaissant que le but poursuivi par le rapporteur est excellent en théorie, pense qu'en pratique une loi spéciale est indispensable. Sans elle bien des créations aujourd'hui protégées resteraient sans protection, dans le cas où les tribunaux leur refuseraient un caractère artistique. Il en serait certainement ainsi en Allemagne. Il propose de modifier la formule de M. Maillard et de dire : « *Il serait préférable qu'il n'y eût pas de loi spéciale sur les dessins et modèles de fabrique* », au lieu de : « Une législation spéciale sur les dessins et modèles de fabrique n'est pas nécessaire. » On distinguerait ainsi la réalité présente du desideratum éventuel. Actuellement la loi spéciale est indispensable.

M. Joseph Lucien-Brun (France), au nom de la Chambre de commerce de Lyon et de l'industrie de la soierie lyonnaise, approuve pleinement le rapport de M. Maillard et réfute les arguments tirés par M. Vaunois du nombre de dépôts effectués annuellement à Lyon. On dépose parce qu'il n'y a pas d'autre moyen de se protéger, mais on trouve la loi déplorable. En réalité, ce n'est pas pour pouvoir poursuivre les contrefacteurs qu'un fabricant a recours au dépôt, c'est pour empêcher les concurrents de lui créer des embarras en déposant le dessin qu'il a inventé. D'ailleurs le nombre des dépôts ne représente pas le centième des dessins créés dans l'industrie lyonnaise. Pour arriver à une protection suffisante, les dessinateurs de Lyon, en présence de l'inefficacité de la loi, ont dû former un syndicat dont tous les membres s'engagent à ne pas se copier les uns les autres.

Au point de vue juridique comme au point de vue philosophique, une loi spéciale sur les dessins et modèles de fabrique est inutile, toute invention nouvelle, tout objet nouveau doivent être protégés; mais toute création nouvelle a toujours l'un des deux buts suivants: ou l'utile, ou l'agréable. Il ne faut donc, logiquement, que deux lois. Tant qu'on voudra se soustraire à cette déduction logique, on rencontrera des difficultés insurmontables. Une découverte, quelle qu'elle soit, va produire un effet utile, alors la loi des brevets la protège ; si cette loi n'est pas assez large, qu'on y remédie par une modification de son texte ou par une extension de la jurisprudence (en France, la jurisprudence améliore, étend et corrige les lois). Si la création nouvelle n'a pour but que l'agréable, alors elle tombera sous l'application de la loi sur la propriété artistique. Si elle ne rentre ni dans l'une, ni dans l'autre de ces catégories, elle ne mérite aucune protection.

L'industrie lyonnaise est convaincue que ses étoffes et ses soieries merveilleuses rentrent dans la catégorie des œuvres artistiques; on voit, en effet, de véritables tableaux, des fleurs, des paysages. Si l'on ne pense pas que de telles œuvres soient véritablement des œuvres artistiques et méritent d'être protégées comme telles, où trouvera-t-on le criterium que l'on cherche depuis des années et qu'on ne trouvera d'ailleurs jamais, ce qui empêchera toujours les tribunaux de solutionner certaines questions et ce qui amènera partout ce qui se produit déjà à Lyon, où les commerçants, la plupart du temps, renoncent à entamer les procès, parce qu'ils savent qu'ils n'aboutissent pas.

M. [BENIES (Autriche) est opposé à l'article 1er des conclusions du rapport. Il ne peut pas accepter que l'on fasse deux définitions extrêmes et qu'on ne reconnaisse pas l'existence de tout ce qui ne s'adapte pas parfaitement à ces deux définitions ; il existe, en effet, des cas très nombreux dans lesquels on peut hésiter sur la classification dans laquelle doit rentrer un objet présentant des caractères intermédiaires, qui ne permettent pas de dire d'une manière absolue : c'est ceci, ou c'est cela. On peut citer beaucoup d'exemples ; les couleurs, par exemple, comportent une infinité de nuances, et, souvent, en présence d'une couleur à définir, l'un dira : c'est du jaune, et l'autre dira : c'est du vert, si elle se rapproche de l'une et de l'autre de ces couleurs. Un chauve sera bien celui qui n'a aucun cheveu ; ce sera encore celui qui n'aura qu'un cheveu, ou celui qui en aura cent; mais, bien souvent il sera difficile de dire si l'on est chauve ou non. Il y a ainsi des quantités de cas que les mots ne définissent pas toujours d'une manière suffisante.

On a cherché bien souvent des criteria ; pour déterminer si un objet est artistique ou non, il semble que l'on pourrait trouver un criterium dans le niveau artistique qu'on lui reconnaît : si une chose est bien faite, elle est artistique ; s'il y manque l'âme de l'artiste, elle ne l'est plus. Mais c'est affaire de goût et les tribunaux auront à apprécier, à trancher la question de savoir si l'on se trouve ou non en présence d'une œuvre d'art.

Le meilleur criterium à adopter serait peut-être celui qu'on prend en Allemagne, le but de l'objet ; à moins de traiter la propriété artistique d'une façon par trop élastique, on ne peut l'étendre pour l'appliquer à un grand nombre d'objets qui, tout en étant agréables à regarder, ne relèvent assurément pas d'une idée d'art. La propriété artistique a ses limites.

M. DE Ro (Belgique) rappelle qu'il a défendu dès 1889 les idées préconisées par M. Maillard dans son rapport et qui ont été émises pour la première fois par M. Pouillet dans son traité des dessins et modèles. La loi de 1806, faite spécialement pour l'industrie lyonnaise, qui cependant était déjà protégée par la loi de 1793, a été arbitrairement étendue depuis à d'autres industries.

C'est de cette loi et du décret qui l'a suivie que sont nées, en Belgique aussi bien qu'en France, les difficultés qu'on rencontre aujourd'hui. On protège un appareil d'éclairage grâce à la loi de 1806, et on a beaucoup de peine à obtenir la protection pour des lithographies artistiques. L'orateur cite une espèce dans laquelle une Cour d'appel décidait que le dépôt d'une lithographie devait être fait au conseil des prud'hommes tandis que le département de l'Intérieur déclarait qu'elle constituait un dessin artistique. En somme, on marche à l'aventure, on ne voit pas le phare qui doit conduire au port. L'erreur commise en France en 1806 a été imitée dans d'autres pays ; mais il appartient au Congrès de réagir contre cette erreur et d'indiquer aux Gouvernements la voie à suivre vers la réforme. Si l'on dépose encore, c'est par crainte de n'être pas protégé; cela ne prouve pas que la loi est bonne. Quant à l'argument tiré de ce que certains objets d'utilité pratique, qui ne sont pas des inventions, ne seraient pas protégés sans la loi spéciale, parce qu'ils ne sont pas artistiques, ce qu'on peut y répondre c'est simplement que ces objets d'utilité, résultat du travail journalier, ne sont pas dignes d'être protégés.

D'ailleurs, même avec une loi spéciale les mêmes arguments se reproduiront, on dira : ceci n'est pas un dessin, cela n'est pas un modèle et la loi spéciale ne doit pas s'appliquer, comme on a dit que la loi des brevets ou la loi de la propriété artistique ne s'appliquerait pas. On crée avec la loi spéciale trois classes de protection au lieu de deux, et les difficultés ne font qu'augmenter. Mieux vaut distinguer simplement les objets ayant une utilité industrielle et ceux qui ont un caractère esthétique, sans d'ailleurs s'inquiéter du degré d'art qui entre dans la conception des œuvres de la seconde catégorie. Il suffira qu'un progrès nouveau et sérieux présente un caractère d'utilité pour qu'on soit dans le domaine de la loi des brevets, ou qu'un plaisir esthétique soit procuré pour qu'on applique la loi sur la propriété artistique. Une seule frontière suffit, un Etat tampon est inutile.

L'orateur demande donc au Congrès de voter l'article 1er du projet de la sous-commission et pense même qu'il serait préférable de s'en tenir à ce vote sans passer à la discussion des articles suivants, cette discussion ne pouvant qu'affaiblir la portée première de la décision.

(La clôture est demandée et prononcée.)

L'article 1er, avec la modification proposée par M. Osterrieth et acceptée par M. Maillard, est mis aux voix et adopté sous la forme suivante :

> « Il serait préférable qu'il n'y eût pas de législation spéciale sur les dessins et modèles de fabrique, la loi sur les brevets d'invention devant s'appliquer à toute invention ou découverte qui produit un résultat industriel, et la loi sur la propriété artistique protéger toutes les œuvres des arts graphiques et plastiques, par conséquent toutes les œuvres du dessin et de la sculpture. »

M. Pouillet fait remarquer que le Congrès, par ce vote, se trouve en parfait accord avec les Congrès de 1878 et 1889 et consacre une solution qui est certainement celle de l'avenir.

La seconde partie de l'article 1er est également adoptée :

> « Il serait à souhaiter seulement que, dans chaque pays, les œuvres soumises à la loi sur la propriété artistique pussent faire l'objet d'un dépôt afin que les intéressés eussent la faculté de s'assurer une preuve de priorité. »

M. de Ro demande qu'on s'en tienne à ce vote et que l'on ne passe pas à la discussion des articles du projet.

M. Osterrieth s'oppose à cette motion. Des projets de loi sur les dessins et modèles sont à l'étude en Allemagne, en Autriche, en Suisse, en Norvège. On ferait œuvre pratique en discutant les principes généraux qui peuvent être appliqués, et un grand nombre de membres du Congrès sont venus dans le but de prendre part à cette discussion.

M. Pouillet, partisan de la suppression des lois spéciales sur les dessins et modèles, pense qu'on ne peut cependant se soustraire à la nécessité d'étudier à l'heure actuelle les lois sur cette matière et propose de repousser la question préjudicielle soulevée par M. de Ro.

M. de Ro retire sa proposition, sauf à la reprendre au cours de la discussion si, comme il le craint, cette discussion n'a pas d'autre résultat que d'amener la confusion.

(L'assemblée décide que la discussion sera continuée.)

La deuxième résolution proposée est ainsi conçue :

> « Si une loi sur les dessins et modèles de fabrique
> était cependant jugée encore indispensable dans certains
> pays, elle devrait s'appliquer à toute création modifiant
> l'aspect d'un produit industriel ou d'un objet de commerce
> sans rentrer dans le domaine de la législation sur les
> brevets. »

M. Vaunois (France) demande la suppression des derniers mots
de la résolution, à partir de « ou d'un objet de commerce ». Autrement, dit-il, la législation spéciale s'appliquerait même aux
œuvres d'art qui sont des objets de commerce. Il demande qu'on
remplace la fin de l'article par les mots : « en vue de l'orne-
menter ». (Les rapporteurs se rallient à cette rédaction.)

M. Frey-Godet (du bureau de Berne), trouve le mot « aspect »
trop large ; il s'appliquerait à une couleur donnée à un objet. Il
propose la formule de M. Pouillet : « Toute combinaison de lignes,
» de couleurs ou de formes déterminant l'aspect d'un produit
» industriel. »

M. Soleau, rapporteur, donne un exemple pour préciser le sens
du texte proposé par la Commission : si l'on fait passer un courant
électrique dans des perles, elles deviennent lumineuses et prennent
un aspect nouveau, bien que le dessin du collier qu'elles composent
ne soit pas changé ; l'introduction de la lumière a produit cependant
un modèle nouveau. De même à la chaussure le talon Louis XV
donnera un aspect particulier.

M. Frey-Godet propose de dire : « toute création modifiant
l'aspect. »

M. le Rapporteur général se met d'accord avec MM. Benies,
Frey-Godet et Vaunois, sur la rédaction suivante, qui est adoptée :

> « Si une loi sur les modèles et dessins de
> fabrique est jugée indispensable, elle devra s'ap-
> pliquer à toute création portant sur l'aspect
> d'un produit industriel indépendamment de
> toute question d'utilité pratique. »

M. le Président met en discussion l'article 3 du projet, qui est
ainsi conçu :

> « Il devrait y être dit expressément que les œuvres
> des arts plastiques et graphiques ne seront pas soumises
> obligatoirement à d'autres formalités que celles imposées
> par la loi sur la propriété artistique et resteront protégées
> pendant le temps fixé par ladite loi, même si elles ont une
> destination ou un emploi industriels.

21

» Mais, dans ce cas, elles pourront être néanmoins
admises au bénéfice de la loi sur les dessins ou modèles
de fabrique, moyennant l'accomplissement des formalités
prévues par ladite loi. »

M. Frey-Godet (du bureau de Berne) fait remarquer que, dans
certains pays, en Suisse et en Allemagne, par exemple, l'œuvre
d'art est protégée en dehors de tout dépôt et qu'on ne peut exiger
de ces pays l'adoption du premier alinéa.

M. Georges Maillard, rapporteur général, répond que les œuvres des arts graphiques et plastiques qui rentreront dans les conditions exigées pour l'application de la loi sur la propriété artistique
et littéraire seront protégées sans autres formalités que celles que
cette loi exige ; ces mêmes œuvres, quand elles auront un emploi
industriel, auront une seconde protection, que l'industriel pourra
réclamer, dans des cas qui auraient pu paraître douteux, en se soumettant aux formalités de la loi spéciale.

M. Osterrieth (Allemagne) propose de dire :

« Les œuvres des arts graphiques et plastiques ne
seront pas soumises à d'autres *conditions* ou formalités
que celles édictées par la loi... »

M. Frey-Godet voudrait qu'on dît : « Ne seront pas soumises à
d'autres formalités que celles imposées par la loi aux œuvres d'art. »

M. le Rapporteur général répond qu'il faut se garder de l'emploi d'une expression qui paraîtrait redonner une définition de la
propriété artistique. La formule proposée est celle de tous les Congrès récents sur la propriété artistique et littéraire, on a posé en
principe que la même loi devrait s'appliquer à toutes les œuvres
des arts graphiques et plastiques.

M. Poinsard (du Bureau de Berne) pense qu'il serait bon d'indiquer quelle sera la durée de la protection quand on n'aura pas eu
recours aux formalités déterminées par le paragraphe 1er.

M. le Rapporteur général répond que : ou bien l'œuvre rentrera dans les conditions d'application de la loi sur la propriété
artistique, et alors il faudra appliquer cette loi, ou elle rentrera
dans les conditions de la loi sur les dessins et modèles industriels,
et c'est à celle-ci qu'il faudra avoir recours.

M. Poinsard trouve le paragraphe inutile dans une loi sur les
dessins et modèles qui ne s'appliquera pas aux modèles artistiques
protégés par la loi sur la propriété artistique.

M. le Rapporteur général répète que longtemps encore on trouvera des tribunaux qui hésiteront à protéger par la loi sur la propriété artistique les œuvres des arts graphiques et plastiques.
Pendant cette période transitoire, des œuvres que nous considérons
comme artistiques auront encore besoin de la protection de la loi
sur les dessins et modèles industriels.

Un industriel qui a créé ou acheté une œuvre d'art appliqué doit pouvoir, cela est intéressant, en faire le dépôt, au titre de la loi sur les dessins et modèles. Il est également intéressant d'indiquer qu'il est à souhaiter que la loi sur la propriété artistique s'étende le plus largement possible, de manière que toutes les œuvres graphiques et plastiques puissent en profiter. C'est le vœu de tous ceux que la question intéresse.

M. Pénissé, président, remarque que l'existence de ce paragraphe est, en quelque sorte, un lien avec ce qui a été voté dans l'article 1er. Il met aux voix le premier alinéa de la proposition 3, en y incorporant l'amendement de M. Osterrieth, qui est accepté par les rapporteurs. Cet alinéa est voté en ces termes :

« Il devrait y être dit expressément que les œuvres des arts graphiques et plastiques ne seront pas soumises obligatoirement à d'autres conditions ou formalités que celles imposées par la loi sur la propriété artistique et resteront protégées pendant le temps fixé par ladite loi, même si elles ont une destination ou un emploi industriels. »

Le second alinéa est ensuite adopté à l'unanimité :

« Mais, dans ce cas, elles pourraient être néanmoins admises au bénéfice de la loi sur les dessins et modèles de fabrique, moyennant l'accomplissement des formalités prévues par ladite loi. »

M. le Président met en discussion le premier alinéa de l'article 4 du projet :

M. Georges Maillard, rapporteur général, demande que chaque phrase soit mise aux voix séparément :

« Le créateur d'un dessin ou modèle de fabrique ou ses ayants droit ne devraient pouvoir invoquer la protection de la loi qu'à partir du dépôt légal, effectué par eux, de ce dessin ou modèle. Le dépôt devrait consister, en principe, dans un spécimen de l'objet constituant la création revendiquée. Toutefois le déposant aura la faculté de déposer seulement une photographie, un dessin ou une esquisse, avec commentaire explicatif. Un même dépôt pourrait contenir plusieurs dessins ou modèles. »

M. Benies (Autriche) rappelle qu'une loi est en ce moment à l'étude sur la matière en Autriche-Hongrie, et il se propose de demander l'opinion du Congrès sur les points qui sont susceptibles de présenter le plus d'intérêt pratique. Il est donc partisan de l'examen du projet phrase par phrase. Ces questions de détail, qui semblent, à première vue, peu de chose à côté des questions de principe, c'est pourtant le pain quotidien qui vivifiera la loi dans son application pratique.

M. Darras (France) demande, à propos de la première phrase, s'il suffira, pour pouvoir agir en contrefaçon, d'avoir satisfait aux formalités prescrites par la loi sur la propriété artistique. Le texte semble dire le contraire et il le regrette.

M. le Rapporteur général répond que, dans les pays où il n'y a pas de dépôt pour les œuvres artistiques, les œuvres des arts graphiques et plastiques seront protégées sans dépôt, conformément à l'article 3, par la loi sur la propriété artistique, même si elles ont une destination industrielle. L'article 4, lui, ne parle plus que de la loi sur les dessins et modèles, c'est seulement pour invoquer la protection de cette loi que le dépôt sera nécessaire.

La première phrase est adoptée en ces termes :

« Le créateur d'un dessin ou modèle de fabrique ou ses ayants droit ne devraient pouvoir invoquer la protection de la loi qu'à partir du dépôt légal, effectué par eux, de ce dessin ou modèle. »

M. Vaunois (France) est d'avis, sur la deuxième phrase, qu'il est inutile de dire que le dépôt devra, en principe, consister dans un spécimen. Il voudrait que le dépôt fût facultativement celui d'un spécimen ou d'une esquisse ; ce serait là un avantage au point de vue pratique : on éviterait l'encombrement des salles de dépôt.

M. Périssé, président, fait observer que cette proposition, qui rencontre l'assentiment unanime, peut être renvoyée à la Commission de rédaction.

M. Benies (Autriche) demande l'avis du Congrès sur le paragraphe 45 du projet de loi autrichien, qui exige avec le dépôt une revendication.

M. Frey-Godet (du Bureau de Berne) pense qu'on ne doit pas exiger de revendication du déposant, parce que le dessin ou modèle frappe la vue. Il est difficile d'admettre qu'on ne puisse pas voir en quoi il consiste.

M. le Rapporteur général explique que le texte proposé ne demande pas une revendication. Il a voulu dire seulement que le déposant pourrait, s'il le jugeait nécessaire, accompagner une esquisse d'un commentaire explicatif. D'accord avec M. Frey-Godet, il propose la rédaction suivante :

« Le dépôt devrait consister, soit dans un spécimen de l'objet constituant la création revendiquée, soit dans une représentation suffisante de cet objet, avec commentaire explicatif, si le déposant le juge nécessaire. »

Quelqu'un demande pourquoi on supprime les mots « photographie ou dessin ».

M. LE RAPPORTEUR GÉNÉRAL pense que les mots « représentation suffisante » rendent inutile l'emploi des expressions « photographie ou dessin ».

La seconde phrase est adoptée, avec la modification proposée par M. Frey-Godet et M. le Rapporteur général.

La dernière phrase est mise aux voix. Elle est ainsi conçue :

« Un même dépôt pourrait contenir plusieurs dessins ou modèles. »

M. LE RAPPORTEUR GÉNÉRAL fait observer que cette disposition permettra d'éviter la perception d'une taxe pour chaque modèle déposé et de réduire aussi le coût des dépôts.

(*Adopté sans opposition.*)

La séance est levée à 11 heures 40.

Le Secrétaire,

H. MESNIL.

————————

Séance du mercredi soir, 25 juillet.

Section II. — Dessins et modèles.

(Deuxième et dernière séance.)

La séance est ouverte à 4 heures moins le quart, sous la présidence de M. PÉRISSÉ, président de la Section.

M. MESNIL, l'un des secrétaires, donne lecture du procès-verbal de la précédente séance.

Le procès-verbal est adopté.

L'ordre du jour appelle la discussion de l'article 4, alinéa 2 :

« La propriété du dessin ou modèle devrait appartenir à celui qui l'a créé ou à ses ayants

cause ; mais le premier déposant devrait être
présumé, jusqu'à preuve du contraire, être le
premier créateur dudit dessin ou modèle. »

M. Georges Maillard, rapporteur général, signale que les
mots « ayants droit » qui figuraient dans le projet distribué au
Congrès ont été remplacés par « ayants cause », qui a paru l'expression la plus large.

M. le Président met aux voix l'alinéa 2 ainsi modifié. (*Adopté.*)

L'alinéa 3 est ainsi conçu :

« La mise en vente par le déposant ou par
des tiers antérieurement au dépôt n'entraînerait
pas la déchéance du droit. Mais le déposant ne
pourrait opposer son dépôt aux tiers de bonne
foi qui justifieraient avoir exploité leur dessin
ou modèle ; le droit (1) à continuer l'exploitation
du dessin ou modèle ne pourrait être transmis
qu'avec le fonds de commerce. »

M. Benies (Autriche) demande l'avis du Congrès sur le point
suivant : la mise en vente du dessin ou modèle par le déposant
antérieurement au dépôt n'entraîne pas pour lui déchéance de son
droit ; mais la mise en vente par un tiers ne fait-elle pas tomber le
dessin ou le modèle dans le domaine public?

M. Georges Maillard, rapporteur général, répond que, d'après
le projet, ce n'est pas le dépôt qui fait le droit, mais la création même de l'œuvre : on est possesseur de la création en dehors
même du dépôt, on ne dépose que pour se créer une preuve de priorité et pour pouvoir poursuivre. Si des tiers ont exploité le même
objet avant le dépôt, le créateur du dessin ou modèle ne pourra pas
les poursuivre, mais il ne sera pas déchu de son droit vis-à-vis
des autres.

M. Imer-Schneider (Suisse) voudrait proposer la suppression de la
dernière partie de l'aléina : « le droit à continuer l'exploitation du
dessin ou du modèle ne pourrait être transmis qu'avec le fonds de
commerce. » Ce serait naturel et tout à fait justifié dans une loi
sur les marques de fabrique ; mais il ne saisit pas à quelle pensée
a obéi le rédacteur en introduisant cette disposition dans une loi
sur les dessins et modèles industriels. Il est admissible, en effet,
qu'un dessin ou modèle industriel soit vendu à une personne autre
que celle qui l'a d'abord exploité ; par conséquent on ne voit pas

---

(1) Des tiers de bonne foi (ainsi expliqué dans la discussion et voté).

pourquoi, lorsque le fonds de commerce est transmis à un tiers, il faudrait nécessairement que tous les droits du propriétaire du dessin ou du modèle fussent transmis à ce même tiers.

M. le Rapporteur général croit que le texte est bien clair. La restriction qui y est contenue ne s'applique pas au droit de l'inventeur, mais simplement au droit des tiers qui ont acquis ce qu'on appelle une possession personnelle. Nous disons : « le déposant ne pourrait opposer son dépôt aux tiers de bonne foi qui justifieraient avoir exploité leur dessin ou modèle... » Ces tiers de bonne foi auront donc une possession personnelle, c'est-à-dire le droit de continuer purement et simplement leur exploitation. Il est bien entendu qu'ils ne pourront pas accorder de licence ni faire commerce de ce droit qu'on leur réserve, qui n'est pas un droit de créateur, mais un droit de tolérance, une possession personnelle ; ils ne pourront céder ce droit qu'avec le fonds de commerce. Quant au créateur, il peut céder son droit à qui bon lui semble. On a le sens complet en réunissant les deux parties du paragraphe. Comme dans certains pays on aurait pu ne pas comprendre le terme de « possession personnelle », la sous-commission a dû expliquer sa pensée un peu plus longuement.

M. Edouard Mack voudrait qu'on ajoutât les mots : le droit *pour les tiers de bonne foi* à continuer l'exploitation du dessin ou modèle... »

(Cette rédaction, acceptée par M. Imer-Schneider et le Rapporteur général, est adoptée.)

L'alinéa 4 est ainsi conçu :

> « Le déposant devrait, lorsqu'il effectuerait le dépôt, désigner l'industrie ou les industries auxquelles ce dépôt s'appliquerait et indiquer la nature du dessin ou modèle revendiqué ; ces mentions, relatées dans le certificat de dépôt, seraient transcrites sur un registre qui serait mis à la disposition du public. Le dépôt pourrait être effectué soit à découvert, soit sous pli cacheté, au choix du déposant ; dans le premier cas, le public pourrait prendre connaissance du contenu des dépôts. Le déposant aurait la faculté de transformer son dépôt secret en dépôt public. Il ne pourrait intenter de poursuites pour les faits antérieurs à la publicité du dépôt. La possession personnelle serait, en outre, acquise à tout industriel de bonne foi qui aurait exploité le dessin ou modèle pendant une période dont la durée serait déterminée, pour chaque industrie, par un règlement d'administration. »

M. Frey-Godet (du Bureau de Berne) ne pense pas qu'il conviendrait de conserver dans la rédaction les mots : «... et indiquer la nature du dessin ou du modèle revendiqué... » On peut laisser aux administrations le droit d'exiger des déposants qu'ils disent : ceci est la partie du dessin à laquelle j'attache du prix, c'est dans cette partie-ci que consiste mon dessin; mais il ne faut pas exiger, d'avance, de tous les déposants qu'ils indiquent la nature du dessin ou du modèle revendiqué. Il faut que le modèle ou dessin déposé se montre en lui-même tel qu'il est.

M. Pouillet est d'accord avec M. Frey-Godet et rappelle que dans la séance du matin on a reconnu qu'on ne pouvait définir le dessin.

M. Osterrieth (Allemagne) propose de supprimer la première phrase tout entière. Le rapporteur n'a pas voulu limiter le dépôt et ses effets à une classe, à une industrie ou à une catégorie spéciale, et c'est bien indiqué à l'article 9 : « l'emploi du dessin ou modèle, dans une autre industrie que celles pour lesquelles le dépôt aurait été effectué, devrait être punissable s'il était de nature à causer préjudice au déposant. » Il s'agit donc uniquement, ici, d'un détail administratif, et le Congrès ne discute que des questions de principe.

M. Frey-Godet se rallie à la proposition de M. Osterrieth.

M. Georges Maillard, rapporteur général, explique que la sous-commission a voulu que le déposant, même quand il effectuait son dépôt secret, fît bien connaître ce dont il s'agissait, afin que tout le monde fût averti qu'un dépôt était fait dans tel ou tel ordre d'idées. Elle ne s'est pas contentée de dire que le déposant indiquerait l'industrie que le dépôt intéresse, mais qu'il indiquerait la nature de l'objet revendiqué, du dessin déposé, pour que ces mentions du certificat de dépôt fussent transcrites sur un registre mis à la disposition du public et que les intéressés fussent avertis, dans une certaine mesure, des prétentions du déposant. D'autre part, si on n'indique pas l'industrie ou les industries auxquelles le dépôt s'applique, comment les recherches pourront-elles être faites? Il y aura une masse de certificats de dépôt qui ne porteront aucune indication, il sera impossible de savoir à quoi ils s'appliquent.

M. Joseph Lucien-Brun (France) déclare que cette question intéresse trop la ville de Lyon pour qu'il ne dise pas l'opinion de la fabrication lyonnaise. Il ne voit aucune utilité et il voit des inconvénients à indiquer la *nature* du dessin ou modèle revendiqué. Les commerçants lyonnais ne voudront jamais du dépôt public. Or, si on n'autorise le dépôt secret qu'avec cette condition que le déposant aura à déclarer la nature de l'objet déposé, ce ne sera plus un dépôt secret. S'il s'agit du dépôt d'un dessin de fleurs, comment le déposant précisera-t-il la nature du dépôt? S'il se borne à indiquer que c'est un dessin de fleurs, cela ne signifiera rien et personne ne sera renseigné. S'il précise qu'il s'agit d'un dessin où il y a des roses, le renseignement sera encore à peu près nul. Mais s'il doit indiquer que le dessin de roses est composé de telle façon, cela servira simplement à donner à un contrefacteur l'idée de composer à peu près le même dessin. L'indication introduite dans le texte est dangereuse parce qu'elle est trop vague, parce qu'elle ne détermine rien de façon suffisante.

M. Auguste Fauchille (France) déclare que l'industrie du Nord est absolument d'accord avec l'industrie lyonnaise. A Roubaix, le déposant se borne à indiquer que le dépôt est fait pour un an, rien de plus. Si on dépose un modèle ou un dessin pour la soie, et que, plus tard, on veuille l'appliquer au tulle, c'est l'affaire du déposant.

M. Jouanny (France) pense pourtant que le dépôt doit indiquer le but pour lequel le modèle ou le dessin a été créé. Il faudrait donc dire seulement qu'on a déposé un dessin intéressant telle industrie, et l'on supprimerait les mots qui ont été critiqués par MM. Frey-Godet et Osterrieth.

M. le Rapporteur général déclare que la Commission se rallie à cette proposition.

M. Mardelet (France) croit qu'il est bien difficile de discuter seulement la première phrase de ce paragraphe. Quand on recherche les raisons de son introduction, le rapporteur dit : « nous l'avons introduite parce que nous supposions que le dépôt pourrait être secret. » La première chose à faire serait donc de savoir si le dépôt pourra être fait secret ou non. Il estime que le dépôt *doit être public*. Le plus gros reproche qu'on fait aux dépôts est d'être secrets : il n'y a pas de raison pour qu'ils soient dissimulés et qu'on ne puisse en avoir connaissance qu'en cas de procès. Il n'y a pas plus de raisons à ce qu'ils soient tenus secrets qu'il n'y en a pour les brevets.

M. le Rapporteur général propose, d'accord avec M. Osterrieth, de réduire la première phrase à ceci :

« Le déposant devrait, lorsqu'il effectuerait le dépôt, indiquer l'industrie à laquelle ce dépôt s'appliquerait. »

Cette rédaction est adoptée.

M. Sandars (Grande-Bretagne) explique que s'il a voté *contre* la rédaction qui vient d'être adoptée, c'est qu'il ne voulait pas supprimer les mots *ou les industries*, mais seulement les mots *indiquer la nature du dessin ou modèle revendiqué*.

M. Périssé, *président*, dit que le mot « industrie » est pris ici dans son sens général ; il est inutile d'en indiquer plusieurs.

La phrase suivante était ainsi conçue :

« Ces mentions, relatées dans le certificat de dépôt, seraient transcrites sur un registre qui serait mis à la disposition du public. »

M. le Rapporteur général fait remarquer que la transcription n'a plus maintenant de raison d'être.

Cette phrase est supprimée.

La phrase suivante est ainsi conçue :

« Le dépôt pourrait être effectué soit à découvert, soit sous pli cacheté, au choix du dé-

posant; dans le premier cas, le public pourrait
prendre connaissance du contenu des dépôts. »

M. LE RAPPORTEUR GÉNÉRAL, répondant aux observations antérieures de M. Mardelet qui est partisan du dépôt *à découvert* et
exclut toute autre forme, explique que la solution proposée par la
sous-commission est une transaction qui paraissait devoir donner
satisfaction à tout le monde, car, en présence de ceux qui demandaient que le dépôt fût toujours fait à découvert, on avait ceux qui
demandaient — ainsi que l'ont fait les représentants de la Suisse
dans les Congrès précédents — que le dépôt fût fait toujours secret,
et secret à perpétuité.

La sous-commission a pensé qu'il fallait laisser plus de latitude
et elle a dit que le dépôt pourrait, à la volonté du déposant, être
secret ou public; elle a même été plus loin pour donner satisfaction
aux partisans du système cher à M. Mardelet, elle a fait en sorte
que le déposant ait toujours intérêt à effectuer son dépôt à découvert. En effet, le projet dit que, quand le dépôt sera secret, on ne
pourra pas poursuivre; par conséquent, le déposant aura intérêt
à rendre son dépôt public.

Non seulement le déposant ne pourra pas poursuivre pour des
faits antérieurs à la publicité de son dépôt; mais, s'il n'a pas soin
de faire vite ce dépôt, il va se trouver en face de droits qui seront
acquis par des tiers, c'est-à-dire en face d'une nouvelle possession
personnelle. Le projet dit, en effet, que la possession personnelle
serait acquise à tout industriel de bonne foi qui aurait exploité le
dessin ou modèle pendant une période dont la durée sera déterminée pour chaque industrie.

M. BLANC, fabricant à Saint-Gall (Suisse), déclare que personne
ne déposera un dessin, dans ce pays, si le dépôt n'est pas secret.
Les fabricants, au commencement d'une saison, ont l'habitude de
déposer leurs dessins; mais ils ne veulent pas du tout que leurs
confrères soient tenus au courant de leurs intentions et des modèles
qu'ils mettront en vente dans la saison.

M. HARDY (Autriche) se plaint des inconvénients des brevets et
des dépôts secrets dont on a beaucoup souffert en Autriche. Le
mieux serait de dire nettement que les dépôts doivent être faits à
découvert.

M. POUILLET pense que la proposition des rapporteurs est de
nature à concilier tout le monde. Le brevet secret serait une chose
détestable; mais pour les dessins et modèles le même inconvénient ne se présente pas et, au contraire, le secret peut être indispensable, car il est des dessins dont la vente ne dure guère qu'une
saison; si un concurrent pouvait connaître le dessin déposé, immédiatement il le contreferait, peu lui importerait ensuite de payer
comme contrefacteur des dommages-intérêts au propriétaire du
dessin : il lui aurait fait concurrence, en quelque sorte, avant la
lettre et y aurait trouvé son profit. En matière d'invention breve-

table, deux esprits peuvent se rencontrer ; mais, en matière de dessins, de formes, il n'en est jamais ainsi. Quand il y aura une rencontre, c'est que le second inventeur aura copié le premier. En 35 ans de pratique il n'a pas trouvé deux individus qui aient fortuitement créé le même dessin.

M. Frey-Godet est d'avis qu'il ne faut pas subordonner le droit de poursuite à la publicité du dépôt. L'industriel doit pouvoir garder son dépôt secret sans compromettre aucun de ses droits.

M. Benies (Autriche) regrette de n'être pas du même avis que son compatriote et ami, M. Hardy. Il n'est pas partisan de la suppression du dépôt secret ; mais il est pour le secret ne durant qu'un certain nombre d'années et prenant fin, soit au bout d'un laps de temps déterminé, soit avant l'expiration de ce délai, par la volonté du déposant. Ce que demandent les industriels représentés par M. Lucien Brun et les fabricants suisses, c'est simplement le temps de préparer le lancement de leurs modèles : le secret pendant deux ou trois années est suffisant à cet effet.

M. Soleau, rapporteur, explique la transaction intervenue au sein de la sous-commission. Il s'y était opposé et c'est un sentiment de justice qui l'a fait céder ; il tient à le déclarer. Il est matériellement impossible de soutenir un industriel qui se ferait fort devant son concurrent d'avoir un dépôt et qui, refusant de le montrer, continuerait à s'obstiner et à dire : « j'ai déposé un modèle, mais je n'ai pas à vous le montrer. » Cet homme peut être de mauvaise foi et intimider un concurrent. Voilà pourquoi il est juste d'exiger, de qui veut poursuivre, la publicité du dépôt.

M. le Président fait observer qu'on peut d'abord voter sans inconvénient la phrase qu'il a d'abord mise en discussion et qui dispose simplement que le dépôt pourra être à découvert ou sous pli cacheté, au choix du déposant.

(Cette phrase est adoptée).

M. le Président met en discussion la phrase suivante :

Le déposant aurait la faculté de transformer son dépôt secret en dépôt public. (*Adopté.*)

M. Benies (Autriche) propose de déclarer que le dépôt ne pourra pas rester secret plus de trois ou cinq ans.

M. Pouillet dit que ce sera à chaque pays de limiter, s'il y a lieu, la durée du secret.

M. le Président pense que cette addition constituerait une modification trop profonde.

M. Benies demande qu'on intercale cette addition avant ce qui vient d'être mis aux voix.

(L'amendement de M. Benies, mis aux voix, n'est pas adopté.)

La phrase suivante est ainsi conçue :

« Il ne pourrait intenter de poursuites pour les faits antérieurs à la publicité du dépôt. »

M. Jouanny (France) demande quelle sera la situation d'un contrefacteur dont on ne connaîtra la contrefaçon qu'au bout de deux ou trois ans. Si on fait un dépôt seulement au bout de ces trois années, on ne pourra donc pas le poursuivre pour avoir contrefait pendant les trois années précédentes.

M. Georges Maillard, rapporteur général, déclare que, d'après le système de la sous-commission, la réponse doit être négative.

M. Mesnil trouve que ce système fera les délices des contrefacteurs.

M. Fauchille se déclare opposé à cette phrase du projet. Il croit qu'il est contraire aux principes sur lesquels les membres du Congrès s'honorent, en général, d'être d'accord, c'est-à-dire au respect de la propriété industrielle. Le dessin dit industriel, comme le dessin dit artistique, est une œuvre de l'intelligence. La propriété doit en être respectée en dehors de tout dépôt. Il ne faut donc pas accepter une formule qui interdit des poursuites pour les faits antérieurs à la publicité du dépôt.

M. Vaunois (France) trouve excellentes les propositions de la Commission. Il a toujours soutenu que le dépôt en matière de dessins ou modèles de fabrique devait être un dépôt public, parce que le secret réclamé par le déposant et par l'industriel leur est nuisible à eux-mêmes. En effet, lorsqu'un industriel a déposé sous pli cacheté un dessin qui est ensuite contrefait par un concurrent, il le poursuit ; mais la plupart des tribunaux de France innocentent le contrefacteur parce que, justement, le dépôt est secret, ils déclarent que le contrefacteur peut avoir été de très bonne foi, qu'il n'a pas pu se renseigner sur l'objet déposé et qu'on ne peut lui imputer à faute d'avoir reproduit le dessin d'un de ses concurrents, alors que ce dessin pouvait être dans le domaine public, car le principe de la liberté de la concurrence et de l'industrie est l'âme de la civilisation moderne et il est indispensable à l'intérêt public et à l'industrie que tout ce qui est dans le domaine public soit librement reproduit. Telles sont les raisons qui s'opposent au secret du dépôt. Que le déposant ait néanmoins la faculté d'effectuer le dépôt secret, soit, puisque cela paraît nécessaire pour certaines industries. Mais alors il est indispensable, comme le propose le rapport, que le déposant soit intéressé à rendre public son dépôt le plus tôt possible, résultat qu'on obtiendra en ne lui permettant de poursuivre les contrefacteurs qu'une fois le dépôt rendu public. De la sorte les tiers, pour être en garde contre les poursuites, n'auront qu'à consulter le registre des dépôts.

M. Pouillet répond que ce sont seulement les concurrents de mauvaise foi qui consulteront ces dépôts. L'industriel n'a qu'à ne pas copier un dessin quand il ignore si ce dessin n'appartient pas à quelqu'un.

M. Amar (Italie) ne peut accepter la phrase actuellement en discussion, parce que le secret du dépôt ne saurait innocenter le contrefacteur.

M. Georges Maillard, rapporteur général, déclare que la sous-commission maintient son texte, qui est le résultat d'une transaction, et, bien que personnellement il ait été d'abord opposé à ce texte, il a le devoir d'insister pour son adoption, en faisant connaître les raisons de la transaction. On était en présence de deux opinions très différentes, celle des partisans du secret et celle des partisans de la publicité du dépôt. Il était légitime de tenir compte de l'opinion de ces derniers qui, se plaçant au point de vue de certaines catégories de dessins et de modèles, soutenaient qu'il était injuste qu'un industriel pût être poursuivi pour un dessin qu'il croyait avoir inventé, dans l'ignorance du dépôt fait par un tiers et resté secret. En effet, s'il est permis de dire que deux artistes ne se rencontrent jamais pour créer deux dessins artistiques identiques, on ne peut pas méconnaître qu'aux confins de la loi sur les dessins et modèles de fabrique, il y aura des objets qui ne supposent pas un effort de création considérable et pour lesquels, par conséquent, les rencontres sont possibles. Deux personnes imaginant simultanément le même modèle, c'est ce qui arrive pour tous les objets d'actualité, pour les joujoux que vendent les camelots, pour les articles de Paris. Il est incontestable que ces objets seront protégés par la loi sur les dessins et modèles de fabrique, et que, dans cet ordre d'idées, des coïncidences étant presque inévitables, la publicité du dépôt peut avoir un certain intérêt.

Quelqu'un dans la sous-commission avait tout d'abord pensé à établir une distinction suivant les catégories d'industries et à dire : « un règlement d'administration publique déterminera dans quelles industries le dépôt peut rester secret et dans quelles industries il doit être public. » C'était une distinction difficile à faire et le choix des industries était presque impossible.

Il a fallu chercher un autre terrain de transaction. On a cru le trouver en disant que le dépôt pourrait indéfiniment rester secret, mais devrait être rendu public le jour où l'on voudrait intenter des poursuites, en ajoutant qu'on ne pourrait pas poursuivre pour des faits antérieurs au dépôt. En réalité, le déposant aura intérêt à faire le dépôt public le plus promptement possible ; le jour où il poursuivra les contrefacteurs, il devra en tous cas se résigner à cette publicité.

Il est vraiment juste de refuser le droit de poursuivre, en vertu d'un dépôt que personne ne peut connaître, quelqu'un qui peut être de bonne foi. Peut-être pourrait-on admettre les poursuites civiles, mais interdire, au moins, les poursuites correctionnelles pour faits antérieurs à la publicité du dépôt.

M. Boin (France), orfèvre, félicite le rapporteur général d'avoir consciencieusement défendu la proposition adoptée par la majorité de la sous-commission, bien qu'il fût, à l'origine, d'avis contraire ; mais cette proposition ne saurait être admise par le Congrès. Elle est particulièrement inadmissible au point de vue de l'industrie des métaux précieux, parce que la préparation d'un modèle y est beaucoup plus compliquée que la préparation d'un dessin de tissu et comporte une série d'opérations qui coûtent fort cher. Aucune entrave ne doit être mise à la protection d'un tel modèle. Si la loi exige pour les poursuites un dépôt public, elle retire aux industriels d'art ce qu'on a voulu leur donner par les premières propositions votées hier, car, tenant au secret du dépôt, ils ne pourront pas profiter de la loi sur les dessins et modèles industriels. Dans l'industrie des métaux, l'objection formulée contre le secret du dépôt ne s'applique jamais, car jamais deux personnes n'auront établi en même temps, de bonne foi, le même modèle. Ils auront eu peut-être une idée générale commune, mais, si les détails d'exécution sont les mêmes, ce ne pourra être que par suite d'une indiscrétion et le véritable inventeur du modèle pourra toujours établir par des documents irréfutables sa priorité. Actuellement en France, dans l'industrie des métaux, on ne dépose pas parce que la protection serait illusoire : il suffit, d'après les tribunaux, d'une légère modification du modèle pour que le contrefacteur échappe à une condamnation.

M. Joseph Lucien-Brun (France) demande très énergiquement, à son tour, la suppression de la phrase portant qu'on ne pourra intenter de poursuites que pour les faits postérieurs à la publication du dépôt. Qu'on fasse la publication au moment où le procès sera intenté, rien de mieux, car on ne peut plaider, on ne peut discuter sans le dépôt public. Mais refuser le droit de poursuivre les contrefaçons antérieures à la publicité du dépôt, c'est, après avoir reconnu aux industriels la faculté de maintenir leur dépôt secret, leur enlever tout intérêt à profiter de cette faculté.

Aucun fabricant n'aura intérêt à employer le dépôt secret, puisqu'il n'empêcherait pas ainsi la contrefaçon. Le système de la sous-commission revient à assurer la publicité au profit du contrefacteur sans donner de garanties à l'inventeur : lorsque ce dernier, averti au bout de deux ou trois ans de la contrefaçon, poursuivra le contrefacteur, il devra rendre son dépôt public, et alors le contrefacteur s'arrêtera instantanément, après avoir fait fortune pendant ces deux ou trois années; il dira : je ne contrefais plus, vous ne pouvez pas me poursuivre.

Or l'industrie lyonnaise ne recourra jamais au dépôt public, elle ne pourrait user que du dépôt secret, s'il était efficace. Il faut savoir, en effet, ce qui se passe dans l'industrie lyonnaise : les dessins devraient être déposés sitôt créés, si l'on voulait s'assurer une protection certaine, or ces dessins ne seront mis en vente que trois ou six mois plus tard, peut-être seulement pour la saison suivante; les dessins qu'on exécute en ce moment pour être vendus l'année prochaine datent déjà de l'année dernière, si même ils ne remontent pas à deux ou trois ans; il est donc indispensable qu'un fabricant puisse garder secrets ses dessins pendant trois, quatre ou cinq ans.

M. de Ro (Belgique) déclare que le système imaginé par la sous-commission pour contenter les partisans du dépôt secret et ceux du dépôt public aboutit à une véritable monstruosité juridique en privant le dépôt secret du principal avantage que doit conférer le dépôt, c'est-à-dire le droit de poursuite.

M. le Président met aux voix le texte des rapporteurs. (Ce texte n'est pas adopté.) Le Congrès décide qu'il n'y a rien à ajouter à ce qui a été antérieurement voté pour constituer l'alinéa 4 de la 4ᵉ résolution.

M. LE PRÉSIDENT met en discussion les alinéas 5 et 6 ainsi conçus :

« Les dépôts devraient être centralisés et il serait tenu un registre unique. Toutefois, un règlement pourrait déterminer les administrations locales où les intéressés auraient la faculté d'effectuer leurs dépôts; dans ce cas, les dépôts seraient immédiatement transcrits, avec copie des certificats, au Bureau central.

» Il est à souhaiter que des mesures soient prises pour assurer dans tous les pays les effets du dépôt effectué dans le pays d'origine. » (Adopté.)

M. LE PRÉSIDENT met en discussion l'article 5 :

« La durée maxima du dépôt devrait être celle fixée par la législation sur la propriété artistique. Elle serait subdivisée en périodes de cinq années. Le déposant qui n'aurait pas, trois mois après l'expiration de chaque période, effectué le versement de la taxe afférente à la période suivante, serait déchu de tous droits pour l'avenir. »

M. BENIES (Autriche) ne veut pas reprendre tous les arguments qu'il a donnés contre une trop longue durée de protection. Il se contente de dire qu'il votera contre cette proposition, comme l'année dernière.

(L'article 5 est adopté.)

ART. 6. — « La taxe devrait être très minime pour les premières années, puis légèrement progressive par périodes de cinq ans. »

M. LE RAPPORTEUR GÉNÉRAL propose, pour plus de clarté, d'ajouter les mots :

« Une seule taxe serait exigible pour chaque dépôt. » (L'article 6, ainsi rédigé, est adopté.)

Art. 7. — « Le déposant ne devrait pas être
tenu d'avoir une fabrique, ni d'exploiter le dessin
ou modèle revendiqué, ni d'accorder des licences. Il devrait pouvoir introduire des objets
conformes au dessin revendiqué, fabriqués dans
un pays étranger, à condition que la réciprocité
fût assurée par la législation de ce pays ou par
une convention internationale. »

M. BENIES est heureux de se déclarer partisan de l'article 7 et
de rappeler qu'à Berlin, en 1896, au Congrès austro-allemand, il a
proposé les dispositions contenues dans les articles 6 et 7.
(L'article 7 est adopté.)

Art. 8. — « Les nationaux, même s'ils n'ont
de fabriques qu'à l'étranger, et les déposants de
nationalité étrangère devraient avoir droit au
bénéfice de la loi sur les dessins et modèles et
n'être soumis à aucune obligation particulière si
la réciprocité était assurée, soit par la législation du pays dans lequel ils ont leur fabrique ou
auquel ils appartiennent, soit par une convention internationale. (*Adopté.*)

Art. 9. — « La contrefaçon du dessin ou modèle
déposé et dont le dépôt serait public devrait être passible
d'une pénalité et servir de base à une action en dommages-intérêts.
» L'emploi du dessin ou modèle, dans une autre
industrie que celles pour lesquelles le dépôt aurait été
effectué, devrait être punissable s'il était de nature à
causer préjudice au déposant. »

M. SANDARS (Grande-Bretagne) pense qu'il faudrait supprimer
les mots « dont le dépôt serait public » : ils sont en contradiction
avec ce qui a été voté.
M. POUILLET répond qu'il n'y a pas de contradiction : on demande qu'on ne puisse poursuivre au correctionnel que lorsque le
dépôt aura été rendu public, la poursuite devant le tribunal civil
restant absolument libre.
M. LE RAPPORTEUR GÉNÉRAL ajoute que l'alinéa 4 de l'article 4,
qui a été repoussé, disait que, tant que l'on n'aurait pas fait de

dépôt public, on ne pourrait pas poursuivre pour les faits antérieurs au dépôt. Ce que voudra dire maintenant l'article 9, c'est qu'on ne pourra pas poursuivre correctionnellement les contrefacteurs avant la publicité du dépôt; mais, une fois le dépôt rendu public, on pourra poursuivre même les faits antérieurs.

M. Amar (Italie) est d'avis que la contradiction signalée par M. Sandars subsiste quand même.

M. Pouillet croit que tout le monde est d'accord et qu'il n'y a là qu'une question de rédaction pour laquelle on peut s'en remettre à la commission de rédaction.

M. Sandars voudrait qu'il fût expliqué clairement qu'avant la publicité du dépôt on peut poursuivre au civil; c'est seulement la juridiction répressive qui ne peut pas être saisie de l'action.

M. Pouillet approuve ce commentaire, il n'y a qu'à le faire pénétrer dans le texte.

M. Joseph Lucien-Brun ajoute, ce qui a déjà été reconnu par le rapporteur général, qu'on pourra poursuivre correctionnellement, une fois que le dépôt aura été publié, même pour les faits antérieurs à la publicité. Peut-être ce qu'on pourrait dire c'est que le demandeur, avant d'assigner, devra rendre son dépôt public : cela n'aura pas d'inconvénient puisqu'il faudra toujours lever le secret du dépôt à l'audience.

M. Benies estime qu'il suffit d'ouvrir le dépôt devant le juge, sans autre publicité.

M. Jacquet (France) pense qu'on ne devrait pas pouvoir lancer l'assignation avant ouverture du dépôt.

M. Armengaud jeune (France) a été frappé de l'inconvénient que présente le dépôt secret au moment où le déposant veut poursuivre. Parfois le déposant écrit à son contrefacteur : voyons, vous avez contrefait mon modèle, cessez donc, je vous en prie. L'autre répond : rien ne me dit que ce modèle, que vous me reprochez d'avoir contrefait, est bien celui que vous avez déposé. On pourrait parer à toutes difficultés par une disposition d'après laquelle le titulaire d'un dépôt serait tenu de faire connaître loyalement, sincèrement, avant d'engager le procès, quinze jours avant par exemple, ce que contient la boîte ou l'enveloppe déposée.

M. Pouillet demande à nouveau le renvoi pour rédaction.

(La Commission accepte le renvoi, qui est décidé.)

M. Lucien-Brun désirerait savoir quelle sera la conséquence de la disposition proposée par M. Armengaud.

M. Armengaud jeune répond que le contrefacteur pourra s'incliner devant la prétention du propriétaire du dépôt, sans qu'il soit nécessaire de lancer une assignation.

M. Lucien-Brun remarque que, d'après un vote antérieur du Congrès, on pourra poursuivre pour des faits antérieurs à la publication du dépôt. Le fait que le contrefacteur averti renonce à continuer la contrefaçon ne paralysera donc pas l'action du propriétaire du dépôt.

22

M. Armengaud jeune réplique qu'un arrangement pourra intervenir pour les faits de contrefaçon.

M. Soleau, un des rapporteurs, est d'avis qu'au moment où l'on va plaider le dépôt soit public. Il est contraire à l'honnêteté d'accuser quelqu'un de vol et de ne pas le mettre, avant d'engager le procès, à même de se disculper. Il demande, en conséquence, non pas de renvoyer la question à l'étude de la Commission, mais d'émettre un vote de principe, qui servira de base pour rédiger la proposition.

M. Lucien-Brun demande qu'on puisse lancer l'assignation, soit civile, soit correctionnelle et rendre le dépôt public en même temps.

M. Armengaud jeune propose que l'envoi de l'assignation soit précédé d'une signification extra-judiciaire, accompagnée d'un duplicata du dépôt.

M. le Rapporteur général soumet au Congrès la rédaction suivante pour le 1ᵉʳ alinéa de l'article 9 :

« La contrefaçon du dessin ou modèle déposé devrait être passible d'une pénalité et servir de base à une action en dommages-intérêts. L'action civile ou pénale devrait être précédée de la publicité du dépôt. »

(Cette rédaction de l'article 9 ainsi modifié est mise aux voix et adoptée.)

M. Osterrieth (Allemagne) demande la suppression du second alinéa de l'article 9. Du moment qu'il y a reproduction du dessin, il y a contrefaçon. Pourquoi, quand la contrefaçon se produit dans une autre industrie, obliger le propriétaire du dessin à prouver qu'il a subi un préjudice.

M. Pouillet explique que l'alinéa en question correspond à celui où il est dit que le déposant devra, lorsqu'il effectuera le dépôt, désigner l'industrie à laquelle ce dépôt s'appliquerait. Ici on précise que cette désignation d'industrie ne sera pas limitative et que le déposant pourra poursuivre la contrefaçon dans une autre industrie.

M. Georges Maillard, rapporteur général, ajoute qu'il est naturel que le poursuivant n'ait pas à justifier d'un préjudice, quand la contrefaçon s'exerce dans une même industrie, parce qu'elle sera préjudiciable toujours, tandis qu'il y a des cas où l'emploi du même modèle dans une autre industrie ne sera pas reprochable; le modèle pourra être considéré comme une application nouvelle dans cette industrie : il en sera ainsi quand les deux industries seront essentiellement différentes. Il a donc fallu choisir un criterium pour déterminer dans quels cas l'usage du modèle dans une autre industrie sera illicite ou non. Ce criterium, c'est le préjudice causé au déposant.

M. Pouillet appuie la proposition du rapporteur général.

M. Poinsard (du Bureau de Berne) accepte le maintien de l'alinéa en discussion, mais avec ce correctif qu'il sera permis de déposer dans plusieurs classes, ce qui n'est pas indiqué.

M. Osterrieth insiste pour la suppression du paragraphe.

M. le Rapporteur général fait observer que cette suppression irait à l'encontre du but de M. Osterrieth. De l'article 4, alinéa 4, on conclurait que le dépôt, ayant été fait pour une industrie déterminée, ne serait valable que pour cette industrie.

M. Osterrieth propose alors de dire :

« Le droit du propriétaire du dessin ou modèle n'est pas restreint à l'industrie pour laquelle le dépôt a été effectué. »

(Cette rédaction, acceptée par le rapporteur général, est adoptée.)

M. le Président met aux voix l'ensemble du projet soumis au Congrès.

(L'ensemble du projet est adopté.)

La séance est levée à 5 heures 45.

———————

Séance du jeudi matin, 26 juillet.

———

Section III. — Marques de fabrique.

(Première séance.)

La séance est ouverte à 9 heures 1/2 sous la présidence de M. Pouillet, président du Congrès.

M. Pouillet demande au Congrès de nommer tout d'abord le bureau officiel de la section des marques. On propose : comme président, M. le comte de Maillard de Marafy ; comme vice-présidents, MM. Benies (Autriche) et Katz (Allemagne); comme secrétaires, MM. Neyiri (Hongrie) et Taillefer (France). Ces propositions sont acceptées par acclamation.

M. de Maillard de Marafy prend possession du fauteuil et donne la parole à M. Maunoury, rapporteur de la première question inscrite au programme de la section des marques.

Question I

Définition de la marque

M. Maunoury résume son rapport; il se déclare, quant à lui, malgré l'opinion contraire exprimée par M. Frey-Godet, partisan de rechercher une définition internationale de la marque, mais repousse la distinction, souvent proposée, entre la marque de fabrique et la marque de commerce, cette distinction ne présentant à son avis qu'un faible intérêt puisque la raison d'être de la marque est de permettre au consommateur de reconnaître le produit qui lui a donné satisfaction; peu lui importe de savoir si celui qui le lui vend en est le fabricant. D'ailleurs, en s'engageant sur ce terrain, on se heurte immédiatement à une double difficulté, celle de savoir exactement si l'individu qui vend la marchandise est réellement fabricant ou simple vendeur, et de trouver le moyen matériel de distinguer la marque de fabrique de la marque de commerce : il est même des produits sur lesquels l'application d'une marque devient impossible. Il signale enfin qu'il n'est pas nécessaire de recourir à cette distinction pour réprimer les agissements de ceux qui, n'étant pas vendeurs, se présentent comme fabricants ou réciproquement et cherchent ainsi à tromper le public. Il est donc d'avis de rechercher, pour la marque, une définition générale comportant une partie théorique, suivie d'une énumération non limitative, destinée à servir d'exemple. Il termine par la lecture des conclusions de son rapport, qu'il demande au Congrès de voter :

« 1° Il est à désirer que chaque législation donne une définition, aussi large que possible, du caractère de la marque, sans distinction entre les marques de commerce et les marques de fabrique, en adoptant par exemple la formule suivante :

» La marque est tout signe distinctif à l'aide duquel une personne ou un établissement industriel ou commercial imprime le cachet de sa personnalité aux objets qui en sont revêtus.

» 2° Il est à désirer que dans chaque législation cette définition soit suivie d'une énumération purement énonciative, non limitative, des signes qui peuvent constituer une marque, par exemple :

» Sont notamment considérés comme constituant des marques de fabrique ou de commerce : les noms sous une forme distinctive, les dénominations, étiquettes, enveloppes, formes de produits, timbres, cachets, vignettes, lisières, liserés, couleurs, dessins, reliefs, lettres, chiffres, devises, et en général tout moyen servant à distinguer

les produits d'une fabrique, d'une exploitation agricole,
forestière ou extractive, et les objets d'une maison de commerce. »

M. Frey-Godet (du Bureau de Berne) ne veut faire qu'une observation concernant la façon dont la question doit être traitée : nous
sommes dans un Congrès international et nous devons tenir compte
de tous les pays, notamment de ceux qui n'ont pas de lois sur les
marques ou ont des lois défectueuses, qu'ils se proposent de reviser.
Il y a lieu de rechercher tout d'abord ce qui doit être normalement
considéré comme marque ; ensuite, et ceci n'est pas moins important, il convient de ne pas faire une définition trop large de la
marque, parce que tous les pays ne l'admettraient pas ; elle risquerait donc de rester à l'état de vœu. Le problème est celui-ci : dans
quelle mesure peut-on donner de la marque une définition restrictive, de telle sorte que tous les États de l'Union reconnaissent à un
caractère commun les marques qu'ils protègent? Le mieux serait
peut-être de distinguer entre la définition de la marque à titre général et la définition internationale applicable à la convention.

M. Klotz (directeur de la maison de parfumerie Pinaud) repousse
la distinction entre la marque de fabrique et la marque de commerce, qui ne lui paraît présenter qu'un intérêt très restreint, mais
il serait d'avis d'en créer une autre et de diviser les marques en
marques générales et marques particulières : les premières, qui
sont pour ainsi dire le pavillon de la marchandise, s'appliquant à la
généralité des produits d'un fabricant déterminé et constituées par
une figuration quelconque, par un emblème parlant aux yeux, s'iden-
tifiant, pour ainsi dire, avec le nom commercial et susceptible de
révéler à tous, même à ceux qui ne savent pas lire, dans tous les
pays, l'origine du produit qui en est revêtu; les autres s'appliquant
spécialement à la désignation d'un article déterminé. Il propose sur
les marques générales la définition suivante : « les marques générales sont le signe figuratif grâce auquel les étrangers, même ignorant la langue du fabricant, reconnaîtront l'origine du produit. »
L'intérêt de la distinction serait qu'il devînt possible d'arriver, pour
les marques générales, d'importance capitale mais nécessairement
en petit nombre, à une protection plus simple et plus efficace, tandis
qu'aujourd'hui, en présence de la multitude des marques qui sont
déposées chaque jour par les industriels, il devient de plus en plus
difficile de choisir une marque qui ne risque pas de faire confusion
avec une marque déjà déposée, et, une fois choisie, de la défendre.
Il dépose sur le bureau du Congrès le projet de résolution suivant :

« Tout en maintenant le principe qu'il est interdit de
faire figurer dans les marques des énonciations contraires
à la vérité, le Congrès estime qu'il n'y a pas lieu d'établir
une distinction entre les marques de fabrique et les marques de commerce.

» Par contre, il y aurait lieu d'établir une distinction entre les marques dites générales (marques servant pour ainsi dire de pavillon à la marchandise et ayant pour but d'individualiser les produits d'une fabrication déterminée) et les marques particulières, servant seulement à désigner un produit déterminé. »

M. DE MAILLARD DE MARAFY, président, fait observer que, parmi les législations en vigueur, une, celle du Canada, fait une place à part à la marque générale et lui assure un traitement particulièrement favorable. Il signale, d'autre part, que dans tous les pays il existe des marques qui, en fait, sont de véritables marques générales. Le commissionnaire, par exemple, qui achète et vend des objets de toute nature, peut très bien posséder une marque qui lui soit propre : une telle marque est générale, forcément générale. Pour s'assurer la possession d'une marque générale, il suffit, au moins en France, de la déclarer comme telle, dans le dépôt; la seule difficulté est de trouver une marque qui n'ait jamais été déjà employée dans aucun genre de commerce : cette difficulté est sérieuse, mais elle n'est pas insurmontable. Il est manifeste d'ailleurs qu'en dehors des considérations qui viennent d'être présentées par M. Klotz, il y a un grand intérêt d'économie pour les industriels à avoir une marque générale, le dépôt d'une marque dans les divers pays constituant une dépense très considérable. La protection d'une marque générale rendrait, dans la plupart des cas, inutile le dépôt de marques particulières.

M. POUILLET est du même avis; il insiste seulement sur la difficulté qu'il peut y avoir à trouver une marque tout à fait nouvelle et qui n'ait jamais été employée pour désigner les produits d'aucune industrie.

M. KLOTZ (France) fait observer que si, pour un commissionnaire dont les affaires portent sur toutes sortes d'objets, il est nécessaire que la marque soit absolument nouvelle, pour un industriel dont l'industrie est forcément spécialisée, il suffit que la marque soit nouvelle pour cette industrie, ce qui est moins difficile; il insiste sur l'intérêt qu'il y a, suivant lui, à établir la distinction entre la marque générale et particulière.

M. POUILLET rappelle que, comme l'a fait remarquer M. le président, la marque générale existe au moins en France et qu'il suffit, pour qu'elle puisse être telle, de faire une déclaration dans le dépôt.

M. MAUNOURY, rapporteur, estime que la distinction proposée par M. Klotz est dangereuse. Si on reste dans la discussion théorique, elle n'a guère d'importance; mais, si au contraire la distinction venait à être inscrite dans la loi, il y aurait à craindre que les tribunaux, portant toute leur attention sur les marques générales, ne se montrassent très mous dans la répression des atteintes portées aux marques particulières et qu'ainsi la réforme fût loin de constituer un progrès.

M. COUHIN (France) pense que la définition de la marque, donnée

par le rapporteur, n'est pas tout à fait complète; elle parle des produits industriels et commerciaux, mais passe sous silence une catégorie de produits que tout le monde est d'accord pour désirer voir
protéger par des marques : les produits agricoles. Il propose de
modifier la rédaction de la façon suivante :

> « La marque consiste dans les signes qui servent à
> distinguer les produits d'un établissement industriel, agri-
> cole ou commercial. »

M. Pouillet accepte cette définition, mais fait observer que les
produits agricoles sont mentionnés dans le rapport.

Divers membres du Congrès objectent que la définition ne vise
pas explicitement les eaux minérales et les industries extractives.

M. Georges Maillard, rapporteur général, signale que, lorsque
l'Association française pour la protection de la propriété industrielle
a procédé à l'étude des questions soumises au Congrès, une observation analogue à celle de M. Couhin avait été formulée. Pour en
tenir compte, l'Association française avait adopté la définition suivante que, comme rapporteur général, il soumet au Congrès :

> « La marque est tout signe distinctif des produits d'une
> fabrique, d'une exploitation ou d'une maison de com-
> merce. »

Le mot *exploitation* embrasse les eaux minérales et les industries extractives, agricoles ou forestières. Dans un projet de M. Dietz-
Monin au Sénat français, on avait spécifié, dans la définition, que
la marque s'appliquait aux produits des fabriques, exploitations
agricoles, forestières, extractives et à tous les objets d'un commerce. Il semble que la même idée est exprimée, sous une forme
plus concise, par le seul mot *exploitation*.

M. Pouillet est d'avis que les questions de rédaction n'ont pas
grand intérêt pour le Congrès, puisqu'on n'a pas la prétention de
rédiger un texte de loi.

M. Bouillier est d'avis, comme le rapporteur, que la seconde
partie de la définition doit comprendre une énumération non limitative. Il voudrait cependant que pour l'énumération on ajoutât,
dans le texte proposé, après le mot « enveloppes » le mot « récipients » et qu'on substituât, après le mot « enveloppes », à
l'expression « forme de produits » celle de « *formes tant des produits eux-mêmes que de leurs enveloppes ou récipients* ». En
France, la jurisprudence admet que la forme d'un récipient peut
constituer une marque, mais il n'en est pas ainsi dans tous les
pays et il y aurait avantage à l'indiquer dans la définition.

M. Pouillet accepte, en ce qui le concerne, la modification proposée par M. Bouillier.

M. Sandars (Grande-Bretagne) est en général tout à fait d'accord avec le rapporteur. Les conclusions du rapport constituent l'expression d'une loi idéale qui sera peut-être, un jour, adoptée par toutes les nations du monde. Mais le Congrès doit s'efforcer d'aboutir à un résultat pratique et, pour cela, déterminer sur quels points l'accord peut se faire, dès à présent, entre les nations. Par exemple, l'Angleterre, qu'on considère toujours comme la nation la plus intransigeante, serait très contente que ses marques, une fois acceptées par le *Board of Trade,* fussent également acceptées et déposées en France ; de même les Français voudraient voir leurs marques déposées en Angleterre telles qu'elles auraient été déposées en France. Mais nous sommes tous d'accord, dit M. Sandars, sur ce point que nous n'avons pas l'intention de changer notre législation en faveur d'une autre nation, c'est là un sentiment universel (*Protestations*).

M. Pouillet : Nous avons le but contraire.

M. de Maillard de Marafy, président, déclare que, s'il est exact que tous les membres du Congrès arrivent ici avec des idées personnelles, et il est certain qu'il ne peut en être autrement lorsqu'on s'est occupé d'une question pendant dix, vingt, trente ans, tous sont disposés à accepter tout ce qui pourra amener une transaction satisfaisante. Si, on peut trouver, même en faisant des sacrifices, une solution qui permette d'arriver à l'unification qui est l'objet de tous les vœux, tout le monde est décidé à s'y rallier sans l'ombre d'esprit d'intransigeance.

M. Pouillet ajoute que, si la pensée de M. Sandars était celle du Congrès tout entier, il n'y aurait qu'à fermer le questionnaire et à s'en aller ; mais, vraiment, il serait fâcheux de travailler par une pareille température pour en arriver à déclarer que l'on ne veut pas s'entendre.

M. Sandars déclare qu'il s'est mal expliqué, qu'il ne parlait pas des membres de ce Congrès ; il voulait dire qu'aucune nation n'est prête à perdre sa liberté et à dire : nous nous conformerons à l'opinion du monde entier. Le sentiment international n'est pas encore arrivé à ce point...

M. Pouillet répond que la Convention de 1883 est un démenti formel à cette assertion. Il ajoute que toutes les nations, sauf une, ont fait preuve d'un très grand désir de conciliation en donnant aux étrangers, en matière internationale, des droits, plus considérables même, parfois, que ceux qu'elles accordaient à leurs propres nationaux.

M. Poinsard (du Bureau de Berne) fait observer que l'Angleterre a déjà sensiblement adouci sa législation.

M. Sandars demande, conformément à la proposition faite par M. Moulton au Congrès de Londres, qu'à côté de la définition nationale de la marque on adopte une *définition internationale,* susceptible d'être acceptée partout. Les marques enregistrées dans chaque pays et rentrant dans cette définition internationale seraient trans-

mises au Bureau international et dès lors considérées comme valablement déposées dans tous les pays de l'Union. Il propose au Congrès d'émettre le vœu :

> « Qu'il soit procédé à l'étude d'une définition inter-
> nationale des marques, qui contiendrait les éléments com-
> muns aux définitions acceptées par les législations exis-
> tantes ;
> » Qu'il soit constitué un Bureau international pour
> l'enregistrement de toute marque reconnue conforme à la
> définition internationale par les autorités de l'un des pays
> de l'Union. »

M. Pouillet fait observer à M. Sandars qu'un certain nombre
de pays se sont déjà mis d'accord pour organiser un enregistrement international des marques.

M. DE MAILLARD DE MARAFY, président, estime que le but des Congrès est de donner des indications générales qui résument l'ensemble des études faites par les hommes compétents et qui seront
recueillies par les Parlements. On ne peut pas faire qu'elles soient
acceptées partout ; mais nous avons fait l'heureuse expérience que
les votes du Congrès de 1878 ont été pris en grande considération
par tous les Parlements et que de ce Congrès est sortie la rénova-
tion de toutes les législations sur les marques. Qu'il y ait des points
sur lesquels l'Angleterre soit encore en opposition avec la plupart
des autres législations, nous savons tous combien cela est vrai, mais
cela n'a pas autrement d'importance et cela changera. Ce n'est pas
parce qu'il existe un certain dissentiment au sujet des dénominations que l'Angleterre cessera de faire partie du concert européen,
du concert mondial, comme on dit maintenant. Le mieux est de
trouver une définition qui se rapproche le plus possible de l'idéal et
dans laquelle chaque Parlement prendra ce qu'il pourra prendre,
jusqu'à ce que les temps de l'Union soient venus. Le passé est assez
encourageant pour permettre d'espérer dans l'avenir.

M. FREY-GODET (du Bureau de Berne) signale l'importance que
présente la question de la définition de la marque. Au moment où
la Conférence de Bruxelles est à la veille de se réunir, il serait désirable qu'à cette conférence on pût adopter une définition de la
marque, qui permît de reconnaître quelles sont les marques admissibles comme telles dans tous les pays de l'Union. Pour arriver
ainsi à un résultat positif, il faut jeter quelque chose par-dessus
bord et ne pas s'en tenir aux principes. L'article de la Convention
de 1883, d'après lequel la marque enregistrée au pays d'origine doit
être acceptée telle quelle dans tous les autres est parfait au point de
vue des principes ; mais les Anglais se refusent à l'appliquer parce
que ce serait une dérogation à la loi anglaise. Il faut chercher une
rédaction qui permette de refuser certaines marques, de manière à
ne pas heurter trop directement la loi anglaise :

« Un Etat faisant partie de l'Union internationale ne devrait pouvoir refuser la protection légale qu'aux marques rentrant dans l'une ou l'autre des catégories suivantes :

» 1° Celles qui, dans le pays où le dépôt a été effectué, sont considérées comme contraires à l'ordre public ou aux bonnes mœurs ;

» 2° Celles qui consistent dans la dénomination usuelle ou nécessaire du produit, dans un synonyme de cette dénomination ou dans la représentation de ce dernier.

» Un nom de personne ou un nom géographique contenu dans une marque ne doit pas empêcher ceux qui portent le même nom, qui sont établis dans la même localité ou dans une localité homonyme, de faire usage du nom dont il s'agit dans leurs propres marques, à la condition que cela se fasse de manière à ne pas créer de confusion entre les produits d'entreprises différentes. »

M. POUILLET fait observer que la question de l'ordre public et des bonnes mœurs se retrouvera un peu plus loin dans un autre numéro du programme et qu'il en est de même pour les noms de localité.

M. FREY-GODET déclare que, en ce qui le concerne, il accepte les propositions du rapporteur, mais qu'il lui a paru utile de présenter une rédaction que tous les pays puissent accepter et qui constituât un minimum de protection acceptable.

M. MAILLARD, rapporteur général, donne lecture d'un texte qu'il vient de rédiger d'accord avec M. Maunoury, en tenant compte des diverses observations faites :

Il est à désirer que chaque législation donne une définition aussi large que possible du caractère de la marque, sans distinction entre les marques de commerce et les marques de fabrique, en adoptant par exemple la formule suivante :

La marque est tout signe distinctif des produits d'une fabrique, d'une exploitation, ou d'une maison de commerce (1), à l'aide duquel une personne ou un établissement industriel ou

---

(1) Le second membre de phrase a été biffé comme inutile dans la rédaction définitive.

commercial imprime le cachet de sa personnalité aux objets qui en sont revêtus.

Il est à désirer que, dans chaque législation,
cette disposition soit suivie d'une énumération,
purement énonciative, non limitative des signes
qui peuvent constituer une marque. Par
exemple :

Peuvent notamment constituer des marques,
de fabrique ou de commerce : les noms sous une
forme distinctive, les dénominations, étiquettes,
enveloppes ou récipients, formes de produits,
timbres, cachets, vignettes, lisières, liserés,
couleurs, dessins, reliefs, lettres, chiffres, devises, etc., et, en général, tout moyen servant
à distinguer les produits d'une fabrique (1),
d'une exploitation agricole, forestière ou extractive, et les objets d'une maison de commerce.

M. DE MAILLARD DE MARAFY, président, insiste sur l'utilité d'une
rédaction idéale. Certainement une telle définition ne pourra être
admise immédiatement comme définition internationale, mais la
conférence de Bruxelles verra ce qui pourra être admis par tous.
Il rappelle que c'est à la suite des travaux des Congrès que l'Allemagne, qui refusait le droit à la marque à la petite industrie, sous
prétexte qu'elle n'avait aucun intérêt à distinguer l'origine de ses produits, et réservait la marque pour les maisons inscrites au registre
du commerce, a amendé sa loi et, comprenant que telle industrie,
aujourd'hui petite, pouvait devenir grande demain, a admis toutes
les industries au bénéfice de la marque. Il ne voit que des avantages
et aucun inconvénient à viser à la perfection.

M. DE Ro (Belgique) demande au Congrès de ne pas accepter,
pour le moment, la proposition de M. Frey-Godet. Il craindrait que
ce vote ne pût être invoqué à la Conférence de Bruxelles par certaines puissances pour chercher à obtenir une modification de l'article 6 et persévérer dans leur attitude intransigeante.

---

(1) Le texte a été légèrement modifié par le rapporteur général dans la rédaction définitive pour donner satisfaction à M. Fère. sans modifier l'économie général du paragraphe. Il est ainsi conçu, dans la forme soumise à la quatrième
séance de la section des marques et à la séance plénière : « ... et en général, tout
moyen servant à distinguer les produits d'une fabrique ou d'une exploitation (par
exemple, une exploitation agricole, forestière ou extractive ou une exploitation
d'eau minérale) ou les objets d'un commerce ».

M. Klotz (France) demande, la proposition du rapporteur établissant, en fait, la distinction entre les marques particulières et les marques générales, que les mots « marques générales » et « marques particulières » y soient formellement inscrits.

M. Georges Maillard, rapporteur général, propose d'ajouter, afin de préciser davantage, dans la rédaction indiquée plus haut, après les mots « *les objets d'une maison de commerce* », les mots « *les produits naturels* ». M. Fère, directeur de la Compagnie fermière de Vichy, a fait observer avec raison que le mot *exploitation extractive* pouvait difficilement s'appliquer aux eaux minérales. L'addition proposée est de nature à lui donner satisfaction sur ce point.

Personne ne demandant plus la parole, le président déclare la discussion close et met aux voix le texte présenté par le rapporteur général.

(Cette proposition est adoptée.)

(La proposition de M. Klotz, relative à la distinction entre les marques générales et particulières, est ensuite mise aux voix et repoussée.)

M. le Rapporteur général rappelle au Congrès qu'il y a une question IV sur la protection internationale des marques ; il propose de renvoyer à cette question le vote sur les propositions de MM. Frey-Godet et Sandars.

M. Frey-Godet dit que le seul but qu'il poursuivait était de tâcher de déterminer un terrain d'entente ; il retire sa proposition.

M. Sandars fait de même.

L'ordre du jour appelle la discussion de la question II : Marques à exclure de la protection.

M. le Président fait connaître à l'assemblée que M. Fumouze, rapporteur de cette question, n'a pu être présent aujourd'hui, mais qu'il sera là à la prochaine séance ; il demande dans ces conditions au Congrès de commencer immédiatement la discussion de la question III.

Question III

Du droit à la marque.

M. Allart, rapporteur, rappelle les principes admis par les diverses législations. Un premier système consiste, comme dans la loi française, à dire que c'est la priorité de l'usage qui donne le droit à la marque, c'est le système du dépôt déclaratif. Dans le système allemand, au contraire, le dépôt est attributif. Il suffit, pour connaître le propriétaire de la marque, d'ouvrir le registre et de consulter les dates de dépôt ; celui qui le premier a effectué le dépôt est propriétaire de la marque. Ce système, très simple dans son

application, a le défaut de permettre, dans certains cas, de dépouiller par un dépôt hâtif le créateur de la marque. Le premier,
au contraire, a le défaut de rendre souvent difficile la recherche du
véritable propriétaire d'une marque contestée. Il semble que le
système anglais, qui consiste à laisser au dépôt le caractère déclaratif pendant cinq ans et à le rendre, seulement après cette période,
déclaratif, soit préférable. Il y aurait lieu toutefois d'exiger, pour
que le dépôt devînt déclaratif de propriété, que la marque eût été
effectivement employée industriellement pendant cinq années ; de
cette façon il n'y aurait pas à craindre, comme l'objectait M. Raoul
Chandon, que le véritable créateur pût être dépouillé de sa marque
à la suite d'un dépôt dont il n'aurait pu vérifier l'existence. Il propose au Congrès de voter les résolutions suivantes :

> Il y a lieu de préconiser pour l'unification des législa-
> tions en matière de marque les principes suivants :
> Le droit à la marque doit être basé sur la priorité
> d'usage.
> Toutefois, lorsque la marque a été déposée et em-
> ployée depuis cinq ans, le dépôt ou enregistrement, qui
> n'a pendant ce délai fait l'objet d'aucune contestation re-
> connue fondée, devient attributif de propriété.

M. Pouillet propose d'ajouter après le mot *employée* le mot
publiquement.

M. Allart, rapporteur, ajoute qu'en ce qui le concerne, il ne
saurait accepter, comme cela a été proposé, que l'on accorde au
premier propriétaire de la marque qui se serait laissé déposséder,
faute d'avoir, dans les cinq ans d'un dépôt de la même marque
par ses concurrents, défendu ses droits, un privilège de possession
personnelle. S'il admet facilement qu'en matière d'invention plusieurs personnes, même étrangères l'une à l'autre, puissent se partager le monopole d'un produit ou d'un moyen industriel, il ne
peut comprendre que deux personnes puissent avoir droit à la
même marque, puisque la marque a forcément pour objet de permettre de reconnaître la véritable origine d'un produit.

M. de Maillard de Marafy, président, rappelle que le système de
la possession personnelle fonctionne, à la satisfaction de tous, dans
les rapports entre la France et l'Allemagne. Depuis le traité de commerce de 1862, les ressortissants des deux pays, qui ont créé une
marque mais sans avoir eu soin de s'en assurer la propriété dans
les formes exigées par la loi, en conservent néanmoins, quoi
qu'il arrive, l'usage personnel ; ils ne peuvent poursuivre personne,
mais, de leur côté, ne peuvent être inquiétés. Plusieurs industriels
se sont trouvés en droit d'user de la même marque et le public
s'est parfaitement accommodé de cette situation. Il n'y a donc là
aucune impossibilité.

M. Poinsard (du bureau de Berne) estime qu'il est impossible d'admettre que le créateur d'une marque puisse, parce qu'un concurrent l'a déposée après coup dans les formes voulues, être complètement dépouillé de sa marque. Il trouve même excessif que l'on puisse accorder un droit de propriété sur une marque à celui qui, sans l'avoir créée, a eu l'habileté de la déposer à l'insu de son légitime propriétaire.

M. BERT (France), comme sanction aux paroles de M. le président, propose d'ajouter au troisième paragraphe des propositions du rapporteur les mots suivants :

> Néanmoins, l'usage de la marque ne pourra être interdit à celui qui l'a employée avant le déposant.

Il signale, à l'appui de sa proposition, qu'il n'est pas très rare en Angleterre de voir des marques connues appartenir simultanément à plusieurs industriels.

M. BOUILLIER (France) demande qu'il soit spécifié que l'emploi doit être *notoire* et *continu*.

M. NEYIRI (Hongrie) est partisan du système mixte proposé par M. Allart, et aussi de l'atténuation qui consiste à accorder un droit de possession personnelle à qui avait priorité d'usage de la marque. Mais il voudrait que le délai pour donner au dépôt le caractère attributif fût réduit à deux ans. Ce délai, qui est celui de la loi hongroise, lui semble bien suffisant : car, d'une part, il n'est pas difficile à celui qui exploite une marque, sans l'avoir déposée, de consulter de temps en temps, au moins tous les ans, les listes des marques déposées dans les pays qui l'intéressent et, par suite, d'assurer la conservation de ses droits, tandis qu'au contraire, il est très difficile à celui qui dépose une marque de savoir si cette marque n'est pas employée plus ou moins couramment, au fond d'une province, par un industriel qui n'a pas jugé bon de la déposer. Il y a grande utilité à ce que la période d'incertitude sur la valeur d'une marque déposée soit réduite au minimum ; il demande en conséquence que le délai après lequel le dépôt deviendra attributif de propriété soit de deux ans.

M. FREY-GODET demande en outre qu'avant l'amendement de M. Bert, il soit ajouté à la seconde proposition du rapporteur : « à moins qu'on ne puisse établir que le dépôt a été fait de mauvaise foi et que la marque était connue dans le public au moment du dépôt. »

M. DE MAILLARD DE MARAFY, président, déclare que la proposition de M. Neyiri aurait toutes ses sympathies personnelles; mais elle a un défaut, elle devance les temps. Elle sera probablement acceptée par tout le monde dans quelques années; mais, pour le moment, il faut jeter un pont entre ceux qui veulent le dépôt indéfiniment déclaratif et ceux qui veulent le dépôt attributif de propriété. Ainsi que le faisait remarquer M. Neyiri, la Hongrie a jeté ce pont; elle avait fait le dépôt rigoureusement attributif, elle a accordé le délai de deux ans, ce qui prouve que les idées de transaction et de conciliation font des progrès et que dans un temps rapproché tout le monde sera d'accord. En France, par exemple, on trouverait maintenant trop court le délai de deux années. Il faut maintenir le délai de cinq ans proposé par le rapporteur, sauf à le restreindre plus tard; mais il importe d'abord d'en faire accepter l'idée. Personne ne l'acceptait, en France, il y a vingt ans; aujourd'hui les esprits éclairés acceptent ce délai de cinq ans. Ne demandons pas trop à la fois, pour que chacun puisse s'habituer à l'importante transaction que nous préparons.

M. POUILLET approuve pleinement les idées émises par M. le président. Il rappelle qu'aux Congrès de 1878 et de 1889 il s'était montré résolument hostile au système mixte. Depuis il a trouvé son chemin de Damas : certains avantages manifestes qu'il présente l'ont converti. Mais il ne saurait pour le moment accepter que le délai soit réduit à moins de cinq ans.

M. ALLART, rapporteur, déclare se rallier à la proposition de M. Bert : les arguments fournis en faveur de la possession personnelle l'ont convaincu. Mais il ne peut accepter la proposition de M. Frey-Godet, car l'utilité du système mixte, sa raison d'être, est de mettre fin à ces difficultés qui surgissent quand il faut établir la priorité d'usage ; ce serait la faire renaître que d'accepter la rédaction de M. Frey-Godet.

M. OSTERRIETH (Allemagne) accepte les propositions du rapporteur complétées par l'amendement de M. Bert. Il signale que l'Association allemande pour la protection de la propriété industrielle, réunie en congrès à Francfort, a reconnu qu'il ne serait ni possible ni désirable de faire disparaître complètement le système du dépôt attributif qui fonctionne depuis dix ans dans le pays et donne en somme satisfaction aux besoins de l'industrie, mais que, préoccupée d'atténuer les inconvénients qui viennent précisément d'être signalés, elle s'est ralliée au système de la possession personnelle comme tempérament de la rigueur du caractère attributif du dépôt.

M. FREY-GODET répond à M. Allart qu'il n'est point équitable d'accorder la priorité de la marque à celui qui aura fait un dépôt, sachant que la même marque était déjà employée par un tiers, et qui, sans faire aucune réclame, attendra les quatre ou cinq années révolues pour tirer parti de la marque aux dépens du véritable créateur.

M. POUILLET estime, avec le rapporteur, que la proposition de M. Frey-Godet irait à l'encontre du but poursuivi. Ce que l'on veut, c'est introduire dans la loi une sorte de prescription rendant, dans un but de simplification et d'intérêt général, définitive et légalement incontestable, une situation qui était sujette à discussion.

M. COUHIN (France) propose d'ajouter dans la seconde proposition les mots *régulièrement* avant le mot *déposé* et *publiquement* avant *employée*.

M. FREY-GODET se rallie à cette proposition.

M. POUILLET signale que M. Bouillier avait proposé la rédaction : « employée d'une manière notoire et continue ».

M. DE MAILLARD DE MARAFY, président, met aux voix les trois premiers alinéas des propositions du rapporteur, complétées par l'amendement relatif à la possession personnelle, en réservant la question du délai.

(Ces propositions sont adoptées.)

M. KLOTZ (France) fait observer que si le délai de cinq ans, et même de deux ans, peut paraître suffisant pour les nationaux d'un pays limitrophe, il y aurait peut-être lieu de l'augmenter pour ceux qui, éloignés du dépôt, ne peuvent aussi facilement en avoir connaissance.

M. LE PRÉSIDENT met alors aux voix le délai de cinq ans, qui est adopté.

La modification de rédaction proposée par M. Couhin, mise aux voix, est adoptée.

L'ensemble est adopté en ces termes :

Il y a lieu de préconiser pour l'unification des législations les principes suivants :

Le droit à la marque doit être basé sur la priorité d'usage.

Toutefois, lorsque la marque a été régulièrement déposée et employée, publiquement et d'une manière continue, depuis cinq ans, le dépôt ou enregistrement qui n'a, pendant ce délai, fait l'objet d'aucune contestation reconnue fondée devient attributif de propriété ; mais le tiers qui justifie de la priorité d'usage a droit au bénéfice de la possession personnelle.

M. ALLART, rapporteur, s'explique alors sur les dernières propositions de son rapport. Il estime que, comme cela a été résolu pour les brevets, la question de l'examen préalable en matière de marque ne saurait être discutée utilement en séance plénière ; mais tandis que, à propos des brevets, la discussion a montré qu'il n'y avait guère à compter sur l'efficacité de l'avis préalable officieux fourni par l'administration, la recherche des antériorités étant en matière de brevets particulièrement délicate et destinée à être faite assez mollement par les fonctionnaires puisqu'elle serait dénuée de sanction, il lui semble qu'en matière de marques le système de l'avis préalable officieux, qui n'exige que des recherches simples dans le registre des dépôts, pourrait fonctionner facilement et aurait le grand avantage de mettre en garde le déposant contre une exploitation susceptible de lui causer, par la suite, de graves ennuis. Il conviendrait, bien entendu, que cet avis restât purement officieux et que le déposant, s'il estimait que la marque qu'il dépose diffère suffisamment de celles qu'on lui signale, pût passer outre et effectuer son dépôt.

Il demande au Congrès de voter la proposition suivante qui est la troisième de son rapport :

> L'autorité chargée de recevoir le dépôt de la marque devra être également chargée de rechercher les antériorités et de les signaler au déposant, ce dernier restant libre de maintenir ou de retirer son dépôt.

M. Benies (Autriche) demande que l'avis préalable officieux, délivré par le Bureau des Marques, soit communiqué, non seulement au déposant, mais aussi à celui qui a déposé antérieurement la même marque, afin qu'il soit averti et puisse, s'il le juge convenable, prendre des mesures en conséquence.

M. Assi (France) demande que l'on procède au vote par division. Il pense que la première partie peut être acceptée par tous ; la seconde lui paraît au contraire prêter à discussion.

M. Glandaz (France), comme greffier en chef du tribunal de commerce de la Seine, signale la difficulté pratique qu'il y aurait à faire faire par l'administration une recherche d'antériorités dans les très nombreuses marques déposées ; il craint que la recherche ne soit mal faite et que les erreurs ou omissions ne retombe sur le déposant à qui l'on ne procurera qu'une fausse sécurité. Au tribunal de commerce de la Seine on a reçu, dans ces trois dernières années, environ 400 à 450 marques par mois ; il est, en tous cas, impossible de répondre immédiatement à un déposant qui demande si parmi ces marques il y a une antériorité à la sienne. La vérité juridique, c'est qu'il appartient au déposant, sous sa propre responsabilité, de s'enquérir, avant de faire son dépôt, s'il y a ou non antériorité. Le greffier du tribunal de commerce de la Seine reçoit de nombreuses demandes de renseignements ; il ne peut pas y répondre séance tenante et sa réponse n'a jamais qu'un caractère officieux.

M. Pouillet explique qu'il faudrait nécessairement, au moins en ce qui concerne la France, que la loi fût modifiée et qu'il fût créé à cet effet, dans tous les pays, un bureau central de la propriété industrielle convenablement aménagé.

M. de Maillard de Marafy, président, ajoute que ce qu'on demande, c'est que l'administration crée un bureau, une administration spéciale, s'il le faut, pour faire des recherches, non seulement en ce qui concerne les marques qui ont été déposées à Paris, mais aussi un véritable bureau central de la propriété industrielle, c'est-à-dire un bureau qui réunira toutes les marques déposées en France, c'est que l'administration prenne et forme des employés pour atteindre ce but, ainsi que cela se pratique dans certains pays, comme en Suisse. En Angleterre, les choses se passent plus simplement encore : si vous demandez à déposer une marque on fera toutes les recherches nécessaires, à la condition que vous ayez envoyé la somme modique qui est exigée, environ cinq francs ; vous saurez exactement, par la réponse qui vous sera faite, s'il existe des antériorités. Tous les pays peuvent arriver à un résultat semblable, à la condition d'avoir une organisation spéciale et c'est ce que nous demandons.

M. Snyder von Wissenkerke (directeur du bureau de la Propriété industrielle aux Pays-Bas) s'applique à calmer les craintes de M. Glandaz. Il explique que, grâce à une classification appropriée des marques, il est arrivé, pour les Pays-Bas, à renseigner très rapidement les déposants sur les marques qui peuvent leur être opposables. Les marques sont, à cet effet, réparties en vingt registres : le premier est affecté aux marques dans lesquelles figurent des quadrupèdes ; le second à celles dans lesquelles sont représentés des édifices ; le troisième aux marques représentant des astres, etc. ; chacun des registres renferme lui-même des sub-divisions. Dès qu'une marque est apportée, la simple inspection permet de voir dans quel registre elle doit prendre place et quelques minutes suffisent pour prendre connaissance des marques plus ou moins analogues, antérieurement déposées.

M. le Président met aux voix la première partie du dernier paragraphe des conclusions du rapporteur. Cette première partie est adoptée.

M. Benies (Autriche) insiste pour que l'antériorité soit signalée, non seulement au déposant, mais encore au propriétaire antérieur.

M. Georges Maillard, rapporteur général, trouve cette proposition dangereuse ; ce serait, suivant lui, risquer de multiplier les difficultés et les procès.

M. Assi (France) réclame l'adoption de la proposition de M. Benies ; il y voit un moyen d'atténuer les inconvénients et l'injustice du système voté tout à l'heure et qu'il a d'ailleurs lui-même accepté dans un but d'intérêt général, mais qui, il ne faut pas l'oublier, a le grave défaut de reconnaître, dans certains cas, la propriété d'une marque à celui qui n'en est pas le créateur. Il ne voit, en ce qui le concerne, qu'avantage à ce que, lorsqu'un industriel dépose une marque, l'administration donne connaissance du dépôt de cette nouvelle marque aux auteurs des dépôts antérieurs de marques analogues ; ainsi avertis ils pourront, s'ils le jugent convenable, faire valoir en temps utile leurs droits devant les tribunaux.

M. Allart, rapporteur, estime que c'est là précisément le danger : un tel avertissement suscitera nécessairement des procès ; le premier déposant ne manquera pas, d'ailleurs, de verser aux débats cet avis de l'administration, comme une véritable consultation sur la valeur de sa marque. Il n'est pas admissible que l'avis de l'administration puisse constituer une sorte de préjugé pouvant influer sur l'esprit du juge. Le procès, s'il naît, doit se présenter intact devant la justice et cela ne peut être que si l'avis officieux n'est communiqué qu'à celui qui veut effectuer le dépôt.

M. Imer-Schneider (Suisse) est absolument de l'avis du rapporteur ; il propose, pour mieux préciser le caractère du dépôt, d'ajouter dans la rédaction, après les mots « *les signaler au déposant* », les mots *par un avis préalable et secret* ; c'est ainsi que les choses se passent en Suisse depuis bien des années.

M. Benies (Autriche), devant ces protestations, retire son amendement.

M. le Président met aux voix l'addition de M. Imer-Schneider, qui est adoptée, puis la dernière partie de la proposition, qui est également adoptée. L'ensemble de la proposition dernière du rapporteur, ainsi complétée, est ensuite mise aux voix et adoptée en ces termes :

> L'autorité chargée de recevoir le dépôt des marques doit être chargée de rechercher les antériorités et de les signaler, par un avis préalable et secret, au déposant, ce dernier restant libre de maintenir ou de retirer son dépôt.

M. le Président, avant de lever la séance, demande au Congrès de statuer sur une proposition de M. Bouillier, relative à la centralisation des dépôts en matière de marques, qui présente un lien étroit avec la question précédemment discutée.

M. Bouillier demande au Congrès d'émettre le vœu que dans chaque Etat il soit créé un bureau central de la propriété industrielle où seraient réunis en fac-similé les marques déposées dans les divers Etats, de telle façon que tout déposant puisse facilement avoir connaissance des marques antérieurement déposées.

(Ce vœu est unanimement approuvé ; la proposition de M. Bouillier est, pour la rédaction définitive, renvoyée à la Commission de rédaction.)

La séance est levée à 11 heures et demie.

Le Secrétaire :

A. Taillefer.

Séance du jeudi soir, 26 juillet.

Section III. — Marques de fabrique.

(Deuxième séance.)

La séance est ouverte à 3 heures 35 sous la présidence de M. POUILLET, président du Congrès.

M. TAILLEFER, l'un des secrétaires, donne lecture du procès-verbal de la séance du jeudi matin. (Le procès-verbal est adopté.)

Question IV

Des marques au point de vue international.

M. DARRAS, rapporteur, s'exprime en ces termes (1) :

« MESSIEURS,

» Je dois vous entretenir « des marques au point de vue inter-
» national » ; je devais remettre un travail écrit sur cette question,
» mais le temps matériel m'a manqué pour le faire.

» Je suis arrivé, cependant, à élaborer un projet de résolution
» qui pourra, je crois, vous satisfaire et dont je vous proposerai
» l'adoption.

» La première question indiquée au programme était la sui-
» vante :

» *Pour apprécier le caractère ou la priorité d'une marque*
» *étrangère, faut-il appliquer la loi du pays d'origine ou celle*
» *du pays d'importation ?* »

« Vous remarquerez que cette phrase contient deux idées dis-
» tinctes ; on demande d'abord quelle est la législation applicable
» pour déterminer le caractère d'une marque et ensuite quelle est
» la législation applicable pour apprécier la priorité de cette
» marque.

» Comme les solutions auxquelles nous devons aboutir seront
» peut-être différentes suivant qu'il s'agira de déterminer le carac-

(1) M. Darras n'ayant point déposé de rapport écrit, son rapport oral est reproduit *in extenso* d'après la sténographie.

» tère de la marque ou la priorité d'une marque étrangère, je
» rechercherai tout d'abord quelle loi doit déterminer le caractère
» d'une marque étrangère, par exemple, d'après quelle loi il faut
» apprécier si une marque est suffisamment distinctive, je vous
» proposerai de décider qu'il y a lieu de se reporter à la loi du pays
» d'origine de la marque.

» Ainsi, je suppose qu'un négociant français adopte une
» marque ; j'estime qu'en principe tout au moins, par cela seul que
» cette marque a été considérée comme distinctive, en vertu de la
» législation française, c'est-à-dire en vertu de la loi du pays où
» la marque est employée, celle-ci acquiert, pour ainsi dire, une
» sorte de statut personnel qui la suit en tous lieux et qui fait que,
» partout, elle a droit au respect de la jurisprudence et des négo-
» ciants.

» C'est là, d'ailleurs, le système qui est consacré par l'article 6
» de la Convention de Berne ; il n'y a aucun motif de nous départir
» d'une règle qui a fait ses preuves et qui tend de plus en plus à
» se généraliser. C'est ainsi, par exemple, qu'en droit maritime, la
» loi du pavillon a été imaginée pour donner une sorte de statut
» personnel à des choses inanimées, aux navires ; de même, je
» vous propose de décider que les marques étrangères doivent être
» appréciées d'après leur loi d'origine.

» Je vais plus loin et j'estime qu'il est toujours nécessaire de
» s'adresser à la loi d'origine de la marque, alors même qu'il s'agit
» de marques purement verbales.

» J'appelle l'attention du Congrès sur ce point particulier parce
» que, malgré la généralité des termes de la Convention de Berne,
» certains pays ont estimé que ce statut personnel de la marque,
» ainsi créé, s'appliquait bien au cas de marques figuratives, mais
» non au cas de marques verbales.

» En principe, tout au moins, je ne vois aucun motif pour dis-
» tinguer entre les marques figuratives et les marques verbales ;
» j'estime que, pour toutes deux, il y a lieu de se reporter unique-
» ment à la loi du pays d'origine. Aussi, Messieurs, je vous pro-
» pose, pour ne pas compliquer la question, de voter dès main-
» tenant les deux résolutions suivantes, sauf à revenir plus tard
» sur la question de priorité de la marque ; je ne m'occupe, pour le
» moment, que du caractère de la marque dans les rapports inter-
» nationaux et je vous propose de dire :

> » C'est d'après la loi d'origine d'une marque qu'il y a
> » lieu d'en apprécier le caractère, c'est-à-dire de décider
> » si elle est suffisamment distinctive.

> » Il en est de même pour les marques purement ver-
> » bales. »

M. OSTERRIETH (Allemagne) ne croit pas qu'on puisse adopter ces
propositions, particulièrement la seconde. A plusieurs Congrès déjà,

on a insisté sur l'impossibilité d'accepter à l'enregistrement, dans les pays de langue allemande, une dénomination telle que *Gussthal* qui signifie textuellement « acier fondu » et qui a été déposée en France comme marque. Qu'on retourne l'hypothèse : un industriel allemand dépose comme marque en Allemagne le mot *chapeau*, serait-il admissible que, parce que cette marque aura été régulièrement enregistrée en Allemagne, elle doive être respectée en France? La propriété d'une telle marque en France serait de nature à porter un préjudice sérieux aux industriels français qui sont dans la nécessité d'employer le mot *chapeau*. Il lui paraît donc impossible, en tous cas, d'étendre aux marques verbales la proposition du rapporteur. Il avoue, d'ailleurs, se trouver dans l'impossibilité de présenter au Congrès une contre-proposition satisfaisante, la solution de la question lui semblant présenter des difficultés à peu près insurmontables.

M. DE MAILLARD DE MARAFY (France) croit qu'il y a une confusion dans l'esprit de quelques-uns et qu'une fois la question éclaircie, l'accord sera facile.

Il est certain qu'en France il ne suffit pas, pour qu'une dénomination soit une marque valable, qu'elle ait été déposée. L'enregistrement, en France, ne fait que donner une date certaine à la revendication de la marque ; c'est une notification de cette revendication aux tiers, mais cela ne veut pas dire que la revendication du signe déposé comme marque est légitime. Le protocole de clôture a bien précisé le sens de l'article 6 de la Convention d'Union de 1883. Après la signature, les mêmes réflexions qu'a présentées M. Osterrieth furent faites et le protocole de clôture, y faisant droit, a remis toutes choses au point : il y est dit que la marque doit être admise telle qu'elle est adoptée dans le pays d'origine, en ce sens qu'elle ne peut pas être refusée à raison de son caractère. Ce qu'on voulait, avant tout, c'était que les marques verbales, valables en France, ne pussent être refusées à l'étranger, uniquement parce qu'elles étaient composées de mots. Pas plus en France qu'en Allemagne, d'ailleurs, une marque verbale n'est une marque si elle ne réunit pas les conditions nécessaires pour être un signe distinctif.

Si on reste dans les termes de la Convention, telle qu'elle a été expliquée par le protocole de clôture, toute difficulté s'évanouit : il ne s'en est pas produit depuis que la Convention existe.

M. POUILLET, président, estime qu'en effet la question, bien comprise, ne saurait présenter de difficulté : il est certain que c'est d'après la loi d'origine que doit être apprécié le caractère d'une marque et que ce principe doit s'appliquer même aux marques verbales.

M. SANDARS (Grande-Bretagne) votera la résolution proposée, mais il voudrait qu'afin d'arriver à un résultat pratique on s'occupât de chercher une définition minima de la marque, qui fût acceptée par toutes les nations. Il propose au Congrès d'émettre le vœu :

1° Qu'il soit procédé à l'étude d'une définition internationale des marques, qui ne contiendrait que les éléments communs aux législations existantes;

2° Qu'il soit institué un bureau international pour
l'enregistrement de toute marque reconnue internationale
selon la susdite définition par les autorités de l'un des
Etats de l'Union, étant entendu que ce bureau ne por-
terait aucun préjudice aux bureaux nationaux actuels.

M. LE PRÉSIDENT fait observer que c'est la même formule que
M. Sandars a déjà présentée à la séance du matin et que le Congrès ne l'a pas acceptée.

M. SANDARS répond que la question n'a pas été repoussée, mais
renvoyée au moment de la discussion de la question relative aux
marques internationales. Le but qu'il poursuit, par sa proposition,
est d'éviter aux industriels l'obligation, dans tous les cas où leurs
marques seraient conformes à la définition internationale, de les
faire enregistrer, à grands frais, dans les divers pays.

M. DE MAILLARD DE MARAFY proteste contre la proposition de
M. Sandars. Il rappelle au Congrès qu'au moment où a été rédigée
la Convention de 1883 la question se posait dans les mêmes
termes : au lieu de se contenter d'un minimum de protection, on a
cherché à aller immédiatement le plus loin possible dans la voie
de la protection ; il en est résulté un progrès immense. C'est ainsi
que, aujourd'hui, dix-sept législations protègent la marque verbale qu'elles n'acceptaient pas antérieurement, c'est ainsi, pour
n'en citer qu'un exemple, que le Japon, dont deux représentants
siègent au Congrès, dans sa nouvelle loi sur les marques admet et
protège les marques verbales au même titre que les autres. Il ne
faut pas craindre, en semblable matière, d'aller de l'avant et de
proposer des solutions hardies pour entraîner les législations hési-
tantes dans la voie du progrès.

M. CLAUDE COUHIN (France) revient sur les observations présentées par M. Osterrieth, dont il lui semble qu'on n'a pas apprécié
toute la portée. Il lui paraît excessif d'appliquer la loi du pays
d'origine aux marques verbales : si l'on suppose, en effet, qu'un
Français dépose comme marque verbale, en France, le mot *Messer*
ou *Knife*, ces mots pourront constituer une marque pour la France
(*protestations*), car la dénomination n'apparaît pas comme nécessaire, mais elle le sera en Allemagne ou en Angleterre et, par
suite, ne pourra dans ces pays constituer une marque. L'orateur
trouve, comme M. Osterrieth, la question très délicate ; il lui semble
au moins nécessaire de faire une exception pour les marques verbales offrant, dans une langue quelconque, le caractère d'une
dénomination générique.

M. DE MAILLARD DE MARAFY fait observer que l'objection ne s'applique pas seulement aux marques verbales, mais à toutes les marques : quand une désignation, qu'il s'agisse d'un mot, d'un signe,

est depuis longtemps dans le domaine public dans un pays, il est clair qu'elle ne peut y constituer une marque, fût-elle nouvelle et conforme à la législation dans le pays d'origine. Dans tous les pays il existe des signes figuratifs qui sont dans le domaine public, en Allemagne les signes désignés sous le nom de marques libres font même l'objet d'une publication du Patentamt ; il est manifeste que, si l'on déposait en France une de ces marques, elle ne deviendrait pas, par cela même, valable en Allemagne, le même raisonnement s'applique aux exemples de M. Couhin. C'est là une règle de bon sens qui n'est nullement en désaccord avec le texte de la Convention. En cas de doute, c'est aux tribunaux qu'il appartient de résoudre la question.

M. Mesnil (avocat français à Londres) estime que l'opposition faite à l'article 6 de la Convention dans certains pays, notamment en Angleterre, vient uniquement de ce qu'on veut lui faire dire plus que ce qu'il dit en réalité. Il rappelle que cet article, interprété d'ailleurs par le protocole de clôture, n'a d'application qu'au point de vue de la forme de la marque, de son caractère juridique. C'est à tort que MM. Osterrieth et Couhin y voient un article qui tranche non seulement une question de droit, la définition légale de la marque, mais encore une question de fait, celle du caractère distinctif de la marque, abstraction faite de l'état des autres marques en usage dans le pays étranger.

L'enregistrement d'une marque dans un pays étranger comprend, en réalité, deux questions : 1° la marque satisfait-elle à la définition légale de la marque dans le pays d'origine? dans l'affirmative, elle ne peut être repoussée même si elle n'est pas conforme à la loi du pays étranger ; 2° la marque est-elle distinctive dans l'état actuel du domaine public dans ce pays? La première question, toute théorique, est résolue dans l'Union par l'application de l'article 6 de la Convention, qui ne dit rien de plus ; la seconde est une pure question de fait, du domaine des tribunaux ou des administrations compétentes dans le pays d'importation. Avec cette distinction, qu'il importerait de ne pas perdre de vue, toute difficulté disparaît.

M. Casalonga (France) fait observer qu'une dénomination nécessaire pour une catégorie d'objets peut néanmoins constituer pour une autre catégorie une marque parfaitement valable ; c'est ainsi, par exemple, qu'en France, le mot *chapeau*, qui ne saurait manifestement être pris comme marque pour désigner des coiffures, pourrait être valablement choisi pour désigner une variété d'acier.

M. Osterrieth (Allemagne) déclare qu'il admet parfaitement les explications de M. Mesnil et qu'il votera la proposition du rapporteur si elle doit être interprétée en ce sens. C'est la rédaction qui l'avait effrayé et avait provoqué ses observations.

M. Amar (Italie) propose d'ajouter après le mot *verbal* les mots « *pourvu que le mot ne soit pas commun dans le pays où on veut le faire valoir.* »

Plusieurs membres proposent de compléter l'amendement de

M. Amar par les mots : « *pour l'objet que l'on veut désigner* ».

M. Donzel (France) estime que la répugnance manifestée par l'Angleterre pour appliquer l'article 6 de la Convention n'est pas due aux motifs présentés par M. Mesnil, mais à ce fait que la Convention n'est pas conforme à la loi anglaise et que dans ce pays, comme d'ailleurs dans les pays anglo-saxons, la loi nationale l'emporte sur le droit conventionnel. Il y aurait donc lieu de tâcher d'obtenir une modification de la loi interne elle-même, dans le sens de la Convention.

M. Georges Maillard, rapporteur général, demande qu'on ne confonde pas les vœux généraux relatifs au meilleur mode de protection internationale des marques et les vœux spéciaux à la revision de la Convention de Paris. La Commission d'organisation du Congrès n'avait mis au programme que des vœux généraux parce qu'elle pensait qu'à l'époque de la réunion du Congrès la Conférence de Bruxelles aurait achevé, dans une session complémentaire, la revision de la Convention de Paris. Comme il n'en a pas été ainsi, il y aura lieu, à la fin du Congrès, de formuler des vœux spéciaux pour la revision de la Convention de Paris. Mais, pour le moment, il s'agit de déterminer, d'une façon plus générale, en dehors même de la Convention de Paris, à quelles conditions une marque étrangère devrait être admise à la protection. M. Mesnil a fourni tout à l'heure un criterium excellent, de nature à donner toute satisfaction, et il suffira de modifier un peu la rédaction proposée par M. Darras pour qu'elle soit acceptée par tous. Il propose au Congrès, d'accord avec MM. Mesnil et Darras, la formule suivante :

> « C'est d'après la loi d'origine d'une marque
> » qu'il convient d'en apprécier le caractère
> » juridique. »

Ce principe général une fois posé, on pourra, tout de suite après ou dans la dernière séance du Congrès, reprendre l'étude de la Convention de Paris et adopter les vœux qui furent votés, après mûre délibération, aux Congrès de Londres et de Zurich :

> A. « Il importe de maintenir dans la Con-
> » vention le principe même de l'article 6, sauf
> » à le limiter, s'il y a lieu, en ces termes qui
> » permettraient d'abroger le chiffre 4 du pro-
> » tocole de clôture :
> > » *Toute marque de fabrique ou de commerce*
> > » *régulièrement déposée dans le pays d'origine sera*
> > » *admise au dépôt et protégée comme telle dans tous*
> > » *les pays de l'Union,* même si elle n'était pas

» propre à constituer une marque d'après la
» législation intérieure de ces pays; *sera consi-*
» *déré comme pays d'origine, le pays où le déposant*
» *a son principal établissement. Si ce principal éta-*
» *blissement n'est pas situé dans un des pays de*
» *l'Union, sera considéré comme pays d'origine, celui*
» *auquel appartient le déposant.*

» Le dépôt et la protection ne peuvent être
» refusés que dans les cas suivants : 1° si
» un tiers de bonne foi a acquis antérieure-
» ment au déposant un droit sur la marque dans
» le pays d'importation; 2° s'il s'agit d'une dé-
» signation nécessaire ou usuelle du produit;
» 3° si elle est contraire à la morale ou à l'ordre
» public. *Pourra être considéré comme contraire*
» *à l'ordre public l'usage des armoiries publiques et*
» *des décorations* sans autorisation des pouvoirs
» compétents.

» La radiation d'un dépôt dans le pays d'ori-
» gine emportera la radiation de la marque
» enregistrée dans le pays d'importation en
» vertu de ce dépôt.

B. » Il y a lieu de mettre les législations
» de tous les Etats de l'Union en harmonie
» avec la Convention.

C. » Il est à désirer que les lois des divers
» Etats adoptent une définition unique des élé-
» ments constitutifs de la marque de fabrique
» ou de commerce. »

Quant à la proposition de M. Sandars, elle est semblable à celle
formulée à Londres par M. Moulton et qu'une Commission spéciale
avait été chargée d'examiner. Lorsqu'on demanda à MM. Moulton
et Cutler quelle serait, suivant eux, la meilleure définition de la
marque internationale, on constata qu'ils aboutissaient à une
définition voisine de la définition anglaise; les Français présen-
taient la définition française. Il n'était pas plus facile de s'entendre
sur une bonne définition de la marque internationale que sur une
bonne définition de la marque nationale. Telle fut la solution de la
Commission spéciale qui se réunit à Paris en 1899.

M. Pouillet, président, met aux voix la première partie de la proposition du rapporteur, amendée par la Commission de rédaction.

(Cette première partie est adoptée.)

M. le Président donne lecture de la seconde partie de la proposition du rapporteur relative aux marques verbales et rappelle que M. Couhin demande que l'on ajoute, à cette proposition, les mots « *pourvu qu'elles ne soient pas dans les pays d'importation des désignations génériques et nécessaires* ».

M. Osterrieth (Allemagne) déclare s'associer à la demande de M. Couhin.

M. le Président estime qu'il n'y a pas d'inconvénients à cette addition puisque, comme le faisait remarquer M. de Marafy, président de la Section, ce n'est que l'application des principes de la Convention.

M. Georges Maillard fait observer que l'addition serait plus à sa place dans la première partie de la proposition. En ce qui le concerne, il n'en voit pas d'ailleurs la nécessité.

M. Mesnil rappelle que la question se pose aussi bien pour les marques emblématiques que pour les marques verbales, comme il l'a montré précédemment. Dans ces conditions, il se demande pourquoi on propose un paragraphe spécial pour les marques verbales. Il demande la suppression de cette seconde partie.

(Cette suppression, mise aux voix, est prononcée.)

M. Darras, rapporteur, continue son rapport en ces termes :

« Messieurs,

» Nous allons nous occuper maintenant de la question de » priorité.

» Vous savez qu'il existe deux sortes de législations : dans les » unes, la législation française notamment, le dépôt de la marque » est déclaratif; dans les autres, il est attributif.

» Lorsqu'on se trouve en présence de deux législations qui con- » sacrent le caractère déclaratif du dépôt, la question du droit de » priorité ne souffre pas de difficultés particulières ou du moins la » solution qu'on peut proposer n'est pas bien compliquée. Un né- » gociant français, par exemple, s'est servi de sa marque dans son » pays et l'y a déposée; un autre négociant, en Belgique, se sert » de la même marque. Naturellement les faits d'appropriation ne » prennent pas date au même moment. Dans ce conflit entre deux » intérêts contraires, quelle solution faut-il admettre? Dans cette » hypothèse, il me semble qu'il faut décider que le fait d'usage qui » s'est produit dans un pays doit être suffisant pour conférer des » droits au négociant dans tous les Etats où le dépôt offre le même » caractère.

» Par conséquent, je vous propose de décider que :

» Dans les rapports entre pays qui consi-
» dèrent le dépôt ou l'enregistrement de la
» marque comme déclaratif, le droit se déter-
» mine par le premier usage.

» L'autre hypothèse est plus délicate : c'est celle dans laquelle
» le conflit s'élève entre négociants dont les pays respectifs ont des
» législations reposant sur des principes différents. Ainsi, en
» France, le dépôt de la marque est considéré comme déclaratif;
» par conséquent, il ne suffit pas, pour acquérir des droits, d'avoir
» déposé la marque, il faut encore que, derrière ce dépôt de la
» marque, se place un usage de la marque; en Espagne, au con-
» traire, le dépôt de la marque est attributif, c'est-à-dire que,
» d'après la législation espagnole, des droits sont reconnus non pas
» à celui qui le premier a fait usage de la marque, mais à celui
» qui le premier l'a déposée. En fait, voici ce qui se produit : des
» négociants plus ou moins scrupuleux, établis en Espagne, déposent
» la marque d'un négociant français et, plus tard, ce négociant
» français, lorsque, étendant le cercle de ses affaires, il veut se
» servir en Espagne de sa marque qui est bien sienne puisqu'il a
» été le premier à la déposer en France, se voit opposer la prio-
» rité du dépôt. Je crois que, en pareille hypothèse, il faut main-
» tenir aux deux personnes en présence le droit à l'usage de la
» marque, à moins que l'on ne parvienne à établir la mauvaise foi
» de celui qui, en Espagne par exemple, a déposé la marque, alors
» qu'il en connaissait déjà l'usage en France. Pour cette hypothèse,
» je pense qu'il y aurait lieu d'émettre le vœu suivant :

» Dans les rapports entre pays dont l'un
» considère le dépôt ou l'enregistrement de la
» marque comme déclaratif et l'autre comme
» attributif de droits, on doit appliquer un sys-
» tème analogue à celui que le traité du 9 mai
» 1865, article 28, a consacré dans les relations
» réciproques entre la France et le Zollve-
» rein. »

M. le Président estime que ces propositions doivent être acceptées par tous, elles sont fondées sur l'équité.

M. Frey-Godet (du bureau de Berne) pense qu'elles ne font que
consacrer ce qui se passe actuellement.

M. le Président répond que, à sa connaissance, en Belgique, un
industriel français, justifiant d'une priorité d'emploi antérieure à

celle de l'industriel belge, a vu néanmoins sa demande repoussée, sous le prétexte que c'était seulement l'emploi en Belgique qui pouvait servir de point de départ au droit de priorité.

M. DE Ro (Belgique) pense qu'il faudrait préciser la rédaction et ajouter à la première proposition les mots « *quel que soit le pays où cette priorité d'emploi sera constatée* ».

M. LE PRÉSIDENT, sous réserve de la question de rédaction, met aux voix successivement les deux propositions de la seconde partie du rapport.

(Ces propositions sont adoptées.)

M. GEORGES MAILLARD, rapporteur général, donne ensuite lecture des vœux déjà adoptés à Londres et à Zurich et destinés à préparer l'examen, par la prochaine Conférence de Bruxelles, de l'article 6 de la Convention de Paris. Il demande à la Section de les consacrer à nouveau.

(Cette proposition, mise aux voix, est adoptée à l'unanimité.)

Question V

Marques collectives.

M. GASSAUD, rapporteur, résume son rapport. Il indique que dans plusieurs pays il existe des marques collectives, soit provinciales, soit municipales, et même quelquefois nationales, comme en Allemagne pour l'aigle impérial, et rappelle les travaux de la Conférence de Madrid sur la question. Il estime, en ce qui le concerne, que la création de marques collectives provinciales ou régionales présente de sérieux avantages et mérite d'être encouragée.

M. BERT (France) estime qu'une telle marque ne peut se comprendre que si elle s'applique aux produits d'un nombre limité d'industriels réunis par une association volontaire. Il faut, en effet, pour qu'une marque collective conserve sa valeur, qu'elle ne puisse pas être apposée sur des produits de qualité inférieure, ce qui implique la possibilité d'une sorte de surveillance mutuelle des co-propriétaires de la marque. C'est faute de pouvoir satisfaire à cette condition que les marques municipales et à plus forte raison les marques régionales sont à peu près inconnues; il ne pourrait guère citer en France que la marque municipale de Lyon, qui, à l'origine, a eu une certaine notoriété, qu'elle a bien perdue depuis. Pour les villes ou les provinces, la véritable marque est l'indication de la provenance, le nom géographique du pays, et cela suffit.

M. EDWIN KATZ (Allemagne) est d'avis que, le but de la marque étant de distinguer les marchandises des divers producteurs, elle perd sa raison d'être si elle s'applique à un trop grand nombre de fabriques. Ce que l'on pourrait souhaiter, c'est qu'à l'exemple de ce qui se passe en Allemagne où la loi protège les signes de provenance, la protection de ces signes pût être assurée dans la législation internationale.

M. DE MAILLARD DE MARAFY estime que la discussion qui vient de s'engager, où tour à tour il a été dit que l'usage de la marque collective était pratique et désirable, puis impossible, semble prouver que la question n'est pas mûre. Dans ces conditions la solution qui pourrait être adoptée manquerait nécessairement d'autorité et d'utilité pratique. Il propose de prononcer l'ajournement.

M. DE RO (Belgique) rappelle que c'est lui qui a eu l'honneur de poser la question de la marque collective à la Conférence de Madrid, où elle a été favorablement accueillie. Il est persuadé que l'usage des marques collectives, lorsque les difficultés pratiques d'application auront été résolues, donnera des résultats utiles; mais, comme M. de Marafy, il estime que la question n'est pas mûre et il est d'avis d'en ajourner la discussion.

M. DONZEL se propose de démontrer tous les inconvénients des marques collectives.

M. LE PRÉSIDENT fait observer que cela ne paraît pas nécessaire, puisque l'ajournement est demandé et va sans doute être prononcé.

(L'ajournement de la question V est mis aux voix et voté (1).

Question VI

Du nom commercial et de la raison de commerce.

M. MACK, l'un des rapporteurs, présente les excuses de M. Garbe, retenu loin du Congrès, et résume le rapport que, en collaboration avec M. Garbe, il a rédigé sur la question. Il signale la législation allemande sur la raison commerciale et indique que, par le moyen de l'inscription de la raison commerciale sur le registre de commerce, la perpétuité du nom commercial est assurée, au grand profit du commerce allemand; la raison commerciale, lorsque le fondateur de la maison l'a autorisé, se transmet ainsi de successeur en successeur et sert indéfiniment de signature commerciale.

La même idée se retrouve dans d'autres législations, notamment en Danemark, Portugal, Russie, Suède, Suisse, mais avec des variantes et des atténuations qui en réduisent notablement l'utilité pratique : dans plusieurs de ces pays, malgré l'inscription au registre des firmes et la publicité de ces registres, le successeur est obligé de faire apparaître son propre nom à côté de la raison de commerce. Le rapporteur déclare que, suivant lui, il faut accepter le système de la perpétuité du nom commercial dans son ensemble.

(1) Voir à la quatrième séance la rédaction de la motion.

Il estime que c'est à tort que certaines personnes pensent, comme M. Raoul Chandon par exemple, qu'il est nécessaire pour la loyauté du commerce que le nom du titulaire actuel de la maison figure à côté de celui du fondateur. Il rappelle que toutes les mutations survenues dans la propriété du fonds de commerce devant être inscrites sur le registre des firmes, mis à la disposition du public, il sera toujours facile, toutes les fois que ce sera nécessaire, de connaître la situation actuelle d'une maison de commerce. Il montre tout l'intérêt qu'il y a à assurer, en particulier, la perpétuité de la signature sociale et cite, à l'appui de sa thèse, le travail de M. de Marafy sur la question, qui a été distribué aux membres du Congrès.

Il termine en concluant au vote des résolutions suivantes :

Il y a lieu de définir le *Nom commercial :* le nom, individuel ou collectif, simple ou composé, sous lequel les commerçants, industriels ou exploitants exercent les actes de leur commerce, industrie ou exploitation.

La *Raison de commerce* ou *Firme*, qui est comme le nom d'un établissement, peut être définie : la dénomination spéciale sous laquelle un établissement industriel ou commercial, une exploitation agricole, forestière ou extractive, sont exploités.

La raison de commerce peut se composer des noms d'anciens propriétaires du fonds, quand ces derniers y ont consenti. La raison de commerce ainsi établie doit pouvoir être indéfiniment employée par les successeurs pour désigner le fonds et comme signature commerciale.

L'établissement et tous changements de propriétaires d'une raison de commerce doivent être, en pareil cas, obligatoirement constatés sur des registres publics. Les dépôts et changements devront en outre être publiés dans les journaux d'annonces légales, ou dans un journal officiel.

Au point de vue international, l'enregistrement régulier effectué au lieu du principal établissement fera preuve suffisante de la propriété.

Le nom commercial qui ne comprendra que les noms des propriétaires d'un fonds devra être protégé sans obligation d'enregistrement.

M. Jouanny (France), au nom des industriels français qu'il représente au Congrès, s'associe pleinement aux conclusions du rapport et est persuadé qu'en se les appropriant le Congrès contribuera à rendre proche en France une modification législative attendue avec impatience.

M. de Maillard de Marafy (France) signale un point qui a été omis par le rapporteur, c'est que, dans les pays où fonctionne l'enregistrement des firmes, cet enregistrement n'a qu'un rayonnement de district. C'est insuffisant, il faudrait que l'effet de l'enregistrement s'étendît à tout le territoire afin de faire disparaître la fraude des homonymes, qui est une des plus difficiles à réprimer dans l'état actuel des législations. Cela a à ses yeux au moins autant d'importance que la perpétuité de la raison sociale. La réforme est vivement désirée en France. Les Chambres de commerce, consultées il y a dix ans environ, ont demandé la création du nom commercial. En Italie, les Chambres de commerce sont également favorables à la réforme; il y a donc lieu d'espérer qu'elle sera bientôt réalisée, au grand avantage de la loyauté commerciale.

M. Lloyd Wise (Grande-Bretagne) trouve la question importante, mais très difficile. Il reconnaît les fraudes nombreuses dont peuvent être victimes les grandes maisons industrielles dont la réputation est considérable. Il signale qu'en Angleterre on peut faire le commerce sous tel nom que l'on veut, pourvu qu'il ne puisse y avoir confusion avec une autre maison déjà établie. Il lui apparaît que l'enregistrement ne sera qu'un remède insuffisant à la fraude générale consistant, pour un fabricant, à faire passer ses produits à la place de ceux d'un concurrent.

M. Pouillet, président, demande quel est l'état de la législation en Angleterre, au point de vue de la perpétuité des firmes.

M. Mesnil (avocat français à Londres) répond que la question ne se pose pas, chacun ayant, sous la réserve exprimée par M. Wise, la liberté de faire le commerce sous tel nom, vrai ou faux, qui lui convient.

M. de Ro (Belgique) ajoute qu'il en est de même en Belgique.

M. Frey-Godet (du bureau de Berne) critique la rédaction proposée pour les deux premiers paragraphes.

M. Harmand (France) signale les dangers que présenterait, suivant lui, la proposition des rapporteurs, au moins pour certains genres d'industrie. Il se demande, si, par exemple, la perpétuité des firmes avait existé dès le dix-septième siècle, comment aujourd'hui l'on pourrait distinguer commercialement les objets fabriqués et vendus par les successeurs des Boulle ou des Riesener, de ceux créés par les fondateurs mêmes de ces maisons. Il admet que le successeur utilise, même à perpétuité, le nom du fondateur de la maison, mais à la condition que la personnalité du possesseur actuel de la maison apparaisse au moins par un numéro d'ordre figurant obligatoirement à côté de la firme et qu'un registre spécial indique toutes les modifications apportées au fonds de commerce, en même temps que l'endroit où la firme a été créée.

M. de Ro (Belgique) admet la définition du nom commercial et de la raison de commerce; il admet qu'un négociant puisse faire usage de la firme de ses prédécesseurs, de ses auteurs ou de ses parents, mais il ne comprend pas comment les successeurs pourraient se dissimuler derrière la firme, comment, par exemple, on pourrait engager un procès au nom d'une firme ou contre elle.

M. le Président fait observer que le registre permettrait de savoir immédiatement quelle est la personnalité actuellement en possession de la firme.

M. DE Ro répond qu'il craint que ces dispositions ne se retournent contre le but poursuivi. Il cite l'exemple de l'article 7 de la loi belge sur les marques, qui, édicté en vue de protéger plus complètement les producteurs, sert les contrefacteurs en leur permettant de profiter des erreurs ou négligences commises par les propriétaires véritables de la marque.

M. KATZ cite, à l'appui du rapport de MM. Mack et Garbe, les excellents résultats obtenus en Allemagne grâce au registre des firmes, mais il ne peut admettre la proposition de M. de Marafy consistant à attribuer à la firme une valeur territoriale sur tout le territoire de la nation où elle a été créée. Cela lui semble excessif; il préfère l'enregistrement par district. Il ne voit pas pourquoi un Paul Bonnet, de Belfort, se verrait refuser l'inscription de sa firme à Belfort parce qu'il y aurait une firme Paul Bonnet à Paris. Le Paul Bonnet (de Belfort) se distinguera suffisamment du Paul Bonnet (de Paris).

M. DE MARAFY répond aux observations de M. Katz.

Si on peut obliger un homme, parce qu'un autre porte le même nom dans la même ville, fût-ce dans un faubourg, à différencier son nom pour éviter toute confusion, pourquoi ne pas lui imposer la même obligation dans une circonscription plus grande, voire le pays tout entier?

Il est nécessaire qu'une maison de Paris puisse interdire l'emploi de la même firme à Belfort parce que, s'il en était autrement, les homonymes viendraient s'établir autour de la circonscription où une maison réputée exercerait son industrie. En réalité, il est impossible de prévoir l'extension commerciale d'une industrie et, à un moment donné, la confusion peut se produire, même entre deux maisons fort éloignées, par suite du développement de leurs affaires. Il est préférable de chercher à atteindre l'homonymie, si néfaste pour le commerce, dans sa source même, par conséquent, d'exiger, à la création même d'une maison nouvelle, les mesures nécessaires pour éviter la confusion entre homonymes et que les tribunaux, dans l'état actuel de la législation française, n'ordonneraient que sur une action en concurrence déloyale. Tous les jours nous voyons des gens qui n'ont ni sou ni maille prendre un nom connu, celui de Clicquot, par exemple; si on ne les arrête pas dans ces déprédations, ils seront riches dans un an parce qu'ils vendront à la clientèle moins cher que le titulaire de la vraie marque. S'il n'y a pas un registre unique signalant ces attentats sur toute l'étendue du territoire la réforme proposée n'aura pas la moitié de sa valeur, elle n'en aura pas même le quart.

Quant aux inconvénients signalés par M. de Ro, ils disparaîtront si les indications portées au registre du commerce sont exactes et complètes.

L'adjonction, proposée par M. Harmand, d'un numéro à côté du nom, ne serait pas efficace pour éviter la confusion entre les œuvres d'art contemporaines et celles d'il y a deux siècles.

Ce qui est à retenir des observations de M. Harmand lui-même, c'est qu'il faut un registre clair et facile à consulter. Le meilleur moyen de faciliter les recherches, c'est d'instituer un registre central sur lequel seraient reportées les mentions de tous les registres locaux.

M. MACK, rapporteur, résume la discussion et répond aux diverses objections formulées. M. de Marafy a déjà répondu très complètement à M. Katz. Pour bien préciser, il y aurait lieu d'ajouter au quatrième paragraphe de la proposition soumise au Congrès, les mots : « *et toutes les mentions seront transcrites sur un registre central également public; toute firme nouvelle devra être distincte des firmes antérieurement enregistrées dans la même industrie.* »

M. NYIRI (Hongrie) fait remarquer qu'avec la définition donnée du nom commercial et de la raison commerciale ou firme, le successeur seul du créateur de la maison serait protégé; il propose que, en ce qui concerne la protection contre l'homonymie, cette distinction ne soit pas maintenue.

M. BOUILLIER (France) fait une observation sur la rédaction: il demande qu'au lieu de dire que « *la raison sociale peut se composer des noms des anciens propriétaires du fonds quand ces derniers y ont consenti* », l'on mette : « *à moins que ces derniers ne s'y soient opposés* ». Leur consentement doit être présumé.

M. LE PRÉSIDENT fait ressortir l'intérêt qu'a présenté la discussion; il craindrait cependant qu'il ne fût prématuré de voter des résolutions aussi complexes que celles qui sont proposées. Il demande que le Congrès se prononce simplement sur la nécessité d'assurer la perpétuité de la firme et la création d'un registre de commerce territorial et met la question aux voix sous cette forme provisoire, qui sera soumise à la Commission de rédaction :

> Il y a lieu d'adopter le principe de la perpétuité de la firme et de l'établissement d'un registre du commerce destiné à enregistrer toutes les mutations de propriété des firmes.

La séance est levée à 6 heures 20.

Le Secrétaire :

A. TAILLEFER.

Séance du vendredi soir, 27 juillet.

Section III. — Marques de fabrique.

(Troisième séance.)

La séance est ouverte à 9 heures 20, sous la présidence de
M. le Comte de Maillard de Marafy, président de la section.

M. Taillefer, l'un des secrétaires, donne lecture du procès-
verbal de la précédente séance qui est adopté.

Question II

Marques à exclure de la protection.

M. Victor Fumouze, rapporteur, développe les conclusions de
son rapport; il précise la question sur laquelle le Congrès a à
statuer, en indiquant qu'il ne s'occupe que des motifs d'exclusion
intrinsèques que la marque peut présenter vis-à-vis du domaine
public ou des marques précédemment déposées; il ne suivra donc
pas M. Frey-Godet qui, dans un travail sur la question, propose
d'exclure les marques consistant dans la dénomination usuelle d'un
produit, etc. (v. rapport, p. 191). Une telle proposition implique
nécessairement l'institution de l'examen préalable et ce n'est pas le
moment d'aborder ici la discussion de cette question. Au contraire,
en ce qui concerne les motifs d'exclusion intrinsèques, toutes les
législations sont à peu près d'accord pour refuser les marques contraires aux bonnes mœurs et à l'ordre public, ce qui comprend
l'usage des armoiries publiques et des décorations, sans l'autorisation des pouvoirs publics compétents. Ces motifs d'exclusion lui
semblent nécessaires et légitimes, et il demande au Congrès de les
maintenir en déclarant que :

> Il y a lieu d'exclure de la protection légale les marques
> qui, dans le pays où la demande de dépôt est présentée,
> sont considérées comme étant contraires aux bonnes
> mœurs et à l'ordre public.

M. Georges Maillard, rapporteur général, fait observer que s'il
est logique de formuler une semblable restriction quand il s'agit
d'une convention internationale, où il y a lieu de tenir compte des
exigences des lois existantes, on peut être d'avis contraire lorsqu'il

s'agit de rechercher quelle est la meilleure disposition législative
à adopter en matière de marques. Y a-t-il lieu, dans ces conditions,
de prononcer une exclusion quelconque? Il ne le pense pas; il
rappelle qu'en matière de brevets, le Congrès a décidé qu'il n'y
avait lieu d'exclure de la protection aucune espèce d'invention : si
une invention est contraire aux bonnes mœurs et à l'ordre public,
le Gouvernement s'opposera à son exploitation, mais il n'y a pas
lieu de créer pour cela une cause particulière de refus de brevet.
De même en matière de marques, si une marque est contraire aux
mœurs et à l'ordre public l'exploitation pourra en être interdite;
mais si elle ne l'est pas, à quoi bon proclamer la liberté de la contrefaçon? La seule conséquence sera la suivante : un contrefacteur
qui aura imité une marque, la trouvant parfaitement licite, quant à
lui, puisqu'il l'a imitée, se trouvera poursuivi par le véritable propriétaire de la marque; il aura alors un excellent argument à faire
valoir : il soutiendra que la marque est contraire aux bonnes mœurs
et à l'ordre public et ce sera un moyen, pour lui, d'éviter du tribunal une condamnation.

Peut-être pourrait-on dire que l'usage des armoiries publiques
ou décorations devrait être interdit, mais c'est une question toute
différente, qui regarde l'ordre public de chaque pays et ne paraît
pas être une question internationale. Il vaudrait mieux décider qu'il
n'y a lieu de faire aucune espèce d'exclusion.

M. FREY-GODET (du Bureau de Berne) est de l'avis de M. Foumouze;
il estime qu'il y a lieu de tenir compte de l'esprit des lois existantes
et que, comme presque partout, il y a dans les lois des motifs
d'exclusion, il vaut mieux tâcher de se mettre d'accord sur ces
motifs que d'émettre un vœu qui restera forcément théorique en
faveur de leur suppression.

M. MESNIL (avocat français à Londres) approuve, au contraire,
la proposition de M. Maillard et voudrait voir disparaître toute
exclusion. Il n'admet pas, bien entendu, que, sous prétexte de
marque, on puisse répandre des images obscènes ou des expressions contraires à la morale; mais il ne voudrait pas que l'appréciation de la moralité d'une marque fût confiée à un fonctionnaire
qui, un peu pudibond, exclurait des emblèmes par lesquels nul
autre n'aurait été choqué. Il propose de dire que pourront seules
être interdites les marques dont la publication, sous une autre
forme, serait contraire aux lois. Quant à l'expression *ordre public*,
elle est dangereuse, car elle ne se traduira pas facilement dans
toutes les langues et en France même l'accord n'est pas complet
sur sa signification : les jurisconsultes, en matière de droit international privé, ont fait du mot un abus tel qu'il se produit, dans
les hautes sphères du droit théorique, une réaction presque violente
contre son emploi; d'éminents professeurs déclarent hautement
qu'il est impossible d'établir les limites dans lesquelles peut se
mouvoir l'ordre public.

Au point de vue des armoiries publiques et des décorations, il
est bon de se rappeler ce qui a été fait au moment de la discussion

de la Convention de 1883; on trouve là une application réjouissante
du vague des mots : ordre public. Ce mot allait être inséré dans
l'article 6; mais on n'avait pas encore trouvé d'exemple d'objets
contraires à l'ordre public quand, au dernier moment, alors qu'on
était sur le point de signer le protocole de 1883, les représentants
de l'Espagne firent observer que l'emploi des armoiries et des
décorations n'était pas admis en Espagne. Immédiatement, M. Ja-
gerschmidt, qui savait, en bon jurisconsulte français, tout le parti
qu'on peut tirer des mots « ordre public », dit : « Parfaitement, ce
sera contraire à l'ordre public. » Et l'on mit dans le protocole que
l'emploi des armoiries et des décorations pourrait être considéré
comme contraire à l'ordre public. Mais comme un mot dénué de
précision entraîne avec lui confusion après confusion! On en est
arrivé aujourd'hui, en commentant cet article, à dire que l'usage
des armoiries et des décorations, sans autorisation des pouvoirs
compétents, était considéré comme contraire à l'ordre public. Or, si
la prohibition était d'ordre public, il n'appartiendrait pas aux parties intéressées de s'y dérober par une convention passée entre
elles et les autorités compétentes n'auraient pas qualité pour convenir que les armoiries et les décorations pourraient être employées.

L'orateur soumet au Congrès la proposition suivante :

> Il y a lieu d'exclure de la protection les emblèmes,
> mots ou expressions employés comme marques, dont la
> publication, sous une autre forme, serait contraire aux
> lois du pays où la demande de dépôt est présentée.

M. Frey-Godet fait observer que le texte de la proposition du
rapporteur n'ouvre pas la porte à l'examen préalable dans les pays
où le dépôt est effectué sous la responsabilité du déposant. Il est
dit non pas que le dépôt sera refusé, mais que la marque ne sera
pas protégée.

M. de Ro (Belgique) est d'avis, comme M. Maillard, qu'il serait
préférable de supprimer toute restriction. Il fait remarquer que les
questions de morale et d'ordre public sont toutes relatives suivant
les pays et fort délicates. C'est aux gouvernements, en vertu des
droits de police qu'ils possèdent, à intervenir dans les cas où cela
leur semble nécessaire; la question n'est pas de la compétence du
Congrès. En ce qui le concerne, il n'a jamais rencontré de marques
ou de brevets contraires à l'ordre public ou à la morale. D'ailleurs,
la question est prévue à l'article 6 de la Convention; cet article
laisse précisément aux administrations le droit de refuser toute
marque contraire à la morale et à l'ordre public; cela semble suffisant. Enfin, reste encore en faveur de la suppression l'argument
présenté par M. Maillard : le maintien des prohibitions ne pourrait
qu'être favorable aux contrefacteurs.

M. Benies (Autriche) fait observer que l'enregistrement d'une
marque, même contraire à la morale, ne signifie pas que celui qui

l'a déposée pourra en faire usage, car alors les règlements de police seraient là pour y mettre obstacle. Il n'est donc pas nécessaire de prévoir, par un texte formel, l'interdiction de semblables marques. Aussi, en ce qui le concerne, est-il disposé à accepter la suppression proposée. Les seules marques qu'il faut exclure de la protection ce sont celles d'un usage libre.

M. POUILLET trouve que la question ne présente pas un caractère international suffisant pour devoir être tranchée par un Congrès. Ordre public et bonnes mœurs sont choses toutes relatives qu'il faut laisser à l'appréciation des gouvernements intéressés. Il propose de rendre hommage au travail de M. Fumouze, qui constitue un document très intéressant, et de renoncer à un vote sur cette question parce qu'elle n'est pas d'ordre international.

M. AMAR (Italie) demande le maintien des propositions du rapporteur.

M. FUMOUZE, rapporteur, demande à faire observer que si personnellement il est partisan de la liberté et prêt à accepter la suppression de toute prohibition en matière de marques, il y voit, comme commerçant, un danger sérieux. La plupart des lois admettent actuellement les restrictions formulées dans le rapport. Constamment, les commerçants qui créent des marques y introduisent des signes, des emblèmes prohibés par certaines lois et éprouvent alors de grandes difficultés pour obtenir l'enregistrement de leurs marques ; ne vaut-il pas mieux, par les propositions formulées au rapport, les prémunir, en quelque sorte, contre les difficultés internationales qu'ils peuvent rencontrer, plutôt que de risquer de les égarer en proclamant, par un vœu théorique, que les marques ne doivent être soumises à aucune restriction. Il faut, comme le dit souvent M. de Marafy, autant que possible prévenir les fabricants de ce qui les attend; c'est dans cet esprit qu'a été rédigé le rapport soumis au Congrès.

M. FREY-GODET explique, à propos de la question soumise au Congrès, le but qu'il poursuivait dans une séance antérieure en demandant que la loi précisât quels caractères devait présenter une marque pour pouvoir être l'objet d'un enregistrement international. Comme M. Fumouze, il entendait se placer exclusivement sur le terrain de la pratique internationale; il revient sur cette question en indiquant les caractères que, suivant lui, doit présenter une marque pour être acceptée à l'enregistrement international, notamment en Angleterre. Il conclut en disant qu'il votera les propositions formulées par M. Fumouze.

M. CAMPI (Italie) fait observer, en réponse à l'argument présenté par M. Fumouze, qu'on doit supposer que les fabricants ont conscience de ce qui peut être contraire aux bonnes mœurs ou à l'ordre public. Ce n'est pas, comme semblait le dire M. Amar, la suppression des prohibitions proposées qui permettra d'induire que le Congrès n'entend pas voir assurer le respect des mœurs et de l'ordre public. Il ne lui semble pas, dans ces conditions, qu'il soit nécessaire de maintenir la disposition.

M. Georges Maillard, rapporteur général, constate que M. Fumouze s'est déclaré lui-même partisan de la liberté en matière de marques, et n'appuie sa proposition qu'au point de vue pratique.

Ce n'est pas faire quelque chose de pratique que de mettre des restrictions au droit du propriétaire de la marque. Si les commerçants sont inquiets de ne pas savoir à quelles conditions la marque qu'ils adoptent sera valable en tous pays, ils n'ont qu'à s'adresser à leurs conseils ordinaires. Ceux-ci leur indiqueront les dispositions restrictives propres à certains pays et dont il faut se méfier quand on veut une marque destinée à circuler partout. Mais parce qu'il y a des dispositions restrictives dans beaucoup de pays, ce n'est pas une raison pour émettre un vœu qui tendrait à étendre à tous les pays des dispositions restrictives déjà gênantes. Dans un vœu de législation idéale et d'unification future il ne faut pas maintenir l'exclusion des marques contraires aux bonnes mœurs et à l'ordre public.

Un exemple intéressera M. Fumouze et le ralliera peut-être.

En France, il y a des produits pharmaceutiques qui sont considérés comme des remèdes secrets et, par conséquent, contraires à l'ordre public. Il n'en est pas moins vrai que le ministère public ne les poursuit pas et qu'un grand nombre de ces remèdes fait l'objet d'exploitations importantes et d'importantes contrefaçons. Le propriétaire d'un de ces remèdes secrets poursuit un contrefacteur de sa marque. Celui-ci répond : il n'y a pas de marque valable, il s'agit d'un remède secret, qui est contraire aux bonnes mœurs. Quand les tribunaux qui avaient à juger ont entendu cette réponse, ils ont répliqué : nous n'avons pas à nous préoccuper de savoir si le remède est valable ou non, le propriétaire d'une marque a le droit d'arrêter le contrefacteur dans ses agissements.

Si nous adoptons le vœu de M. Fumouze, nous allons à l'encontre des intérêts qu'il veut servir; en effet, quand désormais, en France, le propriétaire d'une marque pharmaceutique poursuivra un contrefacteur, ce dernier pourra toujours répondre : c'est un remède secret, vous n'êtes pas propriétaire de la marque !

Voilà une raison décisive de ne pas demander l'insertion, dans toutes les législations, du refus de protection légale de la marque comme étant contraire aux bonnes mœurs et à l'ordre public.

D'autre part, à l'observation de M. Benies, qui n'admet pas la protection pour une marque usuelle et banale, satisfaction a déjà été donnée sur la question I, lorsqu'en définissant la marque de fabrique le Congrès dit que c'était « tout signe *distinctif* des produits d'une fabrique... » Une marque usuelle et banale n'a plus le caractère de signe distinctif.

On peut donc voter maintenant la résolution suivante :

Il n'y a lieu d'exclure de la protection aucun signe distinctif satisfaisant à la définition légale de la marque.

M. le Président, en observant que ce Congrès vaudra plus encore par ses délibérations que par ses votes et que les législateurs y puiseront les éléments nécessaires pour libeller des lois, déclare qu'il ne sera pas douteux pour personne que nous réprouvons tout ce qui est contraire aux bonnes mœurs, et le rejet des conclusions du rapport ne sera pas en contradiction avec cette déclaration.

M. le Président met d'abord aux voix la proposition de M. Georges Maillard comme s'éloignant le plus des conclusions du rapport.

(Cette proposition est adoptée.)

Question VII

Noms de localités.

M. Fère, rapporteur, résume son rapport; il rappelle que la question de la protection des noms de localité a déjà fait l'objet d'études dans des Congrès antérieurs, qui se sont prononcés en faveur d'une protection de plus en plus énergique. Les résolutions de ces Congrès ont d'ailleurs trouvé place, en grande partie, dans la Convention internationale de 1883 et surtout dans l'arrangement de 1891, mais avec encore certaines restrictions qu'il importerait de voir disparaître. Il faudrait arriver à empêcher d'une façon absolue que deux produits naturels pussent porter le même nom; il est en effet des cas, comme en matière d'eaux minérales, où la confusion entre deux produits de même nom pourrait avoir les conséquences les plus graves pour le consommateur. Enfin, il y aurait lieu, à l'exemple de ce qui se passe en Angleterre et aux États-Unis, de prendre des mesures énergiques contre les fausses indications de provenance; celles-ci devraient être l'objet de pénalités prononcées à la requête de tout intéressé, même n'habitant pas la région, dont le nom a été usurpé, et cela sans préjudice des réparations civiles. L'orateur termine par la lecture des propositions formulées dans le rapport :

I. — Dans la législation intérieure de chaque pays devra être interdite toute fausse indication de provenance de produits naturels ou fabriqués, quelle qu'en soit la forme, qu'elle soit apposée sur le produit même ou qu'elle figure dans des prospectus, circulaires, annonces, papiers de commerce quelconques, même si la provenance usurpée est une provenance étrangère. Cette interdiction sera frappée d'une sanction pénale et les poursuites pourront être intentées à la requête de toute personne intéressée, notamment d'un concurrent ou d'un acheteur, même étranger.

II. — Devront être prohibés à l'importation dans chaque pays les produits étrangers qui porteront ou seront l'objet de telles indications. Tout produit étranger qui portera le nom ou la marque d'un industriel ou d'un commerçant d'un pays autre que celui de la fabrication ne pourra être introduit que s'il porte aussi, en caractères apparents et indélébiles, le nom du pays de fabrication; si la marchandise importée porte un nom de lieu identique à celui d'un lieu situé dans le pays d'importation ou qui en soit une imitation, ce nom devra être accompagné du nom du pays où ce lieu est situé.

III. — Il est à désirer que les noms de localités ou régions connues comme lieux de provenance de produits naturels (1) ne puissent jamais être employés pour désigner un genre de produits indépendamment de la provenance.

M. Aman (Italie) s'associe complètement aux conclusions du rapporteur et signale qu'en Italie la fausse indication de provenance est punie par la loi (art. 12 de la loi du 13 août 1868); d'autre part, l'article 295 du Code pénal ne vise pas seulement la tromperie sur la nature de la chose vendue, mais atteint aussi la tromperie sur l'origine et permet d'atteindre la fausse indication de provenance. Enfin, la jurisprudence italienne, très favorable au propriétaire de la marque, n'exige pas pour le protéger que sa marque ait été déposée et permet d'agir, en tous cas, par voie d'action en concurrence déloyale. Cette disposition s'applique, sans aucune condition de réciprocité, même aux étrangers qui, victimes d'une concurrence en Italie pour une marque non déposée, peuvent en poursuivre la répression par voie de l'action en concurrence déloyale.

M. de Maillard de Marafy, président, fait remarquer que cepen-

---

(1) Les mots ou fabriqués seront ajoutés, sur la proposition de M. Benies. (Voir p. 380.)

dant l'Italie a refusé de s'associer à l'arrangement de Madrid et a même déclaré, pour expliquer ce refus, qu'elle ne pouvait s'engager à accorder protection contre les fausses indications de provenance aux étrangers. Malgré les déclarations de M. Amar, il conserve des doutes sur la protection que les étrangers peuvent rencontrer en Italie, en matière de marques.

M. Campi (Italie) déclare qu'en Italie la jurisprudence applique la disposition du Code civil italien qui permet d'étendre aux étrangers la protection dans tous les cas où la loi l'accorde aux sujets italiens.

M. Amar ajoute que, l'Italie n'ayant pas adhéré à l'arrangement de Madrid, il en résulte qu'en Italie les étrangers sont protégés sans que, par réciprocité, les Italiens soient forcément protégés à l'étranger.

M. Edwin Katz (Allemagne) est heureux de faire connaître au Congrès qu'il existe en Allemagne une loi spéciale réprimant par voie d'action civile et même pénale les fausses indications de provenance; un article de la loi spécifie qu'elle est applicable à tous les étrangers dont les pays d'origine possèdent, avec le gouvernement allemand, des traités assurant dans ces pays les mêmes avantages aux Allemands; la liste de ces pays a été publiée dans la *Gazette officielle*, par les soins du chancelier de l'empire, quelques mois après la promulgation de la loi. Par exemple, si l'on vendait en Allemagne sous le nom d'*eau de Vichy* une eau minérale qui ne proviendrait pas de Vichy, une action pénale serait engagée d'office contre le détenteur de la marchandise.

M. de Maillard de Marafy, président, remercie M. Katz de son intéressante communication et se félicite de voir avec quelle rapidité et quel minutieux soin l'Allemagne s'applique à perfectionner sa législation en matière de propriété industrielle. Il serait à désirer que cet exemple fût suivi par les autres pays.

M. Campi (Italie) tient à déclarer, pour l'honneur de l'Italie, que si elle n'a pas accédé à l'arrangement de Madrid elle a du moins donné, la première, l'exemple de la plus large protection vis-à-vis des étrangers, même sans réciprocité. Elle a encore été la première à supprimer la caution *judicatum solvi*.

M. de Maillard de Marafy, président, prend acte des déclarations de M. Campi qui, membre du Parlement italien, était mieux placé que tous autres pour renseigner le Congrès sur la situation faite aux étrangers en Italie. Ses déclarations paraissent de nature à calmer les appréhensions que bien des gens ne pouvaient s'empêcher de formuler.

M. Mesnil (avocat français à Londres) donne des explications sur la répression des fausses indications de provenance en Angleterre; il signale la loi de 1887, appliquée à partir de 1888, qui a établi un système complet de répression en ce qui concerne les fausses indications de poids, de mesure et d'origine, et constitue, pour ainsi dire, un véritable Code de probité commerciale. Cette loi très rigoureuse a soulevé des protestations de la part des armateurs qui l'accusaient de favoriser le commerce maritime étranger. Beaucoup de marchandises étaient importées sur des navires étrangers dans l'espoir d'échapper plus facilement aux exigences de la douane qui allait jusqu'à voir, dans de simples mentions en langue anglaise portées sur des marchandises venant d'Allemagne, par exemple, une sorte de tromperie indirecte sur l'origine de ces marchandises et exigeait, dans ce cas, une mention formelle de cette origine par l'adjonction des mots *made in Germany*. Les importateurs en gros joignirent leurs plaintes à celles des armateurs : cette mention exigée par la douane avait, suivant eux, pour effet de faire savoir aux détaillants que les marchandises qui leur étaient revendues étaient étrangères et les incitait tout naturellement à penser qu'ils pouvaient, en s'adressant directement au pays d'origine, se passer de leur intermédiaire, au détriment du commerce de distribution. Des enquêtes eurent lieu à la suite de ces plaintes en 1890 et 1897 : elles révélèrent que les plaintes des armateurs s'expliquaient par le développement considérable du commerce maritime étranger dans ces dernières années, sans que ce développement fût imputable à la loi; mais qu'en vue d'améliorer la situation du commerce de distribution il convenait non d'abroger la loi mais d'atténuer la rigueur de son application en modifiant les règlements des douanes. A partir de 1898 l'emploi de la langue anglaise, sans autre indication d'origine, pour les mentions apposées sur les colis est devenue licite. Le nombre des expéditions arrêtées en douane qui, en 1897, avait été de 7 766, est tombé, en 1898, à 1 460. Il faut dire encore qu'en 1898 on a supprimé tout examen pour les marchandises transportées simplement en transit.

M. Edwin Katz fait observer que la discussion semble s'égarer, que la question des indications indirectes d'origine signalée par M. Mesnil est à coup sûr très intéressante, mais ne se rattache que de loin à celle qui fait l'objet du rapport de M. Fère, auquel il convient de revenir.

M. Benies (Autriche) signale qu'en Autriche un projet de loi sur la matière a été déposé en 1897 et que les Chambres de commerce ont été invitées à présenter leurs observations. Ce projet n'a pu encore aboutir par suite de la situation parlementaire dans l'Empire.

M. Pouillet fait observer que, tout le monde paraissant être d'accord sur le fond de la question, il serait bon de mettre aux voix les conclusions du rapporteur.

M. Frey-Godet (du Bureau de Berne) demande la suppression de la première phrase du paragraphe second. Il fait remarquer que la législation de beaucoup de pays ne permet pas la prohibition à l'importation; on ne peut espérer que, pour satisfaire à un vœu du Congrès, ils consentiront à modifier profondément leur législation intérieure.

M. de Maillard de Marafy, président, estime que le maintien de cette phrase ne présente pas d'inconvénients, car il est exact qu'il y a des pays qui n'admettent pas actuellement la prohibition à l'importation; ils peuvent être amenés à l'établir dans l'avenir.

M. Benies propose de supprimer dans le paragraphe 3 le mot *naturels*, dans le but de rendre la proposition plus générale. Il signale qu'en Allemagne on désigne souvent par *Wienerwurst* des saucisses fabriquées à la mode de Vienne; la *bière de Pilsen*, une nature de bière qui n'est nullement fabriquée à Pilsen. Il serait très désirable de mettre un terme à de semblable pratiques; c'est pourquoi il propose d'étendre aux produits fabriqués la proposition que le rapporteur, par sa rédaction, a limitée aux produits naturels.

M. LE Président rappelle que l'article 4 de l'Arrangement de Madrid, en déclarant que les appellations régionales de provenance des produits vinicoles ne pourront pas être considérées comme désignations génériques, n'a fait qu'ouvrir la voie vers la règle plus générale que réclame M. Benies.

Les propositions du rapporteur, avec la modification de M. Benies, sont adoptées.

M. DE Ro (Belgique) signale qu'il est certain pays dans lequel on exige, avant d'autoriser les poursuites, que l'usurpateur soit d'abord averti; il estime qu'il serait bon que le Congrès se prononçât contre cette pratique. Il propose le vœu suivant :

> Aucun avis préalable ne sera adressé à l'usurpateur.

M. Georges Maillard, rapporteur général, voudrait qu'il fût indiqué, par la rédaction même, que le vœu vise un but spécial. Il propose de dire :

> Il est à désirer que dans aucune législation l'on n'exige un avis préalable avant la poursuite.

M. DE Ro ajoute que le mode d'opérer contre lequel il proteste ne résulte pas d'une prescription de la loi, mais d'une habitude des parquets. Il maintient sa proposition dans sa forme primitive.

M. LE Rapporteur général propose alors l'adjonction des mots dans *aucun pays* à la proposition de M. de Ro, afin de bien indiquer que le Congrès entend protester contre certaines pratiques. Cette proposition serait ainsi formulée :

> Dans aucun pays il ne devra être adressé d'avis préalable à l'usurpateur.

(La proposition est adoptée en ces termes.)

Question VIII

Récompenses industrielles ou honorifiques.

M. Mack, en l'absence de M. Garbe, résume le rapport qui a été rédigé sur cette question. M. Garbe a indiqué que la France est à peu près la seule à posséder une législation sur la matière ; il estime qu'il serait utile que les autres nations s'appropriassent les principes de loi française, dans laquelle il signale néanmoins certaines lacunes.

C'est ainsi, par exemple, que la loi française ne règle pas l'emploi des récompenses obtenues dans les expositions collectives, qu'elle ne prévoit pas la répression de l'imitation frauduleuse des récompenses. D'autre part, la loi reste souvent inefficace faute de moyens suffisants pour découvrir la fraude. Afin de remédier à cet inconvénient, M. Garbe propose de créer un registre général des récompenses, analogue à celui des marques, et de subordonner l'usage des récompenses obtenues à leur inscription sur ce registre. Enfin, en ce qui concerne l'usage des décorations, il estime que dans les cas où les décorations obtenues peuvent être licitement mentionnées, il conviendrait au moins d'exiger que l'on indiquât les noms de ceux qui les ont réellement obtenues. M. Garbe insiste sur la nécessité de régler l'emploi des récompenses au point de vue international. Il signale toutefois que MM. Frey-Godet et de Marafy, dans des notes soumises au Congrès, estiment que, à ce dernier point de vue, la question n'est pas mûre et doit être réservée. Les conclusions sont formulées en ces termes :

Il est à désirer que dans tous les pays l'usage des médailles, diplômes, mentions, récompenses ou distinctions honorifiques quelconques décernées dans des expositions ou concours, dans le pays même où à l'étranger, ne soit permis qu'à ceux qui les auront obtenus personnellement et à la maison de commerce en considération de laquelle ils auront été décernés ; que des dispositions pénales soient édictées contre : 1° quiconque, sans droit et frauduleusement, se sera attribué publiquement de telles récompenses, sous quelque forme que ce soit, ou en aura fait une imitation frauduleuse ; 2° quiconque les aura appliquées à d'autres objets que ceux pour lesquels elles avaient été obtenues ou qui s'en sera attribué d'imaginaires ; 3° quiconque aura omis de faire connaître la date et la nature de la récompense dont il se prévaut, l'exposition ou le concours où elle a été décernée, l'objet récompensé ; 4° quiconque, sans droit et frauduleusement, se sera prévalu publiquement de récompenses, distinctions ou approbations accordées par des corps savants ou des sociétés scientifiques.

Les membres d'une exposition collective récompensée devront pouvoir user de la récompense obtenue, à la condition d'accompagner l'indication de cette récompense des mots : exposition collective.

Quiconque aura obtenu une récompense industrielle ou honorifique, ne pourra s'en prévaloir commercialement qu'après l'avoir fait inscrire sur un registre spécial.

L'usage des décorations doit être interdit sur les marques de fabrique et de commerce; il y a lieu seulement de permettre aux industriels ou commerçants qui ont été décorés à raison de leur industrie ou de leur commerce, d'indiquer ce fait sur les papiers de commerce de la maison qui leur a valu cette distinction et d'autoriser les successeurs à indiquer que leur prédécesseur a reçu telle décoration comme récompense industrielle.

Il y a lieu d'introduire dans les conventions internationales la protection des récompenses industrielles ou honorifiques, en prescrivant notamment l'inscription, sur un registre public spécial, des récompenses obtenues et des sanctions en cas d'usurpation ou d'imitation frauduleuse.

M. Bouillier (France) estime qu'il est indispensable de compléter les propositions du rapporteur en interdisant d'une façon absolue l'usage des récompenses décernées dans des expositions autres que les expositions officielles organisées par les pouvoirs publics compétents et présentant toutes garanties. Il rappelle qu'il existe des officines qui, sous le couvert d'expositions imaginaires, délivrent à prix d'argent des diplômes, médailles et même des décorations que des négociants peu scrupuleux étalent ensuite sur leurs vitrines. Les décorations imitent toujours celle de la Légion d'honneur, si bien que, tandis que les règlements de la Grande Chancellerie interdisent avec raison de faire figurer la croix de la Légion d'honneur sur les marques, papiers et accessoires du commerce, il est fort difficile d'empêcher l'usage de ces fausses décorations qui trompent le public. Le principe de cette prohibition a déjà été admis en 1889; il convient de l'affirmer à nouveau aujourd'hui.

M. Donzel (France) complète les explications de M. Bouillier sur ce trafic des diplômes et des décorations qui constitue un véritable commerce organisé. On forme des académies quelconques : académies de sauveteurs, de brevetés, de fabricants, on y décerne des diplômes qui peuvent valoir 1 fr. 50 ou 2 francs, contre une cotisation de 40 francs.

M. de Maillard de Marafy, président, tout en étant d'accord avec M. Bouillier, fait observer que sa proposition, telle qu'il la formule, aurait le défaut d'interdire à de grandes sociétés non officielles, mais néanmoins très respectables, comme la Société d'encouragement, le droit de décerner des récompenses. Ce qu'il faut, c'est que la récompense ait été décernée après un concours sérieux, et cela c'est aux tribunaux de l'apprécier.

M. Bouillier, comme résumé de ses observations propose au Congrès la rédaction suivante qui donnera, pense-t-il, satisfaction à M. de Marafy :

L'usage public des médailles, mentions, ré-

compenses ou distinctions honorifiques quelconques, décernées dans les expositions ou
concours, des distinctions ou approbations accordées par des corps savants ou des sociétés
scientifiques ou artistiques, n'est (1) permis
qu'autant que les concours ou expositions ont
été organisés par une autorité officielle (en
France, État, département, commune) ou avec
l'approbation et sous le patronage de cette
autorité, ou que les corps savants, les sociétés scientifiques ou artistiques auront été légalement constitués, institués, approuvés ou reconnus.

M. FREY-GODET (du Bureau de Berne) propose l'ajournement de
la dernière proposition du rapporteur qui a trait à la législation
internationale des récompenses. Il estime que la question n'est pas
mûre à l'heure actuelle.

(Cette suppression est votée.)

M. IRICZ (Hongrie) demande que l'on supprime l'obligation de
l'inscription sur le registre spécial. Il lui semble que ce serait là,
pour le Congrès, empiéter sur le droit des Etats; il est impossible
de déclarer qu'un négociant récompensé dans une exposition officielle, et qui tiendra par conséquent son droit du gouvernement,
ne pourra en profiter qu'après l'accomplissement d'une formalité
telle que l'inscription.

M. DE MAILLARD DE MARAFY, président, insiste sur le maintien du
registre. Sans le registre où devront figurer les récompenses, il n'y
a aucun moyen de savoir si quelqu'un qui se targue d'une récompense l'a vraiment obtenue et les concurrents, dans ces conditions,
faute de pouvoir faire la preuve de la fraude, n'osent invoquer la
loi sur les usurpations de récompenses.

M. VAUNOIS (France) accepte la création du registre, à la condition qu'il soit réservé à l'inscription des récompenses ayant un
caractère nettement officiel et qu'on ne puisse y faire figurer des
récompenses interlopes qui, par suite de leur inscription, acquerraient une sorte d'authenticité.

M. GEORGES MAILLARD, rapporteur général, constate que tout le
monde semble d'accord sur la nécessité d'émettre un vœu pour interdire l'usage des récompenses qui n'ont pas de caractère sérieux;
mais il y a des divergences sur le système à employer. Personnel-

---

(1) Dans la rédaction définitive on a mis « ne doit être » pour donner à la
formule le caractère de vœu. (Note du rapporteur général.)

lement, il estime que le registre, si toute récompense peut y être inscrite pour être ensuite employée, ne servira qu'à augmenter la valeur des récompenses de complaisance. En vain on exigera la transcription du titre de la récompense ; ce titre même pourra induire en erreur et, en fait, le public ne se reportera guère au registre ; il sera trompé par la mention, sur le produit, de la récompense enregistrée. La proposition de M. Bouillier est préférable : elle donne, sauf à être complétée, l'énumération des récompenses dont l'usage sur les papiers de commerce pourra être autorisé. Dans ces conditions, l'institution du registre sera inutile ; elle peut être au moins différée jusqu'à ce qu'on ait expérimenté le système de M. Bouillier.

M. MACK (France) demande qu'on préconise, dès à présent, l'institution du registre comme moyen de renseignement.

M. LE PRÉSIDENT, sous la réserve de modifications de rédaction, met alors aux voix la proposition de M. Bouillier qui est adoptée.

Il ajoute qu'avec M. Mack, il croit nécessaire d'insister sur l'utilité que présenterait l'établissement d'un registre officiel d'inscription ; il demande au Congrès de se prononcer sur cette proposition.

M. VAUNOIS voudrait qu'il fût spécifié que l'on ne pourra inscrire sur le registre que les récompenses visées dans la proposition de M. Bouillier.

M. LE RAPPORTEUR GÉNÉRAL s'inquiète de savoir comment on pourra ainsi limiter l'inscription à cette classe de récompenses, quel pouvoir fera cet examen préalable.

M. BOUILLIER répond que le Ministère fera ce qu'il fait aujourd'hui quand il examine les titres d'un exposant et il éliminera les récompenses que précisément la proposition actuelle a pour but d'écarter.

M. LE RAPPORTEUR GÉNÉRAL fait observer qu'en France les exposants se sont plaints parfois qu'on ait refusé de tenir compte, parmi leurs titres, de récompenses parfaitement sérieuses.

M. POUILLET estime que c'est affaire d'organisation intérieure et que le Congrès n'a à se prononcer que sur le principe de la création du registre, conformément à la demande de plusieurs de nos collègues.

M. LE RAPPORTEUR GÉNÉRAL voudrait qu'on se contentât alors d'un vœu de mise à l'étude de cette question.

M. LE PRÉSIDENT signale qu'il y a actuellement en France une proposition soumise à la Chambre des députés, en vue de l'établissement de ce registre des récompenses. Il demande au Congrès de ne pas voter contre cette création, car cela constituerait un vote de préjugé fâcheux qui pourrait faire échouer la proposition devant la Chambre.

M. CLAUDE-COUHIN (France) croit qu'on est d'accord sur le principe du registre et sur la limitation des inscriptions aux récompenses visées dans la proposition Bouillier, mais il faudrait que cela fût nettement spécifié.

M. Pouillet l'entend ainsi.

C'est sur cette double déclaration, et sous réserve de rédaction, qu'un vœu est adopté.

M. Pouillet, président du Congrès, invite les membres du Bureau du Congrès et des Bureaux de sections à assister à l'Assemblée générale de l'Association internationale pour la protection de la propriété industrielle, dont il est président, et qui aura lieu à 2 heures, dans la salle du Congrès, avant la séance du soir.

La séance est levée à 11 heures 40.

Le Secrétaire:

A. Taillefer.

Séance du vendredi soir, 27 juillet.

Section I. — Brevets d'invention.

(Quatrième et dernière séance.)

La séance est ouverte à 3 heures 45, sous la présidence de M. Pouillet, président du Congrès, assisté de MM. Poirrier, de Ro, de Maillard de Marafy, Huber-Werdmüller, Lyon-Caen, Kaupé, Ch. Thirion fils et Georges Maillard.

Le procès-verbal de la séance précédente est lu et approuvé.

Questions IV et VI

Rédaction des vœux relatifs à la licence obligatoire.

M. Georges Maillard, rapporteur général, rend compte des travaux de la commission à laquelle avait été renvoyée l'étude de la licence obligatoire au double point de vue des produits chimiques et de l'obligation d'exploiter.

Cette commission a eu l'heureuse fortune d'avoir pour président improvisé un hôte éminent, dont elle a eu le monopole, car il n'a pu assister aux séances proprement dites du Congrès, c'est M. Moulton, le célèbre avocat de Londres. En sa qualité d'Anglais, il était tout naturellement amené à donner son avis sur l'organisation de la licence obligatoire. Il a déclaré : que si la licence obligatoire était, comme l'a estimé le Congrès, une chose excellente en théorie, elle rencontrait, dans l'application, des difficultés considérables ; que, notamment en Angleterre, on avait essayé d'établir un

25

système de licences obligatoires plus complet que celui qui existe à l'heure actuelle; qu'une commission avait été nommée; que des avocats avaient fait sur la question des travaux extrêmement remarquables et complets; mais qu'après de longues séances, on n'avait abouti à rien du tout.

Un autre membre de la commission, qui avait en cette matière une autorité toute spéciale, M. le professeur Bernthesen, délégué de la Badische Anilin und Soda Fabrik, a présenté des observations analogues. Il est partisan, en principe, de la licence obligatoire; mais, suivant lui, il est très difficile de déterminer dans quelles conditions le prix de ces licences serait fixé, il est très difficile de trouver une juridiction présentant une compétence suffisante pour apprécier la valeur d'une invention et contraindre le breveté à accorder licence à un concurrent avec lequel il n'a pu s'entendre.

Après ces explications, la commission a jugé qu'il était impossible de voter quelque chose de plus que la mise à l'étude de la licence obligatoire.

En ce qui concerne les produits chimiques, après le vœu déjà adopté, « qu'il est à souhaiter que les produits alimentaires, les » produits chimiques, les produits pharmaceutiques et les procédés » propres à les obtenir, ne soient pas exclus de la protection », elle propose d'ajouter :

> « Il y aurait lieu d'étudier en cette matière l'organisation d'un système d'échange de licences obligatoires, analogue à celui de l'article 12 de la loi suisse, pour le cas où, sans raison valable, l'inventeur d'un produit ou d'un procédé refuserait d'autoriser l'auteur d'un perfectionnement à utiliser sa propre invention. »

C'est la reproduction du vœu de M. Poirrier; seulement, au lieu d'entrer dans les détails, on pose seulement un principe, en entendant, par échange de licences obligatoires, que le perfectionneur, l'inventeur du nouveau procédé, pourra obtenir une licence pour la fabrication du produit et que, de son côté, le propriétaire du brevet pour le produit pourra obtenir une licence pour utiliser le nouveau procédé de fabrication.

En ce qui concerne l'obligation d'exploiter, la commission a été d'avis de maintenir purement et simplement le vœu qui avait été provisoirement voté par la section, à savoir :

> « Il est nécessaire, dans l'avenir, d'abandonner en principe l'obligation d'exploiter, mais

il y a lieu d'étudier un système de licences obligatoires pour le cas de non-exploitation. »

M. Pouillet, président, pense que ces deux propositions rentrent tout à fait dans l'esprit qui a dicté le vote de la section.

(Les propositions de la commission sont mises aux voix et adoptées.)

M. le Président ajoute qu'il est heureux que son éminent confrère, M. Moulton, passant quelques instants à Paris, ait pu apporter à la commission le secours de ses lumières sur la question si difficile des licences obligatoires.

Question V

De la publication des brevets.

M. Taillefer, rapporteur, indique que tout le monde est d'accord pour reconnaître les avantages que les inventeurs et les industriels trouveraient à pouvoir se procurer rapidement, et à des prix abordables, les copies de brevets. Certains pays publient déjà, par fascicules séparés, les brevets pris chez eux : il faut citer notamment l'Angleterre où cette publication a lieu d'une façon particulièrement satisfaisante. Il est évident qu'il faut, pour obtenir un bon résultat, obliger les inventeurs à certaines formalités (dépôt de dessins bien faits, etc.) qui faciliteraient la publication. La seule difficulté réside dans la question des frais qu'entraîne cette publication, car la vente des fascicules ne couvre jamais les frais. Il semble logique de prélever les dépenses sur les bénéfices de la taxe des brevets eux-mêmes. Comme conclusion, M. le Rapporteur propose la résolution suivante :

« Le Congrès émet le vœu :

» 1° Que, dans tous les pays, les gouvernements publient : 1° les descriptions et dessins par fascicules séparés ne comprenant qu'un brevet et ses planches au moment où le brevet est délivré à l'inventeur ; 2° périodiquement et au moins mensuellement des abrégés, avec planches, de tous les brevets classés systématiquement, de telle façon que les différentes classes puissent être réunies chaque année en fascicules distincts auxquels seraient jointes des tables de matières détaillées ;

2° Que chacun puisse prendre connaissance,
au service central de la Propriété industrielle,
des catalogues de brevets et des originaux des
documents déposés ;

3° Qu'une entente s'établisse, sur les bases
étudiées au Congrès de Zurich, entre les différents gouvernements : 1° pour adopter un format
unique pour la reproduction des dessins joints
aux descriptions et pour accepter le dépôt de
tout genre de dessin se prêtant à une reproduction facile par la photographie ; 2° pour simplifier et uniformiser autant que possible les formalités imposées aux inventeurs lors du dépôt
de leurs demandes. »

M. le Président fait observer que ces propositions ont une importance particulière, non pas pour les pays comme la Suisse, l'Angleterre, l'Allemagne, dans lesquels la publication des brevets se
fait de la manière la plus parfaite, dans lesquels il existe même
une administration centrale parfaitement organisée, mais au point
de vue de la législation française, qui a besoin d'être modifiée.

M. le Ministre du Commerce vous a dit qu'il avait déjà pris
l'initiative d'une amélioration pour la publication des brevets ; mais
qu'on était encore loin de la réforme désirable. Il est à souhaiter
que les vœux soumis au Congrès dans cet ordre d'idées soient votés
à l'unanimité pour qu'ils aient sur les destinées de la législation
française une influence décisive.

(Les trois vœux qui servent de conclusion au rapport de M. Taillefer, sont adoptés à l'unanimité).

M. le Président, comme Français, remercie la Section de cette
unanimité qui contribuera, il faut l'espérer, à la réalisation de la
réforme en France.

Question IX

Des moyens de faciliter à l'inventeur la demande de brevet dans les pays étrangers.

M. Armengaud jeune, rapporteur, indique que l'idéal vers
lequel on doit tendre est de faire décider qu'un brevet pris dans un
pays quelconque sera valablement pris en même temps dans tous
les pays, mais on ne peut espérer y atteindre d'ici longtemps ; ce-

pendant l'Union de 1883 a fait faire un grand pas à la question en créant ce délai de priorité.

L'orateur rappelle qu'un vœu présenté par lui au Congrès de Paris en 1878 et tendant à établir ce délai de priorité avait été repoussé. Mais l'idée a triomphé depuis et on a adopté un délai de six mois, pendant lequel celui qui dépose un brevet dans un pays de l'Union a la priorité pour prendre ce même brevet dans les autres pays de l'Union. Faut-il aujourd'hui étendre ce délai, qui paraît un peu court, à une année. Les Congrès de Vienne et de Londres l'ont pensé et l'orateur estime qu'ils ont eu raison. Il pense également que le délai de priorité doit profiter aux ayants droit du breveté.

M. Donzel (France) combat la prolongation du délai de priorité. Il se rappelle qu'à la séance de la veille, M. Armengaud protestait contre le secret auquel est assujetti, en France, le dépôt des dessins de fabrique, en faisant remarquer que le contrefacteur se trouvait condamné en vertu d'un titre secret. Il s'étonne que le même orateur vienne demander aujourd'hui la prolongation à un an du délai de priorité, pendant lequel le même inconvénient se produira en matière de brevets.

Outre ce délai légal, il y aura encore, en fait, trois mois pendant lesquels le brevet déposé au Ministère ne sera pas connu du public ; cela fait, en tout, une période de quinze mois de secret, pendant laquelle un industriel qui veut perfectionner son outillage et prend, dans ce but, un brevet, ne saura pas s'il est inventeur ou contrefacteur. Il est inouï de qualifier délit un fait dont le caractère ne sera connu que peut-être quinze mois après son accomplissement. En bonne logique il faudrait, en même temps qu'on prolongerait le délai de priorité, décider que pendant cette période le délit de contrefaçon n'existerait pas. Sinon, l'inventeur serait comme un homme qui, voyant un noyer dans la campagne et ne sachant s'il a ou non le droit de cueillir des noix, en cueille en se disant : « je verrai bien si je n'ai pas le droit d'en prendre quand le garde champêtre m'arrêtera. » Mais ces raisonnements de chemineau ne conviennent pas à un industriel, sur qui une condamnation, même civile, jettera le discrédit.

On dit que ces inconvénients n'ont pas apparu sous l'empire du délai de priorité de six mois, mis en vigueur par la Convention d'Union, qu'en conséquence le délai d'un an ne les aggravera guère. C'est une erreur : porter le délai au double fera, au contraire, apparaître le danger. Au lieu de chanter un hymne en l'honneur de l'inventeur, il faudrait se préoccuper de la liberté du travail.

L'orateur proteste encore contre M. Armengaud quand celui-ci propose que la vente du brevet entraîne la cession du droit de priorité.

M. Armengaud jeune répond qu'il demande, au contraire, que la cession du droit de priorité ne puisse avoir lieu qu'en vertu d'une stipulation expresse.

M. Hardy (Autriche) fait observer que M. Armengaud, ingénieur-conseil, est un homme de pratique, qu'il est à peu près dans les mêmes conditions que lui, puisqu'il exerce la même profession, et que, sans froisser les éminents juristes qui font partie du Congrès, il est permis de dire que les agents de brevets, ayant avec les inventeurs des rapports plus directs et plus fréquents, doivent connaître leurs besoins mieux que personne.

Or les ingénieurs affirment que le délai de priorité de six mois est insuffisant et que le délai d'un an est lui-même un peu court. Peu importe le pays dans lequel est pris le brevet : entre le moment où la demande est déposée et celui où le brevet est vraiment exploitable, il s'écoule très souvent un intervalle qui dépasse un an. C'est seulement en accordant un délai d'un an à l'inventeur, pour lui permettre de demander la priorité qu'il a déjà dans son pays d'origine, qu'on lui laissera le temps de perfectionner son invention.

M. LE PRÉSIDENT prie M. Lyon-Caen, l'éminent professeur de droit, membre de l'Institut, qui a été nommé président d'honneur, de prendre place au Bureau.

M. DE RO (Belgique) insiste pour qu'on adopte toutes les conclusions du rapport de M. Armengaud et surtout la prolongation à un an du délai de priorité. La délégation belge à la Conférence de Madrid a étudié spécialement cette question et s'est convaincue que ce délai d'un an constituait la transaction minima entre les gouvernements pour assurer le bon fonctionnement et l'extension de la Convention d'Union de Paris. Il ne faut pas se cantonner dans des spéculations philosophiques, mais voir aussi les questions pratiques. Ce qu'on veut, c'est l'entente du plus grand nombre de nations possible. Il faut, dans ce cas, adopter sans hésiter le délai d'un an, car ce délai est une condition *sine quâ non* de l'adhésion de certains États à l'Union.

M. POINSARD (du Bureau de Berne) constate que les adversaires du délai d'un an s'appuient toujours sur des suppositions. Or, un fait établi par l'expérience est que le délai de six mois est insuffisant pour l'inventeur. On répond en supposant que ce délai a, par contre, l'inconvénient de restreindre la liberté de l'industrie, il serait plus exact de dire la liberté de la contrefaçon. Mais ce n'est qu'une supposition, car on n'a apporté aucun exemple de restriction à la liberté de l'industrie résultant du délai de priorité.

M. CASALONGA (France) estime qu'il y a quelque confusion entre la question du délai de priorité et celle du délai du secret. La question du délai du secret se rattache à la question de la rapidité dans la publication des brevets. L'étendue de la priorité ne gêne en rien l'action des perfectionneurs.

M. ASSI (France) reconnaît que le délai de six mois est un peu court pour le breveté. Mais il est évident que les nouveaux inventeurs, ceux qui vont vouloir prendre un brevet, seront dans l'incertitude, et cela d'autant plus longtemps que le délai de priorité sera lui-même plus long. Il est vrai que cette incertitude ne dépend pas seulement du délai de priorité, mais aussi du temps pendant lequel la demande de brevet reste secrète. On pourrait établir un délai de priorité de deux ans; il n'y aurait aucun inconvénient à cela si les demandes de brevet étaient publiées le lendemain de leur dépôt. Mais, en pratique, un inventeur qui veut savoir s'il n'a pas été devancé fait des recherches dans le catalogue des brevets de son pays et il ne peut y trouver que les brevets qui existent déjà, non pas ceux dont la demande est déposée à l'étranger depuis six mois ou depuis un an. La situation du second inventeur est digne d'intérêt.

M. le Président demande à l'orateur s'il connaît des cas où un réinventeur de bonne foi ait eu à souffrir de la priorité d'un inventeur étranger.

M. Assi répond qu'il a rencontré des brevets pris à des intervalles très courts, quinze jours par exemple.

M. Julien Bernard (France) demande qu'on accorde à l'inventeur le moyen de prendre son brevet dans tous les pays à la fois ou bien qu'on lui accorde le droit d'être breveté partout le jour où il dépose sa demande. Il n'y a pas de transaction possible entre ces deux systèmes. Il demande la prolongation la plus longue possible, mais à la condition que la publicité du brevet soit instantanée et ait lieu au moment même du dépôt.

M. Donzel (France) s'étonne que M. Poinsard lui ait reproché d'invoquer des suppositions, non des faits. Que l'étranger qui aura un délai de priorité d'un an soit disposé à attendre le dernier jour pour prendre son brevet, c'est là un fait qui, s'il ne s'est pas réalisé hier, se réalisera demain.

Il veut répondre également un mot à M. de Ro, qui, ayant représenté la Belgique dans les différentes Conférences pour la revision de la Convention d'Union, a dit qu'il était à sa connaissance que le vote du délai de priorité d'un an était la condition *sine quâ non* à laquelle une ou plusieurs puissances subordonnaient leur adhésion à la Convention. Si M. de Ro, qui probablement a, pour être discret, des motifs qu'on ne peut qu'approuver, avait dit tout le fond de sa pensée, il aurait pu ajouter qu'il y avait une double condition à cette adhésion : 1° la prolongation du délai de priorité de six mois à un an; 2° la suppression pour l'inventeur de l'obligation d'exploiter. Il y a dans l'assemblée, en conformité de ces vues, un courant qu'il est impossible de remonter. L'orateur, en prenant la parole, n'a d'autre but que de faire inscrire sa protestation et de constater que toutes les idées ne sont pas représentées au Congrès, que l'industrie est en infime minorité et que les étrangers dominent. (*Bruit et protestations.*)

M. Pouillet, président, fait observer qu'il y a ici des industriels, peut-être pas en aussi grand nombre qu'on aurait pu le souhaiter, mais qui sont tous des chefs d'importantes maisons. Il ajoute que les juristes et les ingénieurs-conseils ont bien aussi quelque compétence en ces matières et connaissent les besoins des industriels dont ils sont les porte-voix et les représentants.

M. Donzel répond qu'en tous cas il n'y a pas égalité puisque, lui, par exemple, qui ne représente que lui seul, a une voix tout comme ceux qui représentent un Etat ou comme M. Jouanny, qui a dit représenter dix mille personnes. Une fois les travaux du Congrès achevés, il se trouvera quelqu'un pour faire ressortir auprès des Chambres de commerce que les congressistes ont obéi ici, sinon à des idées préconçues, du moins à un courant auquel M. de Ro a fait allusion.

M. Wirth (Allemagne) (1) insiste, au point de vue allemand, en faveur de la prolongation du délai de priorité; mais on ne peut méconnaître les inconvénients qui résultent d'une si longue durée et il conviendrait de rechercher un moyen permettant de conserver les avantages du système, tout en faisant disparaître les inconvénients. Sans faire de proposition formelle, — c'est simplement une idée qu'il soumet au Congrès, — il se demande si l'on ne pourrait pas trouver ce terrain de conciliation dans le système de la possession personnelle établi par la loi allemande et qui constitue une restriction du droit du premier déposant en faveur de celui qui avait fait usage de l'invention avant le dépôt. Il semble que l'on pourrait appliquer ce principe à la question de priorité. Qu'un inventeur français, par exemple, ait déposé une demande de brevet en France et qu'il dépose ensuite une demande en Allemagne. Dans le cas où un Allemand aurait fait la même invention dans le même intervalle de temps, le Français obtiendrait son brevet, mais l'Allemand qui aurait de bonne foi fait usage de l'invention pendant le délai de priorité aurait le droit de l'exploiter encore, sans avoir droit d'ailleurs, ni à un brevet ni à un monopole. Ce système aurait pour effet une légère restriction du droit du premier inventeur, mais il aurait l'avantage de faire disparaître les inconvénients résultant d'une longue durée de priorité.

M. Pouillet, président, dit que le système de M. Wirth serait parfait si vraiment on pouvait établir que l'individu est de bonne foi et qu'il n'a pas connu d'une façon quelconque l'invention première; mais le secret du brevet n'est pas tel qu'il ne puisse se commettre des indiscrétions.

M. Raclot (Belgique) demande pourquoi ne pas obliger l'inventeur, en même temps qu'il fait le dépôt dans son pays d'origine, à déposer en même temps la demande de brevet partout où il a l'intention de se faire breveter, sauf à n'exiger les taxes que dans un délai d'un an par exemple.

M. de Ro (Belgique), comme ayant été mis personnellement en cause par M. Donzel, tient à s'expliquer. A-t-on voulu dire qu'il avait exercé une certaine pression sur les votes? Il proteste énergiquement.

M. Donzel déclare n'avoir pas dit cela.

M. de Ro est certain que les membres de l'assemblée voteront en parfaite connaissance de cause et en toute indépendance. Mais on ne peut contester qu'il existe dans l'assemblée un courant vers

(1) Observations traduites par M. Osterrieth.

une entente internationale que l'orateur appelle de tous ses vœux, en se plaçant sous le patronage des paroles prononcées à la première séance de la Section par M. le Ministre du Commerce. Le but est de réaliser, d'une façon durable, la fraternité internationale dans le domaine où elle est possible. La question si grave, si intéressante de la propriété industrielle en fournit l'occasion. Il faut faire des vœux pour qu'elle se réalise et consentir, dans une pensée de conciliation, à des sacrifices réciproques.

M. Delahaye (France) se déclare un industriel n'aspirant pas à devenir inventeur et n'ayant pas l'habitude de s'occuper des questions de brevets. Etant membre du Congrès du Commerce et de l'Industrie, il n'a malheureusement pu suivre les travaux du Congrès de la Propriété industrielle avec toute l'attention qu'il aurait souhaitée. Il a entendu M. Donzel, qui lui a paru très isolé dans cette enceinte, mais dont certains arguments lui ont semblé saisissants. Il ne veut pas revenir sur une question qui a été tranchée, la suppression de l'obligation d'exploiter, mais il craint que ce vote ne cause quelque inquiétude dans les Chambres de commerce où il voudrait voir pénétrer les idées du Congrès.

M. Pouillet, président, fait observer qu'on n'a pas voté la suppression pure et simple de l'obligation d'exploiter; puisqu'on a voté que l'inventeur qui n'exploite pas lui-même est obligé d'accorder une licence.

M. Armengaud jeune (France) aurait, si M. de Ro ne l'avait déjà fait, protesté de toutes ses forces contre les insinuations de M. Donzel, dont la parole a, sans doute, dépassé la pensée. L'orateur souhaite de nouvelles adhésions à la Convention d'Union, mais il n'a d'autres mobiles que ceux qu'il puise dans sa conscience et dans le désir de défendre les droits sacrés des inventeurs en même temps que ceux de l'industrie.

Il remarque que le gros argument des adversaires de la prolongation du délai de priorité consiste à s'effaroucher des entraves apportées au second inventeur. Or, c'est là un cas très exceptionnel, quoiqu'il se soit déjà présenté dans des espèces intéressantes ; d'autre part, il y aurait un correctif, ce serait la licence obligatoire, que le second inventeur pourrait, en ce cas, exiger du premier. Enfin, à cet argument s'oppose le droit sacré de l'inventeur, auquel il faut plus de deux mois pour étudier son invention et la mettre au point. S'il a inventé un calorifère en plein été, il lui faudra attendre l'hiver pour l'expérimenter ; s'il s'agit d'une machine agricole ou d'un engrais, il lui faudra toute une évolution des saisons pour en apprécier le résultat.

M. Caquet (France) n'est pas de l'avis de son éminent confrère, M. Armengaud jeune. Il estime, au contraire, que prolonger le délai de priorité n'est pas conforme aux intérêts des inventeurs.

Avec le délai de six mois de la Convention, un inventeur français est à même de négocier son invention, de tirer le fruit de son travail après neuf mois, c'est-à-dire une période de six mois pendant laquelle une invention étrangère peut venir prendre une date de priorité, plus trois mois pendant lesquels un brevet, pris pendant le délai de priorité, peut rester inconnu avant d'être délivré.

Si le délai de priorité est porté à un an, au bout de combien de temps l'inventeur français pourra-t-il savoir si son invention n'est pas primée par une invention étrangère? Au bout de quinze mois. Lorsqu'avant l'expiration de ce délai il proposera son invention à à une Société, à une Compagnie, à des capitalistes, on lui dira qu'on ne peut la prendre en considération parce qu'il ne peut pas prouver qu'elle est nouvelle, attendu qu'on ne sait pas si un brevet étranger ne va pas surgir avec son droit de priorité; le délai de quinze mois n'étant pas écoulé, on ne peut tabler sur la nouveauté de l'invention. Donc une prolongation du délai de priorité, loin d'être utile aux inventeurs, leur est nuisible.

M. Poinsard (du bureau de Berne) apporte un fait précis en faveur de la prolongation du délai de priorité. La Suisse a, depuis plus de dix ans, un traité avec l'Allemagne, et la Suisse est un pays très industriel, on y fabrique à peu près de tout, c'est donc un pays qui a besoin d'être protégé aussi énergiquement que possible. En vertu de ce traité, le délai de priorité s'étend jusqu'à trois mois après la concession du brevet, et comme il y a des brevets allemands qui sont délivrés seulement quinze, dix-huit ou vingt mois après la demande, il en résulte, d'abord, que le délai de priorité est variable, ensuite qu'il peut s'étendre jusqu'à deux années au lieu d'une seule, et quelquefois même davantage ; on descend rarement au-dessous d'un an. Aucun inconvénient jusqu'ici n'a été signalé.

M. Pouillet, président, remarque que le Congrès semble, en grande majorité, favorable à l'extension du délai de priorité. La seule objection qu'on fasse c'est que pendant ce délai les demandes de brevet sont secrètes. Il signale que le troisième paragraphe des conclusions du rapporteur propose un remède à ces inconvénients en créant un journal international qui publierait toutes les demandes de brevets. D'autre part, M. Raclot propose une autre solution de cette difficulté et soumet au Congrès le vœu suivant :

> « L'inventeur, désirant par la suite être protégé dans les pays de la Convention, aurait à déposer dans ces pays, en même temps que sa demande de brevet dans son pays, les pièces constitutives de la description de l'invention. Il n'aurait à payer les taxes et timbres qu'au moment de l'échéance que lui accorde la Convention. »

M. Georges Maillard, rapporteur général, pense que ce vœu n'est pas incompatible avec les conclusions du rapporteur. On pourrait l'examiner en même temps que le paragraphe 4 de ces conclusions, dont il est le complément.

Un Membre du Congrès propose de réunir en un seul les paragraphes 1 et 3 des conclusions, de façon à bien solidariser entre elles la disposition qui étend le délai de priorité et celle qui porte les demandes de brevets à la connaissance du public.

M. Armengaud jeune, rapporteur, répond que ces deux dispositions ont des objets très différents. La dernière s'occupe de l'intérêt du public, la première envisage l'intérêt de l'inventeur qui a droit à la sollicitude de tous. Il faut lui laisser le temps d'étudier. de perfectionner son invention, de chercher des capitaux pour l'exploiter et se faire breveter à l'étranger.

M. Donzel (France) estime que le plus mauvais service qu'on puisse rendre à un inventeur, qui est naturellement hypnotisé par son invention, c'est de l'exciter à prendre des brevets dans tous les pays et de lui faire dépenser ainsi tout son argent qui serait bien mieux employé à poursuivre ses expériences.

M. Pouillet, président, prononce la clôture de la discussion et met aux voix les conclusions du rapport :

« Il y a lieu, dans l'intérêt supérieur de l'inventeur et pour sauvegarder ses droits sur la propriété de sa découverte, de préconiser le principe du délai de priorité accordé par l'article 4 de la Convention internationale d'Union de 1883. (*Adopté.*)

Pour rendre plus efficace l'application de ce principe, il convient de proposer les améliorations suivantes :

1° En maintenant le point de départ du délai de priorité au dépôt de la demande, il y a lieu de fixer ce délai à une année; (*Adopté.*)

2° Le bénéfice de ce droit de priorité doit s'étendre aux acquéreurs du brevet d'origine comme aux ayants droit légaux du breveté.

(*Adopté.*)

M. Assi (France) propose de substituer, dans le paragraphe suivant, qui traite de la création d'un journal international où les demandes de brevets seraient *annoncées*, le mot *publiées* au mot *annoncées*.

M. Fayollet (France) demande qu'au lieu de « *il est désirable que*... les demandes de brevets... soient publiées... » on dise : « *il faut que*... »

M. Armengaud jeune, rapporteur, répond qu'à l'époque du Congrès de Londres, il a eu l'occasion, dans une visite au *Patent-Office*, de constater qu'on avait à 10 heures du matin la liste des demandes déposées la veille. Cela lui a paru intéressant et il voudrait que le journal international à créer pût faire quelque chose d'analogue. Il ajoute que, dans sa pensée, ce journal devrait ensuite, et le plus tôt possible, publier la description et les dessins des brevets ainsi annoncés immédiatement.

M. LE PRÉSIDENT, prenant acte de ces déclarations et sous réserve de la rédaction un peu obscure du paragraphe 3° sur ce point, met aux voix les trois dernières conclusions du rapport :

> 3° Pour ne pas laisser trop longtemps dans l'incertitude les nationaux des pays autres que celui de l'origine, il est désirable que les demandes de brevets dans tous les pays soient annoncées le plus tôt possible dans un journal international qui sera publié au siège de l'Union et mis à la disposition du public dans les Bureaux de brevets des pays de l'Union ;
> (*Adopté*, sous les réserves de rédaction ci-dessus.)

> 4° Il convient d'unifier pour tous les pays les formalités de la demande, notamment en ce qui concerne la régularisation du pouvoir donné par le demandeur, les descriptions, le format des dessins, les échantillons, suivant les indications proposées au Congrès tenu à Zurich en 1899;
> (*Adopté*).

> 5° Pour bénéficier du délai de priorité qui lui est accordé par la Convention de 1883, l'inventeur devra déclarer quelle est la date de son brevet originaire et cette date devra être mentionnée dans le titre du brevet.   (*Adopté*.)

M. LE PRÉSIDENT met alors en discussion le vœu de M. Raclot, qui propose d'imposer à l'inventeur l'obligation de déposer sa demande en tous pays, sauf à ne payer ensuite la taxe que s'il se décide à user du délai de priorité.

M. ARMENGAUD jeune, rapporteur, estime que ce serait annihiler tous les avantages du délai de priorité car, dans le système de M. Raclot si l'inventeur n'a pas à payer la taxe, il lui faudra toujours avancer des frais de copie, de traduction, de rédaction, etc... De plus, on lui retire ainsi le moyen de revoir son invention et d'englober les perfectionnements qu'il a pu faire pendant le délai de priorité. La publication du journal international suffit et vaut mieux.

M. GEORGES MAILLARD, rapporteur général, pense également que le système de M. Raclot occasionnerait de grosses dépenses à l'inventeur, car il lui faudrait dans tous les pays des intermédiaires pour effectuer le dépôt et il ne pourrait, en tous cas, se dispenser de faire traduire sa description. Cependant l'idée qui est au fond de la proposition de M. Raclot lui paraît intéressante et il propose qu'on la renvoie à l'étude d'un prochain Congrès.

(Cette proposition est adoptée.)

Question VIII

Des juridictions en matière de brevets d'invention.

M. Georges MAILLARD, rapporteur général (1) présente les résultats d'une étude faite par la commission instituée par le Congrès de Londres et qui a été chargée d'examiner s'il y avait lieu de proposer un changement de juridiction en matière de brevets. Il résulte de cette étude qu'une juridiction spéciale serait dangereuse. Il vaudrait mieux spécialiser les juges ordinaires pour arriver à faire juger les affaires de brevets par des juges plus particulièrement compétents. Quant aux experts, il y aurait intérêt à ce qu'il fussent entendus à l'audience.

M. ASSI (France) rappelle qu'il avait préconisé cette solution dès avant le Congrès de Londres. Il estime qu'il y aurait un grand intérêt à avoir des juges qui comprennent le langage technique qu'on leur parle et qui n'en soient pas réduits à entériner les rapports d'experts sans discussion, tandis que les experts ne se bornent plus à élucider des questions techniques, mais tranchent également des questions de droit.

M. DELAHAYE (France) demande où ces juges deviendront des techniciens.

M. ASSI répond qu'il y a beaucoup d'avocats qui sortent des écoles Centrale ou Polytechnique : ils sont avocats et pourraient être magistrats et, parmi les ingénieurs-conseils, beaucoup sont licenciés ou docteurs en droit. Ces juristes-ingénieurs se multiplieraient quand il y aurait pour eux un débouché dans la magistrature. Il ne serait pas nécessaire d'en avoir beaucoup. C'est une idée un peu ancienne et dont on peut se débarrasser que de vouloir dans chaque arrondissement un tribunal pour juger les affaires de brevets.

M. CAMPI (Italie) croit que tout le monde est d'accord pour dire que les juridictions spéciales sont contraires à la manière d'envisager l'administration de la justice dans notre temps. Il appuie donc la première proposition du rapporteur. Quant aux autres vœux, il voudrait qu'on les laissât de côté, car ce ne sont que des questions particulières d'organisation dans chaque Etat et chaque nation doit les régler de la manière qui lui semble la plus satisfaisante.

. M. HUARD (France) estime aussi que ce n'est pas une question

---

(1) Voir rapport spécial, p. 134.

internationale et qu'il vaut mieux la laisser de côté. Il propose le vœu suivant :

> « Le Congrès émet le vœu que dans chaque pays on examine la question de savoir s'il doit être établi des juridictions spéciales ou s'il n'en doit pas être établi en matière de brevets d'invention. »

M. le Rapporteur général répond que si la question n'est pas, à proprement parler, une question internationale, c'est une question de droit comparé, parce qu'elle se pose la même dans tous les pays. Dans tous les pays, au moins pour les actions en contrefaçon, les tribunaux ordinaires sont, à l'heure actuelle, compétents, et dans tous les pays, à propos de ces actions, on se plaint de cette juridiction ; il n'est donc pas inutile de dire quelque chose dans cet ordre d'idées.

En lisant ce qui a été publié sur cette question en Allemagne, en Angleterre et en France, on est convaincu qu'on ferait quelque chose d'utile en disant qu'il est désirable que, dans tous les pays, on recrute des magistrats ayant des connaissances scientifiques suffisantes pour juger des contrefaçons en matière de brevets d'invention.

M. Casalonga (France) rappelle que, dès 1878, il avait présenté une proposition mixte ; dans une petite brochure appelée « Courte réponse » il avait émis une idée qu'il croit juste et qui appartenait à M. Armengaud père, auquel il est heureux de rendre hommage, idée qui consistait, non pas à créer des juridictions spéciales, mais à adjoindre aux juges de droit commun un ou deux spécialistes, ayant seulement voix consultative.

Dans ces conditions, le champ de recrutement serait suffisant et les juges auraient près d'eux des hommes compétents. Il ajoute que la question n'est pas aussi nationale qu'on pourrait le croire : nous ne sommes pas chargés de décider telle ou telle chose, mais de proposer certaines solutions, et celle que, dans la circonstance, nous pouvons admettre, peut intéresser tous les gouvernements, quelles que soient les règles de la justice dans les différents pays.

M. Huard constate un désaccord absolu entre M. le Rapporteur et les ingénieurs qui ont pris la parole.

M. Maillard veut prendre des juges de carrière qui soient des jurisconsultes ayant jugé un assez grand nombre de procès en contrefaçon et dont la compétence sera, selon lui, suffisante.

M. Casalonga estime que ces juges doivent être des hommes ayant des connaissances techniques, ayant passé par les écoles Polytechnique ou Centrale, c'est-à-dire ayant une toute autre compétence.

M. le Rapporteur général répond que son opinion est absolument identique à celle de M. Assi et ce que souhaite M. Casalonga, nous l'aurons dans l'avenir ; à l'heure actuelle, il faudra nous contenter le plus souvent de magistrats ayant jugé beaucoup d'affaires de contrefaçon ; plus tard, nous aurons des hommes qui auront reçu cette double éducation d'ingénieur et de juriste, et qui se consacreront à cette magistrature spécialisée qui deviendra une nouvelle carrière.

M. ARMENGAUD jeune (France) estime qu'il y a un moyen terme entre les propositions émises par M. Huard et celles de M. Maillard. On nous dit qu'il est désirable de choisir des juges très instruits, qui auront des connaissances techniques étendues. Avec la marche incessante du progrès, quelque intelligents, quelque savants que soient vos juges, ils ne seront jamais suffisamment compétents au point de vue technique et ne pourront jamais se passer d'experts. C'est pourquoi il conviendrait qu'en tout état de cause les juges fussent assistés d'un expert et que cet expert ne se dérobât pas, une fois son rapport fini, mais qu'il fût présent à l'audience pendant les débats. L'orateur voudrait que le même expert qui serait délégué pour assister à la saisie fût commis d'avance pour suivre l'affaire et, par exemple, fournir au juge les indications nécessaires pour ordonner l'expertise dès le début de la procédure ; au lieu d'être longue, au lieu de s'éterniser au détriment de l'inventeur, l'affaire serait expédiée avec toute la rapidité désirable. Il reprend le vœu qu'il avait formulé en 1889 et qui avait été adopté (1), M. le Président doit s'en souvenir.

M. POUILLET, président, déclare, M. Armengaud ayant fait appel à ses souvenirs, qu'il n'assistait pas, en 1889, à la séance du Congrès où le vœu fut voté, car il s'y serait énergiquement opposé.

M. LE RAPPORTEUR GÉNÉRAL fait observer que le troisième alinéa de ses conclusions donne en partie satisfaction à M. Armengaud.

M. LE PRÉSIDENT met aux voix les conclusions du rapport :

Il n'y a pas lieu de créer des juridictions spéciales pour la connaissance des procès concernant la propriété industrielle.

Mais il est à souhaiter que dans les principaux centres les procès de ce genre soient renvoyés à une même Chambre et que les magistrats composant cette Chambre soient recrutés parmi ceux ayant des connaissances scientifiques.

Il est à désirer aussi qu'en cas d'expertise les experts soient entendus en audience publique, si l'une des deux parties le requiert.

(*Adopté.*)

---

1. La résolution était ainsi conçue :
« Les contestations en matière de brevets d'invention seront portées devant les tribunaux ordinaires. Mais ils seront assistés d'un expert qui aura instruit l'affaire et d'un jury industriel qui se prononcera sur les questions de fait. »

Question X

**Des moyens d'assurer la paternité d'une découverte
même en dehors de tout brevet.**

M. le Rapporteur général analyse le rapport qu'il a présenté sur
la dernière question (1) et dont les conclusions sont ainsi conçues :

> L'auteur d'une invention ou découverte,
> même en dehors de tout brevet, doit avoir
> une action civile pour faire respecter sa qua-
> lité d'auteur.

Au point de vue français, cela peut paraître une banalité : il est
certain que les tribunaux français donneront toujours raison à
l'auteur véritable d'une invention contre le plagiaire qui s'en appro-
prierait le mérite, mais on a fait observer souvent que, à l'étranger, la situation n'était pas la même, les lois étrangères étant
moins souples que notre Code civil, et qu'une disposition formelle
serait nécessaire.

D'autres questions se rattachant plus ou moins à celle-ci avaient
été soumises au Congrès par différentes personnes ; comme elles
ne rentraient pas dans le programme elles ont été écartées, elles
sont mentionnées dans le rapport ou en annexe.

(Les conclusions du rapport sont adoptées sans discussion.)

La séance est levée à six heures.

Le Secrétaire :
Maurice Maunoury.

Séance du samedi matin, 28 juillet.

Section III. — Marques de fabrique.

(Quatrième et dernière séance)

La séance est ouverte à 10 heures 10 minutes, sous la présidence de M. Pouillet, président du Congrès.

---

(1) Voir le texte du rapport spécial, p. 162.

Question IX

Des moyens de combattre la concurrence illicite.

M. Claude Couhin, rapporteur, donne lecture de son rapport (1).

M. de Maillard de Marafy demande à présenter quelques observations sur l'état actuel de la législation dans les différents pays en ce qui concerne la répression de la concurrence déloyale. Le principe général inscrit dans les diverses législations et dont le rapporteur signalait l'existence est, en fait, absolument insuffisant : c'est ainsi qu'il existe bien, par exemple, dans le Code autrichien, un article 1295 qui reproduit absolument l'article 1382 du Code civil français sur le dommage causé à autrui, mais cet article n'est pas appliqué dans l'espèce, parce qu'on pense que ceux qui l'ont édicté n'avaient pas en vue l'action en concurrence déloyale. Il reste donc en réalité lettre morte et, pour remédier à cette situation, on étudie, en ce moment, en Autriche, à l'exemple de l'Allemagne, les moyens de faire une loi spéciale sur la concurrence déloyale et peut-être sur la concurrence illicite. On a déjà consulté toutes les chambres de commerce ; elles ont été à peu près unanimes à reconnaître la nécessité absolue de la répression, par une loi spéciale, de ces actes qui, jusqu'ici, échappaient à toute répression.

En Italie, où il n'y a pas de loi sur la concurrence déloyale, il existe un article 1151 qui reproduit les termes de l'article français et que l'on interprète comme on le fait en France pour l'article 1382. Toutes les formes de la concurrence déloyale ou illicite y sont appréciées très sainement par les tribunaux et il existe déjà une jurisprudence très imposante, quoique assez récente. Les progrès ont été rapides dans cette voie, en sorte qu'à ce point de vue la situation est à peu près identique en Italie et en France.

En Suisse, l'article 59 du Code des obligations reproduit le principe général de la législation française et l'accentue même. Dans la Suisse française, à Genève, cet article est appliqué d'une façon très générale. Au contraire, dans la Suisse allemande, la répression n'existe que jusqu'à un certain point, car le principe, paraît-il, n'est pas entré tout à fait dans les mœurs et, actuellement, tous les cantons élaborent des lois sur la concurrence déloyale, mais il ne semble pas qu'il y soit question de la concurrence illicite, c'est au moins ce qui semble résulter d'un rapport fort intéressant de M. Vuille, avocat à Genève, que l'orateur dépose sur le bureau du Congrès (2). D'autre part, la Confédération elle-même élabore une loi sur la codification de la concurrence déloyale ; cette loi, ne visant

---

(1) Voir le texte, p. 237.
(2) Voir le texte, p. 243.

que la concurrence déloyale, ne contiendra que des dispositions pénales.

Dans les autres pays, on peut dire que la concurrence déloyale et la concurrence illicite ne font l'objet d'aucune répression. La question est encore trop nouvelle, mais on doit constater avec satisfaction combien, cependant, elle préoccupe les esprits un peu partout.

Il existe en France, en matière de concurrence déloyale, une jurisprudence à laquelle le Ministre d'Autriche a rendu hommage dans l'exposé des motifs du projet de loi autrichien, tout en faisant remarquer les contradictions regrettables qu'elle présente parfois. C'est précisément pour éviter ces contradictions, qui se produisent dans la meilleure des jurisprudences, qu'il serait nécessaire d'établir une codification. La jurisprudence française est sujette, en effet, comme toute jurisprudence, à des fluctuations qui déconcertent absolument le justiciable. Tous ceux qui sont au courant de ces questions savent que des espèces qui pouvaient être considérées comme définitivement réglées ont été tranchées, par la Cour Suprême, dans un sens diamétralement opposé à celui admis par les Cours d'appel : il en est ainsi de l'emploi du nom du patron par l'employé qui quitte sa maison pour s'établir. Il serait donc à désirer, non pas qu'on abolisse le principe général, parce que la concurrence de mauvaise foi peut trouver des formes nouvelles qui ne sont pas encore connues, mais que, tout en conservant le principe général pour atteindre les cas imprévus, on s'occupât de codifier les cas nombreux qui se sont présentés un grand nombre de fois et qui forment aujourd'hui un véritable *corpus juris*. Ce serait chose très facile et il est certain que d'autres pays, comme l'Italie et pour les mêmes raisons, entreraient dans la même voie. Il appartient au Congrès d'émettre un vœu tendant à ce que les actes de concurrence déloyale et de concurrence illicite soient codifiés.

Alors se présente la question de savoir s'il y a lieu d'organiser la répression par la voie pénale ou bien par la voie purement civile. Il est clair que la concurrence illicite ne peut pas tomber sous le coup de la loi pénale puisqu'elle n'implique pas la mauvaise foi. Il semble d'ailleurs que l'on puisse d'une façon générale se contenter de la voie civile. Le juge a des moyens d'accentuer son appréciation, qui sont suffisamment lourds pour la partie condamnée ; il peut la priver de certains droits, il peut ordonner la publication et même l'affichage du jugement.

M. CAMPI (Italie) tient à remercier tout d'abord M. de Maraly de l'allusion bienveillante qu'il a faite à l'Italie. Effectivement, en Italie, on applique l'article 1151 dans le même sens que l'art. 1382 du Code civil français et il s'y est formé, dans ces dernières années, une jurisprudence rigoureuse contre la concurrence déloyale. Mais, comme en France, cette jurisprudence présente des fluctuations ; toutes les fois qu'il s'agit d'appliquer des principes généraux, il est naturel qu'il en soit ainsi. On est aujourd'hui d'accord en Italie sur l'utilité que présenterait la codification des principes relatifs à la concurrence déloyale. Comme M. de Marafy, l'orateur estime qu'il conviendrait de s'en tenir à la répression civile, car la répression pénale serait périlleuse en cette matière. Il peut se faire que le juge se laisse aller à un penchant de sentimentalité, s'il s'agit d'appliquer une peine et qu'il cherche à se dérober à une loi de cette nature, tandis qu'il appliquera beaucoup plus facilement celle qui ne donnera lieu qu'à des sanctions civiles.

M. Claude Couhin, rapporteur, est, en ce qui le concerne, du même avis que les précédents orateurs. Mais il tient à faire remarquer qu'il était obligé, comme rapporteur, de répondre d'une façon précise à des questions posées en termes exprès.

La première était ainsi conçue : « Y a-t-il lieu d'adopter, dans » toutes les législations, un principe général permettant d'ob- » tenir des réparations civiles contre toutes les formes de la con- » currence illicite, ou bien est-il préférable de codifier les prin- » cipales formes de la concurrence illicite? »

Il fallait donc indiquer lequel de ces deux systèmes, celui qui consiste à poser un principe général ou celui qui consiste à codifier les principales formes de la concurrence illicite, était préférable. Il lui a semblé que c'était le premier. M. de Marafy, au contraire, a cherché à faire ressortir les avantages du second. Il semble que l'on pourrait facilement tout concilier en maintenant le texte proposé qui se rapporte à la première question inscrite dans le programme, mais en le complétant de la façon suivante :

Un principe général permettant d'obtenir des réparations civiles contre toutes les formes de la concurrence illicite est préférable, pour chaque législation, à la codification des principales formes de la concurrence illicite.

Toutefois, la combinaison d'un principe général avec une pareille codification répondrait le mieux à toutes les exigences.

M. de Marafy, à qui a été communiquée cette rédaction, a déclaré s'y rallier.

(La proposition, ainsi amendée, est adoptée).

M. Pouillet, président, pense que, en ce qui touche la seconde proposition, relative au mode de répression, l'accord sera facile. En ce qui le concerne, il est de l'avis de M. de Marafy; il pense qu'en matière de concurrence déloyale la répression civile suffit et qu'une répression pénale, loin d'être utile, serait dangereuse.

M. Claude Couhin insiste pour l'adoption de la proposition telle qu'il l'a formulée dans son rapport. Il semble difficile d'admettre que le juge civil dispose de moyens suffisants pour réprimer les formes les plus graves de la concurrence illicite. Il y a des formes de concurrence déloyale qui, par leur gravité exceptionnelle, exigeraient une répression pénale. Ainsi, un produit, une liqueur notamment, est connu sous une marque déterminée ou sous un nom caractéristique, il est très demandé dans tous les établissements de détail ; le consommateur le demande sous la dénomination qui sert à le caractériser, on sert, au lieu du produit qui a été demandé et comme étant ce produit, quelque chose qui y ressemble plus ou moins, qui est toujours de qualité inférieure, et cette fraude cause un dommage d'autant plus considérable qu'il est pour ainsi dire impossible ou au moins très difficile de la saisir et de la démasquer. Lors de la discussion de la loi allemande, l'attention du Reichstag avait été attirée sur ce point et tout le monde est tombé d'accord qu'il y avait là une fraude qui méritait la répression de la loi pénale, tout le monde pense certainement de même en France ; c'est là, en effet, une fraude tout à fait dangereuse et immorale. Quel inconvénient, d'ailleurs, y aurait-il, dans ces conditions, à maintenir le texte proposé, à savoir qu'il y a lieu d'édicter des mesures pénales contre certaines formes de la concurrence déloyale ?

M. Bouillier (France) serait disposé à voter, pour ce cas exceptionnellement grave, la proposition du rapporteur. Mais il estime que, dans le but de faciliter la création de la législation spéciale réclamée, il ne faut pas aborder la question de la répression pénale ; il ajoute que, d'autre part, les répressions pénales sont souvent loin de produire l'effet salutaire qu'on en espère.

M. le Président rappelle que les juges civils ont le droit d'ordonner l'affichage de leur jugement. Il est bien évident que si cet affichage est fait à la porte du délinquant, il représente une punition infiniment plus efficace que les 25 francs d'amende qu'un tribunal correctionnel prononcerait.

Le rapporteur maintient néanmoins sa proposition ainsi conçue :

Il y a lieu d'édicter des mesures pénales contre certaines formes de la concurrence déloyale.

(Cette proposition, mise aux voix, est repoussée.)

M. le Rapporteur aborde ensuite la question de la répression de la concurrence déloyale ou illicite dans les rapports internationaux, et soumet au Congrès la proposition suivante :

La protection contre la concurrence illicite doit être introduite dans les conventions internationales.

Il explique que le vœu émis à Londres en 1898 n'avait trait qu'à la répression internationale de la concurrence déloyale, mais qu'il lui a paru nécessaire et logique d'étendre cette disposition à la concurrence illicite.

M. Darras (France) ne voit pas très bien l'utilité, en ces matières, des conventions internationales. Si, en effet, en France, un étranger est victime d'un fait de concurrence déloyale, les tribunaux français doivent condamner le coupable, bien que la victime soit un étranger : l'article 1382 du Code civil français est, suivant lui, une disposition de droit naturel, que les étrangers peuvent invoquer comme les Français.

M. Pouillet, président, signale que c'est là un point très contesté et indique que la Cour de cassation, toutes Chambres réunies, a décidé le contraire à la suite d'un arrêt de la Cour de Paris : elle a dit que, quand il n'y avait pas de traité de réciprocité, l'étranger ne pouvait se plaindre en France d'une concurrence déloyale.

M. Frey-Godet (du bureau international de Berne) estime que l'inscription d'une clause de ce genre dans les conventions internationales serait certainement utile : il cite l'exemple de l'Allemagne où, pour que la réciprocité soit accordée, il faut une déclaration du Chancelier de l'Empire publiée officiellement; cette déclaration ne peut être faite qu'à la suite d'une convention conclue avec l'empire d'Allemagne. En ce qui concerne le régime de l'Union internationale, on a prévu l'insertion d'une clause assimilant les étrangers aux nationaux en matière de concurrence déloyale, mais ce sont des termes trop généraux, qu'il y aurait utilité à essayer de préciser.

M. Katz (Allemagne) fait remarquer que c'est avec beaucoup de raison que M. Frey-Godet a indiqué qu'aux termes de la loi spéciale relative à la concurrence déloyale en Allemagne, les étrangers ne sont autorisés à intenter des actions en concurrence déloyale en Allemagne qu'au cas de réciprocité constatée dans la *Gazette officielle* par déclaration du Chancelier. Il ajoute qu'aucune publication de ce genre n'a été faite jusqu'à ce jour et que, par suite, aucun étranger ne peut poursuivre des faits de concurrence déloyale en Allemagne, mais il croit savoir que l'Allemagne doit proposer à la Conférence internationale de Bruxelles que cette réciprocité soit étendue à toutes les puissances adhérentes à l'Union et qu'elle serait disposée à apporter son adhésion à l'Union, si les conditions mises à son entrée dans l'Union recevaient satisfaction.

(La proposition du rapporteur est adoptée).

M. Claude Couhin, rapporteur, signale une dernière question soulevée par M. Raoul Chandon, qui propose d'accorder l'action en réparation civile des actes de concurrence *illicite* à tous les consommateurs lésés. Il a expliqué dans son rapport qu'en ce qui le concerne il n'y verrait aucun inconvénient, mais il se demande si la question peut être soumise au vote du Congrès, bien qu'elle n'ait pas été portée au programme primitif de ses travaux?

M. le Président répond que ce n'est pas possible, le règlement prescrivant qu'il n'y aurait de vote que sur les questions portées au programme.

Revision de la Convention de Paris
à la Conférence de Bruxelles

M. GEORGES MAILLARD, rapporteur général, rappelle qu'il a été convenu que l'on reprendrait en séance plénière les vœux qui ont été émis par les Congrès de Londres et de Zurich en vue de la revision, à Bruxelles, de la Convention de Paris. Il faut donc que, dans chaque section, ces vœux soient examinés à nouveau.

Pour les marques, il y aura lieu de reprendre le vœu relatif au délai de priorité. Pas de difficulté, ce vœu ayant déjà été voté au Congrès de Londres et au Congrès de Zurich. Il s'agit de supprimer les distinctions faites par l'article 4 de la Convention pour la durée du délai de priorité entre les pays d'outre-mer et les autres ; le délai de priorité serait uniformément de quatre mois :

> Il est à désirer que le délai de priorité prévu par l'article 4 de la Convention d'Union soit porté à... quatre mois... pour les marques de fabrique ou de commerce, sans augmentation spéciale pour les pays d'outre-mer.

(Le vœu, mis aux voix, est adopté.)

Pour la protection des marques au pays d'origine, la question a été examinée hier et on a décidé de reprendre le vœu du Congrès du Zurich, ainsi conçu :

> a) Il importe de maintenir dans la Convention d'Union le principe même de l'article 6, sauf à le limiter, s'il y a lieu, en ces termes, qui permettraient d'abroger le chiffre 4 du protocole de clôture :
>
> « Toute marque de fabrique ou de commerce régulièrement déposée dans le pays d'origine sera admise au dépôt et protégée telle quelle dans tous les pays de l'Union, *même si elle n'était pas propre à constituer une marque d'après la législation intérieure de ces pays*. Sera considéré comme pays d'origine le pays où le déposant a son principal établissement. Si ce principal établissement n'est pas situé dans un des pays

de l'Union, sera considéré comme pays d'origine celui auquel appartient le déposant.

» *Le dépôt et la protection ne pourront être refusés que dans les cas suivants : 1° si un tiers de bonne foi a acquis, antérieurement au déposant, un droit sur la marque dans le pays d'importation ; 2° s'il s'agit d'une désignation nécessaire ou usuelle du produit ; 3° si elle est contraire à la morale ou à l'ordre public.* Pourra être considéré comme contraire à l'ordre public l'usage des armoiries publiques et des décorations *sans autorisation des pouvoirs compétents.*

» *La radiation d'un dépôt dans le pays d'origine emportera radiation de la marque enregistrée, dans le pays d'importation, en vertu de ce dépôt.* »

b) Il y a lieu de mettre les législations de tous les États de l'Union en harmonie avec la Convention.

c) Il est à désirer que les lois des divers États adoptent une définition unique des éléments constitutifs de la marque de fabrique ou de commerce.

Pour la concurrence déloyale, il y a également à reprendre le vœu de Londres et de Zurich :

Il est à désirer qu'un nouvel article soit inséré dans la Convention de Paris, en ces termes :
« Les ressortissants de la Convention (art. 2 et 3) jouiront, dans tous les États de l'Union, de la protection accordée aux nationaux contre la concurrence déloyale. »

M. le Président fait observer que c'est le vœu qui a été voté précédemment.

M. Georges Maillard, rapporteur général, explique qu'il importe de faire figurer ce vœu parmi les vœux relatifs à la revision de la Convention de Paris pour que tout ce qui concerne cette revision se retrouve sous une même rubrique. Il signale, du reste, que le vœu n'est pas identique, dans son texte, à celui voté sur le rapport de

M. Couhin. Tandis que dans les vœux concernant la revision de la Convention de Paris on n'a toujours mentionné que la *concurrence déloyale*, aujourd'hui, sur les observations de M. Couhin, on emploie l'expression de *concurrence illicite*. Serait-il bon d'introduire cette dernière expression, au lieu de *concurrence déloyale*, pour la revision de la Convention à la Conférence de Bruxelles? Il serait heureux de savoir, des membres étrangers du Congrès, quelle est celle de ces deux expressions qui leur paraît la plus claire, afin que le vœu émis, en vue de la Conférence diplomatique, conserve un caractère pratique.

M. Pouillet, président, ne doute pas que le mot *déloyale* ne soit infiniment plus clair pour un texte de caractère international.

M. LE Rapporteur général propose, dans ces conditions, de laisser subsister dans les vœux généraux de M. Couhin le mot *illicite* et, dans le vœu spécial à la Convention de Paris, de mettre le mot *déloyale*.

(La proposition est acceptée.)

Compte rendu des travaux de la commission de rédaction

Définition de la marque. — Marques collectives. — Du nom commercial et de la raison de commerce. — Des marques au point de vue international.

M. Georges Maillard, rapporteur général, demande, pour éviter qu'à la séance plénière il ne surgisse des difficultés de détail, à soumettre à la section quelques modifications de rédaction aux vœux votés hier.

Pour la *définition de la marque*, M. Fère avait demandé qu'on parlât d'une façon toute particulière des produits naturels auxquels peut s'appliquer la marque, et notamment des eaux naturelles minérales. Le texte voté ne tenait aucun compte de cette observation. La commission de rédaction propose d'intercaler dans le dernier paragraphe les mots « exploitation d'eau minérale » et de la rédiger en ces termes :

> Peuvent notamment constituer des marques de fabrique ou de commerce : les noms sous une forme distinctive, les dénominations, étiquettes, enveloppes ou récipients, formes de produits d'enveloppes ou de récipients, timbres, cachets, vignettes, lisières, lisérés, couleurs, dessins, reliefs, lettres, chiffres, devises, et en général tout

moyen servant à distinguer les produits d'une
fabrique ou d'une exploitation d'eau minérale,
d'une exploitation agricole, forestière ou extractive ou les marchandises d'une maison de commerce.

(La nouvelle rédaction, mise aux voix, est adoptée.)

M. le Rapporteur général fait ensuite observer que, pour les
marques *collectives*, aucun vœu n'a été adopté. Il y aurait inconvénient à laisser ainsi une question du programme sans réponse. Il
propose donc au Congrès d'émettre le vœu suivant, qui paraît cor-
respondre au sentiment manifesté par la section :

Il y a lieu d'assurer la protection aux marques des
syndicats, associations, etc., et de mettre à l'étude la
protection des marques communales, régionales et nationales.

M. Donzel (France) dit que la question a été écartée.

M. Pouillet, président, déclare qu'en effet le vœu du Congrès a
été d'ajourner la question des marques collectives.

M. le Rapporteur général regretterait qu'il y eût une question
de notre programme qui restât sans réponse.

M. le Président répond que c'est une question qui a été
examinée et dont l'étude sera reprise plus à fond ultérieurement.

M. le Rapporteur général avait compris que toutes les objections
faites portaient seulement sur les marques *régionales*.

M. le Président a compris, c'est le sentiment de tout le Bureau,
que la question des marques collectives, qu'il s'agisse de marques
de syndicats ou d'associations comme de marques régionales ou
communales ou de marques d'Etats, était renvoyée à un autre
Congrès pour faire l'objet d'une nouvelle étude.

M. le Rapporteur général demande au Congrès de le déclarer
formellement en adoptant la résolution suivante :

Il y a lieu de renvoyer à un prochain Congrès
l'étude des marques collectives.

M. Donzel propose que la question des marques collectives soit
examinée en réunion plénière.

M. le Président répond qu'on ne peut discuter en séance plénière
que des résolutions adoptées par la section, mais à une majorité
moindre que les deux tiers des membres présents; c'est le règlement.

M. Donzel dit que le règlement oblige à traiter toutes les questions et que si une question est ajournée, c'est qu'elle n'a pas été traitée.

· M. le Rapporteur général répond qu'ajourner une question c'est bien une solution au programme. Il demande seulement un vœu formel de la section en ce sens, comme sanction de la discussion qui a eu lieu hier.

(L'ajournement est prononcé.)

M. Donzel : Alors à dix ans !

M. le Président : Il vaut mieux remettre à dix ans que de voter sur une question, quand on reconnaît ne pas être suffisamment éclairé.

M. Georges Maillard, rapporteur général, rappelle ensuite que pour le nom commercial et la raison de commerce les conclusions du rapporteur avaient été adoptées dans leur principe, sauf à trouver une rédaction plus courte.

La rédaction suivante est proposée par la commission, d'accord avec le rapporteur, M. Mack :

> La raison de commerce ou firme doit être considérée comme étant le nom d'un établissement ; elle doit pouvoir être transmise indéfiniment aux successeurs de celui ou de ceux qui l'ont créée, non seulement pour désigner le fonds, mais encore pour servir, à ses propriétaires ou gérants, de signature commerciale.
>
> L'établissement d'une firme et tous changements qui surviennent dans la propriété ou la gérance du fonds doivent être constatés, pour devenir opposables aux tiers, sur un registre officiel, dit registre du commerce.
>
> L'autorité chargée de l'enregistrement des firmes doit refuser l'enregistrement d'une firme qui ne se distingue pas suffisamment d'une firme déjà enregistrée.

M. Merville (France) dit qu'on avait demandé l'examen préalable des firmes.

M. Georges Maillard, rapporteur général, fait remarquer que, d'après le dernier alinéa de la résolution proposée, il y aura un véritable examen préalable ; l'autorité chargée de l'enregistrement des firmes devra rechercher d'abord si la firme nouvelle ne peut pas faire confusion avec une firme déjà enregistrée; dans ce cas, elle refusera l'enregistrement et mettra ainsi les deux parties en mesure de faire trancher le litige par les tribunaux.

M. LE PRÉSIDENT rappelle qu'il a été décidé de n'émettre qu'un vœu ayant un caractère général.

M. KATZ explique que, actuellement en Allemagne, les registres des firmes sont tenus par district, et que l'examen préalable ne porte que sur la comparaison avec les firmes inscrites sur un registre du même district.

M. LE RAPPORTEUR GÉNÉRAL ajoute qu'il n'y a pas à revenir sur le vote d'hier, mais seulement à arrêter une rédaction.

(La rédaction proposée est adoptée.)

M. LE RAPPORTEUR GÉNÉRAL donne connaissance du texte complet de la proposition relative aux marques au point de vue international :

C'est d'après la loi d'origine d'une marque qu'il y a lieu d'en apprécier le caractère juridique.

Dans les rapports entre pays qui considèrent le dépôt ou l'enregistrement de la marque comme déclaratif, le droit à la marque se détermine par le premier usage.

Dans les rapports entre pays, dont l'un considère le dépôt ou l'enregistrement de la marque comme déclaratif et l'autre comme attributif de droits, on doit appliquer un système analogue à celui que le traité du 9 mai 1869 (article 28) a consacré dans les relations réciproques entre la France et le Zollverein; par suite, les sujets des divers États intéressés peuvent se servir de leurs marques dans les pays autres que celui de production, pourvu que l'appropriation des marques dans ce dernier pays soit antérieure à l'appropriation dans le pays d'importation; si un tiers vient, avant le négociant étranger, à remplir les formalités ou conditions pres-

crites pour l'appropriation de la marque, ce
tiers pourra continuer à l'employer, à moins
que sa mauvaise foi ne soit établie.

Question X

Procédure et sanctions.

M. Seligman, rapporteur, développe son rapport sur la question qui était ainsi formulée :

Quelles sont les principales questions pouvant être utilement soumises aux délibérations du Congrès, au point de vue d'une unification future en matière de juridictions, constatations et sanctions?

Il explique combien la question proposée aux délibérations du Congrès est large et importante, mais c'est en même temps une question sur laquelle l'accord doit se faire assez facilement entre gens qui ont tous un même but devant les yeux, celui qui tend à assurer la probité et la moralité des échanges ; de cette idée de la moralité des échanges découleront toutes les conclusions du rapporteur.

La première question qui s'impose, bien que pas mûre, c'est la question de l'unification en matière de juridiction.

Cette question est ainsi conçue :

« Y a-t-il lieu de mettre à l'étude l'établissement d'un tribunal international pour statuer sur les actions en nullité du dépôt des marques et en contrefaçon des marques?»

Le Rapporteur fait remarquer en quels termes il présente la question ; il ne demande pas s'il y a lieu de créer un tribunal international des marques, mais simplement s'il y a lieu de mettre à l'étude la question de l'établissement de ce tribunal, car les législations sont encore aujourd'hui trop différentes pour que l'on puisse songer à la création immédiate d'un tribunal unique.

M. Pouillet, président, ne pense pas que cette mise à l'étude puisse être refusée.

M. le Rapporteur ajoute que les plus jeunes d'entre les membres présents ne verront sans doute pas la réalisation de ce vœu.

Le vœu est adopté en ces termes :

« Il y a lieu de mettre à l'étude l'établissement d'un tribunal international pour statuer

sur les actions en nullité du dépôt des marques
et en contrefaçon des marques. »

(Le vœu est adopté.)

M. SELIGMAN, rapporteur, pose une seconde question ainsi conçue:

« Les décisions judiciaires qui statuent sur la régularité du dépôt d'une marque dans le pays d'origine doivent-elles avoir l'autorité de la chose jugée dans les pays
étrangers? »

Il s'agit de savoir si, lorsque, en vertu du principe de l'article 6
de la Convention d'Union du 6 mars 1883, une marque a été déposée dans un pays en conformité avec la loi nationale et qu'ensuite
un jugement a reconnu qu'elle n'était pas conforme à la loi nationale, ce jugement doit avoir à l'étranger, entre les parties, l'autorité
de la chose jugée ; c'est une analogie avec ce qui se passe aujour-
d'hui en matière de statut personnel : le jugement rendu dans le
pays acquiert, à l'étranger, l'autorité de la chose jugée.

M. CAMPI (Italie) se demande ce qui arrivera si, par exemple, un
Français, ayant déposé sa marque en France et en Italie, intente,
en vertu de sa marque, un procès en Italie, avant que les tribunaux
français aient eu à statuer sur la validité de cette marque, et si,
après que les tribunaux italiens auront, par exemple, décidé que la
marque n'est pas régulière, postérieurement, un tribunal français admet la validité de la marque. Il y aura alors conflit.

M. SELIGMAN, rapporteur, répond qu'il y aura alors chose jugée
en Italie sur la non-validité de la marque et chose jugée en sens
contraire pour la France : on ne peut aller jusqu'à dessaisir les
tribunaux étrangers, ni demander qu'un jugement rendu à l'étranger, ait, dans le pays d'origine de la marque, force de chose
jugée.

M. GEORGES MAILLARD, rapporteur général, signale que, d'après
la rédaction proposée, il semblerait que le deuxième jugement
rendu en France dût avoir force de chose jugée en Italie.

M. SELIGMAN, rapporteur, répond que, pour avoir l'autorité de la
chose jugée, il faut que le jugement du tribunal français soit rendu
le premier; le jugement étranger, rendu le premier, reste forcément
définitif entre les parties.

M. CAMPI insiste et demande si, dans l'avenir, le tribunal étranger devra renoncer à sa jurisprudence et accepter la jurisprudence
française.

M. POUILLET, président, remarque qu'il n'y a chose jugée qu'entre
les parties : le tribunal de Milan aura pu dire que le dépôt n'était
pas régulier et celui de Rome pourra rendre un jugement dans un
sens opposé; en France, un tribunal pourra juger régulier un dépôt
qui, selon la jurisprudence d'un autre, ne sera pas reconnu comme

régulier ; il peut y avoir conflit même entre les tribunaux d'un même pays.

Les conséquences auxquelles aboutira le principe de M. Seligman ne porteront donc pas atteinte au principe de la chose jugée : s'il y a une décision positive et contraire des tribunaux du pays d'origine, le juge italien ne pourra pas, il est vrai, revenir sur le jugement antérieurement rendu en Italie et définitif entre les parties; mais il pourra, dans une seconde affaire, changer d'opinion et alors il devra se rallier à la décision du pays d'origine.

M. Merville (France) demande si, par exemple, un fabricant français ayant déposé sa marque en France et en Italie, intente d'abord une action en Italie, cette action aura également son effet en France ; il gagne son procès en Italie, ce procès aura-t-il force de chose jugée en France ?

M. Seligman, rapporteur, répond que le jugement italien aura force de chose jugée entre les parties en ce qui concerne le dépôt de la marque en Italie, mais non en France, puisque la France est le pays d'origine. Ce que l'on cherche à faire prévaloir c'est, en quelque sorte, l'établissement d'un statut personnel des marques; les tribunaux du pays dans lequel une marque a été déposée statuent souverainement sur la régularité du dépôt de la marque.

M. Julien Bernard (France) fait observer que cette situation ne sera régulièrement établie que lorsque l'on aura admis que le dépôt d'une marque dans un pays est valable pour les autres nations.

Quand l'inscription de la marque sur un registre international unique aura été faite après examen préalable de la régularité du dépôt, il n'y aura plus de discussion et l'autorité de la chose jugée existera partout; mais il ne faut pas que ce soit le pays d'origine seulement qui décide de la régularité du dépôt de la marque, il faut que ce soit un bureau central qui l'apprécie souverainement.

M. le Président répond à M. Julien Bernard que la solution qu'il préconise n'apparaît aujourd'hui que comme un rêve encore lointain : le but doit être d'arriver au dépôt unique de la marque, valable dans tous les pays ; mais on ne pourra l'atteindre que lorsque l'unification des législations, au moins dans leurs grandes lignes, aura été obtenue.

M. le Président met aux voix la proposition du rapporteur, en ces termes :

« Les décisions judiciaires qui statuent sur la régularité du dépôt d'une marque dans le pays d'origine devront avoir l'autorité de la chose jugée dans les pays étrangers. »

(Cette proposition est adoptée.)

M. Seligman, rapporteur, aborde l'examen de la troisième question, ainsi conçue :

« Y a-t-il lieu d'autoriser l'exécution, sans revision au fond, des décisions rendues en matière de contrefaçon de marques et de nullité de dépôts lorsque ces décisions sont intervenues à propos d'une marque déposée dans le pays et à raison de faits accomplis sur son territoire? »

Cette question est plus délicate et plus sujette à la controverse que les précédentes. Aussi a-t-il fallu la limiter tout d'abord à ce qui concerne la marque, laissant de côté la concurrence déloyale, le nom commercial et les fausses indications de provenance, parce que, pour ces matières, le critérium de compétence serait plus difficile à trouver, par suite de l'impossibilité de le rattacher à un point d'appui fixe comme le dépôt. On peut voter que, lorsque dans un pays il y aura eu une condamnation à dommages-intérêts prononcée pour contrefaçon d'une marque déposée dans ce pays, cette condamnation sera de plein droit exécutoire dans tous les pays étrangers, après avoir été munie de la formule exécutoire, mais sans revision au fond. Évidemment on est tenté d'attribuer aux tribunaux une certaine partialité pour leurs nationaux et de se demander si l'on peut accorder aux jugements rendus dans ces conditions une confiance suffisante pour s'incliner, sans réserve, devant leurs décisions. Il semble que les règles de probité réciproque, en matière de marques, soient déjà assez développées pour qu'on puisse dire oui.

M. CAMPI (Italie) signale que telle est la pratique suivie en Italie pour tous les jugements et les causes de procédure civile : lorsqu'il y a un jugement prononcé à l'étranger, les tribunaux italiens ne font que vérifier la validité de ce jugement qui devient exécutoire dans le fond et dans la forme.

M. LE PRÉSIDENT rappelle au Congrès qu'on fait en ce moment des efforts pour que tous les jugements des tribunaux d'un pays quelconque soient exécutoires dans les autres. Il se demande si, dans ces conditions, il ne vaudrait pas mieux attendre que l'exemple de l'Italie fût suivi par d'autres nations et s'abstenir d'établir une règle spéciale pour les procès en contrefaçon?

M. LE RAPPORTEUR estime qu'il est difficile d'espérer que beaucoup de pays adoptent en cette matière la règle italienne, qui, d'ailleurs, doit rencontrer certains tempéraments dans son application. Au contraire, en matière de marques, un pareil principe peut être admis sans difficultés; plus tard, on verra s'il peut être étendu à d'autres matières, notamment au droit commercial. Il croit donc sans inconvénient de voter la formule qui est proposée.

M. DE MAILLARD DE MARAFY croit devoir rappeler que la question de l'exécution des jugements est pendante depuis trente ans et ne saurait, semble-t-il, être résolue d'une façon générale : il y a, en effet, encore des pays où l'organisation judiciaire est insuffisante, il faut laisser la diplomatie choisir les pays qui peuvent sans inconvénient entrer dans la voie des conventions en cette matière et il ne croit pas qu'il soit opportun, à propos de marques de fabrique, de soulever une question aussi difficile et aussi importante.

M. le Président se demande s'il n'y aurait pas danger à adopter ce vœu. L'Italie ne pourrait-elle en profiter pour restreindre l'exécution des jugements rendus à l'étranger à la matière des marques de fabrique? Ne vaudrait-il pas mieux ajourner la question?

M. Seligman, rapporteur, préfère, dans ces conditions, retirer son vœu.

M. Lluch (Espagne) signale que l'Espagne, en matière d'exécution des jugements rendus à l'étranger, possède à peu près les mêmes lois que l'Italie. Néanmoins il est d'avis qu'il faut s'en tenir sur ce point aux indications de M. de Maillard de Marafy.

M. Seligman, rapporteur, donne ensuite lecture du texte de la quatrième question :

> Y a-t-il lieu en matière de marques, de nom commercial, de fausses indications de provenance, de concurrence illicite, de supprimer toute condition de réciprocité légale ou diplomatique ?

Il estime que cette question est la plus importante de toutes celles qu'il a à soumettre au Congrès ; il demande à en rappeler d'un mot l'origine : le propriétaire de l'huile de Macassar, produit fabriqué à l'étranger, avait obtenu, de deux Cours françaises, des décisions lui allouant des dommages-intérêts pour usurpation de nom ; un pourvoi fut formé qui donna lieu à une vive discussion ; les jurisconsultes furent tous d'accord pour reconnaître que la probité internationale exigeait que l'atteinte portée à la propriété industrielle d'un étranger, qui pouvait faire le commerce en France, reçût une sanction ; néanmoins, devant la Cour de Cassation, le procureur général, M. Dupin, s'opposa à la solution admise par les deux Cours d'appel, et cela pour des raisons d'utilité pratique : suivant lui, il fallait, pour peser sur les décisions des pays étrangers, n'accorder la protection que si elle était assurée aux Français dans le pays du demandeur ; la Cour de cassation, toutes chambres réunies, suivit l'opinion de son Procureur général, et cette jurisprudence a été confirmée par la loi du 26 novembre 1873.

La question qui se pose est de savoir si aujourd'hui, en présence du progrès des idées, on peut, sans danger, émettre un vœu tendant à la suppression de toute réciprocité légale ou diplomatique. Bien entendu, ce vœu ne suppose l'abolition d'aucun des traités existants, tous les avantages qui découlent des traités continueront à subsister, on ne les supprimera pas. Mais y a-t-il lieu d'émettre un vœu qui serait une indication pour les législateurs futurs et d'espérer qu'à l'avenir certains pays accorderont la protection aux marques de fabrique sans condition de réciprocité légale?

M. Donzel (France) entend soutenir devant le Congrès la doctrine que l'on a qualifiée d'égoïste et qui a été admise par la jurisprudence et la législation françaises. Il croit que c'est une exagération d'assimiler, comme on l'a fait dans le rapport, la contrefaçon d'une marque au vol à l'étalage, au vol d'un porte-monnaie; il faudrait alors admettre que les légistateurs qui ont établi par traités l'obligation de la réciprocité ont entendu encourager le vol dans les pays non contractants ; ce serait aller un peu loin.

Cette question, très importante en elle-même, prend une gravité toute particulière en ce qui concerne les rapports de la plupart des pays d'Europe avec les États-Unis. Dans ce dernier pays, une loi de 1845 punissait d'amende et de prison celui qui contrefaisait une marque ; mais un article ajoutait que pour obtenir la sanction de cette loi il fallait résider depuis un an aux Etats-Unis. Dans une affaire restée célèbre, l'affaire Carpenter, un juge américain, qui avait des sentiments de justice internationale, avait exprimé dans un langage très élevé les mêmes idées que l'honorable rapporteur ; mais il n'avait pu les faire prévaloir. Quand, le 16 avril 1869, l'Empire français fit avec les Etats-Unis un traité pour la protection des marques, le traité stipula, pour les Français aux États-Unis, le traitement des nationaux et réciproquement ; on put croire que les marques françaises seraient protégées, il n'en fut rien car, en réalité, les marques des nationaux n'étaient pas alors protégées aux Etats-Unis. Sur la réclamation du Gouvernement français, une loi de 1870 a organisé aux Etats-Unis l'enregistrement des marques, mais aucune sanction pénale n'est attachée à cette loi. De nouvelles instances diplomatiques, à la suite de réclamations qui s'étaient produites, aboutirent le 14 août 1876 à une loi organisant la répression de la contrefaçon, sous des peines très sévères, amende et emprisonnement. Le commerce français, on peut même dire le commerce européen, car il y avait eu d'autres traités conclus avec l'Allemagne, l'Italie, l'Angleterre, allait enfin être rassuré. Ce n'était qu'un leurre : des négociants de Champagne ayant intenté un procès en contrefaçon, obtinrent l'emprisonnement des coupables ; mais ceux-ci épuisèrent tous les degrés de juridiction, après avoir été condamnés partout ils furent acquittés par la Cour suprême des Etats-Unis, dont les pouvoirs, d'après la Constitution, vont jusqu'à l'annulation des lois et qui en profita pour déclarer nulles les lois du 10 juillet 1870 et du 14 août 1876. Depuis ce temps, la question n'a, pour ainsi dire, pas avancé. On pourrait peut-être objecter que, le 3 mars 1881, on a adopté aux États-Unis une nouvelle loi, c'est vrai, mais cette loi consacre l'enregistrement des marques sans aucune sanction : on se trouve dans la même situation qu'avant 1876. Il semble que la loi de 1881 ait été faite, non pas comme on a tenté de le soutenir, en faveur des étrangers, mais pour permettre aux fabricants américains d'être protégés en Europe, en exhibant leur certificat d'enregistrement aux Etats-Unis.

M. Pouillet, président, prie l'orateur, quel que soit l'intérêt que présente sa communication au point de vue de la législation comparée, de bien vouloir abréger car il a dépassé les dix minutes prévues par le règlement et il importe d'achever la discussion du rapport de M. Seligman, dans cette séance qui est la dernière de la section des marques.

M. Donzel conclut que le moment est mal venu d'adopter le vœu proposé par le rapporteur, à l'époque où le Gouvernement des États-Unis cherche à négocier avec les nations européennes pour assurer par réciprocité la protection des marques américaines et est parfaitement disposé à assurer, dans ce but, une protection réelle aux marques étrangères. Il ne faut protéger les marques étrangères que dans la limite où on est soi-même protégé à l'étranger.

M. le Président : C'est la politique des représailles !

M. Edwin Katz (Allemagne) est d'avis que le vote proposé par le rapporteur devrait être accepté d'enthousiasme : il répond à des principes de moralité et de probité que chacun a dans sa conscience. La politique des représailles ne peut être préconisée dans une réunion internationale.

M. de Maillard de Marafy (France) demande à ajouter quelques explications sur la situation juridique aux États-Unis : il n'est pas nécessaire, pour y être protégé, de déposer sa marque, il est même préférable de ne pas le faire et d'invoquer, si la marque est imitée, le simple principe d'équité. On est tenté d'objecter qu'il ne s'agit plus alors que d'une action civile et que la sanction sera nécessairement à peu près nulle ou insignifiante. C'est une erreur : si l'adversaire est condamné et ne se soumet pas ; il peut alors être poursuivi pour mépris des décisions de la Cour et la sanction peut être une condamnation à deux ans de prison.

M. le Président met aux voix la proposition du rapporteur ainsi conçue :

Il y a lieu en matière de marques, de nom commercial, de fausses indications, de provenance, de concurrence illicite, de supprimer toute condition de réciprocité légale ou diplomatique.

(Cette proposition est adoptée.)

M. de Maillard de Marafy, président de la Section, remplace M. Pouillet au fauteuil de la présidence.

M. Seligman, rapporteur, passe à l'examen de la cinquième question, qui ne lui semble pas comporter de difficultés :

Y a-t-il lieu, en matière de marques, de nom commercial, de fausses indications de provenance et de concurrence illicite, de supprimer la caution exigée des étrangers ? d'admettre les étrangers au bénéfice de l'Assistance judiciaire ou du *Pro Deo ?*

Il conclut à l'affirmative et se contente d'indiquer que, si la caution des étrangers est supprimée, la condamnation aux dépens, si elle est prononcée contre le demandeur étranger qui a perdu son procès, doit être obligatoirement exécutoire dans son pays d'origine; c'est la généralisation de la règle adoptée par la Convention de La Haye. Le Congrès adopte la proposition en ces termes :

> Il y a lieu, en matière de marques, de nom commercial, de fausses indications, de provenance et de concurrence illicite, de supprimer la caution exigée des étrangers et de les admettre au bénéfice de l'Assistance judiciaire ou *Pro Deo*.

M. LE RAPPORTEUR, en ce qui touche les juridictions, ne fait aucune proposition. Beaucoup de personnes, notamment M. Chandon, ont demandé l'institution du jury industriel, en matière de marques. Cette question ne semble pas avoir un caractère international; la première section du Congrès a, du reste, écarté le jury industriel, en matière de brevets.

La sixième question se pose ainsi :

> Y a-t-il lieu, en matière de marques, de nom commercial et de fausses indications de provenance, d'autoriser la saisie soit à l'importation, soit à l'intérieur? Quelles mesures pourrait-on prendre pour assurer la constatation des faits de concurrence illicite?

Peut-être n'y aurait-il pas lieu d'examiner cette question, en raison de la décision prise précédemment au sujet de la concurrence illicite dont M. Couhin a entretenu le Congrès.

M. DE MAILLARD DE MARAFY, président, estime que la question est trop étendue et a une trop grande importance pour que, à l'heure à laquelle on est arrivé, elle puisse être discutée avec fruit. Il propose l'ajournement.

M. SELIGMAN, rapporteur, se rallie à l'ajournement. Il fait la même proposition au Congrès en ce qui concerne la question 7, sur les pénalités. D'ailleurs, elle a déjà été effleurée dans le rapport de M. Couhin.

M. LE PRÉSIDENT clôt les séances de la section des marques, après avoir félicité les congressistes de l'assiduité vraiment exemplaire avec laquelle ils ont suivi les travaux de cette section.

La séance est levée à 11 heures 45.

Le Secrétaire :

A. TAILLEFER.

Séance du samedi soir, 28 juillet.

Deuxième séance plénière.

La séance est ouverte à 3 heures 1/2, sous la présidence de M. Pouillet, président du Congrès.

M. le Président rappelle qu'aux termes du règlement la discussion ne pourra s'ouvrir que sur les vœux qui n'auraient pas, dans les sections, réuni les deux tiers des voix.

Avant de donner la parole au rapporteur général, il constate avec plaisir la présence de M. Bladé, délégué de M. le Ministre des Affaires étrangères, qui pourra se rendre un compte exact des travaux du Congrès.

M. le Président propose d'ajouter aux vice-présidents d'honneur du Congrès M. Michel Pelletier, qui fut le représentant de la France dans les différentes Conférences diplomatiques, et parmi les secrétaires-adjoints M. Frey-Godet, premier secrétaire du Bureau international de Berne, qui a rendu au Congrès des services considérables, M. Joseph Lucien-Brun et M. Foa, qui ont pris une part si active aux travaux.

M. Georges Maillard, rapporteur général, se réjouit de n'avoir qu'une lecture à faire comme résumé des travaux du Congrès à soumettre à la séance plénière. Une seule question serait, aux termes des statuts, susceptible de discussion ; mais il est probable qu'en présence des explications qui seront données, personne ne demandera que les débats soient rouverts.

Le programme était divisé en trois parties : brevets d'invention, dessins et modèles de fabrique, marques de fabrique. Au cours des travaux des sections, la nécessité d'une quatrième partie est apparue pour y grouper les vœux relatifs à la revision de la Convention de Paris. La commission d'organisation avait pensé que cette quatrième partie serait rendue inutile par l'achèvement des travaux de la Conférence de Bruxelles qui, chargée en 1897 de la revision de la Convention de Paris, s'était prorogée pour amener une entente entre certains pays sur des questions particulièrement délicates et importantes ; mais, la nouvelle réunion des plénipotentiaires n'ayant pas eu lieu, la revision de la Convention reste d'actualité (1).

Voici donc les résolutions adoptées par les sections :

(1) Cette réunion a eu lieu depuis le Congrès. Voir dans la *Propriété industrielle*, 1900, p. 201, les résolutions adoptées par la Conférence ; elles feront l'objet d'un rapport à la prochaine Assemblée générale.

Brevets d'invention

I

Du mode de délivrance des brevets.

En principe, les brevets d'invention doivent être délivrés sans aucun examen préalable, aux risques et périls du demandeur :

1° Dans les pays où l'examen préalable est ou serait admis, cet examen ne doit en tout cas porter que sur la nouveauté de l'invention, en laissant de côté toutes autres questions et notamment celles qui concernent l'importance, l'utilité et la valeur technique de l'invention. En aucun cas, l'inventeur ne doit être obligé de mentionner, dans sa description ou ses revendications, des références à des brevets antérieurs ;

2° Dans le cas où une demande de brevet se trouverait en connexion avec une demande antérieure en cours d'instance, l'examinateur devra communiquer au second demandeur une copie certifiée conforme du texte de la description de la première demande, tel qu'il était libellé au jour du dépôt de la demande ultérieure, et l'examen de la seconde demande ne pourra jamais être ajourné en raison de la première ;

3° Dans le cas où l'autorité chargée d'enregistrer les demandes de brevets estimerait qu'une invention est irrégulière ou complexe, l'inventeur devra être appelé à régulariser ou à réduire sa demande ou à la diviser en plusieurs qui porteront la date du dépôt initial ;

4° Dans chaque pays, le service de la propriété industrielle doit être centralisé et organisé de façon que tous les inventeurs puissent facilement se livrer à des recherches d'antériorités ou autres investigations. On devrait notamment mettre à leur disposition tous les brevets publiés, les catalogues des brevets dans tous les pays, ainsi que les principaux ouvrages techniques et publications industrielles.

II

De la durée des brevets.

La durée des brevets doit être de 20 ans. La prolongation ne pourra être accordée qu'en vertu d'une loi et dans des circonstances exceptionnelles.

III

Définition de la brevetabilité.

I. — Criterium de la brevetabilité.

Doit être brevetable toute création donnant un résultat industriel.

Sont ainsi considérés comme brevetables :

1° L'invention des produits industriels nouveaux ou perfectionnés ;

2° L'invention de nouveaux moyens ou l'application nouvelle ou la réunion nouvelle ou le perfectionnement de moyens connus pour l'obtention d'un résultat ou d'un produit industriel ;

La brevetabilité de l'invention sera indépendante de l'importance de l'innovation faite ;

Ne sera pas réputée nouvelle toute invention qui, antérieurement au dépôt de la demande de brevet, aura reçu une publicité suffisante pour pouvoir être exécutée par toute personne compétente.

M. le Rapporteur général indique que ce dernier paragraphe n'a pas réuni, dans la section des brevets, la majorité prévue par le règlement. Mais il y a eu un simple malentendu. On avait pensé que cela voulait dire que dans aucun pays on ne pourrait repousser, comme antériorité, un document très ancien. L'exemple donné était celui-ci : on retrouve, comme antériorité à une invention brevetée, quelque chose publiée et exécutée au Japon il y a deux cents ans. Pourra-t-on considérer qu'il y a antériorité suffisante ? Un certain nombre de membres de la section considéraient que la proposition présentée par M. le rapporteur aboutirait à ce résultat et ils le trouvaient excessif. Il fait observer que les termes proposés par le rapporteur, et adoptés par la section, sont assez larges pour donner satisfaction à tout le monde. Il est dit, en effet : « Ne sera pas réputée nouvelle toute invention qui aura reçu une publicité suffisante pour pouvoir être exécutée par d'autres personnes. »

Cette rédaction laisse aux juges une latitude pour décider qu'une description faite, il y a deux ou trois siècles, dans un livre oublié, n'a pas reçu un publicité suffisante.

(Personne ne demandant la parole, la résolution de la section est confirmée par l'assemblée plénière.)

II. — Brevetabilité des inventions oubliées.

Il n'y a pas lieu d'accorder de brevets pour la remise en exploitation d'inventions oubliées.

IV

Inventions exclues de la protection.

Il n'y a pas lieu d'exclure de la protection aucune création donnant un résultat industriel.

Notamment il n'y a pas lieu d'exclure les produits chimiques, les produits pharmaceutiques, les procédés propres à les obtenir ; mais il y a lieu d'étudier, dans cette matière, l'organisation d'un système d'échange de licences obliga toires analogue à celui de l'article XII de la loi suisse, pour le cas où, sans raisons valables, l'inventeur d'un produit ou d'un procédé refuserait d'autoriser l'auteur d'un perfectionnement à utiliser l'invention première.

V

De la déchéance pour défaut de paiement de la taxe.

Dans toutes les législations le breveté devrait avoir un

certain délai pour payer les annuités après l'échéance, sans être déchu de son droit au brevet, et ce moyennant une légère surtaxe ; l'administration devrait faire parvenir au breveté en retard un avertissement.

VI

De l'obligation d'exploiter l'invention brevetée.

Il est nécessaire, dans l'avenir, d'abandonner en principe l'oligation d'exploiter ; mais il y a lieu d'étudier un système de licences obligatoires pour le cas de non-exploitation.

VII

De la publication des brevets.

Le Congrès émet le vœu :

1° Que, dans tous les pays, les gouvernements publient : 1° les descriptions et dessins par fascicules séparés ne comprenant qu'un brevet et des planches, au moment où le brevet est délivré à l'inventeur ; 2° périodiquement et au moins mensuellement des abrégés, avec planches, de tous les brevets classés systématiquement, de telle façon que les différentes classes puissent être réunies chaque année en fascicules distincts auxquels seraient jointes des tables de matières détaillées ;

2° Que chacun puisse prendre connaissance, au service central de la Propriété industrielle, des catalogues de brevets et des originaux des documents déposés ;

3° Qu'une entente s'établisse, sur les bases étudiées au Congrès de Zurich, entre les différents gouvernements : 1° pour adopter un format unique pour la reproduction des dessins joints aux descriptions et pour accepter le dépôt de tout genre de dessin se prêtant à une reproduction facile par la photographie ; 2° pour simplifier et uniformiser autant que possible les formalités imposées aux inventeurs lors du dépôt de leur demande.

VIII

Des juridictions en matière de brevets d'invention.

Il n'y a pas lieu de créer des juridictions spéciales pour la connaissance des procès concernant la propriété industrielle.

Mais il est à souhaiter que, dans les principaux centres, les procès de ce genre soient renvoyés à une même chambre et que les magistrats composant cette chambre soient recrutés parmi ceux ayant des connaissances scientifiques.

Il est à désirer aussi qu'en cas d'expertise les experts soient entendus en audience publique, si l'une des deux parties le requiert.

IX

Des moyens de faciliter à l'inventeur la demande de brevet dans les pays étrangers.

Il y a lieu, dans l'intérêt supérieur de l'inventeur et pour sauvegarder ses droits sur la propriété de sa découverte, de préconiser le principe du délai de priorité accordé par l'article 4 de la Convention internationale d'Union de 1883.

Pour rendre plus efficace l'application de ce principe, il convient de proposer les améliorations suivantes :

1° En maintenant le point de départ du délai de priorité au dépôt de la demande, il y a lieu de fixer ce délai à une année ;

2° Le bénéfice de ce droit de priorité doit s'étendre aux acquéreurs du brevet d'origine comme aux ayants droit légaux du breveté ;

3° Pour ne pas laisser trop longtemps dans l'incertitude les nationaux des pays autres que celui de l'origine, il est désirable que les demandes de brevets dans tous les pays soient annoncées le plus tôt possible dans un journal inter-

national qui sera publié au siège de l'Union, et qu'elles
soient mises, avec les descriptions et dessins y afférents,
à la disposition du public dans les bureaux de brevets des
pays de l'Union ;

4° Il convient d'unifier pour tous les pays les formalités
de la demande, notamment en ce qui concerne la régularisation du pouvoir donné par le demandeur, les descriptions, le format des dessins, les échantillons, suivant les
indications proposées au Congrès tenu à Zurich en 1899 ;

5° Pour bénéficier du délai de priorité qui lui est
accordé par la Convention de 1883, l'inventeur devra
déclarer quelle est la date de son brevet originaire et
cette date devra être mentionnée dans le titre du brevet.

X

Des moyens d'assurer la paternité d'une découverte même en dehors de tout brevet.

L'auteur d'une invention ou découverte, même en
dehors de tout brevet, doit avoir une action civile pour
faire respecter sa qualité d'auteur.

Dessins et modèles de fabrique.

I

Il serait préférable qu'il n'y eût pas de législation spéciale sur les dessins et modèles de fabrique, la loi sur les
brevets d'invention devant s'appliquer à toute invention
ou découverte et la loi sur la propriété artistique protéger
toutes les œuvres des arts graphiques et plastiques, par
conséquent toutes les œuvres du dessin et de la sculpture.
Il serait à souhaiter seulement que, dans chaque pays,
toutes les œuvres soumises à la loi sur la propriété artis-

tique pussent faire l'objet d'un dépôt, afin que les intéressés eussent la faculté de s'assurer une preuve de priorité.

II

Si une loi sur les dessins et modèles de fabrique était
cependant jugée encore indispensable dans certains pays,
elle devrait s'appliquer à toute création portant sur l'aspect
d'un produit industriel, indépendamment de toute question
d'utilité pratique.

III

Il devrait y être dit expressément que les œuvres des
arts graphiques et plastiques ne seront pas soumises obligatoirement à d'autres conditions ou formalités que celles
imposées par la loi sur la propriété artistique et resteront
protégées pendant le temps fixé par ladite loi, même si
elles ont une destination ou un emploi industriels.

Mais, dans ce cas, elles pourraient être néanmoins
admises au bénéfice de la loi sur les dessins ou modèles
de fabrique, moyennant l'accomplissement des formalités
prévues par ladite loi.

IV

1. Le créateur d'un dessin ou modèle de fabrique ou
ses ayants droit ne devraient pouvoir invoquer la protection de la loi qu'à partir du dépôt légal, effectué par
eux, de ce dessin ou modèle. Le dépôt devrait consister
soit dans un spécimen de l'objet constituant la création
revendiquée, soit dans une représentation suffisante de
cet objet, avec commentaire explicatif si le déposant le
juge nécessaire. Un même dépôt pourrait contenir plusieurs dessins ou modèles.

2. La propriété du dessin ou modèle devrait appartenir à celui qui l'a créé ou à ses ayants cause; mais le
premier déposant devrait être présumé, jusqu'à preuve

du contraire, être le premier créateur dudit dessin ou modèle.

3. La mise en vente par le déposant ou par des tiers antérieurement au dépôt n'entraînerait pas la déchéance du droit. Mais le déposant ne pourrait opposer son dépôt aux tiers de bonne foi qui justifieraient avoir exploité leur dessin ou modèle ; le droit des tiers de bonne foi à continuer l'exploitation du dessin ou modèle ne pourrait être transmis qu'avec le fonds de commerce.

4. Le déposant devrait, lorsqu'il effectuerait le dépôt, désigner l'industrie à laquelle ce dépôt s'appliquerait. Le dépôt pourrait être effectué soit à découvert, soit sous pli cacheté, au choix du déposant ; dans le premier cas, le public pourrait prendre connaissance du contenu des dépôts. Le déposant aurait la faculté de transformer son dépôt secret en dépôt public.

5. Les dépôts devraient être centralisés et il serait tenu un registre unique. Toutefois, un règlement pourrait déterminer les administrations locales où les intéressés auraient la faculté d'effectuer leurs dépôts ; dans ce cas, les dépôts seraient immédiatement transmis, avec copie des certificats, au Bureau central.

6. Il est à souhaiter que des mesures soient prises pour assurer dans tous les pays les effets du dépôt effectué dans le pays d'origine.

V

La durée maxima du dépôt devrait être celle fixée par la législation sur la propriété artistique. Elle serait subdivisée en périodes de cinq années. Le déposant qui n'aurait pas, trois mois après l'expiration de chaque période, effectué le versement de la taxe afférente à la période suivante, serait déchu de tous droits pour l'avenir.

VI

La taxe devrait être très minime pour les premières

années, puis légèrement progressive par périodes de cinq ans. Une seule taxe serait exigible pour chaque dépôt.

VII

Le déposant ne devrait pas être tenu d'avoir une fabrique, ni d'exploiter le dessin ou modèle revendiqué, ni d'accorder des licences. Il devrait pouvoir introduire des objets conformes au dessin ou modèle revendiqué, fabriqués dans un pays étranger, à condition que la réciprocité fût assurée par la législation de ce pays ou par une convention internationale.

VIII

Les nationaux, même s'ils n'ont de fabriques qu'à l'étranger, et les déposants de nationalité étrangère, devraient avoir droit au bénéfice de la loi sur les dessins et modèles et n'être soumis à aucune obligation particulière si la réciprocité était assurée, soit par la législation du pays dans lequel ils ont leur fabrique ou auquel ils appartiennent, soit par une convention internationale.

IX

La contrefaçon du dessin ou modèle devrait être passible d'une pénalité et servir de base à une action en dommages-intérêts. L'action civile ou pénale devrait être précédée de la publicité du dépôt.

Le droit du propriétaire du dessin ou modèle n'est pas restreint à l'industrie pour laquelle le dépôt a été effectué.

Marques de fabrique et de commerce, nom commercial, noms de localités; diverses formes de la concurrence illicite.

―――

I

Définition de la marque.

1° Il est à désirer que chaque législation donne une définition, aussi large que possible, du caractère de la marque, sans distinction entre les marques de commerce et les marques de fabrique, en adoptant par exemple la formule suivante :

« La marque est tout signe distinctif des produits d'une fabrique, d'une exploitation ou d'une maison de commerce. »

2° Il est à désirer que dans chaque législation cette définition soit suivie d'une énumération purement énonciative, non limitative, des signes qui peuvent constituer une marque, par exemple :

« Peuvent notamment constituer des marques de fabrique ou de commerce : les noms sous une forme distinctive, les dénominations, étiquettes, enveloppes ou récipients, formes de produits, d'enveloppes ou de récipients, timbres, cachets, vignettes, lisières, liserés, couleurs, dessins, reliefs, lettres, chiffres, devises, et en général tout moyen servant à distinguer les produits d'une fabrique ou d'une exploitation, par exemple d'une exploitation d'eau minérale, d'une exploitation agricole, forestière ou extractive, ou les marchandises d'une maison de commerce. »

II

Marques à exclure de la protection.

Il n'y a lieu d'exclure de la protection aucun signe distinctif satisfaisant à la définition légale de la marque.

III

Du droit à la marque.

Il y a lieu de préconiser pour l'unification des législations les principes suivants :

Le droit à la marque doit être basé sur la priorité d'usage.

Toutefois, lorsque la marque a été régulièrement déposée et employée publiquement et d'une manière continue depuis cinq ans, le dépôt ou enregistrement qui n'a, pendant ce délai, fait l'objet d'aucune contestation reconnue fondée, devient attributif de propriété ; mais le tiers qui justifie de la priorité d'usage a droit au bénéfice de la possession personnelle.

L'autorité chargée de recevoir le dépôt des marques doit être chargée de rechercher les antériorités et de les signaler, par un avis préalable et secret, au déposant, ce dernier restant libre de maintenir ou de retirer son dépôt.

Il y a lieu de recevoir au Bureau central des marques dans chaque pays les recueils des fac-simile de marques publiées dans tous les États et de les tenir à la disposition du public pour faciliter les recherches.

IV

Des marques au point de vue international.

C'est d'après la loi d'origine d'une marque qu'il y a lieu d'en apprécier le caractère juridique.

Dans les rapports entre pays qui considèrent le dépôt ou l'enregistrement de la marque comme déclaratif, le droit à la marque se détermine par le premier usage.

Dans les rapports entre pays, dont l'un considère le dépôt ou l'enregistrement de la marque comme déclaratif et l'autre comme attributif de droits, on doit appliquer un système analogue à celui que le traité du 9 mai 1869 (article 28) a consacré dans les relations réciproques entre la France et le Zollwerein ; par suite, les sujets des divers Etats intéressés peuvent se servir de leurs marques dans les pays autres que celui de production, pourvu que l'appropriation des marques dans ce dernier pays soit antérieure à l'appropriation dans le pays d'importation; un tiers vient, avant le négociant étranger, à remplir les formalités ou conditions prescrites pour l'appropriation de la marque, ce dernier pourra continuer à l'employer, à moins que sa mauvaise foi ne soit établie.

V

Marques collectives.

Il y a lieu de renvoyer à un prochain Congrès l'étude des marques collectives.

VI

Du nom commercial et de la raison de commerce.

La raison de commerce ou firme doit être considérée comme étant le nom d'un établissement; elle doit pouvoir être transmise indéfiniment aux successeurs de celui ou de ceux qui l'ont créée, non seulement pour désigner le fonds, mais encore pour servir à ses propriétaires ou gérants de signature commerciale.

L'établissement d'une firme et tous changements qui surviennent dans la propriété ou la gérance du fonds doivent être constatés, pour devenir opposables aux tiers, sur un registre officiel dit registre du commerce.

L'autorité chargée de l'enregistrement des firmes doit refuser l'enregistrement d'une firme qui ne se distingue pas suffisamment d'une firme déjà enregistrée.

VII

Noms de localités.

1° Dans la législation intérieure de chaque pays devra être interdite toute fausse indication de provenance de produits *naturels* ou fabriqués, quelle qu'en soit la forme, qu'elle soit apposée sur le produit même ou qu'elle figure dans des prospectus, circulaires, annonces, papiers de commerce quelconques, même si la provenance usurpée est une provenance étrangère. Cette interdiction sera frappée d'une sanction pénale et les poursuites pourront être intentées à la requête de toute personne intéressée, notamment d'un concurrent ou d'un acheteur, même étranger.

2° Devront être prohibés à l'importation dans chaque pays les produits étrangers qui porteront ou seront l'objet de telles indications. Tout produit étranger qui portera le nom ou la marque d'un industriel ou d'un commerçant d'un pays autre que celui de la fabrication ne pourra être introduit que s'il porte aussi, en caractères apparents et indélébiles, le nom du pays de fabrication; si la marchandise importée porte un nom de lieu identique à celui d'un lieu situé dans le pays d'importation ou qui en soit une imitation, ce nom devra être accompagné du nom du pays où ce lieu est situé.

3° Il est à désirer que les noms de localités ou régions connues comme lieux de provenance de produits naturels ou fabriqués ne puissent jamais être employés pour désigner un genre de produits indépendamment de la provenance.

4° Dans aucun pays, un avis à l'usurpateur, avant la poursuite, ne devrait être exigé.

VIII

Récompenses industrielles ou honorifiques.

L'usage public des médailles, mentions, récompenses ou distinctions honorifiques quelconques décernées dans les expositions ou concours, des distinctions ou approbations accordées par des corps savants ou des sociétés scientifiques ou artistiques, ne doit être permis qu'autant que les concours ou expositions auront été organisés par une autorité officielle (en France : État, département, commune) ou avec l'approbation et sous le patronage de cette autorité, ou que les corps savants, les sociétés scientifiques ou artistiques auront été légalement constitués, institués, approuvés ou reconnus.

Ces médailles, mentions, récompenses, etc., devront être inscrites sur un registre spécial.

IX

Du moyen de combattre la concurrence illicite.

1. Un principe général permettant d'obtenir des réparations civiles contre toutes les formes de la concurrence illicite est préférable, pour chaque législation, à la codification des principales formes de la concurrence illicite.

Toutefois, la combinaison d'un principe général avec une pareille codification répondrait le mieux à toutes les exigences.

2. La protection contre a concurrence illicite doit être introduite dans les conventions internationales.

X

Procédure et sanctions.

1° Il y a lieu de mettre à l'étude l'établissement d'un

tribunal international pour statuer sur les actions en nullité du dépôt des marques et en contrefaçon des marques.

2° Les décisions judiciaires qui statuent sur la régularité du dépôt d'une marque dans le pays d'origine doivent avoir l'autorité de la chose jugée dans les pays étrangers.

3° Il y a lieu, en matière de marques, de nom commercial, de fausses indications de provenance, de concurrence illicite, de supprimer toute condition de réciprocité légale ou diplomatique.

4° Il y a lieu, en matière de marques, de nom commercial, de fausses indications de provenance et de concurrence illicite, de supprimer la caution exigée des étrangers, de les admettre au profit de l'assistance judiciaire ou *pro Deo*.

Revision de la Convention de Paris.

I

Droit de priorité.

Il est à désirer que le délai de priorité prévu par l'article 4 de la Convention d'Union soit porté à un an pour les brevets et à quatre mois pour les dessins ou modèles industriels, pour les marques de fabrique ou de commerce, sans augmentation spéciale pour les pays d'outre-mer.

Pour profiter du délai de priorité, l'inventeur devra déclarer quelle est la date de son brevet originaire, et cette date devra être mentionnée dans le titre du brevet.

II

Obligation d'exploiter.

Il est à désirer que l'article 5 de la Convention de Paris soit modifié en ces termes :

« L'introduction d'objets fabriqués dans un des États de l'Union ne *peut être une cause de* déchéance *pour* les brevets *ou les dessins et modèles industriels* dans un autre État de l'Union.

» Le breveté restera soumis à l'obligation d'exploiter *son invention,* conformément aux lois des pays *respectifs où le brevet a été pris. Mais aucune déchéance, révocation ou autre sanction du défaut d'exploitation ne pourra être prononcée que plus de trois ans après la délivrance du brevet et à condition que le breveté ne justifie pas des causes de son inaction. Sera notamment considéré comme justifiant de son inaction le breveté qui aura sérieusement recherché des acquéreurs ou des licenciés dans le pays où le brevet a été pris.*

» *Le déposant d'un dessin ou modèle industriel ne pourra être tenu d'exploiter ni d'avoir une fabrique dans le pays du dépôt.* »

III

Protection des marques telles qu'elles ont été déposées au pays d'origine (art. 6 de la Convention de Paris).

a) Il importe de maintenir dans la Convention d'Union le principe même de l'article 6, sauf à le limiter, s'il y a lieu, en ces termes, qui permettraient d'abroger le chiffre 4 du protocole de clôture :

« Toute marque de fabrique ou de commerce régulièrement déposée dans le pays d'origine sera admise au dépôt et protégée telle quelle dans tous les pays de l'Union, *même si elle n'était pas propre à constituer une marque d'après la législation intérieure de ces pays.* Sera considéré comme pays d'origine le pays où le déposant a son principal établissement. Si ce principal établissement n'est pas situé dans un des pays de l'Union, sera considéré comme pays d'origine celui auquel appartient le déposant.

» *Le dépôt et la protection ne pourront être refusés que dans les cas suivants : 1° si un tiers de bonne foi a acquis, antérieurement au déposant, un droit sur la marque dans le pays d'importation ; 2° s'il s'agit d'une désignation nécessaire ou usuelle du produit ; 3° si elle est contraire à la morale ou à l'ordre public.* Pourra être considéré comme contraire à l'ordre public l'usage des armoiries publiques et des décorations *sans autorisation des pouvoirs compétents.*

» *La radiation d'un dépôt dans le pays d'origine emportera radiation de la marque enregistrée, dans le pays d'importation, en vertu de ce dépôt.* »

b) Il y a lieu de mettre les législations de tous les États de l'Union en harmonie avec la Convention.

c) Il est à désirer que les lois des divers États adoptent une définition unique des éléments constitutifs de la marque de fabrique ou de commerce.

IV

Concurrence déloyale.

Il est à désirer qu'un nouvel article soit inséré dans la Convention de Paris, en ces termes :

« Les ressortissants de la Convention (articles 2 et 3) jouiront, dans tous les États de l'Union, de la protection accordée aux nationaux contre la concurrence déloyale. »

M. LE RAPPORTEUR GÉNÉRAL ajoute que d'autres questions avaient été posées par différents membres du Congrès. Le Bureau a décidé que le programme était déjà assez chargé et que ces questions ne seraient pas soumises à la séance plénière.

Néanmoins, M. Julien Bernard, qui a déposé sur le Bureau du Congrès un avant-projet, qui sera publié dans le compte rendu, pour servir de base d'études à l'établissement d'une législation internationale pour la garantie de la propriété industrielle par dépôt unique, insiste pour qu'on vote au moins la mise à l'étude de l'unification des législations. Il n'y aura pas d'inconvénient à prendre une résolution générale, par exemple en ces termes :

> Le Congrès émet le vœu de la mise à l'étude de l'unification des législations sur la propriété industrielle pour assurer la protection des droits de l'inventeur et du commerçant dans tous pays.

Ce sera un vœu idéal, montrant le but vers lequel nous nous acheminons et dont les vœux votés par le Congrès ne sont, en quelque sorte, que les étapes préparatoires.

(Le vœu est adopté sans discussion.)

M. Donzel (France) demande que les fonds du Congrès soient affectés à l'impression d'un compte rendu *in extenso* et non analytique, qui sera envoyé aux Chambres de commerce et aux syndicats que ces questions peuvent intéresser.

Au cas où le Congrès ne lui donnerait pas satisfaction sur ce point, il demande que l'incident d'hier soit relaté *in extenso* dans le procès-verbal, quel qu'il soit; il fait allusion aux paroles prononcées par M. de Ro et à la réponse qu'il y a faite.

M. le Rapporteur général dit qu'en dehors des procès-verbaux sommaires qui ont été lus et qui sont aussi parfaits que pouvaient l'être des procès-verbaux faits séance tenante, MM. les secrétaires, avec l'aide de la sténographie, qui sera, elle aussi, parfaite, rédigeront de nouveaux procès-verbaux qui seront détaillés et complets; mais on ne peut pas demander l'impression de la sténographie, ce qui formerait un volume énorme et où l'on se retrouverait difficilement.

Il reste encore au Congrès une question à examiner. En 1889, conformément à ce qui avait été fait en 1878, le Congrès avait chargé une commission permanente de continuer son œuvre et d'assurer, lors de la prochaine Exposition de Paris, l'organisation d'un nouveau Congrès. Il ne semble pas qu'aujourd'hui la création d'une telle commission ait la même utilité. En effet, depuis 1889, se sont constituées dans tous les pays des Associations nationales en même temps que se créait une association internationale pour la protection de la propriété industrielle qui centralise, en réalité, tous les efforts communs. Il serait préférable, pour ne pas disperser les activités en sens divers, que le Congrès de 1900 donnât mission à cette Association internationale de continuer l'œuvre du Congrès et la saisît, par conséquent, du reliquat qui pourrait demeurer des cotisations recueillies en 1900.

M. Casalonga (France), tout en accordant à l'Association internationale pour la protection de la propriété industrielle la confiance qu'elle mérite, ne voudrait pas voir disparaître la commission permanente qui prépara la Convention de 1883 et organisa les Congrès de Paris en 1889 et 1900. L'Association internationale et la commission permanente peuvent subsister. On aurait ainsi la garantie d'une double étude pour la solution des questions internationales.

M. le Rapporteur général fait observer que la commission permanente nommée en 1889 n'existe plus; elle a achevé son œuvre par l'organisation du présent Congrès. Chacune des commissions permanentes (1878 et 1889) avait un but déterminé : poursuivre la réalisation des vœux du Congrès et organiser un autre Congrès pour l'Exposition universelle suivante à Paris. Or, il existe maintenant une Association qui a fait ses preuves depuis trois années, qui a pour but de propager l'idée de la protection internationale de la propriété industrielle et de travailler au développement des conventions internationales. Elle organise des Congrès annuels; elle remplit donc exactement le rôle que, remplirait la commission permanente.

M. Casalonga persiste à penser que, puisque les commissions de 1878 et de 1889 ont rendu des services, il serait utile d'en nommer aujourd'hui une troisième qui, travaillant à côté de l'Association pour la protection de la propriété industrielle, recevrait les mêmes pouvoirs que les deux commissions précédentes.

M. le Rapporteur général répond que ces deux commissions ont rendu des services parce que, à cette époque, il n'existait aucun organisme analogue à l'Association internationale pour la protection de la propriété industrielle et qu'il vaut mieux aujourd'hui qu'elle existe, la fortifier que diviser les initiatives.

M. Donzel (France) n'admet pas qu'on puisse, quand il y a une centaine de membres présents, disposer des cotisations de tous les congressistes au profit d'une Association dont ils ne font pas partie et dont ils n'approuvent peut-être pas les tendances.

M. le Président déclare que les membres absents ont eu le tort de ne pas venir, que l'assemblée plénière, composée des membres qui, par leur assiduité, ont assuré le travail et le succès du Congrès, représente véritablement le Congrès tout entier et a tous ses pouvoirs.

M. Donzel demande que l'Association internationale pour la protection de la propriété industrielle n'hérite pas du Congrès et que celui-ci dépense son argent...

Un membre du Congrès : En banquets?

M. Donzel. Non! mais en impression du compte rendu *in extenso*.

M. le Président fait observer qu'on a fait un compte rendu *in extenso* du Congrès de 1878 et que certains membres qui avaient prononcé quelques paroles firent insérer, sous prétexte de corriger la sténographie, de magnifiques discours après la lettre, tandis que d'autres, qui avaient pris une part active aux discussions, se désintéressèrent de la correction des épreuves.

Les procès-verbaux faits par les secrétaires et complétés à l'aide de la sténographie donneront une idée plus exacte des travaux du Congrès que la publication d'une sténographie revisée après coup par les orateurs.

Est mise aux voix et adoptée la proposition suivante :

Le Congrès décide que l'Association internationale pour la protection de la propriété industrielle poursuivra l'exécution des vœux du présent Congrès et que le reliquat qui pourrait subsister du budget du Congrès sera affecté à ladite Association.

M. LE PRÉSIDENT, l'ordre du jour étant épuisé et personne ne demandant plus la parole, s'exprime en ces termes :

« Les travaux du Congrès sont terminés. Ce soir, quand nous nous séparerons, après le banquet, le Congrès de 1900 aura vécu, il ne sera plus qu'un souvenir.

» Mais, avant que nous nous séparions, je tiens à vous remercier du concours que vous avez prêté à votre président et au Bureau du Congrès. Vos discussions ont singulièrement facilité la tâche de votre, je devrais dire de vos présidents, puisque vous avez eu autant de présidents que de sections ; elles ont été brillantes, complètes, et je crois qu'on ne pourra jamais dire, grâce aux jours caniculaires que nous traversons, qu'elles ont manqué de chaleur.

» L'œuvre que vous avez accomplie ne sera pas inutile. Le Congrès de 1878 a donné des résultats qu'on vous a rappelés et qui sont encore dans le souvenir de tous ; les résolutions que vous avez votées cette année serviront, elles aussi, soyez-en sûrs, à guider les législateurs dans les différents pays, et nous pourrons ainsi, par degrés, nous avancer jusque vers cet idéal qui est l'unification de toutes les législations en matière de propriété industrielle.

» L'Association internationale pour la protection de la propriété industrielle qui est, vous le savez, de création récente, dont le plus grand nombre d'entre vous fait partie, à laquelle de nouveaux adhérents viendront, organisera chaque année des Congrès dont les travaux avanceront encore la solution des questions qui nous intéressent. C'est pourquoi je ne vous dis pas adieu, mais au revoir, au prochain Congrès où nous serons, je l'espère, aussi nombreux que nous l'avons été ici. »

M. KATZ (Allemagne) croit être l'interprète du sentiment de tous en adressant les remerciements les plus sincères à l'illustre président du Congrès, M. Pouillet :

« Un Congrès qui a l'honneur d'être présidé par lui est sûr — et l'événement l'a prouvé — de remporter un éclatant succès. Tous, en effet, nous nous plaisons à reconnaître que nous n'avons fait

que nous inspirer, que nous nourrir des idées qu'il avait, le premier,
depuis longtemps émises avant que la plupart des pays qui sont
ici représentés eussent commencé à jouir, dans des proportions
diverses, d'une protection plus ou moins étendue de la propriété
industrielle. C'est à ce grand architecte de la maison si bien construite dans laquelle le droit à la propriété industrielle est en quelque
sorte né, a grandi et vivra en se développant de plus en plus, que
je tiens à apporter, avant de nous séparer, nos hommages respectueux et reconnaissants. »

M. de Ro (Belgique) s'exprime en ces termes :

« Nous pouvons, je pense, nous féliciter et nous enorgueillir
d'avoir mené si vite à bien nos travaux ; nous avons à nous féliciter
aussi de la parfaite courtoisie qui n'a cessé de présider à nos débats,
même au cours d'un « incident » — comme le disait M. Donzel —
que, moi, je préfère appeler un échange de vues énergique et accentué.

» Après avoir remercié notre président, nous avons le devoir
d'adresser encore l'expression de notre gratitude aux présidents
de sections et tout d'abord à M. le comte de Maillard de Marafy qui,
grâce à sa haute compétence et sa connaissance approfondie des
législations étrangères, a dirigé, avec une autorité que vous avez
tous constatée, les importantes discussions auxquelles nous nous
sommes livrés sur les marques de fabrique. Je joins à son nom
ceux de mon excellent confrère M. Claude Couhin, président de la
section des brevets, et de M. Périssé, président de la section des
dessins et modèles industriels.

» J'ai hâte d'arriver à notre distingué rapporteur général. Ici,
Messieurs, j'éprouve, je l'avoue, quelque vanité, car c'est moi qui
le proposai à la première assemblée qui se tint à Bruxelles il y a
quelques années. Je crois que nous avons tous ratifié ce choix et
que nous ne pouvons que nous en féliciter.

» M. Thirion, secrétaire général du Congrès, a joint à une rare
patience une ponctualité absolue dans l'accomplissement parfait de
ses devoirs.

» A son nom, il nous faut joindre celui de M. Osterrieth, l'excellent traducteur de tous les discours que nous avons entendus en
langues étrangères. Non seulement M. Osterrieth a ce talent remarquable de traducteur, mais encore sa sympathique physionomie
inspire une confiance qui serait de nature à arrêter tout incident,
s'il risquait de s'en produire.

» Enfin, je remercie le secrétariat de nos séances, qui a su traduire, si rapidement et avec la plus grande exactitude, la pensée de
tous les orateurs, ce qui n'était pas une tâche aisée. Il s'en est
acquitté avec perfection et, je puis le dire, à la satisfaction de tous.

» Comme notre président, je terminerai en saluant l'aurore des
Congrès futurs, avec l'espoir que le Congrès que nous allons clore
portera des fruits certains dans l'avenir. Je souhaite de nous retrou-
ver tous au prochain Congrès, avec la même effusion de sentiments,

sous la présidence de notre éminent et honoré chef, qui nous a conduits non seulement à la bataille, mais à une victoire triomphale. »

M. Hauss (Allemagne) s'associe aux paroles de remerciement que M. Katz et M. de Ro ont adressées au président et au bureau du Congrès. Il veut étendre l'expression de cette gratitude à tous les membres de l'assemblée :

« Les délégués du gouvernement allemand, dit-il, n'ont pas eu mandat de prendre une part active à vos délibérations. Ils n'en ont pas moins suivi la marche et le cours de vos débats avec beaucoup d'attention et d'intérêt et ne manqueront pas de rapporter et de traduire auprès des pouvoirs compétents de leur pays les idées et les propositions nouvelles qui se sont produites en si grand nombre à ce Congrès.

» Vous pouvez être assurés, Messieurs, qu'on sera disposé à en tenir compte, et que, dans la mesure du possible, satisfaction sera donnée à vos propositions et à vos vœux. »

M. Julien Bernard (France) demande à MM. les délégués de tous les pays de vouloir bien lui communiquer leurs impressions sur chacun des points que comporte le projet qu'il a déposé et auquel a fait allusion le rapporteur général, de façon qu'à la prochaine conférence on puisse le discuter, ne fût-ce qu'à titre d'indication.

M. le Président répond qu'on a pris bonne note de ce projet et donne rendez-vous à tous les congressistes pour le banquet qui clôturera réellement le Congrès.

La séance est levée à 4 heures 25.

Le Secrétaire général :

Ch. Thirion fils.

Annexes aux procès-verbaux

Résolutions du Congrès de Francfort

DES 14 ET 16 MAI 1900

organisé par l'Association allemande pour la protection de la Propriété industrielle (1).

A. — *Brevets d'invention.*

1. La loi du 7 avril 1891 sur les brevets s'est montrée défectueuse et il convient de remédier aux défauts reconnus.

2. La proportion annuelle de 30 p. 100 de brevets délivrés ne répond ni au développement de l'esprit d'invention, ni aux vœux de l'industrie allemande.

3. L'examen des inventions devrait être fait par un seul membre technique du Patentamt; seulement dans les cas où le premier examinateur croirait devoir refuser un brevet, aurait lieu devant la « Section des demandes », à la requête de l'intéressé, une procédure qui serait contradictoire si l'intéressé le réclamait.

4. Le demandeur doit avoir un recours ultérieur contre la décision de la Section des appels.

5. Si, au cours de la procédure de délivrance, on reconnaît la conformité d'une demande avec une demande antérieure, ce fait doit être communiqué aux deux demandeurs et, si besoin est, il doit être procédé à une instruction contradictoire.

Dans le cas où le Patentamt veut faire une modification à la description ou au dessin originaire, le brevet doit être soumis au requérant, qui aura un droit de recours contre la modification.

B. — *Modèles de goût.*

1. Il est désirable de protéger de la même façon tous les objets d'art, sans distinction de leur mode de confection ou de leur appli-

---

(1) Les travaux de ce Congrès ont été publiés en allemand par *Deutscher Verein zum Schutz des gewerblichen Eigentums.*

cation. Ce vœu serait à réaliser par l'abrogation du paragraphe 14 de la loi du 9 janvier 1876.

2. Font l'objet de la protection les échantillons ou modèles pour produits industriels (1) qui, dans leur aspect extérieur, se présentent comme nouveaux.

3. Autant que la nouveauté susceptible de protection dans les échantillons ou modèles déposés ne sera pas reconnaissable à leur image, une description convenable devra être jointe.

4. Les demandes devront être centralisées (au Patentamt). La date du récépissé de la poste vaudra comme date de dépôt.

5. Le requérant devra avoir la faculté de demander que l'échantillon ou le modèle déposé soit gardé secret pendant un délai limité. Pendant ce délai, on ne pourra recourir à aucune mesure juridique, action en dommages-intérêts, en enrichissement indû.

6. La taxe devra être minime au début (1 mark), puis modérément progressive.

7. Le dépôt de plusieurs échantillons ou modèles en un paquet (§ 9 de la loi du 11 janvier 1876) est à conserver.

8. La question de savoir si l'on est en présence de la reproduction interdite d'un échantillon devra être jugée suivant les circonstances de chaque cas particulier. La restriction légale du paragraphe 6, n° 2, de la loi du 11 janvier 1876 n'a pas de raison d'être.

La restriction du dépôt d'échantillon à des objets ou catégories de produits déterminés n'est pas à recommander.

9. La durée de protection de la loi actuelle est à conserver.

Pour le cas où la résolution n° 1 ne serait pas réalisée, une protection de trente ans pour les objets d'art industriels serait à recommander.

10. L'obligation d'exécuter les échantillons ou modèles protégés n'est pas justifiée.

11. Une pénalité ne doit être encourue qu'en cas de contrefaçon préméditée du modèle, celle-ci peut consister dans la préparation, l'instigation ou la propagation d'une contrefaçon.

L'abolition de la peine ne saurait, en aucun cas, résulter d'une erreur de droit, même excusable.

C. — *Marques de fabrique.*

1. Le dépôt d'une marque de fabrique doit être sans effet contre celui qui, à l'époque du dépôt, avait fait connaître la même marque, comme caractéristique de ses produits, par son emploi commercial

---

(1) L'assemblée avait pris encore une résolution non formulée par écrit, d'après laquelle couleur et matière ne devaient pas être protégeables. Comme la Commission de rédaction n'a pu parvenir à un accord sur le contenu et la portée de cette résolution, il a paru plus convenable de laisser la question ouverte pour une délibération ultérieure.

dans l'intérieur du pays ou par expéditions faites de l'intérieur du pays.

Le droit d'emploi d'une marque déposée pour autrui ne doit pouvoir être transféré que de la même façon que le droit conféré par le dépôt.

2. La radiation d'une marque doit être ordonnée sur la plainte de celui qui a droit à l'emploi (voir § 1 ci-dessus) quand le dépôt a été fait dans le but de fraude ou de confusion dans le commerce et la circulation.

A l'action en radiation peut être jointe l'action du paragraphe 15 de la loi sur la protection des marques de marchandises.

De la Propriété intellectuelle internationale.
Reconnaissance du droit d'auteur.

Avant-Projet

Pour servir de base d'études à l'établissement d'une législation internationale pour la garantie de la Propriété industrielle par dépôt unique

par

Julien Bernard

Exposé.

On a créé, il y a un siècle, la propriété industrielle, et depuis la propriété artistique et littéraire.

Entre les productions diverses de la pensée, c'est-à-dire les œuvres intellectuelles, il y a une telle différence de régime, aggravée par une telle différence de sacrifices, qu'il y a lieu de modifier de fond en comble les lois qui les régissent, dans l'intérêt de chaque pays comme dans l'intérêt de l'humanité intellectuelle et matérielle tout entière.

Pour la propriété littéraire, elle est acquise pour une longue durée par le dépôt de l'ouvrage créé.

Pour la propriété artistique, le dépôt de dessin suffit; mais, pour la propriété industrielle, seules les marques de fabrique ont un régime supportable. Quand il s'agit de brevets d'invention, les conditions imposées sont aussi illogiques que contraires à l'équité.

Il faut d'abord, pour la prise du brevet, faire un versement préalable qui varie suivant les pays, puis acquitter des annuités successives pendant quinze ou vingt années. Si dans deux ans l'inventeur n'a pas exploité son brevet, ou s'il en a suspendu l'exploitation, ses droits de propriété sont anéantis. Bien plus, s'il a oublié un seul jour la date de l'échéance, il se trouve déchu de tous ses droits, sauf dans quelques pays où une certaine latitude est admise.

Je signalerai un côté, je dirai inique en plusieurs pays, c'est que l'on délivre, à qui le demande, un brevet qui, n'ayant aucune valeur par lui-même, peut être une entrave ; de plus on vole à l'inventeur de bonne foi le montant de ses annuités, puisqu'on lui laisse ignorer les antériorités des brevets dont il paye la taxe, il peut même être menacé de poursuites en contrefaçon, ce fait s'est souvent produit et se reproduira si l'on n'y prend garde, les intéressés s'ignorant entre eux. Que peut faire celui qui invente un cuirassé, un canon, un sous-marin, une locomotive, dont la valeur représente des centaines de mille et même des millions de francs? D'abord il ne possède pas les ressources nécessaires et, dans certains cas, on lui refuse même le droit d'utiliser sa découverte en prétextant la raison d'État.

Comparez ce qu'il en coûte à un inventeur en mécanique, en chimie, en physique, pour obtenir un résultat ou un produit industriel pour lequel il a fallu beaucoup de temps, d'argent et de travail intellectuel et matériel, avec la dépense et l'effort demandé par la production d'une œuvre littéraire ou artistique. Pour celles-ci, on accorde un droit de propriété de cinquante ans, tandis que l'on marchande à l'inventeur quinze ans et qu'on lui arrache son droit avant qu'il ait eu le temps de trouver l'indispensable pour l'exercer.

L'œuvre intellectuelle doit créer la propriété intellectuelle dans quelque branche qu'elle se manifeste et son auteur doit en être propriétaire à perpétuité. Il doit pouvoir jouir des revenus qu'elle procurera à la société. Ce droit doit se continuer comme un héritage et dans les mêmes conditions que la propriété matérielle et foncière.

(Ce droit doit être également applicable aux découvertes du genre Pasteur, Roux et autres.)

Et l'on n'a pas à craindre que la société paye ce tribut trop longtemps ; les progrès successifs effaceront bientôt cette dette, car cet impôt ne sera payé que tant que l'invention sera employée et en proportion de son emploi et passera de l'une à l'autre invention quand la première sera elle-même remplacée par une suivante. Si une invention dure longtemps, c'est qu'elle rend des services continus ; mais il faut que toutes les conceptions intellectuelles soient traitées de la même façon ; les conceptions mathématiques d'assurances, de philanthropie, d'économie, de finance, d'industrie et de commerce, tout, en un mot, ce qui peut présenter un progrès quel qu'il soit, dans l'ordre économique et philosophique, doit donner des rentes à son auteur par ceux qui les emploient.

Je vais résumer succinctement les moyens d'arriver aux résultats.

Moyens.

(*Exemple pour un État.*)

1. La propriété intellectuelle est créée et reconnue par les lois du pays, qui en garantissent à l'auteur la perpétuité.

2. Elle est subdivisée en autant de branches que de divisions des connaissances de l'esprit humain.

3. L'auteur dépose son invention sur papier timbré selon les prescriptions légales, sous forme de mémoire, avec dessin assez précis pour le distinguer des autres, sans être soumis à aucune taxe.

a. Ce dépôt se ferait à la mairie de sa commune qui lui en délivrerait un reçu.

b. Iles formules imprimées fournies gratuitement à la mairie lui permettraient de se guider dans la rédaction de son mémoire et les proportions des dessins.

4. Aucune taxe ne sera réclamée, mais l'auteur, après avoir opéré son dépôt, abandonne de ce fait sa propriété au domaine public, à charge par celui-ci de remplir les formalités suivantes :

5. Toute invention déposée serait immédiatement centralisée, par premier courrier, à la capitale du pays où a eu lieu le dépôt.

6. La publicité en serait faite dans les quarante-huit heures par un résumé publié quotidiennement à l'*Officiel* général ou spécial.

7. La copie *in extenso* du mémoire serait reproduite à un nombre suffisant d'exemplaires et adressée à toutes les mairies, proportionnellement à leur importance, où le public pourrait les consulter à son gré.

8. Tout intéressé à employer la nouvelle invention aura immédiatement le droit de le faire, à la condition expresse de payer à l'État une redevance représentant par exemple 10 p. 100 de la valeur marchande industrialisée ou un droit fixe équivalent pour les objets de toute catégorie avec l'obligation de faire apposer le poinçon tenu à cet effet par la mairie ; c'est le poinçonnage qui lui donne le droit de vendre ou de s'en servir.

9. La taxe ainsi recueillie serait partagée par moitié entre l'inventeur et l'État ; ce dernier aura la garde, le poinçonnage, la publicité, la perception et les poursuites à réaliser s'il y a lieu.

Observation.

L'invention, la découverte, qu'elle soit simple ou importante, trouverait de suite à être employée par l'intéressé spécialiste qui doit devancer ses concurrents pour vivre et ne trouverait plus d'obstacle, du fait des inventeurs qui, par la loi actuelle, sont maîtres de disposer de leurs inventions, mais qui, dans la plupart des cas, n'ont pas les connaissances pratiques pour établir leur invention et sont en général peu commerçants, encore moins administrateurs ; il en résulte que souvent ils ne peuvent tirer parti de leur invention, quand par hasard on vient la leur demander.

Soit par exigence irréfléchie, soit parce qu'ils ne trouvent pas de capitaux suffisants pour exploiter, il arrive de ce fait que l'invention est à la fois perdue pour le public et pour l'inventeur lui-même.

Tel est l'état de choses dont il faut rétablir l'équilibre, et que peut réaliser la présente proposition.

Applications.

Telles sont ainsi résumées les grandes lignes de cette réforme qui aurait pour conséquence de faire rentier l'auteur d'une conception utile quelconque, qui, ainsi délivré des soucis d'argent, pourrait continuer à travailler l'esprit libre et avec des facilités nouvelles, grâce aux aptitudes spéciales qu'il possède ; il deviendra utile à la société, honoré et satisfait, il ne sera plus le paria dont le martyrologe de la science nous donne tant d'exemples terribles et tristes ; c'est là (dans l'application) l'effet social que provoquerait cette réforme qui développerait le progrès dans des proportions inconnues à ce jour et que seul le rêve peut faire entrevoir.

Cette œuvre devrait être inaugurée dans le plus bref délai. Elle serait le point de départ d'un développement économique considérable.

Puis, agissant par influence sur les pays non adhérents, il serait possible, par un Congrès spécial de la propriété intellectuelle, de réaliser l'unification de cette législation pour tous les pays, ce qui serait un progrès immense, supprimerait, d'une fois, la contrefaçon et par une disposition particulière qui lui est propre assurerait des revenus à la nation dont les membres développeraient le plus de génie, ce qui serait représenté par les droits d'auteur à l'étranger (voir n° 13 ci-après).

La loi citée plus haut que je propose se développerait comme suit au point de vue international.

Projet en vue de la législation internationale.

10. Le fait seul de déposer un brevet dans un pays suffira pour assurer au déposant le droit d'auteur dans tous les pays de l'Union internationale de la propriété intellectuelle, et cela sans aucuns frais supplémentaires.

11. Les capitales de chaque nation, centralisant tous les documents qu'elles recevront de l'intérieur, les communiqueront immédiatement (en 48 heures) au bureau central de la Propriété intellectuelle internationale situé à Berne (par exemple); ce bureau les répartira ensuite, et dans le minimum de temps, à chacun des centres des États associés qui, eux-mêmes, les répartiront à leur tour à leur subdivision administrative équivalente à la commune de France.

12. La redevance à la découverte déposée dans un pays quelconque sera la même pour celui qui l'emploiera, soit 10 p. 100 de la valeur marchande, etc., comme il est dit dans le n° 8 ci-dessus.

13. Le partage serait ici divisé en trois parties égales :

Un tiers à l'État où est exploitée l'invention;

Un tiers au pays où a été déposée l'invention, et un tiers à l'auteur.

14. Les États, les uns et les autres, restent envers leurs administrés et entre eux comptables et garants des droits de l'inventeur.

Conclusion.

Telles sont les données générales de cette combinaison, que la pratique des inventeurs et des inventions m'a fait concevoir, étudier et énoncer comme il vient d'être exposé.

Une conséquence économique pour le pays qui l'emploiera est que, dans ces conditions, l'importance des redevances serait telle que, s'appliquant à tous les objets d'usage et de consommation, les revenus qui en résulteraient seraient suffisants pour remplacer tous les impôts intérieurs que l'on pourrait étendre jusqu'à la douane et l'octroi : ce qui est facile à prouver.

Nota. — *L'auteur prie instamment toute personne ayant pris connaissance de la présente proposition de bien vouloir lui adresser toutes les observations ou remarques suggérées par cette lecture et qui seraient de nature à aider à la réalisation de l'idéal poursuivi.*

Adresser à M. Julien Bernard, 34, avenue de Clichy, à Paris.

LETTRE AUX MEMBRES DU CONGRÈS

Sur les diverses questions au programme de la 1re Section

par

L. Regad,

Mécanicien-inventeur, à Dortan (Ain).

MESSIEURS,

Un empêchement subit, inattendu, me met dans l'impossibilité de me rendre en personne à votre réunion, à laquelle je suis un des adhérents, et ne me laisse que la possibilité d'y venir prendre part par lettre, en vous priant, messieurs, de bien vouloir m'accorder l'honneur de prendre en considération (eu égard à ma profession de mécanicien, inventeur, breveté et médaillé plusieurs fois) mes quelques observations et propositions que je crois conformes aux justes intérêts de tous.

I. — *Du mode de délivrance des brevets.*

Pour commencer, avoir des formulaires imprimés spéciaux, dans chaque mairie, afin que le *brevetable* puisse prendre titre de paternité assurée de suite. Cette pièce pourrait faire partie de son état civil après ratification autorisée.

II. — *De la durée des brevets.*

Unifier la durée des brevets en s'inspirant sur l'Etat où ils durent le plus.

III. — *Définition de la brevetabilité.*

Pour les inventions oubliées, accorder un brevet avec un en-tête aux initiales du premier inventeur et qu'il ait, de droit, un tant pour cent fixe, soit à l'avance, soit par des juges spéciaux.

IV. — *Déchéance pour défaut de paiement de taxe.*

Accorder une année après le dernier paiement d'annuité et la faculté de payer par trimestre avec 5 pour 100 en plus pour frais occasionnés.

V. — *De l'obligation d'exploiter l'invention brevetée.*

Avoir trois ans de délai avant l'obligation de produire et n'être obligé de fabriquer qu'où les intérêts le veulent, sous condition de payer la moitié de la taxe en plus aux pays où l'on ne fabrique pas.

VI. — *De la publication des brevets.*

Que les inventeurs se syndiquent et versent une cotisation par chaque brevet, pour faire imprimer une liste des noms et des produits, et pour plus amples détails une brochure. Envoyer ces deux imprimés, à chaque mairie de chef-lieu de canton, tous les trois mois, le premier pour être affiché, le second pour être consulté.

VII. — *Des juridictions en matière des brevets d'invention.*

Nommer des juges spéciaux, pouvant se déplacer comme les membres des jurys en cas opportun, ceux-là seuls seraient à même de bien saisir les nuances et l'importance des litiges.

VIII. — *Des moyens de faciliter à l'inventeur la demande de brevets dans les pays étrangers.*

Unifier pour tous les pays les formalités de la demande de brevet et que la photographie du dessin et du formulaire déposée à la mairie de chaque inventeur soit suffisante, et établir une seule heure universelle pour faciliter la précision de ces actes.

IX. — *Des moyens d'assurer la paternité d'une découverte, même en dehors de tout brevet.*

Par le formulaire déposé à chaque mairie de l'inventeur et qui suivrait l'inventeur en ses différentes résidences et au besoin pourrait être mentionné sur le passeport ou livret.

Je me permets également de proposer à votre juste appréciation de faire tous nos efforts, pour que les inventeurs de chaque nation se constituent en société mutuelle et versent une cotisation pour venir en aide aux inventeurs infortunés, après examen des cas proposés, et que chacun de ceux-là, avec l'aide de l'État, aient une petite pension, à partir de soixante ans d'âge ; que cette petite pension soit basée sur la valeur et la somme de leur production, jugée et classée par une commission spéciale à cet effet, dont les membres seraient pris dans ladite Société.

Il est trop inhumain et malheureux que ceux qui sont les premiers auteurs d'une partie de la fortune nationale et du bien-être public, souvent à leur dernier âge, n'aient pour couronnement de leur vie que la misère et le mépris, comme refuge, comme abri et consolation de toute une longue vie d'efforts et de travail.

Voilà, Messieurs, brièvement, ce que ma faible raison d'adhérent éloigné se fait un scrupuleux devoir de venir soumettre à votre plus strict jugement, espérons que vous y reconnaîtrez peut-être quelque chose d'utile et de digne d'une société d'hommes, ayant pour but de faire la part la plus juste possible à chacun, selon son mérite et ses œuvres.

Veuillez, messieurs, agréer mes remerciements les plus respectueux et les plus reconnaissants.

Signé : L. REGAD.

LE PROJET DE LOI AUTRICHIEN

sur la protection des dessins et modèles,

par

Heinrich Benies,

Docteur en droit,
Avocat au Tribunal et à la Cour de Vienne.

Le Ministère autrichien, peu de temps avant le Congrès de Paris, a publié le projet d'une loi pour la protection des modèles, dessins, etc. (*Muterschutz*), destinée à remplacer celle du 7 décembre 1858 ; ce projet a été plusieurs fois mentionné à la deuxième section du Congrès ; mais, faute de temps et à cause de la surabondance des matières, il n'a pas été exposé avec toute l'ampleur qu'il mérite. Le rapport complémentaire que nous présentons vient réparer cette omission. Nous allons nous permettre de reproduire ici le plan des résolutions du Congrès de Paris relatives à la protection des dessins et modèles, en y faisant entrer certains cas particuliers dont la place n'y est pas marquée mais qui en dépendent.

La résolution I est opposée, en principe, à la protection spéciale des modèles, parce qu'il ne reste plus de place pour elle si la protection des inventions et celle de la propriété artistique sont convenablement assurées. Le projet, par le seul fait de son existence, est en contradiction avec cette résolution : il exige le dépôt du modèle comme préalable à la poursuite, pas comme unique preuve de priorité. Les autres résolutions du Congrès se placent au point de vue pratique de la résolution distincte des dessins et modèles, jugée encore indispensable dans la plupart des pays, et formulent différents vœux s'y rapportant.

Tout d'abord, la résolution II demande que la question d'utilité pratique n'entre pas en ligne de compte.

Dans l'empire d'Allemagne, sont en vigueur la loi du 11 janvier 1876, concernant le droit d'auteur sur les dessins et modèles (*Muster und Modelle*), et la loi du 1er juin 1891 pour la protection des modèles d'utilité (*Gebrauchsmuster*). Tous les essais législatifs qui ont, depuis, porté sur cet objet, ont eu à résoudre, avant tout, la question de savoir s'il convenait oui ou non d'appliquer des lois distinctes à ces deux sortes de modèles ou tout au moins de les traiter d'une manière un peu différente. Le Gouvernement autrichien, en 1894, crut devoir faire des modèles d'utilité l'objet d'un projet de loi spécial qu'il publia avec le projet de loi des brevets d'invention. Il se trouvait dans le même ordre d'idées que le Gouvernement allemand en 1891 : trouver pour les petites inventions, pour lesquelles est trop pesant tout l'appareil de l'examen préalable, un moyen de leur offrir une protection plus facile à obtenir, mais, en revanche, moins étendue. Le Gouvernement poursuivit, avec la plus grande persévérance et le zèle le plus vif, l'adoption du projet de loi des brevets, qui, plusieurs fois modifié durant différentes sessions parlementaires, fut enfin voté le 11 janvier 1897 ; mais, au contraire, il laissa tomber le projet de loi concernant les modèles d'utilité.

Le projet actuel distingue expressément l'un de l'autre, dans le paragraphe 1er, les modèles de goût et ceux d'utilité (*Geschmacks* et *Gebrauchsmuster*) : pourtant il veut, non seulement, par principe, les traiter dans la même loi, mais il propose, pratiquement, la même réglementation pour les deux espèces de modèles, avec seulement quelques différences, d'ailleurs importantes, qui seront indiquées à leur place.

La résolution III émet le vœu que les œuvres des arts graphiques et plastiques soient et restent protégées comme telles, quand même elles auraient une destination ou un emploi industriels, et que, pourtant, dans ce cas, elles bénéficient, en outre, de la protection accordée aux modèles, pourvu que les formalités prescrites par la loi protégeant les modèles aient été remplies.

Le projet de loi autrichien, au contraire, exclut de la protection octroyée aux modèles, tous les objets qui jouissent ou peuvent jouir de la protection accordée par la loi relative aux droits d'auteurs d'œuvres littéraires artistiques et photographiques (§ 2, ligne 3). Les ayants droit seraient, par suite, exposés au danger, d'une part, de ne demander et de n'obtenir la protection réservée aux modèles, parce qu'eux-mêmes et l'office des patentes considèrent le modèle comme une œuvre d'art et, d'autre part, de ne point jouir de la protection accordée à la propriété artistique si, en cas de litige, le tribunal est d'avis contraire, ce qu'on ne saura peut-être qu'après plusieurs années, puisque cette propriété s'acquiert, non par une formalité particulière, mais d'elle-même ou pas du tout. Pour tout le reste, le projet du Gouvernement autrichien concorde avec la résolution III et prend le parti du créateur d'une œuvre d'art susceptible de reproduction ; il ne contient notamment aucune des dispositions du paragraphe 14 de la loi allemande du 9 janvier 1876 (concernant le droit d'auteur d'œuvres d'art plastiques), d'après lequel, comme on sait, l'auteur d'une œuvre d'art plastique, quand il en a permis la reproduction dans une œuvre industrielle ou des œuvres analogues, jouira de la protection contre d'autres reproductions dans de telles œuvres, non plus d'après la loi sur les œuvres d'art plastique, mais seulement d'après celle relative aux droits d'auteur sur les dessins et modèles.

La résolution IV exige le dépôt d'un exemplaire du modèle à protéger ou une reproduction suffisante, et laisse à l'appréciation de l'intéressé l'adjonction d'une notice explicative. Le projet autrichien demande le dépôt de l'original ou d'une reproduction et en outre le dépôt *obligatoire* de ce qu'il appelle une revendication du modèle, dans laquelle « on doit faire ressortir exactement ce qu'il y a de nouveau dans le modèle et qui doit faire l'objet du droit au modèle ». Jusqu'à la décision de l'autorité compétente, il est permis d'apporter des modifications à la revendication, pourvu que les changements ne portent pas sur l'essence même de la revendication et à condition de fixer un nouveau point de départ à la priorité (§ 45 et 46).

Le projet, il est vrai, dit seulement que le Patentamt *peut* fixer ce nouveau point de départ, mais il veut évidemment dire que le Patentamt examinera si les conditions sont réunies pour la fixation d'une nouvelle date de priorité, mais non pas que, si l'autorité compétente constate la réunion de ces conditions, elle pourra librement fixer la priorité. L'idée d'adjoindre une notice explicative au modèle sans parole semble des plus heureuses, mais, à mon humble avis, c'est aller trop loin que d'en faire une mesure obligatoire ; on devrait laisser l'intéressé libre de se servir ou de se passer d'une légende pour expliquer et préciser sa conception et en particulier ce qu'il considère comme nouveau.

La résolution IV émet, en outre, le vœu qu'on puisse comprendre plusieurs modèles dans un même dépôt. Le projet accorde cette faculté pour les modèles de goût (*Geschmacksmuster*) (§ 43), mais pas pour les modèles d'utilité (*Gebrauchsmuster*), à la condition : 1° que tous les modèles appartiennent au même déposant ; 2° qu'on demande pour tous les modèles à la fois ou le secret ou la publicité (nous en reparlerons à propos de l'alinéa 4 de la résolution IV) ; 3° que tous les modèles appartiennent au même groupe d'objets ; 4° que tous les modèles soient compris dans le même groupe ou appartiennent à la même classe, ou, dans leur exécution, correspondent à une même conception de forme. De la limitation du nombre des objets à 50, je reparlerai dans la comparaison des taxes. L'autre limitation, qui est, dans la loi allemande, à un poids maximum de 10 kilos, ne se retrouve pas dans le projet autrichien.

Le deuxième alinéa de la résolution IV exprime que le droit à la protection appartient au créateur du modèle (ou à son ayant droit), mais que, jusqu'à preuve du contraire, le premier déposant doit être considéré comme l'auteur. C'est en accord avec le projet autrichien (§ 4), qui ajoute pourtant la disposition suivante : « Le » propriétaire d'une entreprise ou d'un établissement industriel » sera considéré comme l'auteur des modèles exécutés sur son » ordre ou pour son compte par les personnes qu'il emploie, à » moins qu'il n'en soit disposé autrement par convention. » Il convient de noter la contradiction de cette disposition avec celle qui lui correspond dans la loi autrichienne des brevets d'invention, dont le paragraphe 5, alinéa 3, est ainsi conçu : « Les ouvriers, les

» employés, les fonctionnaires, sont considérés comme les auteurs
» des inventions qu'ils ont faites dans leur service, si aucune con-
» vention ou règlement de service ne stipule le contraire. » Il faut
aussi noter que, dans le projet de loi sur la protection des modèles,
il n'existe aucune disposition destinée à protéger les employés
contre leur exploitation par les employeurs, tandis que, d'après le
paragraphe 5, alinéa 4, de la loi sur les brevets d'invention, « les
» conventions ou règlements qui ôtent aux personnes employées
» dans une entreprise industrielle le profit légitime des inven-
» tions qu'ils ont faites dans le service n'ont aucune valeur lé-
» gale. »

J'ai relevé ces contradictions entre le projet mentionné et la loi
sur les brevets d'invention, seulement pour appeler l'attention sur
ce point et non pour faire de la polémique, car on ne peut méconnaître qu'entre un dessin ou un modèle et une invention, il y a une
différence importante, quant aux conditions de réalisation, et qu'il
est juste, par conséquent, qu'elle existe aussi, quant aux effets.

L'alinéa 3 de la résolution IV du Congrès de Paris veut que le
droit à la protection ne souffre aucun préjudice du fait que le déposant ou un tiers aurait mis en vente des articles conformes à son
modèle, avant l'enregistrement, mais que, par contre, le tiers de
bonne foi qui a commencé à exploiter le modèle avant son dépôt
soit exempté des effets de la protection et qu'il puisse transmettre
cette exemption à ses successeurs, mais à ceux-ci seulement. Le
projet autrichien n'est pas d'accord avec cette disposition : il considère comme pas nouveaux et, par conséquent, pas protégeables,
tous modèles qui, avant leur enregistrement : 1° auraient été, dans
des imprimés livrés à la publicité, représentés de telle sorte que la
reproduction pour l'industrie en cause eût été possible ; 2° incorpo-
rés dans des produits industriels, auraient été mis en vente dans le
pays ou à l'étranger, exposés dans des expositions ou dans des
collections publiques, ou 3° après avoir été protégés comme mo--
dèle, comme invention ou en vertu d'un privilège, seraient tombés
dans le domaine public (§ 3). Il en résulte, pour la protection du
premier exploitant, un champ essentiellement restreint. Prenons
le cas où celui-ci, avant le délai de priorité, a produit des articles
conformes au modèle, *sans les mettre en vente :* le projet autrichien (§ 7) va, à cet égard, encore plus loin que le Congrès de Paris
dans sa résolution IV, alinéa 3, puisque, d'après ce projet, le tiers
qui a seulement fait les *préparatifs* nécessaires pour l'exploitation
du modèle jouit des droits de premier exploitant ; le premier
exploitant (dans ce sens large du mot) peut, pourvu qu'il ait été
de bonne foi, exploiter le modèle dans ses ateliers ou dans *d'autres*,
mais seulement pour les besoins de sa propre industrie (tout acte
au delà de cette limite serait une atteinte aux droits du propriétaire
du modèle) ; il peut léguer ce droit ou le céder avec son industrie ;
il peut enfin exiger du possesseur du modèle un certificat constatant ce droit, et, au cas de refus, obtenir du Patentamt une attesta-
tion qui sera inscrite dans le registre des modèles. Toutes ces dispo-

sitions sont exactement reproduites dans la loi autrichienne sur les brevets d'invention (§ 9).

Le quatrième alinéa de la résolution IV du Congrès de Paris traite deux matières : d'une part, la désignation du groupe d'industries, pour lequel on revendique le modèle déposé ; d'autre part, le secret du dépôt.

En ce qui touche la première question, le projet autrichien (§ 5) dispose que la protection du *Gebrauchsmuster* est restreinte au produit industriel qui sert de support au modèle, et que la protection du *Geschmacksmuster* s'étend au groupe ou aux groupes pour lesquels elle a été revendiquée par le déposant ; le projet contient un tableau de quarante groupes rangés par ordre alphabétique, auquel est adjoint un quarante et unième groupe pour toutes les industries non comprises dans les quarante premiers. J'ai déjà indiqué plus haut, au point de vue du dépôt collectif, que les modèles, s'ils ne se rapportent pas à la même conception de forme, sont restreints, non seulement à un seul et *même groupe* du tableau, mais encore au cadre plus étroit d'une seule et même classe. La délimitation des classes n'est pourtant pas fixée par le tableau, elle doit rester, pour chaque cas, à l'appréciation du Patentamt.) Quant à la question du secret des modèles, le projet la résout (§ 42) pour les *Geschmacksmuster*, en ce sens que le secret peut être *exigé* par le déposant, pour une année à partir de l'enregistrement, et *sollicité* pour une nouvelle année. Il va de soi que le déposant est en droit de lever plus tôt le secret, cela pourrait, du reste, être dit expressément. A l'égard des *Gebrauchsmuster*, aucun secret n'est prévu.

Le cinquième alinéa de la résolution IV du Congrès de Paris se prononce pour la centralisation des dépôts et pour la tenue d'un registre unique ; toutefois la faculté pourra être réservée aux intéressés d'effectuer leurs dépôts dans diverses administrations locales qui auraient à les transmettre immédiatement au bureau central. Le projet autrichien (§ 41) est dans le même sens ; il dispose, il est vrai, que le Patentamt sera le lieu de dépôt et d'enregistrement. Les intéressés peuvent aussi se servir de la poste ; mais la date de l'enregistrement sera non pas celle de la *mise à la poste*, mais celle de l'arrivée du dépôt au Patentamt. La loi sur les brevets d'invention (§ 48) contient la même disposition.

Le sixième alinéa de la résolution IV, d'après lequel l'enregistrement doit avoir effet pour tous les autres pays, ne trouve pas sa réalisation dans le projet autrichien ; ce n'était, du reste, pour le Congrès, que de la musique de l'avenir.

La résolution V du Congrès de Paris demande la division des délais de protection en groupe de cinq années. Le projet autrichien divise le délai maximum de la protection, qui est de quinze ans, en cinq fractions triennales (§ 101). La résolution V émet, en outre, le vœu d'un délai de trois mois pour le paiement de la taxe, à partir de la deuxième période ; le projet autrichien accorde cette faveur au payeur retardataire, mais il lui impose une taxe supplémentaire de cinq couronnes, ce qui doit empêcher que l'utilisation de ce délai ne devienne une règle, et il prévoit, à chaque échéance, un avertissement officiel, pour lequel il faudra payer, une fois pour toutes, le modeste droit de cinq couronnes. Mais qu'arrivera-t-il si, malgré l'avertissement du Patentamt, l'intéressé diffère le paiement de la taxe? Pour ce cas toujours possible une règle fait défaut. La phrase la plus juste de la résolution V du Congrès est celle d'après laquelle la durée de protection pour le modèle doit être identique à la durée de protection de la propriété artistique. Le projet autrichien, comme il a déjà été mentionné, fixe la durée maxima de la protection pour les modèles à quinze années à partir du jour de l'enregistrement (§ 12).

La résolution VI du Congrès de Paris émet le vœu que la taxe soit réglée de façon à être très faible les premières années et à aller en progressant légèrement dans la période qui suit, et que la taxe soit unique pour un ensemble de modèles. Le projet autrichien réalise ce vœu : pour chaque enregistrement d'un ou plusieurs modèles, le droit à payer est de cinq couronnes ; la taxe annuelle pour un modèle est de cinq couronnes pour les trois premières années ; de trois à cinq ans, il s'accroît de cinq autres couronnes et s'élève ensuite jusqu'à vingt-cinq couronnes. Pour un ensemble de modèles (jusqu'à cinquante inclusivement, compris dans un même enregistrement) le droit annuel part de vingt couronnes, s'accroît tous les trois ans de dix couronnes et va ensuite jusqu'à soixante couronnes.

La résolution VII du Congrès de Paris s'élève, sous réserve de réciprocité, contre l'obligation d'exploiter et l'interdiction d'introduire. Ces deux restrictions du droit à la protection existent jusqu'ici en Autriche ; le nouveau projet de loi les écarte toutes deux et seulement réserve au gouvernement autrichien (§ 24) un droit de représailles contre les ressortissants d'un État étranger qui n'assure aucune protection ou une protection incomplète aux modèles des ressortissants de l'Autriche ou qui soumet la demande de protection ou la protection elle-même à des conditions ou à des obligations plus onéreuses que celles prévues par le projet autrichien.

La résolution VIII du Congrès de Paris demande qu'on écarte, quant à la protection du modèle, l'exigence d'une fabrique dans le pays (cette obligation n'existe pas jusqu'ici en Autriche) et qu'on mette sur le même pied nationaux et étrangers, sous la seule condition de la réciprocité garantie par la législation nationale ou par des conventions internationales. Le projet autrichien dispose (§ 23) que les étrangers jouiront de la protection des modèles dans la mesure des traités et conventions conclus avec ces États.

La neuvième et dernière résolution du Congrès de Paris dispose, dans l'alinéa 1, que la contrefaçon entraîne une peine et des dommages-intérêts, mais que la publicité du dépôt, c'est-à-dire la levée du secret, s'il existe, doit précéder la plainte civile ou pénale. Le projet autrichien renferme les dispositions suivantes :

» Art. 86. — On peut actionner au civil, pour contrefaçon commise de bonne foi, en cessation de la contrefaçon, suppression des objets contrefaits, transformation des instruments de contrefaçon et restitution des profits réalisés.

» Art. 97. — La contrefaçon coupable entraîne l'obligation à des dommages-intérêts.

» Art. 87. — La contrefaçon de mauvaise foi est punissable d'une amende de 500 à 1000 couronnes ou d'un emprisonnement de un mois à six mois, ou de ces deux peines à la fois, sans préjudice de l'application, s'il y a lieu, des dispositions plus rigoureuses d'autres lois pénales.

» Art. 91. — Au cas de condamnation pénale, des mesures sévères peuvent être prises, sur la demande de la partie lésée, en ce qui concerne les objets contre faits et les instruments de contrefaçon.

» Art. 94. — Le jugement est à publier sur la demande de la partie lésée.

» Art. 84. — Exception est faite pour la contrefaçon d'un *Geschmacksmuster* tenu secret tant que la publicité du modèle n'a pas été annoncée dans le *Patentblatt* (feuille officielle des brevets d'invention).

Cette disposition est préférable à celle de la résolution IX, alinéa 1, du Congrès de Paris, qui semble admettre que, sitôt le secret levé, on doit poursuivre comme contrefaçons les actes qui ont été commis même auparavant.

Est aussi considérée comme contrefaçon la reproduction d'un dessin par la plastique et inversement, c'est un progrès sur la loi du 26 décembre 1895, relative aux œuvres d'art, laquelle dispose le contraire.

N'est pas considérée comme contrefaçon l'usage d'objets avec modèle rapporté ; mais, à mon avis, l'usage industriel devrait être réservé au possesseur du modèle.

Comme je l'ai déjà indiqué, en comparant la résolution IV, alinéa 4, le projet autrichien est en opposition avec le vœu de l'alinéa 2 de la résolution IX du Congrès, d'après lequel la protection ne doit pas être limitée à l'industrie pour laquelle l'enregistrement a été effectué.

Après avoir passé en revue les résolutions du Congrès de Paris, relatives à la protection des modèles, j'arrive à mentionner certains cas particuliers du projet autrichien qui ne trouvent pas leur place dans le cadre de ces résolutions mais qui, cependant, ont une grande importance.

Il faut faire ressortir, avant tout, que, contrairement à la loi sur les brevets d'invention qui ne définit pas l'invention, sont indiqués comme modèles susceptibles de protection (§ 1) les originaux (*Vorbilder*), de forme nouvelle, qui, par leur dessin ou leur plastique, ou les deux à la fois, sont destinés à contribuer à la valeur, en beauté ou en utilité, des produits industriels exécutés d'après eux. Quand on doit comparer un autre modèle avec celui qui est protégé ou à protéger, pour résoudre la question d'antériorité ou de contrefaçon, c'est le criterium de la « conception de la forme » qui doit valoir; si cette conception est nettement reconnaissable comme étant la même, il n'y a pas à tenir compte des différences (§§ 5, 27 et 85).

Outre les objets, dont il a déjà été question, qui jouissent ou peuvent jouir de la protection de la propriété artistique, sont exclus de la protection des modèles, les objets qui sont considérés comme des inventions, au sens de la loi sur les brevets, qu'ils soient effectivement brevetés ou non, et encore les objets dont la teneur, le but ou l'usage est contraire aux lois, immoral ou malsain ou constitue une atteinte à l'ordre public, enfin les objets qui portent illicitement (*a*) les portraits ou images de l'empereur ou des membres de la maison impériale (*b*), les noms, portraits ou images d'autrui (*c*), des distinctions honorifiques, des armoiries publiques (en particulier l'aigle impérial) ou toutes dispositions assez semblables pour faire confusion avec. La distinction entre *a* et *b* provient seulement de ce qu'on ne voulait pas mêler à la foule l'empereur et sa maison; mais il résulte de cette rédaction certaines irrégularités : d'abord, M. X ou Y peut faire protéger son propre portrait comme modèle de fabrique, mais il n'en est pas de même, par exemple, pour un prince impérial qui posséderait une fabrique de soie; en outre, comme élément essentiel d'une marque à protéger, M. Z ne pourra pas employer le nom de M. X ou Y, mais il pourra faire entrer celui d'un prince impérial comme élément essentiel dans une marque de soie, par exemple, quand bien même ce prince serait propriétaire d'une fabrique de tissus de soie! car, par suite de la mise à part du groupe *a*, il est certain que le groupe *b* ne vise que les *autres* personnes.

Le droit à la protection des modèles peut être transmis ou constitué en gage et même saisi; des licences, même des licences exclusives peuvent être octroyées; il n'est pas prévu de licence obligatoire.

Comme en matière de brevets, est réglé le cas où le « possesseur d'un modèle », c'est-à-dire le possesseur d'une protection de modèle, n'est pas le créateur du modèle, en particulier le cas où l'idée a été dérobée : la protection est alors retirée à la personne qui est sans droit; elle est attribuée à qui est véritablement le créateur du modèle ou a la priorité, s'il revendique son droit dans un court délai; cependant, les licences acquises et autres concessions semblables subsistent si elles ont été octroyées légalement, acquises loyalement et inscrites dans le registre au moins un an auparavant. On a estimé que la discussion des mentions litigieuses du registre des modèles entraînerait trop loin.

La centralisation de l'autorité administrative au Patentamt qui contient des sections de première et de deuxième instance (seulement les recours de la section des nullités vont à la Cour des brevets) répond aux dispositions de la loi sur les brevets d'invention. Il en est de même des limites de la compétence entre les tribunaux civils et les correctionnels.

Une innovation pour l'Autriche serait, dans ce domaine, le *Musterbeirath* (Conseil des modèles) (§ 38) qui, à la demande du Patentamt, de la Cour des brevets et des tribunaux, donnerait des *avis* sur les questions douteuses ou litigieuses, de nature technique, dans le domaine des modèles. Les membres de ce Conseil seraient nommés par le Ministre du Commerce et on devrait appeler, pour le composer, des artistes, des experts en art, des industriels, des fonctionnaires de musées et autres personnes familières avec la matière des modèles. La question se posait de savoir si les magistrats devaient se trouver liés par l'avis que donnerait ce Conseil ; le projet a essayé de prendre un moyen terme entre l'affirmative et la négative, c'est-à-dire de trouver la résultante de ces deux forces, ce qui est impossible, lorsque précisément les composantes sont diamétralement opposées : il a proposé que les magistrats ne soient pas liés, il est vrai, par l'avis du Conseil, mais qu'ils ne puissent s'en écarter sans des motifs péremptoires ; mais, comme sur la valeur des motifs, nul autre ne peut décider que ces mêmes magistrats, la véritable teneur de cette disposition peu claire est que les magistrats ne seraient *aucunement* liés par l'avis du Conseil. Le gouvernement n'a pas méconnu cela dès le début ; dans le questionnaire récemment adressé aux Chambres de commerce, il déclare, du reste, expressément qu'il ne veut pas lier les *tribunaux* par l'avis du Conseil de modèles.

J'ajouterai encore, dans cet ordre d'idées, que le projet de loi sur la protection des modèles déclare applicables à la procédure des contestations (soit devant le Patentamt, soit devant la Cour des brevets) les dispositions du code de procédure civile de l'année 1895, concernant la preuve et notamment le paragraphe 272, concernant la libre appréciation de la preuve.

Dans l'ensemble, la procédure, aussi bien pour la délivrance que pour la contestation des droits au modèle, est copiée sur la loi des brevets, pourtant avec quelques différences.

Il n'y a pas d'appel aux oppositions en matière de dessins et modèles.

L'examen préalable *doit* porter sur la question de savoir si l'objet est un modèle et s'il n'y a pas une des causes *fondamentales*, qui ont été mentionnées, de refus de protection. L'examen ne *doit pas* porter sur la mesure (et pas davantage sur l'existence) de la valeur au point de vue de la beauté et de l'utilité. Enfin, en ce qui concerne la *nouveauté*, le projet propose d'essayer le système de l'examen préalable *facultatif*, portant non seulement sur l'identité avec des objets déjà protégés, mais sur la nouveauté en général. L'examen préalable facultatif des demandes de brevets au point de vue de la *brevetabilité*, y compris la nouveauté, avait été pris en considération par la Chambre des députés autrichienne, le 27 octobre 1891 ; les auteurs de la proposition, Exner (alors commissaire général de l'Autriche à l'Exposition universelle de Paris) et ses amis, avaient dans l'idée que l'examen préalable facultatif de la nouveauté conduirait, sans qu'on s'en aperçût, à l'examen préalable obligatoire. Si on avait pareille idée des modèles, je ne pourrais assez mettre en garde contre ce résultat, bien que je sois et reste depuis quinze ans le champion zélé d'un examen préalable modéré en matière de brevets.

C'est avec raison que le projet dispose que le membre de la section des demandes, chargé de l'examen (l'*examinateur*), accorde immédiatement de lui-même le droit au modèle, sans qu'il y ait lieu à délibération en commun, s'il trouve que la demande remplit les conditions voulues ; seulement, s'il a quelque doute, c'est à la section des demandes de décider.

J'ai déjà mentionné quel rapport il y a entre la protection des modèles et celle de la propriété artistique et spécialement le danger pour l'auteur de se trouver entre deux selles : la protection des modèles et celle des brevets sont aussi exclusives l'une de l'autre, c'est-à-dire que l'auteur ne peut jouir que de l'une ou de l'autre ; mais, au point de vue des modèles, la situation est plus favorable à l'auteur, en ce sens que la non-brevetabilité se manifeste tout de suite, dès le début, par le rejet de la demande de brevet, abstraction faite du cas relativement rare, de nullité ultérieure du brevet. Si l'enregistrement du modèle a été refusé pour le motif (et *seulement* pour ce motif) que son objet était considéré comme une invention et, par suite, non susceptible de protection comme modèle, et si le brevet est refusé, pour le motif (et *seulement* pour ce motif) que l'objet n'est pas une invention, l'auteur peut reprendre sa demande de modèle avec la priorité originelle ; le rejet pourrait avoir lieu, il est vrai, pour d'autres motifs, mais pas à raison d'un prétendu caractère d'invention (§ 52).

Tels sont les principaux points du projet autrichien, au moins ceux qui peuvent intéresser les spécialistes des autres pays ; les Autrichiens, et aussi les étrangers qui ont des rapports avec l'Autriche au point de vue des modèles, ont toutes raisons de souhaiter l'adoption, aussi prompte que possible, d'une loi conforme à ce projet dont l'auteur, M. von Beck-Mannagetta, s'est voué à la question du droit du créateur en matière industrielle, avec autant de compétence que de zèle et d'amour, et était justement présent au Congrès de Paris.

Août 1900.

Observations

en réponse au questionnaire de la Section des Marques,

par

le comte de Maillard de Marafy,

Président des Comités consultatifs
de législation de l'Union des fabricants.

I

Définition de la marque.

A. — *Y a-t-il lieu, dans la loi, de définir la marque? En cas d'affirmative, faut-il procéder par définition du caractère de la marque, ou par énonciation des signes qui peuvent la constituer?*

En ce qui concerne l'utilité ou les inconvénients d'une définition de la marque, les avis sont très partagés. D'une part, on soutient que définir la marque c'est risquer de limiter la liberté de l'intéressé. D'autre part, on répond qu'on risque de la limiter bien davantage en supprimant toute définition, car on laisse ainsi aux juges un pouvoir d'appréciation équivalent au plus complet arbitraire.

L'expérience a démontré que cette dernière considération doit être regardée comme décisive.

Le principe d'une définition étant admis, tout le monde admet également que tout signe distinctif des produits d'une fabrique ou des objets d'un commerce constitue essentiellement une marque. En creusant cette définition, on y voit néanmoins des lacunes qui ont été comblées par la Commission sénatoriale de France dans le projet de loi de 1890, en ce qui concerne notamment l'agriculture et les industries extractives.

Il est permis, de plus, de se demander si cette définition, très juste assurément, est à elle seule suffisante. Le législateur français, et bien d'autres après lui, ne l'ont pas pensé, et l'événement leur a donné raison. Il est aujourd'hui acquis qu'en l'absence de toute indication de nature à guider le juge, dans les cas les plus fréquents, la jurisprudence flotte incertaine. Dans tels ou tels pays, par exemple, les tribunaux se demandent si une dénomination de fantaisie peut constituer une marque ; de même pour une combinaison de couleurs, pour la forme du produit, ou de son récipient, si fantaisiste soit-elle. De là, des fluctuations d'appréciation dans des espèces identiques, des inégalités de traitement plus ou moins profondes, mais assurément regrettables.

Ces inconvénients peuvent être évités dans une suffisante mesure :

1° En citant, dans la loi, à titre purement énonciatif et non limitatif, les signes ayant fait leurs preuves comme étant, en fait, réellement distinctifs, tout en maintenant, bien entendu, pour les cas imprévus, les termes généraux de la définition plus haut rapportée. C'est un relevé qui a été fait avec soin par la Commission du Sénat français dans son projet de loi de 1890 ;

2° En énumérant les exclusions qu'imposent la liberté de l'industrie et l'ordre public.

Sur le premier point, l'accord se fera facilement ; mais, sur le second, on peut s'attendre à un débat.

Une marque peut, en effet, constituer un signe qui, pour être très distinctif, n'en est pas moins de nature à aller à l'encontre de certaines idées préconçues, très variables suivant les pays, à des points de vue divers.

Dans l'intérêt de l'unification future des lois, qui est le desideratum de tous les bons esprits, il est évidemment préférable de donner satisfaction à des scrupules, parfois exagérés, au point de vue politique, religieux ou moral.

La difficulté devient plus grande lorsqu'on aborde les exclusions ayant pour objet les satisfactions à donner au domaine public. Est-il nécessaire, par exemple, qu'une dénomination n'ait « aucun rapport » avec le produit, comme la loi anglaise l'exige ; ou ne suffit-il pas que cette dénomination ne soit pas « la désignation nécessaire » du produit, ainsi qu'on l'admet généralement en dehors des pays anglo-saxons ? Cette dernière solution est assurément désirable, puisqu'elle n'empiète, en quoi que ce soit, sur les droits du domaine public, et qu'elle laisse à l'intéressé la plus grande somme de liberté dans le choix de sa marque.

B. — *Convient-il de faire une distinction entre la marque de fabrique et la marque de commerce ?*

On ne connaît qu'une loi qui fasse une obligation au déposant de déclarer, dans la marque même, la nature de cette marque ; mais aucun législateur ne paraît attacher formellement une sanction quelconque à l'omission de la déclaration quant à la nature de la marque. Il ne faudrait pas, toutefois, en concevoir une sécurité qui

30

pourrait être détruite par la jurisprudence. En France, par exemple, la loi ne paraît attribuer aucune conséquence juridique à une distinction entre les deux marques, parce qu'elle les protège également. Et cependant, quand le défendeur a allégué que la marque qualifiée marque de fabrique n'était en réalité qu'une marque de commerce, le demandeur a dû prouver, pour la validité du dépôt, qu'il fabriquait réellement le produit en cause et ne se bornait pas à apposer sa marque sur un objet fabriqué par un autre. La distinction, pour être soulevée rarement, n'est donc pas purement platonique, comme on le croit généralement.

Doit-on, par suite, trancher nettement le débat en obligeant le déposant à déclarer en toute sincérité s'il entend revendiquer une marque de fabrique, une marque de commerce ou une marque d'agriculture?

Assurément, le consommateur a intérêt à savoir si la responsabilité qu'implique la marque est réelle, comme l'est celle du fabricant, ou à peu près fictive, comme l'est celle de l'intermédiaire. Pas de discussion possible sur ce point. La seule difficulté qui arrête beaucoup de bons esprits est celle de la limite qui sépare le fabricant du commerçant.

Sans méconnaître ce que l'objection a de sérieux, il y a un moyen très équitable de l'écarter, c'est d'admettre que le fabricant partiel doit être tenu pour fabricant, et, d'autre part, que l'auteur de la commande, avec formule impérative et détails de fabrication, est également fabricant, à l'exclusion du simple façonnier qui ne joue d'autre rôle que celui d'une machine inconsciente d'exécution, et du simple commerçant qui n'est pour rien dans la fabrication. C'est une question de fait.

Sans doute, ce système transactionnel n'est pas exempt de tout abus; mais, outre qu'il paraît le seul praticable, il sera toujours préférable à celui qui autorise un détaillant, en tout étranger à la genèse du produit, à se parer du titre de fabricant, et à faire ainsi une concurrence tout au moins peu loyale à celui qui l'est réellement.

II

Marques à exclure de la protection.

Y a-t-il lieu d'exclure certaines marques de la protection légale?

Dans aucun pays il n'a été édicté de dispositions excluant une catégorie déterminée d'industriels du droit d'avoir une marque de fabrique. Cette constatation a son éloquence.

En Allemagne, il fut déclaré par le Commissaire impérial, lors de la discussion de la loi sur les marques, que la petite industrie ne figurant pas au registre du commerce n'aurait pas le droit de déposer une marque. Cette disposition peu démocratique n'a, du reste, été adoptée dans aucun autre pays.

On allègue, à l'appui de la thèse tendant à exclure certains négociants du droit à la marque, que la loi sur les brevets d'invention contient des exclusions de ce genre.

Il faut croire que les motifs qui les ont dictées pour les brevets, ne s'appliquent pas aux marques, car en France, notamment, la loi sur les marques est de beaucoup postérieure à la loi sur les brevets, et ne porte aucune exclusion.

Au fond, les raisons qui ont déterminé le législateur en matière de brevets, n'ont aucune application en matière de marques. Le brevet, en effet, est une mainmise sur les droits du domaine public. La marque de fabrique les laisse intacts. Ce serait donc une erreur économique que de refuser la protection de la loi à des marques régulièrement constituées, sous prétexte qu'elles serviraient à distinguer tel ou tel produit.

III

Du droit à la marque.

A. — *Quelles bases du droit d'appropriation y a-t-il lieu d'adopter à la suite de l'expérience faite, depuis vingt ans, dans les divers pays ? Notamment, le droit à la marque doit-il être fondé exclusivement sur l'antériorité de dépôt, ou sur l'antériorité de l'usage, ou enfin sur un système mixte ?*

Pendant longtemps, on n'a connu que deux systèmes opposés, comme base du droit d'appropriation : d'une part, l'appropriation par priorité d'emploi; d'autre part, l'appropriation par dépôt ou enregistrement. Ces deux régimes rigoureusement appliqués ont donné lieu à des abus également fâcheux.

Dans le système qui attribue uniquement *a priori*, au dépôt le droit de propriété, la spoliation légale peut se produire dans des cas multiples dont il suffira de citer les plus fréquents pour montrer l'iniquité de cette base d'appropriation, dans l'état actuel de l'industrie.

En fait, on ne sait jamais, en créant une marque, si elle aura du succès. Il faut, en conséquence, un certain temps d'exploitation pour juger de sa valeur future. Aussitôt que l'intéressé s'aperçoit qu'elle est accueillie avec faveur par le public, il en opère le dépôt régulier. Mais admettons qu'un tiers le précède de quelques minutes au greffe ; est-il admissible que cette diligence suspecte suffise pour lui conférer la propriété du travail d'autrui, et le droit de poursuivre celui qui a souvent consacré peine et argent pour habituer le public à ce signe distinctif de sa fabrication ?

Autre cas : Le créateur d'une marque l'a déposée avant tout

emploi. On ne saurait évidemment pousser plus loin la prévoyance. Il l'exploite, lui donne une grande valeur. A l'expiration du délai légal de protection, il revient au greffe pour opérer le renouvellement du dépôt; mais en se présentant à 11 heures, par exemple, il apprend qu'un concurrent s'est présenté à 10 heures 58, et a fait enregistrer cette marque à son profit. L'Empire d'Allemagne a perdu de cette manière une marque pour tabacs des plus appréciées, la « Main Noire ».

Dans le système attribuant, au contraire, la propriété de la marque à celui qui en a fait le premier emploi, il peut se produire un abus non moins criant. Exemple : Un petit détaillant, n'ayant qu'une clientèle locale dans un recoin perdu de la province, crée une marque et la fait accepter favorablement par les habitués de son magasin. Il ne la dépose pas. Une grande maison de Paris crée une marque analogue ou même identique — car ces rencontres sont fréquentes, s'agissant surtout d'une dénomination de fantaisie, née des circonstances du moment. La grande maison dépose la marque, ne pouvant par aucun moyen savoir qu'elle existait déjà, et lui donne une grande valeur commerciale. C'est alors qu'intervient, victorieux, le premier occupant. N'est-ce pas là aussi quelque chose qui ressemble à une spoliation légale?

Ces deux sortes d'abus prenant chaque jour plus de développement, la situation est devenue intolérable. On s'est demandé naturellement s'il n'y aurait pas possibilité d'échapper à ces deux alternatives. Cette préoccupation a donné naissance aux systèmes mixtes, lesquels gagnent chaque jour du terrain, comme cela était à prévoir. Ils peuvent être ramenés à la solution suivante : d'une part, mettre un frein aux enregistrements frauduleusement hâtifs ; et, de l'autre, donner la sécurité aux déposants en supprimant les revendications tardives.

Un système procédant à la fois des deux autres peut seul être conforme à l'équité. C'est ce que l'*Union des Fabricants* a soutenu déjà au Congrès de 1878; mais la question n'était pas mûre apparemment, en France, car le Congrès se divisa en deux parties presque égales. Nous nous trouvâmes dans la minorité et nous dûmes nous incliner.

Depuis cette époque, l'expérience a parlé tellement haut que, suivant toute apparence, le système transactionnel, qui est désormais dans les vœux de la presque unanimité des jurisconsultes et des fabricants, ne rencontrera pas d'obstacle sérieux.

Le système mixte adopté devra nécessairement, pour atteindre le but, reposer sur les bases suivantes :

1° Laisser au créateur de la marque le temps nécessaire pour savoir s'il a intérêt à en faire définitivement appropriation légale par dépôt. Si, passé le délai à déterminer, il ne dépose pas, c'est parce qu'il ne voit, à le faire, aucun intérêt qui mérite la protection du législateur.

2° Attribuer un délai de grâce, suffisant pour renouveler ce dépôt à son expiration, si, par omission involontaire, l'intéressé n'a pas accompli cette formalité au jour et à l'heure rigoureusement exigés ; et cela, moyennant une taxe supplémentaire légère, rançon de sa faute.

Si, passé le délai de grâce, le dépôt n'est pas renouvelé, on a le droit d'en conclure que la protection de cette marque ne présente plus d'intérêt pour celui qui en a fait autrefois appropriation.

Par l'ensemble de ces mesures d'ordre général et de véritable équité, déjà adoptées d'ailleurs à la satisfaction de tous, dans d'autres pays, tout ce qui est vraiment respectable est légalement respecté. Chacun peut facilement alors connaître ses droits et ses devoirs : la sécurité si nécessaire au commerce lui est rendue autant que le permet la prudence humaine.

B. — *Si le dépôt est nécessaire, l'autorité chargée du dépôt ou enregistrement des marques doit-elle être investie d'un droit d'examen préalable ; et, dans l'affirmative, quelles limites peuvent lui être imposées ?*

Sur ce sujet il y a deux systèmes :

1° Le système qui laisse à l'intéressé une liberté absolue dans le choix de sa marque, sous réserve, bien entendu, des poursuites qu'il pourrait encourir dans l'exercice de ce droit, s'il venait à enfreindre une disposition légale quelconque.

2° Le système qui investit l'Administration du droit d'admettre ou de rejeter une marque après examen préalable, avec, et parfois sans recours ultérieur.

Les personnes peu versées dans le fonctionnement des Administrations chargées d'enregistrer les demandes de dépôt de marques, sont généralement portées à considérer comme un avantage le droit d'examen préalable, car elles y voient des sécurités pour elles qui, en réalité, n'y sont pas. C'est ce que nous allons démontrer.

Si le droit d'examen conféré à l'Administration par la loi l'obligeait à rechercher les antériorités, de telle sorte que, lorsque le postulant aurait obtenu son titre de dépôt, il pût être à l'abri, dans l'avenir, de toutes réclamations, cette institution n'en aurait pas moins des inconvénients très sérieux, mais elle aurait l'avantage inappréciable de permettre au déposant de se constituer une marque à l'abri de toute revendication. Malheureusement, cet idéal n'a été réalisé dans aucun pays. Partout où l'Administration a droit d'examen, elle se réserve le droit de faire erreur sans que sa responsabilité soit engagée : il est vraisemblable qu'on a reconnu l'impossibilité de lui conférer l'infaillibilité. Dès lors, l'examen préalable n'est qu'un rouage administratif, le plus souvent vexatoire, coûteux, et d'autant plus dangereux qu'il a l'air de donner au déposant des garanties qui, en réalité, ne sont qu'illusoires.

Le Congrès de 1878 recommanda aux législateurs une autre solution du problème que l'on a appelée l'*Avis préalable*, mesure excellente et exempte de tout inconvénient. L'Avis préalable est l'obligation, imposée à l'autorité chargée de l'enregistrement des marques, d'aviser l'impétrant des antériorités, des défectuosités de la marque, et enfin des inconvénients que pourrait entraîner pour lui un pareil dépôt. Si l'intéressé persiste dans sa demande, il ne pourra que s'en prendre à lui-même des suites éventuelles de son obstination. L'Avis préalable a été introduit dans la législation suisse et donne dans ce pays les meilleurs résultats.

IV

Des marques au point de vue international

A. — *Pour apprécier le caractère ou la priorité d'une marque, faut-il appliquer la loi du pays d'origine ou celle du pays d'importation? Ne faut-il tenir compte, pour déterminer la priorité, que des faits qui se sont passés dans le pays d'importation?*

La question ainsi posée contient deux ordres d'idées absolument différents. On peut dire, en effet, que l'appréciation du caractère d'une marque n'a aucun rapport avec celle du principe de priorité. Il y a donc lieu de traiter séparément ces deux points.

L'appréciation du caractère d'une marque, au point de vue international, a fait l'objet d'une discussion approfondie au Congrès de 1878, et a été tranchée par la Convention de 1883 en ce sens que le caractère d'une marque doit être apprécié d'après la loi du pays d'origine, et non d'après celle du pays d'importation. Cette solution qui a pris place, depuis lors, dans des traités entre nations ne faisant pas partie de l'*Union* diplomatique *de la Propriété industrielle*, a été un puissant instrument d'unification des lois. Cela se comprend facilement, par ce motif que les nations dont la loi était moins avantageuse que celle de l'étranger, et qui, par suite, étaient obligées de lui reconnaître des droits que n'avaient pas les nationaux, ont adopté bien vite la législation de cet étranger afin d'être à égalité de droits.

L'expérience a donc démontré l'excellence de ce procédé d'unification, et il n'est pas à croire qu'il se produise une opposition quelconque à son extension.

La question d'appréciation de la priorité d'une marque étrangère est, au contraire, tellement discutée qu'il n'existe, en fait, aucune règle, aucune jurisprudence, même entre pays ayant adopté la priorité d'emploi comme base d'appropriation.

Pour plus de clarté, nous exposerons la question à l'aide d'exemples, pour les différents cas.

Il est bien entendu qu'il ne peut s'agir que de pays en état de protection réciproque, soit par voie de conventions diplomatiques, soit par l'effet du jeu des lois intérieures.

Prenons pour première hypothèse deux pays, dont l'un, la France, par exemple, base la propriété d'une marque sur la priorité d'emploi, et l'Espagne qui ne reconnaît d'autre droit d'appropriation que la priorité de dépôt. Il est malheureusement évident que le Français qui s'est laissé devancer en Espagne, au point de vue du dépôt d'une marque pour laquelle il a la priorité d'emploi, aussi bien en Espagne qu'en France, est déchu de tout droit dans le premier de ces deux pays, et est même exposé à y voir ses produits saisis comme constituant des contrefaçons. C'est d'une iniquité criante, mais c'est ainsi.

La situation a une autre face qu'il convient d'examiner. Supposons, en effet, que l'Espagnol ait priorité d'emploi d'une marque en Espagne et ne l'ait déposée, ni en Espagne ni en France, pourra-t-il la déposer valablement en France alors qu'elle y aura été déposée déjà par un tiers? Non, parce que sa priorité de création en Espagne ne lui conférant aucun droit dans son propre pays, il ne peut s'en prévaloir au dehors. Pas de discussion possible, croyons-nous. L'équité n'est d'ailleurs pas plus satisfaite que dans le cas précédent; mais le droit d'appropriation uniquement fondé sur le fait du dépôt a ses rigueurs prévues.

La question est autrement sujette à discussion quand elle s'agite entre pays ayant les mêmes principes d'équité, en matière d'appropriation légale, la priorité de création.

Il semble au premier abord que cette unité de doctrine, complétée par le droit au traitement des nationaux, devrait entraîner, par cela même, unification de territoire.

La logique, du moins, le voudrait ainsi. Or, la Cour d'appel de Bruxelles a décidé récemment le contraire, et la Cour de cassation, saisie d'un pourvoi, a refusé d'examiner la question, comme surabondante dans la cause.

Le Congrès aura évidemment à émettre un avis ; mais, quel qu'il soit, il restera à trouver une solution équitable à la question suivante, qui domine les cas opposés que nous venons d'examiner et s'impose par son urgence.

B. — *Dans les litiges entre ressortissants de deux pays dont l'un admet la priorité d'emploi comme base d'appropriation, et dont l'autre ne fait reposer le droit que sur la priorité de dépôt, le traitement des nationaux doit-il être appliqué dans toute sa rigueur? Rechercher, en tous cas, les moyens de défense des propriétaires de marques contre l'usurpation et l'appropriation de leurs marques par des tiers à l'étranger, notamment dans les pays à dépôt attributif.*

C'est, en effet, dans les pays, où la propriété d'une marque s'acquiert uniquement en la faisant enregistrer, que les spoliations légales prennent des proportions intolérables. Nous citerons notamment le Portugal, mais surtout l'Espagne, comme étant le théâtre du chantage le plus scandaleux en cette matière. Voici comment opèrent ceux qui pratiquent cette odieuse industrie.

Un individu, à peine pourvu d'une échoppe, mais absolument dépourvu de scrupules, voit apparaître sur le marché une marque française très réputée en France, mais qui, commençant à peine à pénétrer en Espagne, n'a pas encore été déposée par son légitime propriétaire. Le pirate court au Bureau, dépose pour son compte la marque en question, et fait saisir comme contrefaçon le produit d'origine. C'est là, assurément, une spoliation qui, pour être légale, n'en est pas moins abominable.

Comment mettre obstacle, tout au moins dans la mesure du possible, à ce défi audacieux aux plus élémentaires notions de la décence commerciale ? Il n'est pas besoin de faire un grand effort d'imagination pour cela, car la solution est consignée depuis quarante ans dans un traité qui a survécu aux plus grands ébranlements : le Traité de 1862 entre la France et le Zollverein, actuellement représenté par l'Empire d'Allemagne.

L'article 28 de cet instrument diplomatique stipule, en effet, en vue de l'hypothèse que nous venons de poser, que, dans ce cas, celui qui a la priorité de création, mais qui a manqué de diligence, ne pourra attaquer le dépôt du plus diligent, mais ne pourra être poursuivi par lui.

Cette sage transaction a suffi pour empêcher les actes de chantage qui se produisent journellement ailleurs, parce que ceux qui pratiquent la spoliation légale dans toute son ampleur, n'ont nullement en vue l'exploitation réelle de la marque, mais tendent uniquement à exercer une pression sur celui qui l'a créée, en le menaçant de saisir ses produits et de le faire condamner comme contrefacteur.

Sans doute, cette solution ne représente pas l'équité absolue, dont le règne du reste n'est pas de ce monde, mais elle est suffisante pour décourager une fraude qui est la honte de l'industrie.

V

Marques collectives

Y a-t-il lieu d'admettre la protection des marques collectives (nationales, régionales, communales, syndicats, associations, etc.) ?

La question des marques collectives est très discutée, et elle est, en effet, très discutable, par ce motif, tout d'abord, que le principe de la marque collective est en contradiction absolue avec la définition de la marque même, admise partout, à savoir que la marque est le signe distinctif des produits d'un industriel déterminé. C'est la réponse que fit, au Reichstag, en 1878, le Commissaire impérial au député de Bielefeld, ville réputée pour ses toiles, qui demandait la reconnaissance des marques régionales, qui sont en fait des marques collectives au premier chef.

Cette réponse parut péremptoire au Reichstag. Elle l'était en effet, mais il suffisait que la définition de la marque reçût une légère addition pour que la contradiction signalée cessât d'exister. On pourrait, par exemple, en adoptant une définition plus large que celle de la loi allemande, dire que la marque est le signe distinctif des produits d'un producteur, d'un commerçant ou d'un groupe de producteurs ou de commerçants.

Dans ces conditions, la marque collective réunirait les mêmes conditions juridiques que toute autre.

Mais la difficulté est autrement grande s'il s'agit de marques régionales. Il nous semble même qu'il est difficile de les séparer de la question du nom de lieu de fabrication ; car si un groupe adopte une marque régionale consistant en un nom de lieu de production ou de fabrication, la marque ne peut exister valablement que si elle est conforme à la vérité, sans quoi elle constituerait une tromperie. La solution est donc, avant tout, comprise dans celle que la législation donne à la protection du nom de lieu de localité, qui figure dans le Programme, sous le Chapitre VII, à l'occasion duquel nous reviendrons sur ce sujet.

VI

Du nom commercial et de la raison de commerce.

A. — *Y a-t-il lieu de définir ces deux natures de propriété ?*

La Convention de 1883, qui a tant fait pour la réglementation du régime international des marques, s'est bornée à proclamer la dispense de toute réglementation, s'agissant de la protection du nom commercial. On pourrait voir là une inconséquence. Ce serait un tort. La situation ne permettait pas d'aller au delà, et elle ne le permet pas davantage aujourd'hui, en matière diplomatique. La raison en est qu'une tentative d'unification des lois, sur un sujet déterminé, implique, tout au moins, l'existence de ces lois. Or, la plupart des pays en sont encore à attendre une réglementation quelconque du nom commercial. C'est à faire prévaloir dans chaque nation la pratique de l'enregistrement du nom commercial, seul mode efficace de réglementation, comme on va le voir, que le Congrès devra, semble-t-il, borner ses efforts. La tâche est suffisamment lourde, même réduite à ces termes.

M. Bozérian, rapporteur au Sénat d'une proposition de loi sur le nom commercial, dont il était du reste l'auteur, l'a défini avec une grande clarté en précisant du même coup la différence qui le sépare

du nom civil : « Le nom civil est la personnification du citoyen; le
» nom commercial, la personnification du commerçant et de l'in-
» dustriel. Le premier distingue un homme de ses semblables; le
» second distingue un commerçant ou un industriel de ses concur-
» rents. »

La Commission du Sénat français, saisie en 1888 d'une proposition de loi, visant à la fois la réglementation du nom commercial
et celle des marques, a défini le nom ainsi qu'il suit : « Le nom
» simple ou composé sous lequel des commerçants, industriels,
» producteurs ou exploitants exercent les actes de leur commerce,
» de leur industrie, de leur exploitation. » Cette définition paraît
la plus générale qui ait été donnée.

Il est plus difficile de définir la raison de commerce de façon à
être compris par les autres peuples. En Suisse, par exemple, où la
langue française a une si grande importance, les mots « raison de
commerce » n'ont en aucune façon le même sens qu'en France. Il
faudrait donc faire choix d'un mot admis par tous : sans quoi, ne
s'entendant pas sur la forme, il sera bien difficile de s'entendre sur
le fond. Cet obstacle a été très nettement aperçu par la Commission
sénatoriale qui a élaboré, en France, une loi, objet de longues
études, mais qui, malheureusement, comme tant d'autres, dort dans
les cartons de la haute Assemblée.

En France, on entend par « raison de commerce », ainsi que le
démontre le seul document législatif qui en fasse mention — la loi
de 1824 — une désignation distincte, un établissement commercial
déterminé. Ainsi comprise, la raison commerciale doit logiquement
suivre le sort du nom commercial. C'est assez dire qu'elle diffère
essentiellement de l'enseigne, avec laquelle la confondent souvent
ceux qui n'ont qu'une connaissance superficielle de la question.

Cela dit, nous croyons pouvoir passer à la seconde question
incluse sous ce chapitre, et que voici :

B. — *Y a-t-il lieu d'admettre qu'on puisse faire le commerce sous le nom
de son prédécesseur avec le consentement de celui-ci? Quelles mesures
à prendre pour éviter les fraudes (Registre de commerce, publications dans les journaux, etc.)?*

Le nom commercial a toujours joué un rôle considérable dans le
négoce; mais il a perdu beaucoup de sa valeur en tant que marque,
par suite des abus sans nombre engendrés par l'homonymie.

On ignorait toute l'étendue des inconvénients qui pouvaient en
résulter, lors de la discussion de la loi française sur les marques
en 1857. Le rapporteur disait en effet : « le nom commercial est la
» plus sûre et la plus claire des marques ». On sait aujourd'hui que
c'est là une grave erreur; mais on aurait dû tout au moins en conclure alors, pour être logique, que la réglementation du nom s'imposait avant même celle des marques. La Commission, au contraire,

d'accord avec le Gouvernement, se borna à inscrire le nom au nombre des signes pouvant constituer une marque, à la condition toutefois d'être sous une forme distinctive.

La loi suisse n'a pas suivi cet exemple, tout au moins dans son texte ; car, en fait, la Suisse possédant un registre du commerce où un nom ne peut être inscrit sans se différencier des autres, il revêt par cela même une forme distinctive.

C'est, en effet, le registre du commerce qui doit être partout la base de la réglementation du nom commercial. Un certain nombre de pays jouissent de cette institution depuis longtemps, mais il faut reconnaître qu'elle ne s'est pas encore généralisée, malgré les excellents résultats qu'elle donne. Ils ont à peine besoin d'être signalés. Il est évident, en effet, que permettre au fondateur d'une maison de la perpétuer indéfiniment sous le nom auquel il a donné une grande notoriété, c'est accroître sa situation commerciale ; c'est, mieux encore, exonérer son successeur des sacrifices de temps et d'argent nécessaires pour faire connaître un nom nouveau.

Dans le système, au contraire, qui a généralement prévalu dans les pays latins, chaque successeur est obligé de recommencer l'effort fait par son prédécesseur. Force perdue, que son concurrent allemand, par exemple, emploie utilement à agrandir la surface industrielle acquise à la maison par ses devanciers.

Comment se fait-il qu'une institution aussi profitable au commerce ait été méconnue par le législateur dans tant de pays ? En France, on ne saurait du moins accuser l'ignorance des intéressés. La preuve en est dans la propagande faite par l'*Union des fabricants* et les réponses faites dès 1881 par les Chambres de commerce. Consultées il y a dix ans, elles ont, en majorité, demandé la création du nom commercial. Malheureusement, les exigences de la procédure parlementaire ne permirent pas de donner satisfaction aux vœux si nettement manifestés par les représentants autorisés de l'industrie et du commerce. Il appartient au Congrès de déterminer un courant d'opinion assez fort pour s'imposer au Pouvoir législatif, dans tous les pays ne jouissant pas encore d'une institution si vivement désirée.

Quant au mode de réalisation de la réforme que nous préconisons, il n'y a guère à innover sur ce qui se passe en Allemagne à cet égard ; il va sans dire, toutefois, que l'enregistrement du nom commercial et de la raison de commerce doit se conformer aux règles suivies en matière de marques, c'est-à-dire que toutes les déclarations doivent être centralisées, et que c'est dans cette matière, plus qu'en toute autre, que l'institution de l'avis préalable rendrait les plus grands services.

VII

Noms de localités.

Quelles sont les meilleures dispositions à introduire dans la législation intérieure de chaque pays pour assurer la protection des noms de localités?

La réputation acquise à une localité par suite de circonstances très diverses est assurément un patrimoine dont il serait inique de faire bénéficier ceux qui n'y sont en réalité pour rien. Tout le monde est d'accord à cet égard, et si, lors de la discussion de la loi allemande que nous avons citée, et qui avait précisément trait à la réputation d'un nom de localité, la question de marque collective fut écartée, c'est parce qu'elle avait été mal posée.

En réalité, le seul obstacle que rencontre une bonne réglementation de la protection due au nom de localité ou de région qui, en certain cas, est le seul qui réponde à la réalité, c'est la difficulté de délimiter la localité ou la région suivant l'espèce. Elle a paru tellement grande au législateur français, qu'il a laissé ce soin à l'Administration, laquelle, paraît-il, a jugé le problème insoluble, puisqu'elle n'a jamais cru devoir le résoudre, en dépit de la promesse faite aux Chambres par le Gouvernement en 1824. Les tribunaux ont donc pris sur eux de pourvoir aux exigences de la matière, et ils l'ont fait avec un arbitraire inévitable, qui a nui parfois au prestige de leurs décisions. Il en serait autrement si cette délimitation était consignée dans un règlement d'exécution élaboré sur des bases sérieuses. En réalité, le nom d'une localité est parfois la source de la fortune de ses résidents.

Ce simple énoncé suffit pour montrer l'utilité de la protection à accorder au nom d'une localité renommée.

Mais faut-il aller jusqu'à mettre tout l'arsenal des lois au service d'une localité sans notoriété aucune, et dont les résidents trouveraient dans une simple coïncidence avec une marque réputée un moyen commode de bénéficier du bien acquis par autrui? Il n'y a pas d'intérêt au sens légal, si cet intérêt est inavouable, et par suite pas d'action.

VIII

Récompenses industrielles ou honorifiques.

A. — *Quelles sont les mesures propres à assurer la protection des récompenses industrielles ou honorifiques, et à prévenir les abus que l'expérience a révélés?*

On médit beaucoup des récompenses industrielles; parfois même on affecte de n'en pas faire cas. Toujours est-il qu'on les

recherche plus que jamais. Il est donc naturel que l'idée de les protéger contre toute usurpation se soit présentée aux législateurs sous
diverses formes, suivant les pays. En France, une loi promulguée
en 1886 a édicté des peines très sévères contre les principales
infractions relatives à la propriété des médailles et distinctions
honorifiques; mais le législateur a dépassé le but, par suite d'une
méconnaissance des intérêts en cause. Il ne faut pas que d'autres
nations commettent la même faute, ce qui arriverait infailliblement
si les défectuosités du régime en vigueur en France n'étaient pas
signalées. La principale est le manque d'enregistrement, dans un
registre public, de la récompense obtenue, avec toutes les circonstances l'accompagnant. L'*Union des fabricants* qui a eu l'initiative
de cette législation, et qui avait présenté un avant-projet de loi très
étudié sur la matière, avait signalé la nécessité de ne permettre,
l'usage public d'une médaille qu'après en avoir fait transcrire le
titre sur un registre central, ouvert à tous. Cette partie capitale de
l'avant-projet fut supprimée par la Commission parlementaire. On
en voit aujourd'hui les fâcheuses conséquences. Un individu de
moralité douteuse pare-t-il ses produits d'une médaille d'or qu'il
déclare avoir obtenue à l'une de ces expositions qui ne publient pas
de palmarès, personne n'ose le poursuivre, faute de savoir si réellement il a obtenu ou n'a pas obtenu ladite récompense. C'est l'impunité, en fait, assurée au plus impudent. L'enregistrement de toute
récompense dont on veut tirer honneur et profit mettrait chacun à
sa place, et serait un obstacle invincible à des fraudes scandaleuses,
que les concurrents les plus honorables n'osent se hasarder à déférer
aux tribunaux.

La loi française présente, en outre, un vice de rédaction qui
conduit aux résultats les plus fâcheux : elle n'autorise l'usage des
médailles que sur les produits pour lesquels elles ont été obtenues,
ce qui au premier abord semble parfaitement correct, mais conduit,
en réalité, à une grande injustice si l'on interprète ce texte dans
toute sa rigueur. Il arrive, en effet, que si une maison, ayant obtenu
une médaille pour l'ensemble de sa fabrication, crée un produit sous
une forme nouvelle à la vérité, mais rentrant absolument dans le
cercle habituel de son industrie, elle tombe sous le coup de la loi
lorsqu'elle fait usage à ce sujet des médailles identifiées pour ainsi
dire à sa maison; et cela, parce que ce produit n'a pas figuré nommément au nombre de ceux qui étaient exposés dans sa vitrine lors
de l'obtention des récompenses qui lui ont été décernées.

La loi française est donc défectueuse, et de beaucoup trop étroite.
Ce que nous venons d'en dévoiler suffit pour que les autres peuples
puissent facilement faire mieux que nous.

B. — *La protection des récompenses industrielles ou honorifiques doit-elle
être introduite dans les conventions internationales?*

Nous ne pouvons que répéter ici ce que nous avons dit au

point de vue international en matière de nom commercial. La protection des récompenses industrielles s'est encore, en effet, trop peu généralisée, pour qu'elle puisse prendre utilement place dans les conventions internationales.

IX

Des moyens de combattre la concurrence illicite.

A. — *Y a-t-il lieu de poser dans toutes les législations un principe général permettant d'obtenir des réparations civiles contre toutes les formes de la concurrence illicite? Ou bien est-il préférable de codifier les principales formes de la concurrence illicite? Y a-t-il lieu d'édicter des mesures pénales contre certaines formes de la concurrence déloyale?*

Tous les pays contiennent dans l'arsenal des lois un article consacrant le principe de la réparation due à raison du dommage causé par la faute de l'agent ; mais par suite d'une anomalie qu'explique seule la différence de niveau dans la moralité commerciale, la concurrence illicite et même la concurrence déloyale ne semblent pas être comprises dans la déclaration en question, sauf en un très petit nombre de pays.

Dans ceux où la jurisprudence a trouvé le moyen de donner un développement considérable à la réparation du dommage causé, en se basant uniquement sur les principes généraux du droit, les solutions les plus contradictoires se sont produites en bien des cas, à raison de ce que le juge, n'étant guidé par aucun texte précis, n'a à prendre en considération que son appréciation personnelle qui peut varier évidemment beaucoup suivant le caractère, les tendances d'esprit, et même l'état moral momentané des membres du tribunal. De là est née la pensée de codifier les actes les plus fréquents de concurrence illicite ou déloyale. L'Allemagne vient de donner l'exemple de cette réforme, mais elle est évidemment incomplète, puisqu'elle ne vise que la concurrence déloyale : d'où il faut conclure que les actes de concurrence purement illicite, c'est-à-dire ceux où il y a seulement faute, mais non mauvaise foi, ne sont pas atteints. Et cependant, ce qui importe le plus à la partie lésée, c'est que le dommage soit réparé, car il n'en existe pas moins, qu'il y ait mauvaise foi ou simplement faute de la part de l'auteur du dommage.

Nous serions disposé à croire que l'action civile, avec faculté donnée aux juges d'ordonner la publication, et même l'affichage de la sentence, la privation de certains droits, et la destruction de tout ce qui a servi à la perpétration de la concurrence illicite serait suffisante, par ce motif que, la mauvaise foi constituant seulement une circonstance aggravante, la partie lésée ne serait pas tenue de la prouver pour gagner son procès.

La correctionnalisation a prévalu dans les lois et les projets de loi sur la matière en Allemagne, en Autriche, en Hongrie et en Suisse; mais ce n'est pas là un motif suffisant à notre avis.

En Autriche, dans une circulaire aux Chambres de commerce touchant la future codification, le Ministre a fait l'éloge de la jurisprudence française, mais a fait remarquer, d'autre part, que des textes précis, visant les actes les plus fréquents à réprimer, étaient le seul moyen, même avec les meilleurs juges, d'éviter les décisions contradictoires qui nuisent si profondément au prestige de la justice.

En admettant la solution que nous venons d'indiquer, il y aurait lieu, bien entendu, de réserver le principe général du dommage causé par la « faute » de l'agent, et cela en vue des cas sans précédent qui pourraient se produire. On peut être assuré que le recours à cette réserve légale serait à peu près platonique, car l'expérience démontre que les artisans de concurrence illicite ont moins d'ingéniosité qu'on ne pourrait le supposer. Dans tous les pays du monde, en effet, le catalogue des fraudes dans ce genre ne s'enrichit plus depuis longtemps de pratiques inédites.

B. — *La protection contre la concurrence illicite doit-elle être introduite dans les conventions internationales?*

Si portés que nous soyons à hâter l'unification des lois, nous pensons que l'affirmative serait irréalisable avant que le principe lui-même d'une répression de ce genre de fraude soit adopté dans les principaux pays de la grande Union. Or, l'état actuel, non seulement des législations, mais encore de la jurisprudence, ne permet en ce moment que des espérances. Toute tentative d'unification diplomatique serait donc vouée à un insuccès certain. Mieux vaut l'ajourner à des temps qu'il est permis d'espérer prochains.

X

Procédure et sanctions.

Quelles sont les principales questions pouvant être utilement soumises aux délibérations du Congrès, au point de vue d'une unification future en matière de juridictions, constatations et sanctions?

Trois questions sont posées dans ce chapitre. La première, celle de l'unification des juridictions, nous semble prématurée. Elle se heurterait à tant d'obstacles, elle implique des changements tellement profonds dans l'organisation judiciaire propre à chaque peuple, qu'il nous paraît peu pratique de l'aborder aujourd'hui.

Il en est autrement de certaines améliorations moins ambitieuses et très pratiques, celles-là — nous voulons parler des moyens de constatations de la fraude et des sanctions indiquées par l'expérience en vue de donner une légitime satisfaction à la partie lésée, et, d'autre part, d'atteindre le coupable dans ce qu'il a de plus cher, le bien mal acquis.

Dans ce double ordre d'idées, le progrès peut être tenté avec fruit dès maintenant, tout au moins au point de vue des lois intérieures, et très prochainement peut-être dans le domaine international, par voie de conventions comprenant les Etats auxquels les progrès acquis permettront de s'entendre, ainsi que nous en avons eu des exemples récents.

En ce qui concerne les constatations :

La preuve du fait dommageable est organisée plus ou moins efficacement en matière de brevets, de marques, et de dessins ou modèles ; mais, en matière de concurrence déloyale, on en est réduit à cette formule illusoire que tous les modes de preuve sont admissibles, ce qui, en réalité, ne répond le plus souvent à rien.

En fait, la preuve testimoniale est la seule possible dans l'immense majorité des cas ; mais, où trouver le témoin bénévole qui, sans un intérêt d'argent, de haine ou de crainte, prêtera son concours à la partie lésée ? L'expérience démontre que ce témoin idéal ne peut se rencontrer que dans les auxiliaires de la justice, chargés de la signification des actes de procédure et de l'exécution des sentences. Eux seuls, en effet, sont à la disposition de la partie lésée, moyennant tarif fixé par les règlements, et peuvent inspirer confiance au juge par la moralité qui préside à leur recrutement et l'impartialité que fait présumer la nature de leurs fonctions. Or, ce genre d'auxiliaires de la justice existant à peu près dans tous les pays, on peut concevoir une réglementation sensiblement uniforme permettant de requérir leur intervention, et de produire utilement en justice la constatation matérielle d'un fait déterminé.

Que si l'on objectait que c'est là un détail de procédure, et que rien ne s'est moins prêté jusqu'ici à l'unification que cette partie du droit, nous répondrions que cet obstacle est moins insurmontable qu'on ne le supposait, puisqu'une Convention d'Union récente, visant exclusivement des questions de procédure, est intervenue entre la France, l'Allemagne, l'Autriche-Hongrie, la Belgique, le Danemark, l'Espagne, l'Italie, le Luxembourg, les Pays-Bas, le Portugal, la Roumanie, la Russie, la Suède et Norvège et la Suisse, et a été promulguée le 31 mars dernier. Or, cette Convention a trait à la communication des actes, aux commissions rogatoires, à la caution *judicatum solvi*, à l'assistance judiciaire, à la contrainte par corps.

Ce que nous demandons est d'ordre infiniment plus modeste et d'une réalisation très simple. En tout cas, il serait difficile de prétendre qu'il n'y a rien à faire en cette matière, car les incertitudes, on pourrait dire les incohérences, qu'affecte l'état présent des choses, paralysent absolument la répression de fraudes incompatibles avec la sécurité des transactions.

Un coup d'œil sur la pratique courante, au dedans et au dehors, suffira pour démontrer à quel point un commencement d'unification, par voie de réglementation intérieure d'abord, est devenu nécessaire.

La Belgique est, à notre connaissance, le seul pays où fonctionne régulièrement, et avec l'assentiment général, le mode de preuves que nous considérons comme le plus satisfaisant en matière de concurrence illicite : le constat par huissier, fait sur la simple réquisition des parties. Ce constat ne fait point preuve, naturellement, jusqu'à inscription de faux; mais il constitue un sérieux élément d'appréciation de la valeur et de l'étendue duquel le tribunal reste juge d'après les circonstances de la cause.

En Roumanie, il en est à peu près de même; mais la pratique, en ce pays, n'a pas eu encore une extension qui permette de considérer ce progrès comme définitivement passé dans les mœurs judiciaires.

En France, la question n'a jamais eu de solution quelque peu stable. Tel tribunal admet en principe les constats d'huissier. Tel autre les repousse systématiquement. Parfois même, un tribunal tantôt les admet, tantôt les repousse de parti pris, suivant la tournure d'esprit des juges momentanément sur le siège.

Les tribunaux de commerce qui, par leur nature, devraient être portés tout au moins à en prendre volontiers connaissance, présentent des fluctuations de jurisprudence non moins choquantes.

Et, cependant, il est de telles fraudes d'une fréquence inquiétante, la livraison d'un produit autre que celui qui a été demandé, par exemple, qu'aucun autre mode de preuve ne peut permettre de constater.

Une observation assez curieuse en passant : le constat par huissier est tellement nécessaire qu'une loi en a consacré la légalité en termes exprès, quand il s'agit des constats opérés à l'étranger, dans un intérêt français, par le chancelier du consulat local agissant comme huissier. Il semble que ce soit là un point de repère qu'il serait bon de ne pas perdre de vue.

En Italie, en Espagne, en Allemagne, et dans la plupart des autres pays, on ne peut effectuer des constats que par ministère d'un notaire, devant lequel se présentent et font leur déclaration deux témoins ayant vu matériellement un fait déterminé. Malheureusement, on ne peut presque jamais se procurer ces deux témoins, pour les raisons exposées plus haut.

L'action en concurrence déloyale n'étant accordée à la partie lésée que dans un petit nombre de pays, l'inconvénient signalé n'a pas présenté jusqu'à ce jour une gravité notable; mais cette action va prendre place à bref délai dans toutes les législations. En Allemagne, où elle fonctionne depuis peu de temps, l'impossibilité de constater les faits, base de l'instance, commence à énerver l'exercice du droit concédé. On se plaint vivement de cette lacune : il s'agit donc de la combler.

Après le précédent de la Convention d'Union récemment promulguée, il semble que le Congrès peut sans témérité attirer l'attention des Pouvoirs publics sur la nécessité de régler la question dont s'agit, tout au moins par voie de réglementation intérieure, ce qui amènerait certainement une unification internationale dans un délai plus ou moins rapproché.

En ce qui concerne les sanctions :

Les procès en contrefaçon coûtent en général plus cher que les autres, à raison des débours indispensables pour arriver à la découverte du contrefacteur et à la répression du délit.

Malheureusement, les dommages-intérêts alloués par les tribunaux sont presque toujours à peu près insignifiants, parce que le dommage est généralement impossible à démontrer par chiffres. Il en résulte que la partie lésée est, en fait, celle qui perd le plus, alors même que la justice lui donne gain de cause.

N'est-il pas temps de créer un mouvement d'opinion contre cette criante injustice? A certains égards, il suffirait que le juge fît entrer en ligne de compte les loyaux coûts de recherche et de constatation, à quoi il y aurait lieu de joindre les honoraires de l'avocat de la partie lésée, ainsi que cela se fait dans nombre de pays qui ne nous le cèdent en rien au point de vue de la science du droit et de la dignité du barreau. Malheureusement, des questions spéciales à l'organisation du barreau en France et dans d'autres pays ne permettent pas d'aborder cette réforme en ce qui concerne les honoraires d'avocat. La question n'est pas mûre, paraît-il, bien qu'elle soit résolue au grand profit des justiciables chez des voisins plus favorisés que nous. Rien ne s'oppose, toutefois, à ce que le juge tienne compte des débours faits légitimement par la partie lésée pour arriver à la constatation des faits qui lui sont soumis. Notre conviction est que, tant qu'un texte de loi ne visera pas ces points, les tribunaux continueront à juger le plus souvent que l'allocation des dépens est une réparation suffisante, bien qu'en réalité, elle soit absolument illusoire.

RÉSOLUTIONS

votées par le Congrès international

DE LA PROPRIÉTÉ INDUSTRIELLE DE 1900

Brevets d'invention

I

Du mode de délivrance des brevets.

En principe, les brevets d'invention doivent être délivrés sans aucun examen préalable, aux risques et périls du demandeur :

1° Dans les pays où l'examen préalable est ou serait admis, cet examen ne doit, en tout cas, porter que sur la nouveauté de l'invention en laissant de côté toutes autres questions et notamment celles qui concernent l'importance, l'utilité et la valeur technique de l'invention. En aucun cas, l'inventeur ne doit être obligé de mentionner dans sa description ou ses revendications des références à des brevets antérieurs ;

2° Dans le cas où une demande de brevet se trouverait en connexion avec une demande antérieure en cours d'instance, l'examinateur devra communiquer au second demandeur une copie certifiée conforme du texte de la description de la première demande, tel qu'il était libellé au jour du dépôt de la demande ultérieure, et l'examen de la seconde demande ne pourra jamais être ajourné en raison de la première ;

3° Dans le cas où l'autorité chargée d'enregistrer les demandes de brevets estimerait qu'une invention est irrégulière ou complexe, l'inventeur devra être appelé à régulariser ou à réduire sa demande, ou à la diviser en plusieurs qui porteront la date du dépôt initial ;

4° Dans chaque pays, le service de la propriété industrielle doit être centralisé et organisé de façon que tous les inventeurs puissent facilement se livrer à des recherches d'antériorités ou autre investigations. On devrait notamment mettre à leur disposition tous les brevets publiés, les catalogues des brevets dans tous les pays, ainsi que les principaux ouvrages techniques et publications industrielles.

II

De la durée des brevets.

La durée des brevets doit être de 20 ans. La prolongation ne pourra être accordée qu'en vertu d'une loi et dans des circonstances exceptionnelles.

III

Définition de la brevetabilité.

I. — Criterium de la brevetabilité.

Doit être brevetable toute création donnant un résultat industriel.

Sont ainsi considérées comme brevetables :

1° L'invention des produits industriels nouveaux ou perfectionnés ;

2° L'invention de nouveaux moyens ou l'application nouvelle ou la réunion nouvelle ou le perfectionnement de moyens connus pour l'obtention d'un résultat ou d'un produit industriel.

La brevetabilité de l'invention sera indépendante de l'importance de l'innovation faite.

Ne sera pas réputée nouvelle toute invention qui, antérieurement au dépôt de la demande de brevet, aura reçu une publicité suffisante pour pouvoir être exécutée par toute personne compétente.

II. — Brevetabilité des inventions oubliées.

Il n'y a pas lieu d'accorder de brevets pour la remise en exploitation d'inventions oubliées.

IV

Inventions exclues de la protection.

Il n'y a lieu d'exclure de la protection aucune création donnant un résultat industriel.

Notamment il n'y a pas lieu d'exclure les produits chimiques, les produits pharmaceutiques, les procédés propres à les obtenir, mais il y a lieu d'étudier, dans cette matière, l'organisation d'un système d'échange de licences obligatoires analogue à celui de l'article XII de la loi suisse pour le cas où, sans raisons valables, l'inventeur d'un produit ou d'un procédé refuserait d'autoriser l'auteur d'un perfectionnement à utiliser l'invention première.

V

De la déchéance pour défaut de paiement de la taxe.

Dans toutes les législations, le breveté devrait avoir un certain délai pour payer les annuités après l'échéance, sans être déchu de son droit au brevet, et ce moyennant une légère surtaxe; l'administration devrait faire parvenir au breveté en retard un avertissement.

VI

De l'obligation d'exploiter l'invention brevetée.

Il est nécessaire dans l'avenir d'abandonner en principe l'obligation d'exploiter, mais il y a lieu d'étudier un système de licences obligatoires pour le cas de non-exploitation.

VII

De la publication des brevets.

Le Congrès émet le vœu :

1° Que, dans tous les pays, les gouvernements publient : 1° les descriptions et dessins par fascicules séparés ne comprenant qu'un brevet et ses planches, au moment où le brevet est délivré à l'inventeur; 2° périodiquement et au moins mensuellement des abrégés avec planches de tous les brevets classés systématiquement, de telle façon que les différentes classes puissent être réunies chaque année en fascicules distincts auxquels seraient jointes des tables de matières détaillées.

2° Que chacun puisse prendre connaissance, au service central de la Propriété industrielle, des catalogues de Brevets et des originaux des documents déposés;

3° Qu'une entente s'établisse, sur les bases étudiées au Congrès de Zurich, entre les différents Gouvernements : 1° pour adopter un format unique pour la reproduction des dessins joints aux descriptions, et pour accepter le dépôt de tout genre de dessin se prêtant à une reproduction facile par la photographie ; 2° pour simplifier et uniformiser autant que possible les formalités imposées aux inventeurs lors du dépôt de leur demande.

VIII

Des juridictions en matière de brevets d'invention.

Il n'y a pas lieu de créer des juridictions spéciales pour la connaissance des procès concernant la propriété industrielle.

Mais il est à souhaiter que, dans les principaux centres, les procès de ce genre soient renvoyés à une même chambre et que les magistrats composant cette chambre soient recrutés parmi ceux ayant des connaissances scientifiques.

Il est à désirer aussi qu'en cas d'expertise les experts soient entendus en audience publique, si l'une des deux parties le requiert.

IX

Des moyens de faciliter à l'inventeur la demande de brevet dans les pays étrangers.

Il y a lieu, dans l'intérêt supérieur de l'inventeur et pour sauvegarder ses droits sur la propriété de sa découverte, de préconiser le principe du délai de priorité accordé par l'article 4 de la Convention internationale d'Union de 1883.

Pour rendre plus efficace l'application de ce principe, il convient de proposer les améliorations suivantes :

1° En maintenant le point de départ du délai de priorité au dépôt de la demande, il y a lieu de fixer ce délai à une année;

2° Le bénéfice de ce droit de priorité doit s'étendre aux acquéreurs du brevet d'origine comme aux ayants droit légaux du breveté;

3° Pour ne pas laisser trop longtemps dans l'incertitude les nationaux des pays autres que celui de l'origine, il est désirable que les demandes de brevets dans tous les pays soient annoncées le plus tôt possible dans un journal international qui sera publié au siège de l'Union, et qu'elles soient mises, avec les descriptions et dessins y afférents, à la disposition du public dans les bureaux de brevets des pays de l'Union;

4° Il convient d'unifier pour tous les pays les formalités de la demande, notamment en ce qui concerne la régularisation du pouvoir donné par le demandeur, les descriptions, le format des dessins, les échantillons, suivant les indications proposées au Congrès tenu à Zurich en 1899;

5° Pour bénéficier du délai de priorité qui lui est accordé par la Convention de 1883, l'inventeur devra déclarer quelle est la date de son brevet originaire et cette date devra être mentionnée dans le titre du brevet.

X

Des moyens d'assurer la paternité d'une découverte même en dehors de tout brevet.

L'auteur d'une invention ou découverte, même en dehors de tout brevet, doit avoir une action civile pour faire respecter sa qualité d'auteur.

Dessins et modèles de fabrique.

I

Il serait préférable qu'il n'y eût pas de législation spéciale sur les dessins et modèles de fabrique, la loi sur les brevets d'invention devant s'appliquer à toute invention ou découverte, et la loi sur la propriété artistique protéger toutes les œuvres des arts graphiques et plastiques, par conséquent toutes les œuvres du dessin et de la sculpture. Il serait à souhaiter seulement que, dans chaque pays, toutes les œuvres soumises à la loi sur la propriété artistique pussent faire l'objet d'un dépôt, afin que les intéressés eussent la faculté de s'assurer une preuve de priorité.

II

Si une loi sur les dessins et modèles de fabrique était cependant jugée encore indispensable dans certains pays, elle devrait s'appliquer à toute création portant sur l'aspect d'un produit industriel, indépendamment de toute question d'utilité pratique.

III

Il devrait y être dit expressément que les œuvres des arts graphiques et plastiques ne seront pas soumises obligatoirement à d'autres formalités que celles imposées par la loi sur la propriété artistique, et resteront protégées pendant le temps fixé par ladite loi, même si elles ont une destination ou un emploi industriels.

Mais, dans ce cas, elles pourraient être néanmoins admises au bénéfice de la loi sur les dessins ou modèles de fabrique, moyennant l'accomplissement des formalités prévues par ladite loi.

. IV

1. Le créateur d'un dessin ou modèle de fabrique ou ses ayants droit ne devraient pouvoir invoquer la protection de la loi qu'à partir du dépôt légal, effectué par eux, de ce dessin ou modèle. Le dépôt devrait consister soit dans un spécimen de l'objet constituant la création revendiquée, soit dans une représentation suffisante de cet objet, avec commentaire explicatif si le déposant le juge nécessaire. Un même dépôt pourrait contenir plusieurs dessins ou modèles.

2. La propriété du dessin ou modèle devrait appartenir à celui qui l'a créé ou à ses ayants cause ; mais le premier déposant devrait être présumé, jusqu'à preuve du contraire, être le premier créateur dudit dessin ou modèle.

3. La mise en vente par le déposant ou par des tiers antérieurement au dépôt n'entraînerait pas la déchéance du droit. Mais le déposant ne pourrait opposer son dépôt aux tiers de bonne foi qui justifieraient avoir exploité leur dessin ou modèle ; le droit des tiers de bonne foi à continuer l'exploitation du dessin ou modèle ne pourrait être transmis qu'avec le fonds de commerce.

4. Le déposant devrait, lorsqu'il effectuerait le dépôt, désigner l'industrie à laquelle ce dépôt s'appliquerait. Le dépôt pourrait être effectué soit à découvert, soit sous pli cacheté, au choix du déposant ; dans le premier cas, le public pourrait prendre connaissance du contenu des dépôts. Le déposant aurait la faculté de transformer son dépôt secret en dépôt public.

5. Les dépôts devraient être centralisés et il serait tenu un registre unique. Toutefois, un règlement pourrait déterminer les administrations locales où les intéressés auraient la faculté d'effectuer leurs dépôts ; dans ce cas, les dépôts seraient immédiatement transmis, avec copie des certificats, au Bureau central.

Il est à souhaiter que des mesures soient prises pour assurer dans tous les pays les effets du dépôt effectué dans le pays d'origine.

V

La durée maxima du dépôt devrait être celle fixée par la législation sur la propriété artistique. Elle serait subdivisée en périodes de cinq années. Le déposant qui n'aurait pas, trois mois après l'expiration de chaque période, effectué le versement de la taxe afférente à la période suivante, serait déchu de tous droits pour l'avenir.

VI

La taxe devrait être très minime pour les premières années, puis légèrement progressive par périodes de cinq ans. Une seule taxe serait exigible pour chaque dépôt.

VII

Le déposant ne devrait pas être tenu d'avoir une fabrique, ni d'exploiter le dessin ou modèle revendiqué, ni d'accorder des licences. Il devrait pouvoir introduire des objets conformes au dessin ou modèle revendiqué, fabriqués dans un pays étranger, à condition que la réciprocité fût assurée par la législation de ce pays ou par une convention internationale.

VIII

Les nationaux, même s'ils n'ont de fabriques qu'à l'étranger, et les déposants de nationalité étrangère devraient avoir droit au bénéfice de la loi sur les dessins et modèles et n'être soumis à aucune obligation particulière si la réciprocité était assurée, soit par la législation du pays dans lequel ils ont leur fabrique ou auquel ils appartiennent, soit par une convention internationale.

IX

La contrefaçon du dessin ou modèle devrait être passible d'une pénalité et servir de base à une action en dommages-intérêts. L'action civile ou pénale devrait être précédée de la publicité du dépôt.

Le droit du propriétaire du dessin ou modèle n'est pas restreint à l'industrie pour laquelle le dépôt a été effectué.

Marques de fabrique et de commerce, nom commercial, noms de localités; diverses formes de la concurrence illicite.

I

Définition de la marque.

1° Il est à désirer que chaque législation donne une définition, aussi large que possible, du caractère de la marque, sans distinction entre les marques de commerce et les marques de fabrique, en adoptant par exemple la formule suivante :

« La marque est tout signe distinctif des produits d'une fabrique, d'une exploitation ou d'une maison de commerce. »

2° Il est à désirer que dans chaque législation cette définition soit suivie d'une énumération purement énonciative, non limitative, des signes qui peuvent constituer une marque, par exemple :

« Peuvent notamment constituer des marques de fabrique ou de commerce : les noms sous une forme distinctive, les dénominations, étiquettes, enveloppes ou récipients, formes de produits, d'enveloppes ou de récipients, timbres, cachets, vignettes, lisières, lisérés, couleurs, dessins, reliefs, lettres, chiffres, devises, et en général tout moyen servant à distinguer les produits d'une fabrique ou d'une exploitation d'eau minérale, d'une exploitation, par exemple d'une exploitation agricole, forestière ou extractive, et les objets d'une maison de commerce. »

II

Marques à exclure de la protection.

Il n'y a lieu d'exclure de la protection aucun signe distinctif satisfaisant à la définition légale de la marque.

III

Du droit à la marque.

Il y a lieu de préconiser pour l'unification des législations les principes suivants :

Le droit à la marque doit être basé sur la priorité d'usage.

Toutefois, lorsque la marque a été déposée et employée régulièrement, publiquement et d'une manière continue depuis cinq ans, le dépôt ou enregistrement qui n'a, pendant ce délai, fait l'objet d'aucune contestation reconnue fondée, devient attributif de propriété.

L'autorité chargée de recevoir le dépôt des marques doit être chargée de rechercher les antériorités et de les signaler, par un avis préalable et secret, au déposant, ce dernier restant libre de maintenir ou de retirer son dépôt.

Il y a lieu de recevoir au Bureau central des marques dans chaque pays les recueils des fac-similés de marques publiées dans tous les États et de les tenir à la disposition du public pour faciliter les recherches.

IV

Des marques au point de vue international.

C'est d'après la loi d'origine d'une marque qu'il y a lieu d'en apprécier le caractère juridique.

Dans les rapports entre pays qui considèrent le dépôt ou l'enregistrement de la marque comme déclaratif, le droit à la marque se détermine par le premier usage.

Dans les rapports entre pays, dont l'un considère le dépôt ou l'enregistrement de la marque comme déclaratif et l'autre comme attributif de droits, on doit appliquer un système analogue à celui que le traité du 9 mai 1869 (article 28) a consacré dans les relations réciproques entre la France et le Zollwerein ; par suite, les sujets des divers Etats intéressés peuvent se servir de leurs marques dans les pays autres que celui de production, pourvu que l'appropriation des marques dans ce dernier pays soit antérieure à l'appropriation dans le pays d'importation ; si un tiers vient, avant le négociant étranger, à remplir les formalités ou conditions prescrites pour l'appropriation de la marque, ce tiers pourra continuer à l'employer, à moins que sa mauvaise foi ne soit établie.

V

Marques collectives.

Il y a lieu d'assurer la protection des marques de syndicats, associations, etc., et de mettre à l'étude la protection des marques commerciales, régionales et nationales.

VI

Du nom commercial et de la raison de commerce.

La raison de commerce ou firme doit être considérée comme étant le nom d'un établissement ; elle doit pouvoir être transmise indéfiniment aux successeurs de celui ou de ceux qui l'ont créée, non seulement pour désigner le fonds mais encore pour servir à ses propriétaires ou gérants de signature commerciale.

L'établissement d'une firme et tous changements qui surviennent dans la propriété ou la gérance du fonds doivent être constatés, pour devenir opposables aux tiers, sur un registre officiel dit registre du commerce.

L'autorité chargée de l'enregistrement des firmes doit refuser l'enregistrement d'une firme qui ne se distingue pas suffisamment d'une firme déjà enregistrée.

VII

Noms de localités.

1° Dans la législation intérieure de chaque pays devra être interdite toute fausse indication de provenance de produits *naturels* ou fabriqués, quelle qu'en soit la forme, qu'elle soit apposée sur le produit même ou qu'elle figure dans des prospectus, circulaires, annonces, papiers de commerce quelconques, même si la provenance usurpée est une provenance étrangère. Cette interdiction sera frappée d'une sanction pénale et les poursuites pourront être intentées à la requête de toute personne intéressée, notamment d'un concurrent ou d'un acheteur, même étranger.

2° Devront être prohibés à l'importation dans chaque pays les produits étrangers qui porteront ou seront l'objet de telles indications. Tout produit étranger qui portera le nom ou la marque d'un industriel ou d'un commerçant d'un pays autre que celui de la fabrication ne pourra être introduit que s'il porte aussi, en caractères apparents et indélébiles, le nom du pays de fabrication; si la marchandise importée porte un nom de lieu identique à celui d'un lieu situé dans le pays d'importation ou qui en soit une imitation, ce nom devra être accompagné du nom du pays où ce lieu est situé.

3° Il est à désirer que les noms de localités ou régions connues comme lieux de provenance de produits naturels ne puissent jamais être employés pour désigner un genre de produits indépendamment de la provenance.

4° Dans aucun pays, un avis à l'usurpateur, avant la poursuite, ne devrait être exigé.

VIII

Récompenses industrielles ou honorifiques.

L'usage public des médailles, mentions, récompenses ou distinctions honorifiques quelconques décernées dans les expositions ou concours, des distinctions ou approbations accordées par des corps savants, ou des sociétés scientifiques ou artistiques, n'est permis qu'autant que les concours ou expositions auront été organisés par une autorité officielle (en France : Etat, département, commune) ou avec l'approbation et sous le patronage de cette autorité, ou que les corps savants, les sociétés scientifiques ou artistiques auront été légalement constitués, institués, approuvés ou reconnus.

IX

Du moyen de combattre la concurrence illicite.

1. Un principe général permettant d'obtenir des réparations civiles contre toutes les formes de la concurrence illicite est préférable pour chaque législation à la codification des principales formes de la concurrence illicite.

Toutefois la combinaison d'un principe général avec une pareille codification répondrait le mieux à toutes les exigences.

2. La protection contre la concurrence illicite doit être introduite dans les conventions internationales.

X

Procédure et sanctions.

1° Il y a lieu de mettre à l'étude l'établissement d'un tribunal international pour statuer sur les actions en nullité du dépôt des marques et en contrefaçon des marques.

2° Les décisions judiciaires qui statuent sur la régularité du dépôt d'une marque dans le pays d'origine doivent avoir l'autorité de la chose jugée dans les pays étrangers.

3° Il y a lieu, en matière de marques, de nom commercial, de fausses indications de provenance, de concurrence illicite, de supprimer toute condition de réciprocité légale ou diplomatique.

4° Il y a lieu, en matière de marques, de nom commercial, de fausses indications de provenance et de concurrence illicite, de supprimer la caution exigée des étrangers ; d'admettre les étrangers au bénéfice de l'Assistance judiciaire ou du *Pro Deo*.

Le Congrès émet le vœu de la mise à l'étude de l'unification des législations sur la propriété industrielle pour assurer la protection des droits de l'inventeur et du commerçant dans tous pays.

Le Congrès décide que l'Association internationale pour la protection de la propriété industrielle poursuivra l'exécution des vœux du présent Congrès et que le reliquat qui pourrait subsister des fonds du Congrès serait affecté à la dite Association.

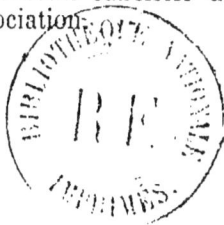

~~~~~~~~~~~~~~~~~~~~~~~~~~~~~~~~~~~

ERRATUM

Page 289, ligne 18, remplacer « pharmaceutique » par « chimique ».

Page 200, ligne 20, remplacer « un mélange de substances qui ne produira aucun résultat ni au point de vue technique ni au point de vue économique », par « l'addition d'une substance à celles employées par l'inventeur, ne produisant aucun effet technique ou économique ».

~~~~~~~~~~~~~~~~~~~~~~~~~~~~~~~

Table alphabétique

Table des matières.

Travaux préparatoires.

Rapports présentés au Congrès.

Section I

Brevets d'invention.

Section II

Dessins et modèles de fabrique.

Section III

Marques de fabrique et de commerce ; nom commercial ; nom de localité ; formes de la concurrence illicite.

Compte rendu du Congrès.

Annexes aux procès-verbaux.

Résolutions votées par le Congrès.

www.ingramcontent.com/pod-product-compliance
Lightning Source LLC
Chambersburg PA
CBHW031610210326
41599CB00021B/3124